"十三五"国家重点出版物出版规划项目

现代机械工程系列精品教材

安徽省高等学校质量工程项目

机床数控技术

主　编　许德章　刘有余

副主编　田晓青　高文斌

参　编　徐　兵　吴路路

主　审　韩　江

机械工业出版社

本书内容包括数控加工工艺、数控加工编程、数控机床装备三大部分,以数控系统内部信息流处理过程为主线展开阐述,内容全面、新颖,组织结构合理。全书共分八章和附录,包括绪论、数控加工工艺基础、数控加工程序编制、数控机床轮廓控制原理、计算机数控装置、数控机床伺服系统、数控机床机械结构、数控机床故障诊断,并在附录中给出数控系统指令和数控技术常用术语中英文对照。

本书可作为普通高等工科院校机械类机床数控技术课程的本科教材,也可作为高等职业教育和成人教育的同类课程的教材,还可供从事数控技术、数控机床设计和研究的工程技术人员参考。

图书在版编目(CIP)数据

机床数控技术/许德章,刘有余主编. —北京:机械工业出版社,2020.12(2025.8重印)

"十三五"国家重点出版物出版规划项目 现代机械工程系列精品教材
ISBN 978-7-111-66754-4

Ⅰ.①机… Ⅱ.①许… ②刘… Ⅲ.①数控机床-高等学校-教材
Ⅳ.①TG659

中国版本图书馆 CIP 数据核字(2020)第 190123 号

机械工业出版社(北京市百万庄大街 22 号 邮政编码 100037)
策划编辑:刘小慧 责任编辑:刘小慧 安桂芳 赵亚敏
责任校对:樊钟英 封面设计:张 静
责任印制:郜 敏
三河市骏杰印刷有限公司印刷
2025 年 8 月第 1 版第 8 次印刷
184mm×260mm · 18.25 印张 · 484 千字
标准书号:ISBN 978-7-111-66754-4
定价:49.00 元

电话服务 网络服务
客服电话:010-88361066 机 工 官 网:www.cmpbook.com
        010-88379833 机 工 官 博:weibo.com/cmp1952
        010-68326294 金 书 网:www.golden-book.com
封底无防伪标均为盗版 机工教育服务网:www.cmpedu.com

党的二十大报告就"加快构建新发展格局，着力推动高质量发展"作出部署，提出"着力提升产业链供应链韧性和安全水平"和"坚持把发展经济的着力点放在实体经济上"等一系列重大决策。数控机床是现代制造业的重要装备，其发展可以推动制造业向数字化、智能化、高端化方向转型，提高制造业的核心竞争力。对于数控机床及相关自动化机加工设备，学生应掌握其组成、工作原理等基本知识，正确理解其各项性能参数的含义，初步具备使用该类设备的能力是本书的基本教学目标。

本书面向本科学生，以培养应用型人才为目标，贯彻"少而精"原则，强调基本理论与方法，着重培养和锻炼学生的基本技能与专业素质，提高学生的综合应用能力。本书具有以下特点：

1. 适应专业教学改革，密切衔接其他课程内容

数控加工技术是机械类专业目前发展的主流方向，数控机床编程、使用、维护等方面人才需求旺盛，各高校机械类专业都将"机床数控技术"作为重点建设课程，并积极开展教学改革。本书与相邻课程（如机械CAD/CAM、机械制造技术）的内容相互衔接，并避免不必要的交叉重复。

2. 内容新颖，组织结构合理

本书内容全面、新颖、丰富，循序渐进，符合学生的心理特征和认知、技能养成规律；组织结构合理，结构、案例新颖，有利于体现教师的主导性和学生的主体性，适应先进的教学方法和手段。

3. 便于教学使用

本书理论精练，知识讲述准确，逻辑严密，理论深度适当，符合专业培养目标和课程教学基本要求；取材合理，深浅适度，符合学生的实际水平。本书体现了教学内容弹性化、教学要求层次化、教材结构模块化，利于因材施教。

4. 适用范围广泛

本书便于教学和自学，适用范围较为广泛，不仅可作为普通高等工科院校机械类机床数控技术课程的本科教材，也可作为高等职业教育和成人教育同类课程的教材，还可供从事数控技术、数控机床设计和研究的工程技术人员参考。

5. 配套资源丰富

本书向任课教师提供电子课件、教学大纲、习题答案等教学资源；部分章节融入了案例演示视频，便于读者自学或复习使用。同时，书中融入了"数字技术的世界""大国工匠：大技贵精"等课程思政素材视频，作为拓展内容供读者学习。

本书受安徽省高等学校质量工程项目资助，由安徽工程大学许德章教授和刘有余教授任主编，具体编写分工如下：第 1 章由许德章编写；第 2、3、7 章和附录由刘有余编写；第 4 章由安徽工业大学高文斌编写；第 5 章由合肥工业大学田晓青编写；第 6 章由安徽工程大学吴路路编写；第 8 章由巢湖学院徐兵编写。全书由刘有余统稿，合肥工业大学韩江教授主审。在本书的编写过程中，黄山学院刘胜荣和安徽信息工程学院于鹏也提供了大量的协助工作，在此一并表示感谢。

由于机床数控技术的发展日新月异，加之编者水平有限，书中难免存在疏漏之处，恳请读者批评指正。

编　者

目录

第1章

绪论

本章提要

○ 内容提要:

本章主要介绍了机床数控技术的基本概念、特点及发展。在明确机床数控技术内涵的基础上,引出数控机床的工作流程、特点和适用范围,并介绍了数控机床的几种分类方法;最后,从历史及发展的角度,介绍了数控机床的技术现状,阐述了数控机床的发展趋势。

通过本章的学习,掌握数控机床的基本特点及工作流程,具备合理选用机床的能力。

○ 本章重点:

1) 数控机床的工作流程。

2) 数控机床的特点。

3) 数控机床的分类。

◎ 1.1 概述

数控机床是数字控制机床(Numerical Control Machine Tools)的简称,是一种装有程序控制系统的自动化机床。数控机床的控制系统能够逻辑地处理具有控制编码或其他符号指令规定的程序。程序通过信息载体输入数控系统,经过译码和运行,由数控系统发出各种控制信号,控制机床的动作,按图样要求的形状和尺寸,自动地将零件加工出来。数控机床较好地解决了复杂、精密、小批量、多品种零件的加工问题,是一种柔性、高效能的自动化机床,代表了现代机床控制技术的发展方向,是一种典型的机电一体化产品。

加工制造和生产过程数控化,是当今制造业的发展方向,也是智能制造的技术基础。数控产业关系到国家战略地位,体现国家制造业的装备水平。

拓展内容

数字技术的世界

1.1.1 数控技术的基本概念

数字控制(Numerical Control)技术,简称数控(NC)技术,指用数字化的信息控制机床运动及加工过程的一种技术。早期用硬件逻辑电路构建数控系统；目前，广泛采用通用或专用计算机组建数控系统，即计算机数控（Computer Numerical Control，CNC）系统。采用数控技术的自动控制系统称为数控系统。装备了数控系统，能实现运动和加工过程自动控制的机床称为数控机床，数控系统是数控机床的"大脑"。目前，数控技术已广泛应用于金属切削机床、三坐标测量仪、工业机器人、数控绘图仪、数控雕铣机和木工机床等机械设备。

1.1.2 数控机床的组成

数控机床一般由数控系统、伺服单元、驱动单元、检测反馈装置和机床本体等组成，如图1-1所示。其中，数控系统由数控装置（计算机）、控制面板、通信接口和可编程逻辑控制器（Programmable Logic Controller，PLC）等组件组成。图1-2所示为广州数控GDK 980T型数控系统的外观图。当前，数控系统通常集成了PLC组件，用于开关量信号的读取和输出控制，如移动部件行程开关、气动或液压系统压力开关（传感器）、控制面板上的按钮等信号读取，控制面板上的指示灯、电磁阀和电磁铁等元件开闭控制等。

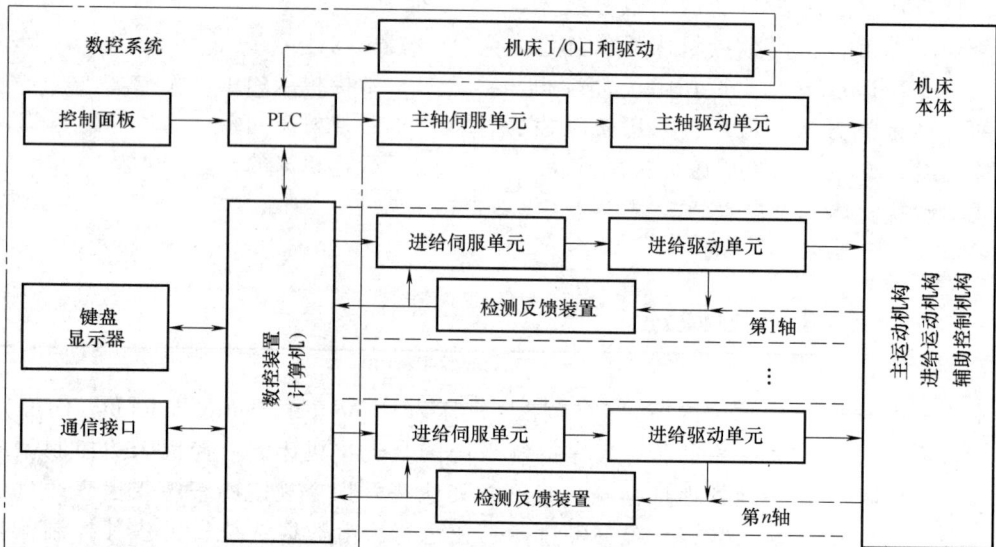

图 1-1 数控机床的组成

（1）输入/输出装置 输入/输出装置提供人机交互功能，通常包括键盘、显示器、控制面板和打印机等。键盘主要用于数控加工程序录入、编辑和参数设定；显示器用于程序、刀具运行轨迹、坐标轴位置和机床工作状态显示；控制面板用于机床工作模式选择、进给手动控制操作等，以及机床工作状态显示。

（2）数控装置 数控装置是数控系统的核心，一般选用专用计算机或通用计算机。它由输入/输出接口线路、译码和控制线路、运算器（CPU）和存储器等部分组成。数控装置的作用是读取键盘输入的数据和

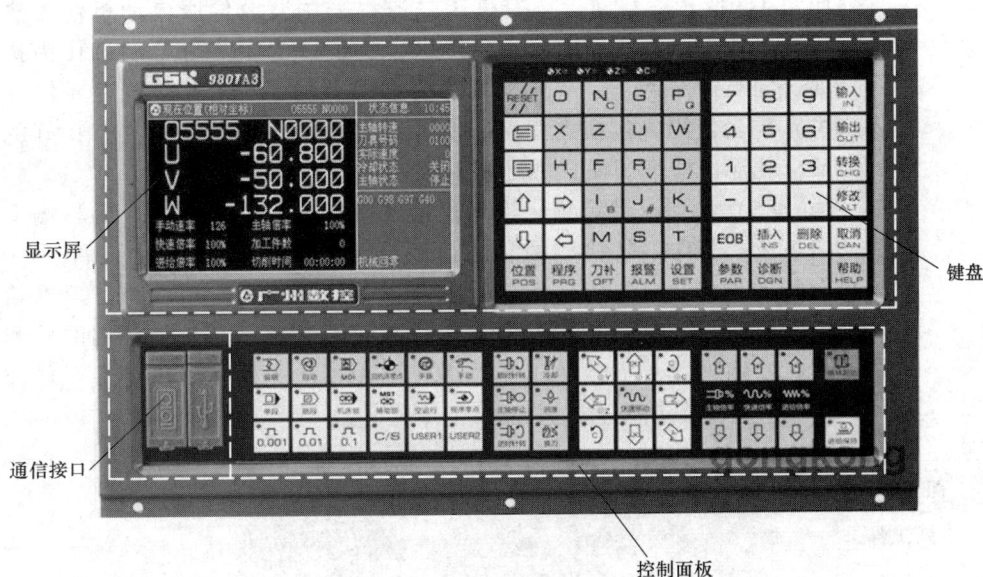

显示屏

键盘

通信接口

控制面板

图 1-2　广州数控 GDK 980T 型数控系统的外观图

进给驱动单元反馈的位置信息，完成程序编译和运行，输出控制信号和指令；与 PLC 单元密切协同，实现主轴伺服单元和机床辅助功能的间接控制，控制机床各部件有序运动和协同动作，按工艺要求完成机械零件的切削加工。

机床主要运动或基本运动的指令包括坐标轴的进给速度、进给方向和进给位移量。数控装置在运行程序过程中定期插补计算，生成刀具运动轨迹，控制与刀具运动轨迹对应的进给速度、进给方向和进给位移量等基本运动参数，将控制信号送入主轴伺服单元和进给伺服单元，经驱动单元放大，控制主轴电动机和进给伺服电动机转动。主轴电动机通常采用交流变频电动机，高档机床往往选用交流伺服电动机。进给驱动一般选用交流伺服电动机。主轴伺服电动机和进给伺服电动机驱动机械移动部件运动，控制刀具生成期望的轨迹。

（3）控制面板　在加工程序自动运行前，存在大量的调试工作，包括各坐标轴手动进给控制、进给速度和机床工作模式选择等。在调试和运行过程中，机床主要工作状态需要采用指示灯在控制面板醒目位置显示，以便操作人员实时了解机床运行状态。数控机床可能还存在转向和起停、刀具选择和交换、冷却和润滑装置起停、工件松开和夹紧、工作台分度等辅助指令。现代数控系统通常采用 PLC 集中管理机床的辅助功能、控制面板按钮和指示灯，不再由数控装置的 CPU 直接控制，以减轻CPU 的运算压力。

（4）伺服单元　伺服单元包括伺服控制电路、功率放大电路和伺服电动机等部分，接收来自数控装置的位置进给信号，经信号变换和功率放大，控制伺服电动机的转速和转向，驱动机械传动装置和机械运动部件输出角位移或直线位移，驱动数控设备各运动部件生成刀具运动轨迹，如图 1-3 所示。目前，数控机床一般都采用交流伺服电动机作为执行元件，驱动进给轴。早期简易数控机床，也可选用步进电动机作为执行元件。伺服控制器一般以独立组件的形式出现，其需要与执行元件（电动机）配套使用，包括类型、功率匹配等。伺服控制器应具有良好的快速反应性能，能准确而灵敏地跟踪数控装置发出的位置指令。

（5）检测反馈装置　检测反馈装置由检测元件和相应的检测反馈电路组成。其作用是检测执行元件（电动机）的转角和运动部件（工作台）的位移，以及转动和移动方向，并将其转化为电信号，反馈给进给伺服单元和数控装置，构成位置和速度闭环控制系统。常用的检测元件有脉冲编码器、旋转变压器、感应同步器、光栅和磁尺等。开环控制系统没有检测反馈装置。

图 1-3

铣削工件

（6）机床本体　数控机床的机床本体与传统机床相似，如图 1-4 所示，由主轴传动装置、进给传动装置、床身、工作台以及辅助运动装置、液压气动系统、润滑系统、冷却装置等组成。但数控机床在整体布局、外观造型、传动系统、刀具系统的结构以及操作机构等方面都已有很大变化，特别是采用了高性能的主轴及进给伺服驱动装置，其机械传动结构得到了极大简化。

图 1-4

机床本体

1.1.3　数控机床的工作流程

数控机床根据所编写的数控加工程序（NC 程序），自动控制机床部件运动，从而加工出符合图样要求的零件。数控机床的工作流程如图 1-5 所示。

图 1-5

数控机床的工作流程

零件图样 → 编制数控程序 → 输入 → 译码 → 刀具补偿 → 插补 → 位置控制 → 切削加工

（1）编制数控程序　加工零件之前，首先要根据零件图样将零件加工的全部工艺过程、工艺参数、几何参数及操作步骤等，按规定的代码及程序格式编写出数控加工程序。数控加工程序应确定机床的全部动作过程。对于简单的零件，通常采用手工编程；对于形状复杂的零件，一般在计算机上借助计算机辅助设计（Computer Aided Design，CAD）和计算机辅助制造（Computer Aided Manufacturing，CAM）工具软件的自动编程功能，直接输出数控加工程序。

（2）输入　输入的任务是把数控程序、控制参数和补偿数据输入到数控装置。程序输入方式因输入设备而异，通常有以下两种方式。

1）在线编程。借助数控系统键盘和显示屏（图 1-2），在机床上直接创建、编写、修改、调试和保存数控加工程序。该方式主要创建简单的数控加工程序，或者用于在已有数控加工程序的基础上只需稍加修改的场合。

2）离线编程。利用数控系统离线编程工具或 CAD/CAM 工具软件，在台式计算机或便携式计算机上完成数控加工程序的创建、编写、修改、调试和保存，再借助 U 盘复制到数控系统，或通过 USB/网络等途径将数控程序下载到数控系统。

（3）译码　输入数控装置的数控加工程序是由程序段组成的，程序段以文本格式（通常用 ASCII 码）表达零件几何信息、工艺信息，以及其他辅助信息，计算机不能直接识别它们。译码程序就像一个翻译，按照一定的语法规则将上述信息转化成计算机能够识别的数据格式，并按照一定的规则存放在指定的内存专用区域。译码过程中还要对程序段进行语法检查，有错则立即报警，提醒编程人员修改。

（4）刀具补偿　数控加工程序通常是按零件轮廓轨迹编写的，而数控机床在加工过程中控制的是刀具中心轨迹，因此在加工前必须将零件轮廓变换成刀具中心的轨迹，刀补处理就是完成这种转换。刀具补偿包括刀具半径补偿和刀具长度补偿，主要用于刀具磨损量补偿。

（5）插补　数控加工程序仅规定了待加工轮廓的基本线型（如直线、圆弧）、终点和进给速度，而刀具在起点（即刀具当前所在位置，无须规定）与终点之间的真实移动轨迹，是由许多直线段拟合形成的。插补就是根据给定速度和给定轮廓的线型，在轮廓起点与终点之间，确定拟合直线段的中间点，即"数据密化"过程。数控装置采用定时中断方式，在每个插补周期内执行一次插补程序，计算各坐标轴位置增量，输出到进给伺服单元，控制相应坐标轴运动，刀具的合成轨迹便是一系列微小的直线段。加工一条轮廓线，通常需要执行多个插补周期，即需要多个微小的直线段拟合一条轮廓线。很显然，拟合的微小直线段越多，精度就越高；同时插补周期越短，要求 CPU 的运行速度就越快。

（6）位置控制和切削加工　插补的结果是产生一个插补周期内的位置增量；位置控制的任务是在每个采样周期内，将插补计算出的指令位置与实际反馈位置相比较，用位置差值控制伺服电动机转速。目前，数控机床进给伺服单元通常采取位置和速度闭环控制，高档数控系统还含有电流闭环控制，构成三闭环控制系统。图 1-1 中的检测装置输出的测量信号，一路送入进给伺服单元，构成电动机转速或工作台移动的速度控制环（速度环）；另一路送入数控系统，构成电动机转角或工作台位置控制环（位置环）。

◉ 1.2　数控机床的特点和分类

1.2.1　数控机床的特点

与通用机床和专用机床相比，数控机床具有以下主要特点。

（1）加工精度高，产品质量稳定　数控机床设计制造时，采取了许多技术措施，其机械部件的精度、刚度和热稳定性均较高。数控机床通常配置了位置检测装置，可将移动部件实际位移量或丝杠、伺服电动机的转角反馈到数控系统，构成闭环控制系统。数控机床进给传动链的反向间隙与丝杠螺距误差等一般采取在线或离线补偿措施。因此，数控机床可获得比机床本身精度还高的加工精度，其最小位移量普遍达到 0.0001~0.01mm，高档精密数控机床的位置控制精度甚至达到 1nm。数控机床加工零件的质量由机床保证，无人为操作误差的影响，因此同一批零件尺寸一致性好，质量稳定。

（2）可加工复杂异形零件　微小直线段理论上可以拟合任意复杂的空间或平面曲线，空间或平面微小直线段实质上是由数控机床各进给轴简单的直线运动合成的。因此，数控系统可以控制刀具走任意复杂的空间或平面曲线。数控机床能够完成普通机床难以加工或根本不能加工的复杂异形零件，如二轴联动或二轴以上联动的数控机床，可高质、高效地加工母线为曲线的旋转体曲面零件、凸轮零件及各种复杂空间曲面类零件，且加工精度一般不受零件形状及复杂程度的影响。

（3）劳动生产率高　数控机床的主轴转速和进给量范围比普通机床大，良好的结构刚性允许数控机床采用大的切削用量，从而有效地节省了机床占用时间。带有自动换刀装置的数控加工中心，可完成车铣复合、镗铣复合等工序集中加工，缩短了换刀和工件重新装夹等辅助时间，明显地提高了生产率，同时也提高了加工精度。

（4）加工零件的适应性强，灵活性好　当加工零件改变时，数控机床只需更换零件的加工程序，调整刀具参数等操作，就能加工新的零件，而不需改变机械部分和控制部分的硬件，为复杂结构零件的单件、小批量生产，以及新产品试制提供了极大方便。

（5）工人劳动强度小 数控机床加工零件时，按事先编好的程序自动完成，操作者除了操作键盘、装卸工件、安装刀具、完成关键工序的中间检测，以及监控机床运行之外，不需要从事繁重的重复性手工操作，劳动强度与紧张程度均大为减轻，劳动条件也得到相应的改善。

（6）生产管理水平高 数控机床是机械加工自动化设备，以数控机床为基础建立起来的柔性制造单元（Flexible Manufacturing Cell，FMC）、柔性制造系统（Flexible Manufacturing System，FMS）、计算机集成制造系统（Computer Integrated Manufacturing System，CIMS）、智能制造或云制造系统，可实现机械制造集成化、自动化、信息化和智能化。当数控机床具备网络接入功能时，便可以与其他设备一道组网，融入制造执行系统（Manufacturing Execution System，MES），组建无人车间、无人工厂，构建智能制造系统和云制造系统。

1.2.2 数控机床的适用范围

因数控机床投资费用较高，还不能完全替代非数控设备，故其有一定的应用范围。从图 1-6a 可看出，通用机床多适用于零件结构不太复杂、生产批量较小的场合；专用机床适用于生产批量大的零件；数控机床适用于形状复杂的零件。随着数控机床的普及和成本的下降，其适用范围由 *BCD* 线向 *EFG* 线扩大。从图 1-6b 可看出，在多品种、中小批量生产情况下，采用数控机床加工费用更为合理。加工设备的数控化率越来越高，根据相关部门的调查，目前数控化率已超过了 50%，甚至 80% ~ 100% 的零件都采用数控加工。随着智能制造和云制造技术的迅速推广，设备的数控化率几乎接近 100%。

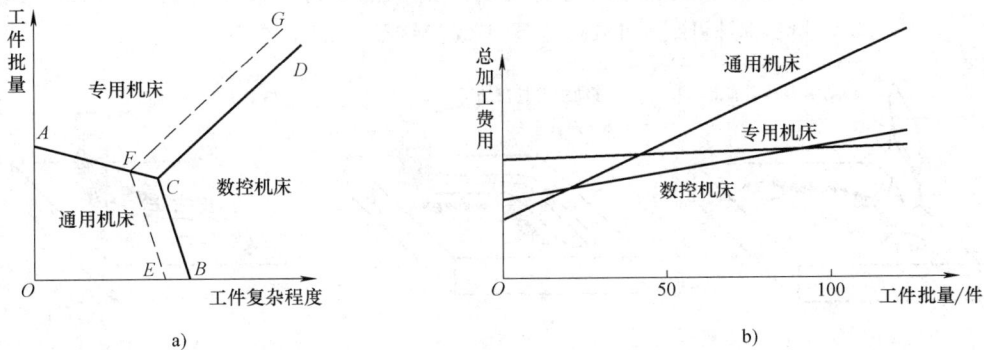

a)　　　　　　　　　　　　　　　b)

图 1-6 数控机床的适用范围

由此可见，数控机床最适宜加工以下类型的零件。

1）中小批量的零件。

2）需要多次改型设计的零件。

3）加工精度要求高、结构形状复杂的零件，如箱体类，曲线、曲面类零件。

4）难测量、难控制进给、难控制尺寸的不开敞内腔的壳体或盒型零件。

5）必须在一次装夹中完成铣、镗、铰或攻螺纹等多工序复合加工的零件。

6）加工和检测设备需要组网，构建智能制造系统和云制造系统。

1.2.3　数控机床的分类

数控机床品种繁多、功能各异，可以从不同的角度分类。

（1）按机械加工的运动轨迹分类

1）点位控制数控机床。刀具在从某一位置移到下一个位置的过程中，不考虑其运动轨迹，只要求刀具能最终准确到达目标位置，运动过程中不切削，各坐标轴之间的运动无任何联系，如图1-7a所示。通常采用快速趋近、减速定位的方法，以获得较高移动速度和定位精度。目前单纯采用点位控制的数控机床已不多见，典型机床如数控坐标镗床、数控钻床、数控压力机、数控点焊机等。

2）直线控制数控机床。此机床不仅要保证点与点之间的准确定位，而且要控制两相关点之间的位移速度和路线，其轨迹一般是平行于各坐标轴或与坐标轴成一定夹角的直线，如图1-7b所示。运动过程中切削工件，需具备刀具补偿功能和主轴转速控制功能。当前单纯的直线控制数控机床也不多见，典型机床如简易数控车床、简易数控铣床。

3）轮廓控制数控机床。数控系统能同时控制两个或两个以上的轴，位置及速度不间断地严格控制，如图1-7c所示。运动过程中切削工件，需具备直线和圆弧插补、刀具补偿、机床轴向运动误差补偿、丝杠的螺距误差和齿轮的反向间隙误差补偿等功能，可加工出符合图样要求的复杂形状（任意形状的曲线或曲面）的零件。现今的数控机床一般都是轮廓控制机床，如数控车床、数控铣床、加工中心。

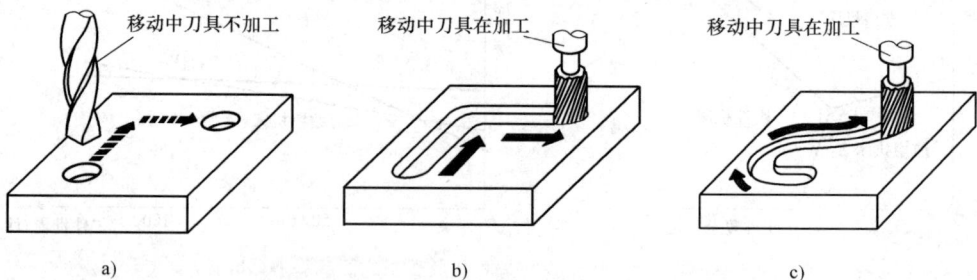

图1-7　数控机床按运动轨迹分类

（2）按伺服系统的控制原理分类

1）开环控制数控机床。开环控制数控机床没有位置检测装置，也不将位移的实际值反馈给数控装置和进给伺服单元，控制信号单向传送，如图1-8所示。开环控制数控系统通常选用功率步进电动机作为执行元件。数控装置每发出一个指令脉冲，经驱动电路功率放大后，驱动步进电动机旋转一个角度，再由传动机构带动工作台移动。系统精度取决于步进电动机的步距精度、工作频率，以及传动机构的传动精度，难以实现高精度加工。开环控制数控机床的优点是结构简单、成本较低、调试维修方便，适用于对精度、速度要求不十分高的经济型、中小型数控机床。

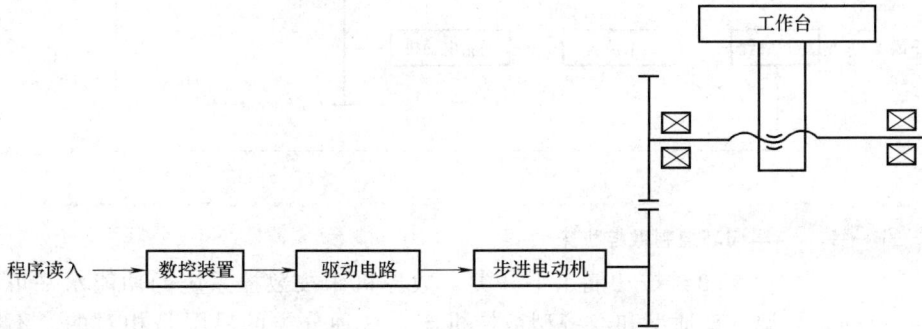

图 1-8　　开环控制数控机床

2）全闭环控制数控机床。全闭环控制系统配置了位置检测装置，能将位移实际值反馈给数控装置，并与位置指令值（插补计算值）相比较，计算位置偏差后，利用位置差值控制机床移动速度，直至位置差值消除。如图 1-9 所示，安装在工作台上的位置检测装置把工作台的实际位移量转变为电信号，反馈给数控装置，位置差值经过控制器调节后，控制伺服电动机转速，由电动机拖动机械传动装置，驱动工作台向位置误差减小的方向移动。系统精度理论上仅取决于位置检测装置的精度，消除了放大和传动部分的误差、间隙误差等的直接影响。该系统定位精度高，但系统较复杂，调试和维修较困难，对检测元件要求较高，需要有一定的防护措施，购置和使用成本高，适用于大型或比较精密的数控设备。

图 1-9
全闭环控制数控机床

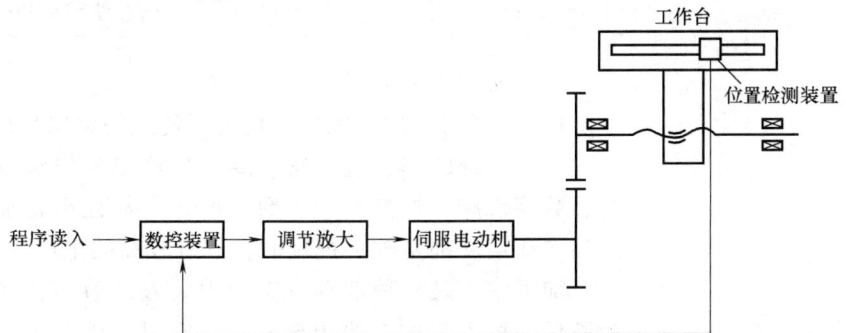

3）半闭环控制数控机床。半闭环控制数控机床与全闭环控制数控机床的不同之处仅在于，位置检测装置（编码器）安装在传动链的旋转部件上，如电动机输出轴或丝杠，不能直接检测工作台的实际位移量，而是通过部件的转角换算工作台的位移量，如图 1-10 所示。半闭环控制系统精度比全闭环控制系统低，但系统结构简单，便于调整，检测元件价格低，系统稳定性能好。目前，大多数数控机床都采用半闭环控制系统。

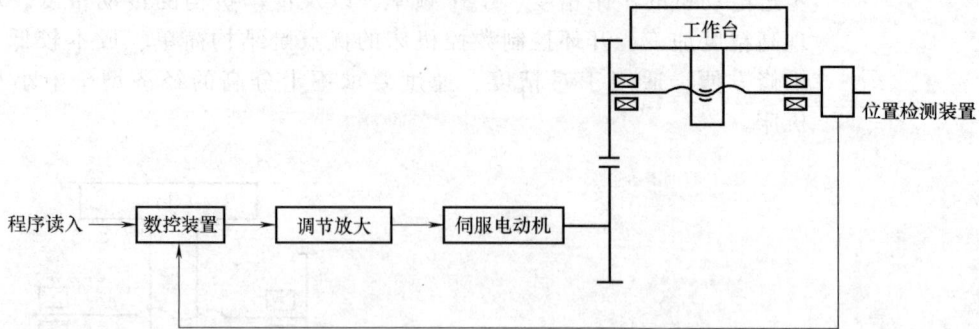

图 1-10　半闭环控制数控机床

（3）按功能水平分类　数控机床按数控系统的功能水平可分为高级型、普通型和经济型数控机床。这种分类的界限是相对的，不同时期的划分标准有所不同，就目前的发展水平来看，大体可按表 1-1 分类。

表 1-1
数控机床按功能水平
分类

项　目	经济型	普通型	高级型
分辨力和进给速度	10μm、8~15m/min	1μm、15~24m/min	0.1μm、15~100m/min
伺服进给类型	开环、步进电动机系统	半闭环直流或交流伺服系统	闭环直流或交流伺服系统
联动轴数	2 轴	3~5 轴	3~5 轴
主轴功能	不能自动变速	自动无级变速	自动无级变速、C 轴功能
通信能力	无	RS-232C 或 DNC 接口	MAP 通信接口、联网功能
显示功能	数码管显示、CRT 显示字符	CRT 显示字符、图形	三维图形显示、图形编程
内装 PLC	无	有	有
主 CPU	8 位 CPU	16 位或 32 位 CPU	64 位 CPU

（4）按工艺用途分类

1）金属切削数控机床。目前，传统的金属切削机床基本都实现了数控化，与传统的车、铣、钻、磨、齿轮加工相对应的数控机床有数控车床、数控铣床、数控钻床、数控磨床、数控齿轮加工机床等。这些机床的动作和运动都是数字控制的，具有较高的生产率和自动化程度。

加工中心是一种带有自动换刀装置的数控机床，突破了一台机床只能胜任一种工艺加工的传统模式。它以工件为中心，能实现工件一次装夹自动完成多种工序的加工。常见的有以加工箱体类零件为主的镗铣类加工中心，以及几乎能够完成各种回转体类零件所有工序加工的车削中心等。

2）特种加工数控机床。除了金属切削数控机床外，数控技术也大量用于数控电火花线切割机床、数控电火花成形机床、数控等离子弧切割机床、数控火焰切割机床以及数控激光加工机床等。

3）板材加工数控机床。金属板材加工的数控机床有数控剪板机、数控卷板机和数控折弯机等。近年来，其他机械设备中也大量采用了数控技术，如数控多坐标测量机、自动绘图机及工业机器人等。

● 1.3　数控机床的发展历程、现状与趋势

随着科技与生产的发展，机械产品日益精密复杂，更新换代日趋频繁，要求加工设备具有更高的精度和效率。另外，在产品加工过程中，单件小批量生产的零件约占机械加工总量的 80% 以上，加工品种多、批量小、形状复杂的零件时应采用通用性和灵活性较高的加工设备。数控机床就是一种灵活、通用、高精度、高效率的"柔性"自动化生产设备。

1.3.1　数控机床的发展历程

数控机床是为了解决复杂型面零件加工自动化而研制的。1948 年，美国 PARSONS 公司在研制加工直升机叶片轮廓用检查样板的机床时，首先提出了数控机床的设想，在麻省理工学院的协助下，于 1952 年试制成功世界上第一台数控机床样机。经过三年的改进和自动程序编制的研究，数控机床进入实用阶段，市场上出现了商品化数控机床。1958 年，美国 KEANEY & TRECKER 公司在世界上首先研制成功带有自动换刀装置的加工中心。

随着电子技术、计算机技术、自动控制和精密测量等相关技术的发展，数控机床也在迅速地发展，通常分为两个阶段六个时代。

第一个阶段为普通 NC 阶段，即逻辑数字控制阶段，其数控功能全部由硬件实现，故称为硬件数控，其可靠性不高，这个阶段数控系统的发展经历了三代。

第一代数控：1952—1959 年，采用电子管、继电器构成的专用数控装置。

第二代数控：从 1959 年开始，采用晶体管分立元件电路的专用数控装置。

第三代数控：从 1965 年开始，采用中、小规模集成电路的专用数控装置。

第二个阶段为 CNC 阶段，其数控功能部分由硬件实现，部分由软件实现，故称为软、硬件数控，这个阶段数控系统的发展经历了三代。

第四代数控：从 1970 年开始，采用大规模集成电路的小型通用计算机控制的数控系统。

第五代数控：从 1974 年开始，采用微处理器的微型计算机控制的数控系统。

第六代数控：自 20 世纪 90 年代起，基于个人计算机（Personal Computer，PC）平台的数控系统（称为 PC 数控系统）应运而生，数控系统的发展进入第六代。与前几代数控系统相比，第六代数控系统有不可比拟的先进性：一是具有很强的通用性；二是数控系统的存储量大幅度提

高；三是在使用上具有很强的灵活性，可以广泛使用图形和数据库技术，为软件技术的广泛使用提供了支撑；四是第六代数控系统使机械加工的网络化设想成为可能。

1.3.2 数控机床的技术现状

目前，在数控技术研究应用领域主要有两大阵营：一个是以发那科（FANUC）、西门子（SIEMENS）为代表的专业数控系统厂商；另一个是以山崎马扎克（MAZAK）、德玛吉（DMG）为代表，自主开发数控系统的大型机床制造商。MAZAK 提出了 Smooth Technology 的全新制造理念，以及基于 Smooth 技术的第七代数控系统。DMG 推出了 CELOS 系统，简化和加快了从构思到成品的过程，其应用程序（CELOS APP）如同操作智能手机一样简便直观，可完成机床数据、工艺流程及合同订单等的操作和显示，实现数字化和文档化管理。CELOS 系统可以实现车间与公司高层的整合。

大型船舶、航空、核电、海上风能等大型制造业的发展，带动了数控设备向大型化方向发展。德国希斯庄明有限公司开发的超大型单龙门移动式车削镗铣中心，是目前国际上最大的镗铣车复合加工设备，X 轴行程可达 60m，Y 轴行程达 14m，回转工作台直径为 12.5m。

我国于 1958 年开始研制数控机床，直到 20 世纪 70 年代，由于国外的技术封锁和我国基础条件的限制，数控技术发展较为缓慢。在生产中广泛使用简易的数控机床，它们以单片机作为微处理器，多以数码管作为显示器，用步进电动机作为执行元件。20 世纪 80 年代初，由于引进了国外先进的数控技术，我国数控机床在质量和性能上都有了很大提高，具有完备的手动操作面板和友好的人机界面，可以配直流或交流伺服驱动，实现半闭环或全闭环控制，能实现 2~4 轴联动控制，具有刀库管理功能和丰富的逻辑控制功能。20 世纪 90 年代起，我国向高档数控机床方向发展，一些高档数控攻关项目通过国家鉴定并陆续在工程上得到应用，比较典型的有航天Ⅰ型、华中Ⅰ型、华中-2000 型等。这些数控系统实现了高速、高精度和高效加工，能完成高度复杂的五坐标曲面实时插补控制，可加工出高复杂度的整体叶轮及复杂刀具。近几年来，我国数控产业发展迅速，现有 20 多家数控系统骨干企业，其中以华中数控、广州数控、航天数控等为代表。我国目前已能生产 100 多种数控机床，数控产品达几千种以上。一部分普及型数控机床的生产已形成一定规模，产品技术性能指标较为成熟，价格合理，在国际市场上具有一定的竞争力。目前，我国已进入高速、高精度数控机床生产国行列，成功开发出 9 轴联动、可控 16 轴的高档数控系统，打破了发达国家对我国的技术封锁和价格垄断，国产数控机床的分辨率已经提高到 0.001mm。虽然我国数控产品在研发和生产方面取得了较大进步，但产品主要集中在经济型，普通型和高级型产品的市场比例仍然较小，与国外一些先进产品相比，在可靠性、稳定性、速度和精度等方面均存在较大差距，主要原因在于信息化技术基础薄弱，对国外技术依存度高，产品成熟度较低，可靠性不高，创新能力低，市场竞争力不强。

1.3.3 数控机床的发展趋势

数控机床总的发展趋势是高速高效、高精度、高可靠性、复合化、开放式、智能化、网络化、云服务和云制造。

（1）高速高效 数控机床高速加工，可以极大地提高加工效率、降低生产成本，提高产品的表面加工质量。高速要求计算机系统读入加工指令数据后，能高速处理并计算出伺服系统的移动量，要求伺服系统做出高速反应；在极短空程内达到高速度，在高行程速度下保持高定位精度，要求数控机床具有良好的加（减）速度控制策略，以及高精度的位置检测装置和伺服系统。另外，要求主轴转速、进给率、刀具交换、托盘交换等各种关键部分实现高速化。在机床开发和设计过程中，需统筹考虑设备的全部技术特征。

（2）高精度 采取自动间隙补偿、自动监视和自动补偿伺服系统漂移等技术措施，可以获得精密加工和超精密加工，精度等级从微米级拓展到亚微米级，乃至纳米级。

（3）高可靠性 数控系统采用大规模专用集成电路和高速微处理器，通过制造过程中的严格筛选和校验，极大地提高了电路的可靠性。随着数字化技术的快速发展，未来数控机床的可靠性已经成为衡量数控系统质量的重要指标。

（4）复合化 复合化包括功能复合化和工序复合化。为了尽可能地缩短机床辅助时间，满足柔性化需要，可以整合不同加工功能于同一台机床上，获得多功能数控机床。工件在一台设备上一次装夹后，采取自动换刀和多轴联动等技术措施，完成多种工序和表面的加工。多轴联动数控机床，如加工中心，一次装夹可完成零件表面各种曲面的加工，显著地改善了表面加工精度，大幅度地提高了加工效率。

（5）开放式 开放式数控系统建立在统一运行平台上，通过改变、增加或裁剪数控功能，便捷地满足用户的特殊需求，可以将用户的技术诀窍快速地集成到系统中，能够快速地推出多品种、多档次的数控系统。

（6）智能化 随着人工智能技术的不断发展，人工智能技术在数控系统中获得了日益广泛的应用，包括基于神经网络控制、模糊控制、加工过程自适应控制、加工参数自主优化、故障智能诊断与自修复、故障回放和故障仿真、智能化交流伺服驱动等。

（7）网络化 数控机床实现了联网，可以接入车间和工厂的网络系统，能够满足生产线、制造系统和制造企业对信息集成的需求。例如，数控机床网络化后，可以实现 CAD、CAM、CAPP（计算机辅助工艺规划或设计，Computer Aided Process Planning）、MES 的便捷联结，以及制造过程的信息集成，催生新的制造模式和生产方式。

（8）云服务 数控机床的云服务平台构架，主要包含加工数据分析、数控机床故障诊断、生产流程优化、数据信息存储等内容。华中数控围绕新一代云数控主题，推出了配置机器人生产单元的新一代云数控系统和面向不同行业的数控系统解决方案。华中 8 型高端数控系统，结合网络化、信息化的技术平台，提供"云管家、云维护、云智能"三大功能，完成设备从生产到维护保养，以及改造优化的全生命周期管理，打造面向生产制造企业、机床厂商、数控厂商的数字化服务平台。数控机床产业的价值链获得了极大延伸，从以卖数控机床产品为主，演化成以增值服务为主。

（9）云制造　数控机床、工业机器人、移动机器人、输送线、检测设备或传感器等物理层设备组网后，借助 IaaS（基础设施）、PaaS（平台即服务）和 SaaS（软件即服务）支持，便可以构建智能制造系统或云制造系统。其中，IaaS 包括存储设施、计算设施和网络设施等，PaaS 包括开发平台、运营管理平台等，SaaS 指供云用户直接使用的各种应用软件。云制造是一种基于互联网，面向服务的制造新模式，能够实现制造资源和制造能力在全国或全球范围内共享和协同。信息技术与制造业的深度融合，正在引发制造业的产业变革。

思考与练习题

1-1　数控机床由哪些部分组成？各有什么作用？

1-2　数控系统中的 PLC 主要承担什么控制功能？

1-3　数控机床的工作流程是什么？

1-4　简述在线编程和离线编程的特点和应用场合。

1-5　数控机床有哪些主要特点？

1-6　哪些零件适于采用数控机床加工？

1-7　什么是点位控制、直线控制、轮廓控制数控机床？并简述其特点和应用。

1-8　简述开环、全闭环、半闭环控制数控机床的区别。

1-9　列举我国数控系统的主要品牌。

1-10　基于云服务的数控机床，将为数控机床产业带来哪些新变化？

第2章

数控加工工艺基础

本章提要

⊙ 内容提要:

本章首先概述了数控加工工艺内容及特点,介绍了零件加工工艺分析内容及方法,结合车削和铣削的特点,重点阐述了数控加工工艺设计的一般步骤及技术,最后提供了一些供参考使用的数控加工工艺文件。数控加工工艺设计与传统的机械加工工艺设计有很多相通之处,但一般采用工序集中,学习中要注意掌握关于刀具的几个概念。

通过本章的学习,要具备中等难度零件数控加工工艺分析及设计的能力。

⊙ 本章重点:

1) 零件加工工艺分析。

2) 数控加工工艺设计。

2.1 概述

拓展内容

大国工匠:

大技贵精

数控加工工艺是使用数控机床加工零件的一种工艺方法,数控加工工艺规程设计关系到所编零件加工程序的正确性与合理性。因为数控加工过程是在数控程序的控制下自动进行的,所以对数控程序的正确性与合理性要求特别高,不得有丝毫差错,否则加工不出合格零件;而数控程序是基于数控加工工艺编制的。

2.1.1 数控加工工艺内容

数控加工工艺规程是组织生产的主要依据,是工厂的纲领性文件。数控加工工艺规程设计与传统加工方法相似,但又有自身特点,主要包括下列内容及步骤:

1) 数控加工工艺内容的选择。选择适合在数控机床上加工的零件和工艺内容。

2) 数控加工方法的选择。根据零件类别和加工表面特征,结合企业现有装备情况和加工能力,选择加工方法。

3) 数控加工工艺性分析。进行零件图样和结构工艺性分析,明确加工内容及技术要求,在此基础上确定零件的加工方案。

4)数控加工工艺路线设计。包括工序的划分与内容的确定、加工顺序的安排、数控加工工序与传统加工工序的衔接等。

5)数控加工工序设计。包括工步的划分与走刀路线的确定、零件的装夹方案与夹具的选择、刀具的选择、切削用量的确定等。

6)数控加工工艺文件编制。包括数控编程任务书、数控机床调整单、数控加工工序卡片、数控加工走刀路线图、数控加工刀具卡片、数控加工程序单等。

2.1.2　数控加工工艺特点

数控加工与通用机床加工相比较,在许多方面遵循的原则基本一致。但由于数控机床本身自动化程度较高,控制方式不同,设备费用也较高,使得数控加工工艺又具有以下几个特点。

1. 工艺内容复杂具体

首先,数控加工工艺内容复杂。在数控加工前,要将机床的运动过程、零件的几何信息及工艺信息、刀具的形状、切削用量和走刀路线等都编入程序,这就要求程序设计人员具有多方面的知识基础。其次,数控加工工艺内容十分详细具体。通用机床上由操作工人在加工中灵活掌握并可通过适时调整来处理的许多工艺问题,在数控加工时都转变成为编程人员必须事先具体设计和具体安排的内容。再次,数控加工的工艺处理相当严密。在进行数控加工的工艺处理时,必须注意到加工过程中的每个细节,考虑要十分严密。编程人员不仅必须具备较扎实的工艺基础知识和较丰富的工艺设计经验,而且必须具有严谨踏实的工作作风,才能够做到全面周到地考虑零件加工的全过程,以及正确、合理地编制零件的加工程序。

2. 工序内容组合集中

现代数控机床具有刚性大、精度高、刀库容量大、切削参数范围广及多坐标、多工位等特点,有可能在工件一次安装中完成多种加工方法和由粗到精的全过程,甚至可在工作台上装夹几个相同或相似的工件进行加工。因此,组合数控加工工序内容时,往往采用工序集中。

工序集中可减少工件装夹次数,并尽可能在一次装夹后加工出全部待加工表面,易于保证表面间位置精度,并能减少工序间运输量,缩短生产周期;同时,由于工序数目减少,进而可减少机床和工艺装备数量、操作工人数和生产面积,还可简化生产计划和生产组织工作。

3. 难加工零件工艺不同于传统方法

对于简单表面的加工,数控加工与传统加工方法无大差异;但对于一些复杂表面、特殊表面或有特殊要求的表面,数控加工就有着与传统加工根本不同的加工方法。例如:对于曲线、曲面的加工,传统加工是用划线、样板、靠模、预钻、砂轮、钳工等方法,不仅费时费力,而且不能保证加工质量,甚至产生废品,而数控加工则用多坐标联动自动控制方法加工,加工精度高,可达 0.0001~0.01mm,且不受产品形状及其复杂程度的影响，自动化加工消除了人为误差，使同批产品加工质量更稳定。采用数控加工，要正确选择加工方法和加工内容，甚至有时还要在基本不改变零件原有性能的前提下，对其形状、尺寸、结构等做适应数控加工的修改。

◉ 2.2　零件加工工艺分析

被加工零件的数控加工工艺性问题涉及面很广，应力求把这一前期准备工作做得仔细、扎实一些，以减少后续工作失误与返工，不留遗患。

2.2.1　零件图分析，确定数控加工的内容

1. 尺寸标注方法分析

零件图上的尺寸标注应符合数控车削加工特点。如图 2-1 所示，应以同一基准标注尺寸或直接给出坐标尺寸。这种标注方法既便于编程，又有利于设计基准、工艺基准、测量基准和编程原点的统一。

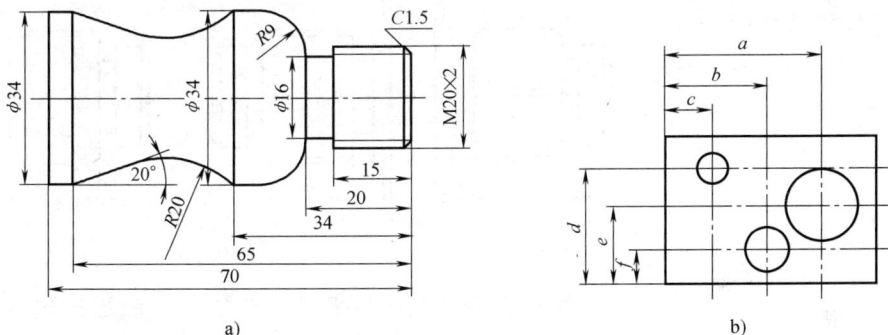

图 2-1

尺寸标注示例
a）车加工零件
b）铣加工零件

2. 轮廓几何要素分析

在手工编程时，要计算每个基点坐标；在自动编程时，要对构成零件轮廓的所有几何元素进行定义。因此，轮廓几何要素的条件应完整、准确。由于设计、制图等多方面原因，可能出现构成轮廓几何要素条件不充分、尺寸模糊不清或错误等情况，此时应与设计人员协商修改。

3. 精度及技术要求分析

只有在分析零件相关精度和表面粗糙度的基础上，才能对加工方法、装夹方式、刀具及切削用量进行正确而合理的选择。精度及技术要求分析的主要内容如下：

1）分析精度及各项技术要求是否齐全、合理。

2）分析本工序的数控加工精度能否达到图样要求，若达不到而需采取其他措施（如磨削）弥补的话，则应给后续工序留有余量。

3）找出图样上有位置精度要求的表面，这些表面应在一次安装下完成。

4）对表面粗糙度要求较高的表面，应确定用恒线速切削。

4. 确定数控加工内容

对于一个零件来说，并非全部加工工艺内容都适合在数控机床上完

成，而往往只是其中的一部分工艺内容适合数控加工。在考虑选择内容时，应结合本企业设备的实际，立足于解决难题、攻克关键问题和提高生产率，充分发挥数控加工的优势。

2.2.2　零件结构的工艺性分析

1. 车削类零件的结构工艺性

（1）几何类型及尺寸统一性分析　零件的外形、内腔最好采用统一的几何类型及尺寸，这样不仅可以减少换刀次数，还可应用控制程序或专用程序以缩短程序长度；零件的形状尽可能对称，便于利用数控机床的镜像加工功能来编程，以简化编程。如图 2-2a 所示，零件形状轴向对称，可简化编程；但退刀槽宽度不统一，需用两把不同宽度的切槽刀切槽，若无特殊需要，这显然是不合理的。若改成图 2-2b 所示结构，只需一把切槽刀即可，既减少了刀具数量，少占了刀架刀位，又节省了换刀时间。

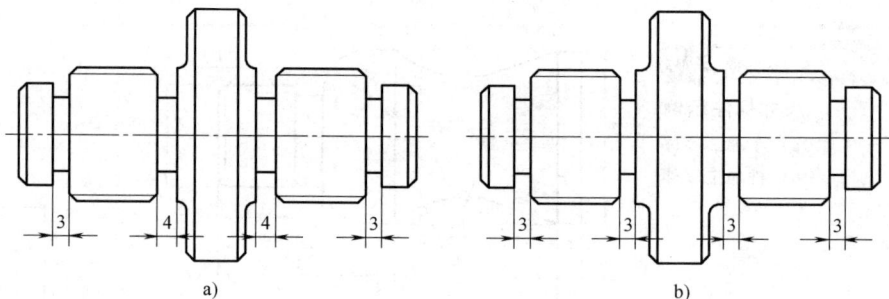

图 2-2

零件几何尺寸统一性
示例

（2）表面精度及技术要求分析　一般零件包括配合表面与非配合表面。配合表面有较高的精度及技术要求，其加工工艺一般安排如下：先粗车去除余量以接近工件形状，再半精车至留有余量的工件轮廓形状，最后精加工完成工件轮廓；而非配合表面因精度及技术要求较低，为提高生产率、延长刀具寿命，往往不安排精车或半精车工序。也就是说，粗加工时只对需精加工的部位留余量，这就需在编制粗加工工艺时，改变被加工工件精加工部位的尺寸。设图样标注尺寸为 D，改变后的尺寸为 D_1，则 $D_1 = D \pm$ 精加工余量（外廓取"+"，内腔取"-"）。采用改变工件结构尺寸的方法可以避免对工件不必要的部位进行精加工。

（3）悬伸结构分析　大部分车削是在工件悬伸状态下进行的，即工件尾端无支承或用顶尖支承。车削过程中将引起工件变形，可采用以下方法减小悬伸过长造成的变形：

1）合理选择刀具角度。主偏角选择尽量大些，常选为 93°，以减小背吃刀力；前角也尽量选择大些，一般选为 15°~30°；刃倾角选为正值，可选为 3°；刀尖圆弧半径选为小于 0.3mm。

2）选择合适的粗车循环方式。数控车削粗加工一般余量较大，应选用粗车循环方式去除余量，有两种方式：一种是局部循环去除余量，如图 2-3a 所示；另一种是整体循环去除余量，如图 2-3b 所示。

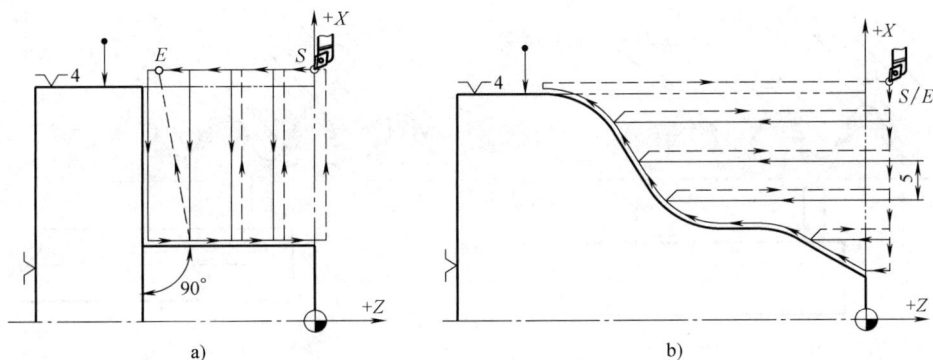

图 2-3　**粗车循环去除余量**

　　整体循环方式径向进刀次数少、效率高，但会在切削开始时就减小工件根部尺寸，削弱工件抵抗切削变形的能力；局部循环方式增加了径向进刀次数、降低了加工效率，但增强了工件抵抗切削变形的能力。

　　3）改变刀具轨迹补偿切削变形。如果工件悬伸量过大，采用上述方法仍不能有效地控制切削变形，那么可以改变刀具轨迹来补偿因切削力引起的工件变形，加工出符合图样要求的工件。刀具轨迹的修改要根据实际测得的工件变形量来设计。

　　（4）内腔狭小类结构分析　某些套类零件直径小、长度长、内表面起伏较大，使得切削空间狭小、刀具动作困难。如图 2-4 所示的汽车加速杆螺纹套模具的凹模型腔，腔深且长，加工内螺纹时，为保证镗刀杆刚性，刀杆应尽可能粗。与加工阶梯轴一样，首先用粗车循环去除余量，通常考虑采用图 2-5a 所示的零点偏移方式，但由于镗刀需要较大退刀空间而无法实现，因此需根据零件内轮廓形状重新设计刀具走刀路线，不能按照工件的结构形状编程。重新设计的刀具走刀路线如图 2-5b 所示。

　　（5）薄壁结构分析　薄壁类零件刚性差，切削过程中易产生振动和变形，承受切削力和夹紧力能力差，易引起热变形。为提高加工精度，数控车削此类零件时可采取下列措施：

图 2-4

汽车加速杆螺纹套
模具的凹模型腔

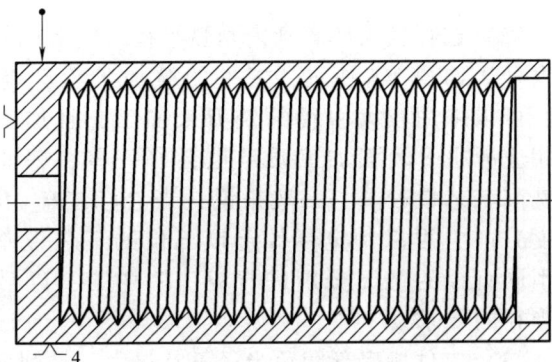

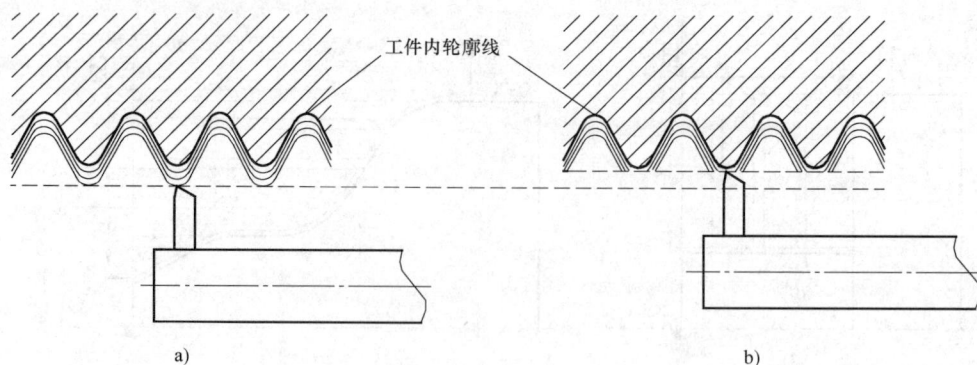

工件内轮廓线

a)   b)

图 2-5   刀具粗车循环走刀路线

1）增加切削工序以逐步修正由于加工所引起的工件变形。薄壁类零件可安排粗车→半精车→精车几道工序，在半精车中修正因粗车引起的工件变形，其中半精车余量等于粗加工后工件变形量加上精加工余量。如果还不能消除变形，则要根据变形情况再适当增加切削工序。

2）粗、精加工工序分开，先内、外表面粗加工，再内、外表面精加工，依次类推，均匀切除材料。

3）粗加工内、外表面时先加工余量较大部位，若内、外表面余量相同，则先加工内孔。

4）精加工时，先加工精度要求低的表面，再加工精度要求高的表面。

5）增加装夹接触面积，保证刀具锋利，加注切削液。

2. 铣削类零件的结构工艺性

（1）保证获得要求的加工精度   虽然数控铣床的加工精度高，但对一些特殊情况，如过薄的肋板与底板零件，因为加工时产生的切削拉力及薄板的弹性退让极易产生切削面的振动，使薄板厚度尺寸公差难以保证，其表面粗糙度值也将增大。根据实践经验，当面积较大的薄板厚度小于 3mm 时就应充分重视这一问题，并采取相应措施来保证其加工精度。如在编程时，利用机床的循环功能，减小每次进刀的切削深度或切削速度，从而减小切削力等方法，来控制零件在加工过程中的变形与振动。

（2）选择较大的轮廓内圆弧半径   轮廓内转接圆弧半径常限制刀具的直径。如图 2-6 所示，工件的被加工轮廓高度低，转接圆弧半径也大，可以采用较大直径的铣刀来加工，且加工其底板面时，进给次数也相应减少，表面加工质量也会好一些，因此工艺性较好；反之，数控铣削工艺性较差。一般来说，当 $R<0.2H$（H 为被加工轮廓面的最大高度）时，可以判定零件上该部位的工艺性不好。这种情况下，应选用不同直径的铣刀分别进行粗、精加工，以最终保证零件上内转接圆弧半径的要求。

（3）零件槽底部圆角半径不宜过大   铣削面的槽底面圆角或底板与

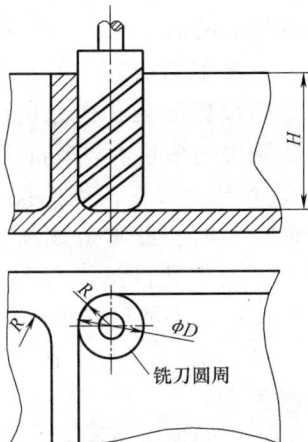

肋板相交处的圆角半径 r（图 2-7）越大，铣刀端刃铣削平面的能力越差，效率也越低，当 r 大到一定程度时甚至必须用球头铣刀加工，这是应当尽量避免的。因为铣刀与铣削平面接触的最大直径 $d = D - 2r$（D为铣刀直径），当 D 越大而 r 越小时，铣刀端刃铣削平面的面积越大，加工平面的能力越强，铣削工艺性当然也越好。有时，当铣削的底面面积较大，底部圆弧 r 也较大时，只能用两把圆角半径 r 不同的铣刀（一把圆角半径 r 小些，另一把圆角半径 r 符合零件图样的要求）分两次进行切削。

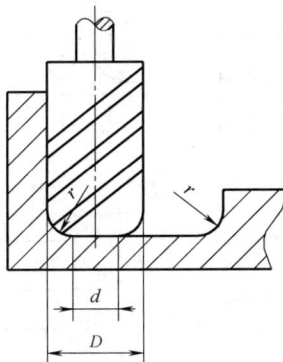

（4）尽量统一零件外廓、内腔的几何类型和有关尺寸 数控铣床上多换一次刀会增加不少新问题，如增加铣刀规格、计划停车次数和对刀次数等，不但给编程带来许多麻烦，增加生产准备时间而降低生产率，而且会因频繁换刀增加工件加工面上的接刀阶差而降低表面质量。因此，在一个零件上应尽量统一零件外廓、内腔的几何类型和有关尺寸。一般来说，即使不能寻求完全统一，也要力求将数值相近的圆弧半径分组靠拢，达到局部统一，以尽量减少铣刀规格与换刀次数，提高表面质量。

（5）保证基准统一原则 有些工件需要在铣完一面后再重新安装铣削另一面，由于数控铣削时不能使用通用铣床加工时常用的试切方法来接刀，往往会因为工件的重新安装而接不好刀（即与上道工序加工的面接不齐或造成本来要求一致的两对应面上的轮廓错位）。这时，最好采用统一基准定位，因此零件上最好有合适的孔作为定位基准孔。如果零件上没有基准孔，也可以专门设置工艺孔作为定位基准（如在毛坯上增加工艺凸耳或在后续工序要铣去的余量上设基准孔）。

（6）分析零件的变形情况　工件在数控铣削加工时的变形，不但影响加工质量，而且当变形较大时，经常造成加工不能继续进行下去。这时就应当考虑采取一些必要的工艺措施进行预防，如对钢件进行调质处理，对铸铝件进行退火处理；对不能用热处理方法解决的，也可考虑粗、精加工及对称去余量等常规方法。此外，还要分析加工后的变形问题，采取相应工艺措施进行修正。

典型铣削件的结构工艺性实例见表 2-1。

表 2-1 典型铣削件的结构工艺性实例

序号	工艺性差的结构 A	工艺性好的结构 B	说明
1			B 结构可选用较高刚性刀具
2			B 结构需用刀具比 A 结构少，缩短了换刀的辅助时间
3			B 结构 R 大、r 小，铣刀端刃铣削面积大，生产率高
4			B 结构 a>2R，便于半径为 R 的铣刀进入，所需刀具少，生产率高

（续）

序号	工艺性差的结构 A	工艺性好的结构 B	说明
5	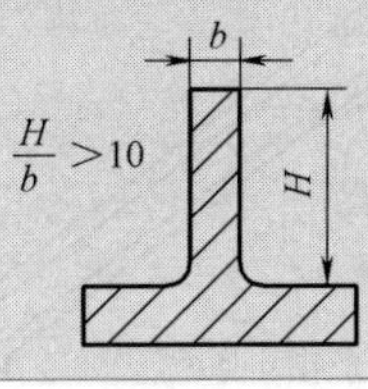	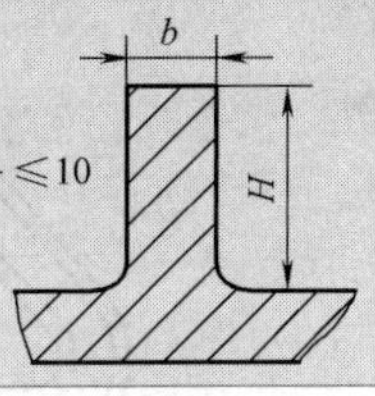	B 结构刚性好，可用大直径铣刀加工，生产率高
6	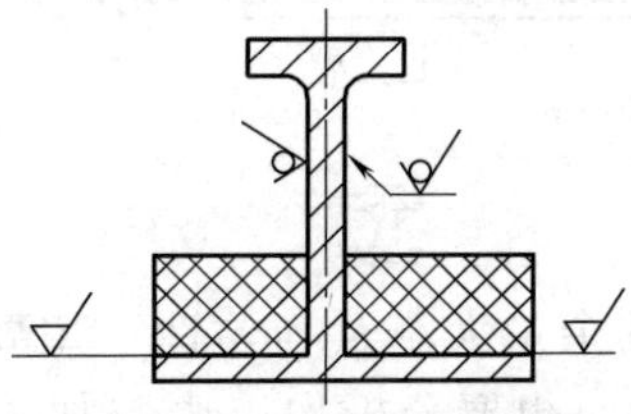	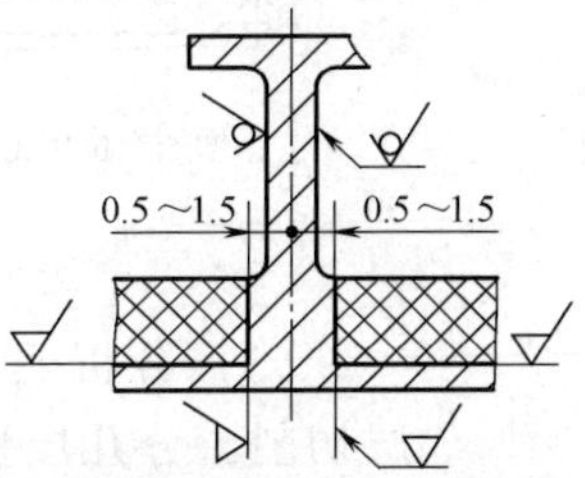	B 结构在加工面和不加工面之间加入过渡表面，减少了切削量
7	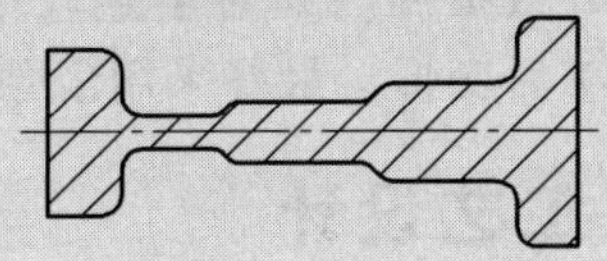	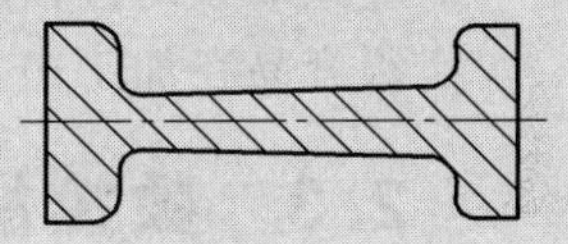	B 结构用斜面筋代替阶梯筋，节约了材料，简化编程
8	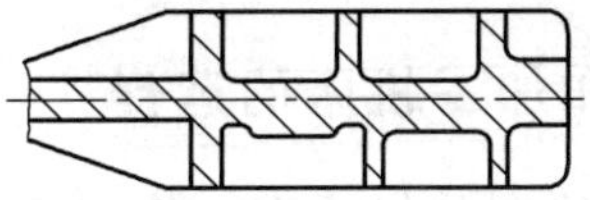	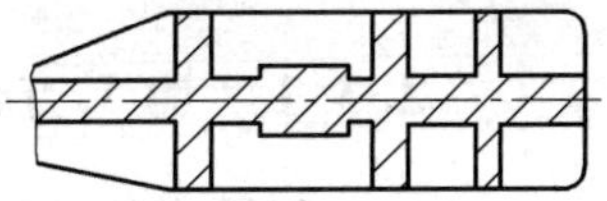	B 结构采用对称结构，简化编程

2.2.3　零件毛坯的工艺性分析

　　零件在进行数控加工时，由于加工过程的自动化，使余量的大小、如何装夹等问题在设计毛坯时就要仔细考虑好，否则加工将很难进行下去。根据经验，下列几方面应作为毛坯工艺性分析的要点。

　　（1）毛坯应有充分、稳定的加工余量　毛坯一般是锻、铸件。因模锻时的欠压量与允许的错模量会造成余量多少不等；铸造时也会因砂型误差、收缩量及金属液体的流动性差不能充满型腔等造成余量不等。此外，锻、铸后，毛坯的翘曲与扭曲变形量的不同也会造成加工余量不充分、不稳定。因此，除板料外，不论是锻件、铸件还是型材，只要准备采用数控加工，其加工面均应有较充分的余量。经验表明，数控加工中最难保证的是加工面与非加工面之间的尺寸，这一点应特别重视。在这种情况下，如果已确定或准备采用数控加工，则应事先对毛坯的设计进行必要更改或在设计时就加以充分考虑，即在零件图样注明的非加工面处也增加适当余量。

　　（2）分析毛坯的装夹适应性　主要是考虑毛坯在加工时定位夹紧方面的可靠性与方便性，以便在一次安装中加工出较多表面。对不便于装夹的毛坯，可考虑在毛坯上另外增加装夹余量或工艺凸台、工艺凸耳等辅助基准。如图 2-8 所示，该工件缺少合适的定位基准，可在毛坯上铸出两个工艺凸耳，在凸耳上制出定位基准孔。

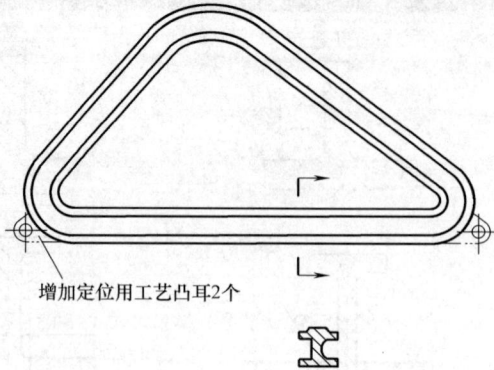

增加定位用工艺凸耳2个

（3）分析毛坯的余量大小及均匀性　主要是考虑在加工时要不要分层切削，分几层切削。也要分析加工中与加工后的变形程度，考虑是否应采取预防性措施与补救措施。如对于热轧中、厚铝板，经淬火时效后很容易在加工中与加工后变形，最好采用经预拉伸处理后的淬火板坯。

2.3　数控加工工艺设计

2.3.1　加工方法和加工机床的选择

加工方法选择的原则是保证表面的加工精度和表面粗糙度要求。由于获得同一级精度及表面粗糙度要求的加工方法一般有多种，故在实际选择加工方法时，应结合零件的加工精度、表面粗糙度、结构形状、尺寸、材料及生产类型等因素综合考虑。

1. 回转体零件

对于轴套类、轮盘类回转体零件，一般由同轴线的圆柱面、圆锥面、圆弧面、退刀槽、螺纹及键槽等要素组成，可用数控车床或数控磨床来加工。如图 2-1a 所示的轴，其轮廓由直线、圆弧和螺纹构成，加工余量大且不均匀。可考虑用粗车循环指令切出零件精加工轮廓，再用精车循环指令加工出零件轮廓，然后进行切槽和车螺纹加工，最后切断工件。

2. 平面和曲面类零件

平面可在数控铣床上采用面铣刀和立铣刀加工。粗铣的尺寸精度和表面粗糙度一般可达 IT11～IT13 和 $Ra6.3～25\mu m$，精铣的尺寸精度和表面粗糙度一般可达 IT8～IT10 和 $Ra1.6～6.3\mu m$。当零件表面粗糙度要求较高时，应尽量采用顺铣方式。

平面轮廓零件的轮廓多由直线和圆弧构成，一般可在两坐标联动的数控铣床上加工；也可在数控线切割机床上加工，特别是对有斜度的平面轮廓，在数控线切割机床上加工更加方便。图 2-9 所示为平面轮廓零件的加工，若采用半径为 R 的铣刀，则双点画线为刀具中心的运动轨迹。

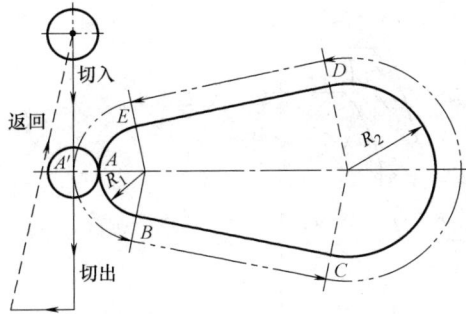

图 2-9

平面轮廓零件的加工

对与水平面成一固定夹角的斜面进行加工，如图 2-10 所示，可用不同的刀具，有各种不同的加工方法，因此应考虑零件的尺寸要求、倾斜的角度、主轴箱的位置、刀具的形状、机床的行程、零件的安装、编程的难易程度等因素之后选定一个比较好的加工方法。

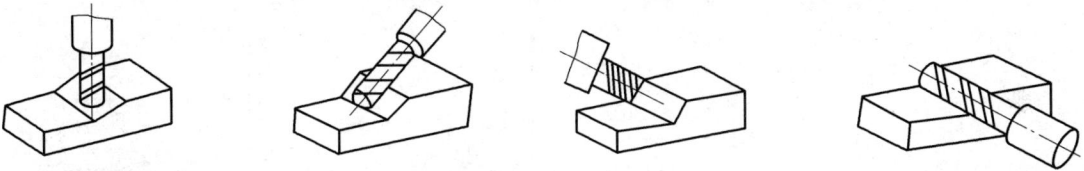

图 2-10　　主轴摆角加工固定斜角面

对于一些飞机上具有变斜角的外形轮廓的零件，最理想的加工方法是用多坐标联动的数控铣床加工，如图 2-11a 所示的四坐标联动加工变斜角面，图 2-11b 所示的五坐标联动加工变斜角面。若没有多坐标联动的数控铣床，则可用锥形铣刀或鼓形铣刀在两轴半坐标铣床上多次行切来加工，如图 2-12 所示。

立体曲面的加工应根据曲面形状、刀具形状以及精度要求采用不同的铣削加工方法，如两轴半、三轴、四轴及五轴等联动加工，如图 2-13 所示。为保证加工质量和使刀具受力状况良好，加工中尽量使刀具回转中心线与加工表面处处垂直或相切。

图 2-11

四、五坐标数控铣床
加工零件变斜角面

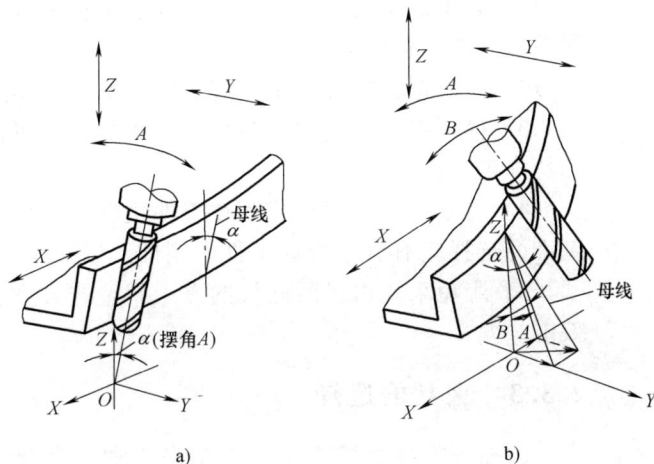

a)　　　　　　　　　　　　　b)

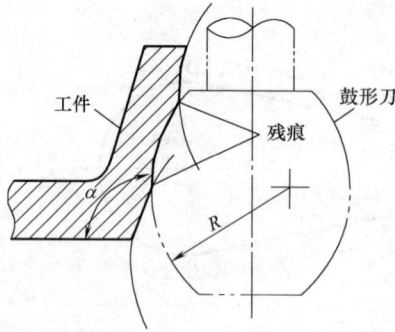

图 2-12
用鼓形铣刀分层铣削
变斜角面

3. 孔系零件

这类零件孔数多、孔间位置精度较高，宜采用数控钻床、数控镗床或加工中心来加工。编程时，应多采用子程序以减少程序段的数目，减轻程序员的工作强度并提高加工的可靠性。

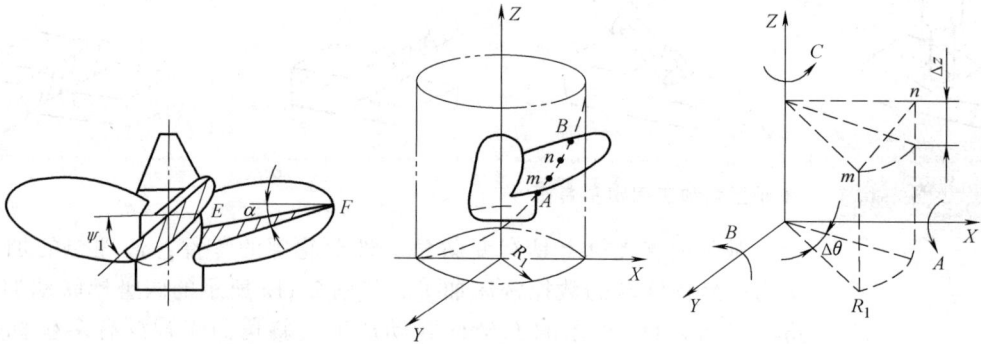

图 2-13　曲面的五坐标联动加工

2.3.2　定位基准的选择

数控机床上工件安装时要合理选择定位基准和夹紧方法，需注意以下几点：

1）力求使工艺基准与设计基准、编程计算的基准统一，以减少定位误差对尺寸精度的影响。

2）一般选择零件上不需加工的平面和孔作为定位基准。

3）尽量将工序集中，减少装夹次数，尽可能在一次装夹后加工出全部待加工表面。

4）夹紧力的作用点应落在工件刚性较好的部位。对于薄板件，定位基准的选择应有利于提高工件的刚性，以减小切削变形。

5）避免采用占机时间长的人工调整式方案，以充分发挥数控机床的效能。

2.3.3　夹具的选择

为充分发挥数控机床的高精高效和自动化的效能，工件的定位夹紧需适应数控机床的要求。装夹方案的选择关键在于夹具的选用。数控加工用夹具应具有较高的定位精度和刚性，结构简单，通用性强，一次装夹可加工多个表面，便于在机床上安装及迅速装卸工件等特性。

1）单件小批量生产时，应采用组合夹具、可调夹具和其他通用夹具，以缩短准备时间、节省生产成本。

2）成批生产时，一般采用专用夹具，并力求简单可靠，其定位夹紧效率高。

3）大批大量生产时，应考虑采用多工位夹具、机动夹具，如液压、气动夹具。

2.3.4　工艺路线的设计

数控加工工艺路线设计与通用机床加工工艺路线设计的主要区别在于它往往不是指从毛坯到成品的整个工艺过程，而仅是几道数控加工工序工艺过程的具体描述。由于数控加工工序一般都穿插于零件加工的整个工艺过程中，因而要与其他加工工艺衔接好。常见工艺流程如图 2-14 所示。数控加工工艺路线设计中应注意以下几个问题：

图 2-14

工艺流程

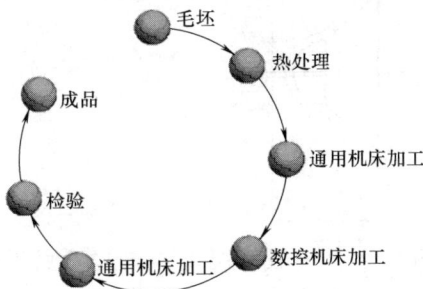

1. 工序的划分

在数控机床上加工零件，应按工序集中的原则划分工序，粗、精加工在一次装夹下完成，但应分开进行；同时，还要尽量提高生产率，减少换刀次数与空行程，加工路线应尽量短。根据数控加工的特点，工序的划分可按下列方法进行：

（1）按零件装夹方式划分工序　这种方法适合于加工内容较少的零件，加工完后就能达到待检状态。通常以一次安装、加工作为一道工序。

（2）按所用刀具划分工序　为减少换刀次数，压缩空程时间，减少不必要的定位误差，可按刀具集中工序的方法加工零件，即在一次装夹中，尽可能用同一把刀具加工出可能加工的所有部位，然后再换另一把刀具加工其他部位。在专用数控机床和加工中心中常采用这种方法。

（3）按零件加工表面划分工序　将位置精度要求较高的表面安排在一次安装下完成，以免多次安装所产生的安装误差影响加工后的位置精度。

（4）按加工部位划分工序　对于加工内容很多的工件，可按其结构特点将加工部位分成几个部分，如内腔、外形、曲面或平面，并将每一部分的加工作为一道工序。

（5）按粗、精加工划分工序   对于毛坯余量较大和加工精度要求较高的零件，应将粗、精加工分开，分成两道或更多道工序。将粗加工安排在精度较低、功率较大的机床上，将精加工安排在精度较高的数控机床上。通常在一次安装中，不允许将工件某一部分表面加工完毕后，再加工工件的其他表面。

2. 加工顺序的安排

加工顺序的安排一般应遵循以下原则：

（1）先粗后精   按照粗加工→半精加工→精加工的顺序进行，逐步提高加工精度。粗加工的目的是提高金属切除率，同时满足精加工的余量均匀性要求，如图 2-15 所示，粗车要切除双点画线内部分，常采用循环指令。若粗加工后所留余量的均匀性满足不了精加工的要求，则需安排半精加工，以此为精加工做准备。精加工要保证加工精度，按图样尺寸一刀切出零件轮廓。

图 2-15
先粗后精

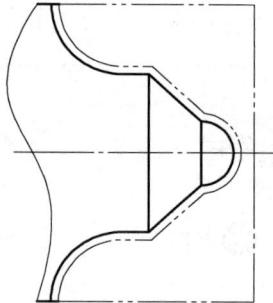

（2）先近后远   一般情况下，离起刀点近的部位先加工，离起刀点远的部位后加工，以便缩短刀具移动距离，减少空行程时间。对车削而言，先近后远还有利于保持坯件或半成品的刚性，改善其切削条件。例如加工图 2-16 所示零件，若第一次吃刀量未超限，则应按 $\phi34\text{mm}\rightarrow\phi36\text{mm}\rightarrow\phi38\text{mm}$ 的次序先近后远地安排加工顺序。

图 2-16
先近后远

起刀点

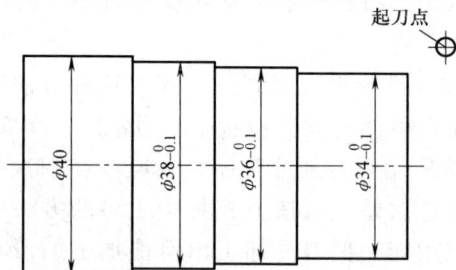

$\phi40$ $\phi38_{-0.1}^{0}$ $\phi36_{-0.1}^{0}$ $\phi34_{-0.1}^{0}$

（3）内外交叉   对内、外表面均需加工的零件，应先内、外表面粗加工，再内、外表面精加工；粗加工内、外表面时先加工余量较大部位，若内、外表面余量相同，则先加工内腔；精加工时先加工精度要求低的表面，再加工精度要求高的表面。

（4）基面先行   用作精基准的表面应优先加工出来，因为定位基准的表面越精确，装夹误差就越小。例如，加工轴类零件时，总是先加工中心孔，再以中心孔为精基准加工外表面和端面。

安排加工顺序时，还应考虑上道工序的加工不能影响下道工序的定位与夹紧，中间穿插有通用机床加工工序的也应综合考虑；以相同定位、夹紧方式加工或用同一把刀具加工的工序，最好连续加工，以减少重复定位次数、换刀次数与挪动压板次数。

3. 数控加工工序与传统加工工序的衔接

数控加工工序前后一般都穿插有其他传统加工工序，若衔接得不好，就容易产生矛盾。因此在熟悉整个加工工艺内容的同时，要清楚数控加工工序与传统加工工序各自的技术要求、加工目的、加工特点，如要不要留加工余量，留多少；定位面与孔的精度要求及几何公差；对校形工序的技术要求；对毛坯的热处理状态等，这样才能使各工序达到相互满足加工需要，且质量目标及技术要求明确，交接验收有依据。

2.3.5 走刀路线的确定

走刀路线泛指刀具从对刀点（或机床固定原点）开始运动起，直到返回该点并结束加工程序所经过的路径，包括切削加工的路径及刀具切入、切出等非切削空行程。走刀路线是刀具在整个加工工序中的运动轨迹，不但包括了工步的内容，也反映出工步顺序，是编写程序的依据之一。走刀路线的确定总体上有以下原则：

1）应能保证零件的加工精度和表面粗糙度要求。

2）应尽量缩短走刀路线，减少刀具空程移动时间。

3）最终轮廓尽量一次进给完成。

4）选择使工件在加工后变形小的路线。

5）应使数值计算简单，程序段数量少，以减少编程工作量。

1. 车削走刀路线的确定

（1）粗加工走刀路线确定原则　数控车削粗加工时，若余量过大，则一般要应用循环功能切除余量。对轴套类工件，可沿径向进刀、轴向走刀路线加工；对轮盘类工件，可沿轴向进刀、径向走刀路线加工；对铸锻件，因毛坯与零件形状相似，故可沿工件轮廓线加工，逐渐逼近图样尺寸。另外，粗加工走刀路线还要注意以下原则：

1）最短的空行程路线。

① 起刀点。图 2-17 为采用矩形循环方式进行粗车，其对刀点 O 偏离工件较远，是为满足换刀需要。图 2-17a 将起刀点 A 与对刀点 O 重合，沿 $A \rightarrow B \rightarrow C \rightarrow D \rightarrow A \rightarrow E \rightarrow F \rightarrow G \rightarrow A \rightarrow H \rightarrow I \rightarrow J \rightarrow A$ 走刀路线加工；图 2-17b 将起刀点 A 与对刀点 O 分离，沿 $O \rightarrow A \rightarrow B \rightarrow C \rightarrow D \rightarrow A \rightarrow E \rightarrow F \rightarrow G \rightarrow A \rightarrow H \rightarrow I \rightarrow J \rightarrow A \rightarrow O$ 走刀路线加工。显然，图 2-17b 所示走刀路线短，避免了不必要的空行程，可省加工时间，降低机床部件损耗。

② 换（转）刀点。为了考虑换（转）刀的方便和安全，有时将换（转）刀点也设置在离工件较远的位置（图 2-17 中的 O 点），则换第二把刀后，进行车削时的空行程路线必然较长；如果将第二把刀的换刀点

也设置在图 2-17b 中的 *A* 点位置上，则可缩短空行程距离。

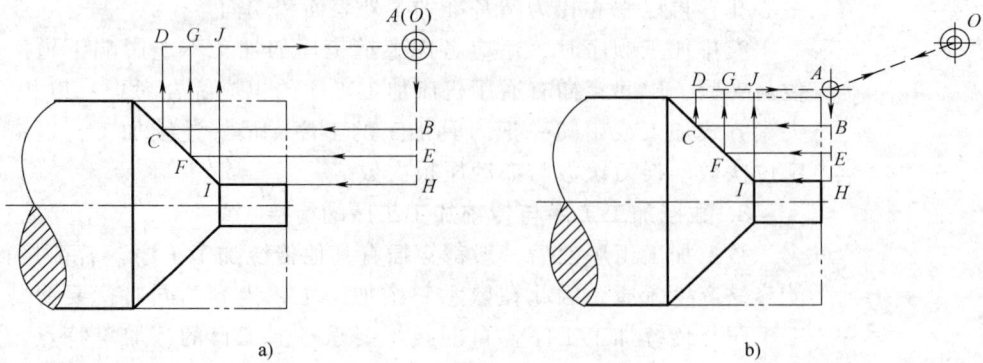

图 2-17 **图 2-17** 起刀点

③ 合理安排"回零"路线。在手工编制较为复杂轮廓的加工程序时，编程人员常常将每一刀加工完后的刀具终点通过"回零"返回到对刀点位置，再执行后续程序，这样增加了走刀路线的长度。因此，合理安排"回零"路线时，应使前一刀终点与后一刀起点间的距离尽量缩短，或者为零，则走刀路线为最短。此外，返回对刀点时，在不发生加工干涉的前提下，宜尽量采用 *X*、*Z* 坐标轴双向同时"回零"，则"回零"路线将是最短的。

2）最短的切削走刀路线。切削走刀路线应尽量短，可有效提高生产率、降低刀具和机床的损耗。图 2-18 为三种不同的轮廓粗车走刀路线，其中图 2-18a 为利用数控系统具有的封闭式复合循环功能控制车刀沿工件轮廓线进给的路线；图 2-18b 为三角形循环走刀路线；图 2-18c 为矩形循环走刀路线，其路线的总长为最短，因此在同等切削条件下，其切削时间最短，刀具损耗最少。

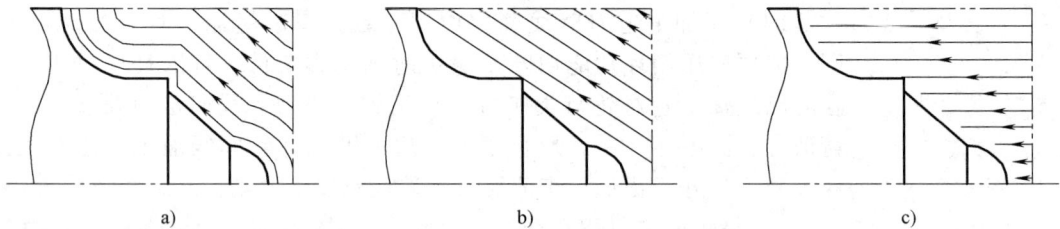

图 2-18 粗车走刀路线示例

3）大余量毛坯的阶梯切削走刀路线。图 2-19 所示为大余量毛坯的阶梯切削走刀路线，分别沿 1→6 顺序切削。在同样背吃刀量的条件下，图 2-19a 所示方式加工所剩的余量过多，是错误的阶梯切削走刀路线；而图 2-19b 所示方式每次切削所留余量相等，是正确的阶梯切削走刀路线。

根据数控车床加工的特点，还可以放弃常用的阶梯车削法，改用依次从轴向和径向进刀，顺工件毛坯轮廓进给的走刀路线，如图 2-20所示。

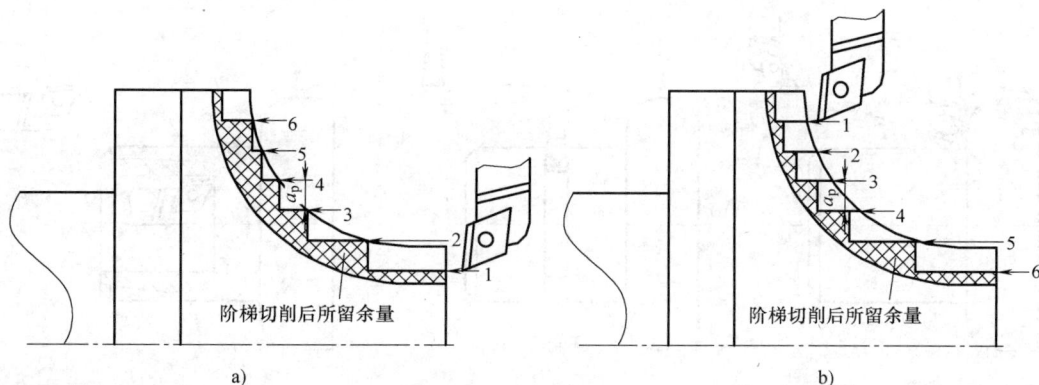

图 2-19　大余量毛坯的阶梯切削走刀路线

图 2-20

双向进刀的走刀路线

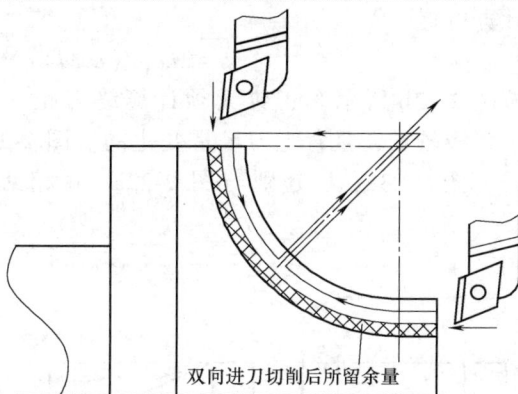

（2）精加工走刀路线确定原则　精加工工序一般由一刀或多刀完成，但其工件的完工轮廓应由最后一刀连续加工而成。这时，加工刀具的进、退刀位置要考虑妥当，尽量不要在连续的轮廓中安排切入和切出或换刀及停顿；另外，刀具切入、切出方向应尽量沿工件表面切线方向，以免因切削力突然变化而造成弹性变形，致使光滑连接轮廓上产生表面划伤、形状突变或滞留刀痕等缺陷。

（3）常用加工路线分析

1）进、退刀路线分析。为提高加工效率，刀具从起刀点或换刀点运动到接近工件加工部位及加工完成后退回到起刀点或换刀点是以快速运动进行的。进、退刀路线设计原则是在保证不与工件碰撞的前提下，尽量使路线最短。图 2-21 所示为三种退刀方式，图 2-21a 为斜线退刀方式，路线最短，如车削外圆表面的偏刀退刀；图 2-21b 为径-轴向退刀方式，如切槽加工退刀；图 2-21c 为轴-径向退刀方式，如粗镗内腔表面的偏刀退刀。进刀路线与退刀路线相似，仅是方向相反。

2）粗车圆锥的走刀路线分析。粗车圆锥有车正锥和车倒锥两种情况，每种情况又有两种加工路线。图 2-22 所示为车正锥的两种加工路线，按图 2-22a 所示车正锥加工路线较短，但要计算终刀距 S。根据图示，设圆锥大径为 D，小径为 d，锥长为 L，背吃刀量为 a_p，则由相似三

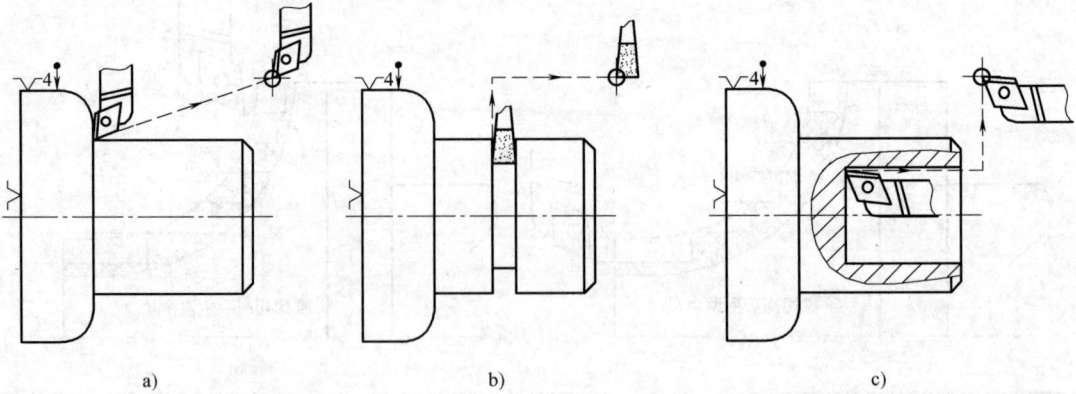

a)   b)   c)

图 2-21   三种退刀方式

角形计算可得

$$S = 2La_p/(D-d) \tag{4-1}$$

按图 2-22b 所示车正锥无须计算终刀距，只需确定背吃刀量即可，但加工路线较长，且背吃刀量是变化的。图 2-23 所示为车倒锥的两种加工路线，图 2-23a、b 分别与图 2-22a、b 相对应，其车锥原理与正锥相同。

图 2-22 车正锥的两种加工路线

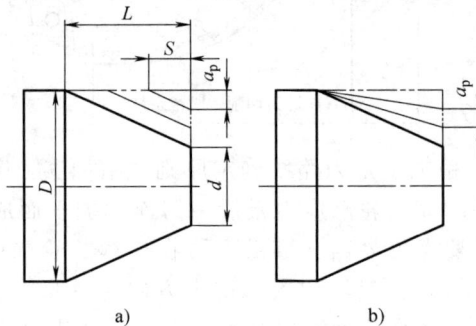

a)   b)

图 2-23 车倒锥的两种加工路线

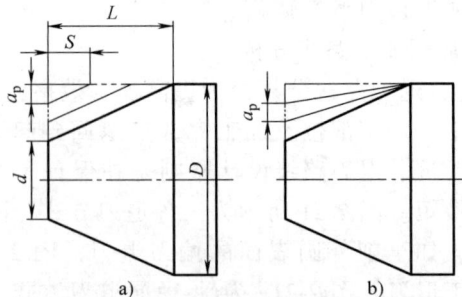

a)   b)

3）粗车圆弧的走刀路线分析。粗车圆弧因局部余量较大，往往需多次走刀。图 2-24 所示为车圆法粗车圆弧加工路线，即用不同半径的同心圆来车削，数值计算简单，编程方便，车凹弧走刀路线较短（图 2-24a），但车凸弧空行程路线较长（图 2-24b）。粗车圆弧还可采用车锥法加工，即先车出一个圆锥，再车圆弧。这种方法应用于凸圆弧粗车，可保证切削路线较短。如图 2-25 所示，车锥时，加工路线不能超过 AC 线，即 $AB = BC < \sqrt{2}BD$。此外，粗车圆弧也常采用阶梯切削走刀路线。

图 2-24 车圆法粗车圆弧 加工路线	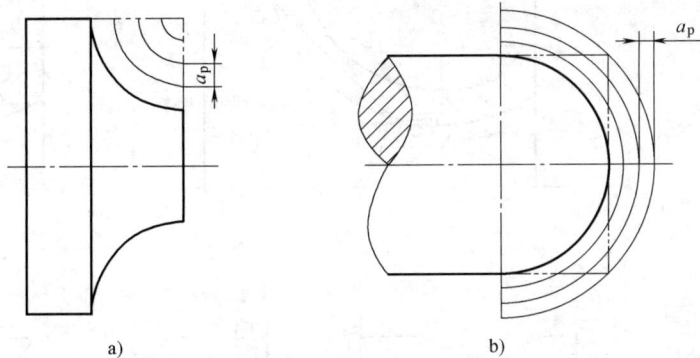

图 2-25 车锥法粗车凸圆弧 加工路线	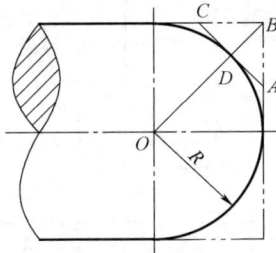

4）防止扎刀的走刀路线分析。数控车削中，Z 坐标轴一般都是沿着负方向进给的，但有时按这种常规的负方向进给并不合理，甚至可能车坏工件。例如，当采用尖形车刀加工大圆弧内表面零件时，如图 2-26a 所示，按常规的负 Z 方向进给，因切削时尖形车刀的主偏角为 $100° \sim 105°$，这时切削力在 X 方向的较大分力 F_p 将沿着图示的正 X 方向作用，当刀尖运动到圆弧的换象限处，即由负 Z、负 X 向负 Z、正 X 变换时，背向力 F_p 与丝杠传动横向拖板的传动力方向相同，若螺旋副间有机械传动间隙，则可能使刀尖嵌入零件表面（即扎刀），其嵌入量在理论上等于其机械传动间隙量 e。将导致横向拖板产生严重的爬行现象，降低零件的表面质量。

若按图 2-26b 所示沿正 Z 方向进给，当刀尖运动到圆弧的换象限处，即由正 Z、负 X 向正 Z、正 X 方向变换时，背向力 F_p 与丝杠传动横向拖板的传动力方向相反，不会受螺旋副机械传动间隙的影响而产生嵌刀现象，因此图 2-26b 所示进给方案是较合理的。

5）防止刀具干涉的走刀路线分析。数控加工中，刀具结构与工件轮廓常发生干涉现象，破坏工件精度和表面质量，甚至损坏刀具。如图 2-27a 所示，用右偏刀加工凹形轮廓，由于凹槽较深，虽然在 A 点处刀具没有发生干涉，但在 B 点处刀具副切削刃与轮廓干涉；若采用左偏刀加工此凹形轮廓，如图 2-27b 所示，在 B 点处刀具没有发生干涉，但在 A 点处刀具副切削刃也与轮廓发生干涉。加工此类尺寸变化大的凹形轮廓或凸形轮廓时，应采用左偏刀与右偏刀结合加工，如图 2-27c 所示，把轮廓分为两部分，先用右偏刀沿 1 路线加工，再用左偏刀沿 2 路线加工。

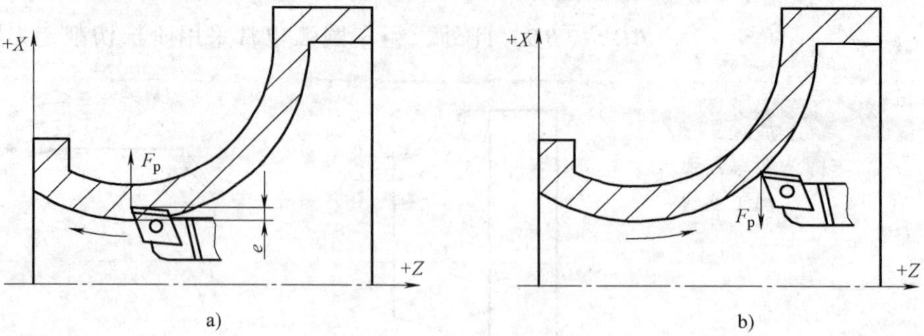

图 2-26
防止扎刀的走刀路线

图 2-26　防止扎刀的走刀路线

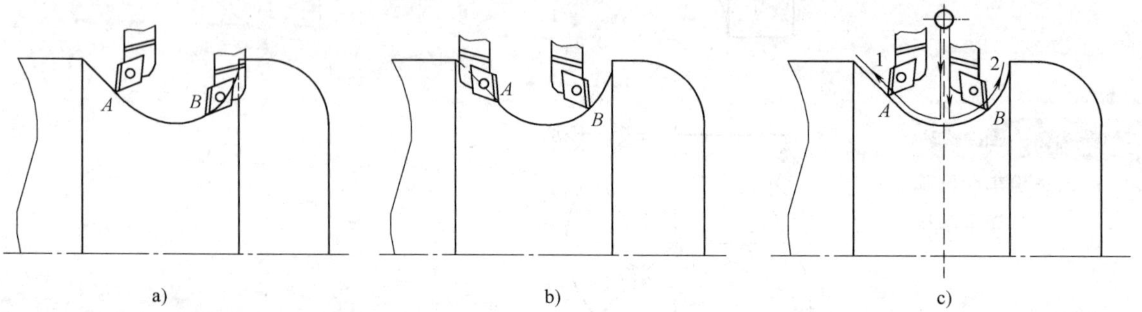

图 2-27　防止刀具干涉的走刀路线

2．铣削走刀路线的确定

（1）孔加工的走刀路线　孔加工包括钻、扩、铰、镗、攻螺纹等方法。多孔加工时，应在 XY 平面内尽量缩短走刀路线。如加工图 2-28a 所示零件上的孔系，图 2-28b 所示的走刀路线为先加工完外圈孔后，再加工内圈孔；若改用图 2-28c 所示的走刀路线，可缩短刀具空程移动时间，则节省定位时间近一倍，提高了加工效率。

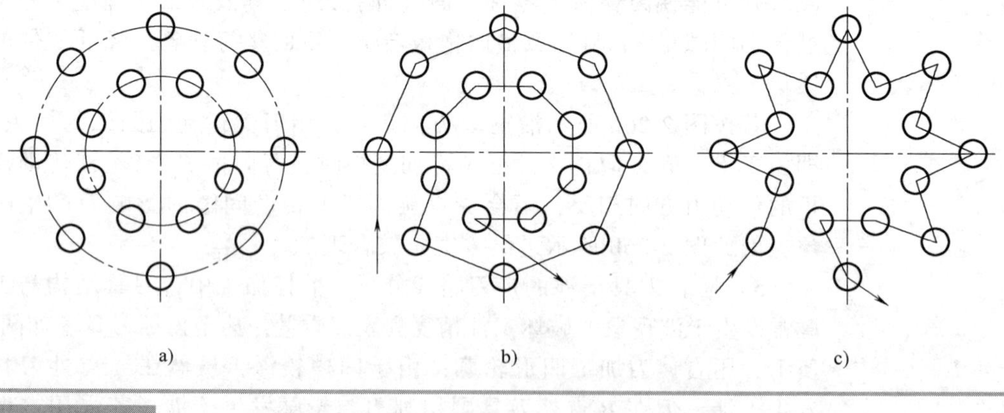

图 2-28　孔系加工的走刀路线

（2）铣削平面轮廓的走刀路线

1）顺铣和逆铣的选择。铣削有顺铣和逆铣两种方式。当工件表面无硬皮，机床进给机构无间隙时，应选用顺铣。因为采用顺铣加工后，零件已加工表面质量好，刀齿磨损小。精铣时，尤其是零件材料为铝镁合金、钛合金或耐热合金时，应尽量采用顺铣。当工件表面有硬皮，机床进给机构有间隙时，宜选用逆铣。因为逆铣时，刀齿是从已加工表面切入，不会崩刃；机床进给机构的间隙也不会引起振动和爬行。

2）铣削内、外轮廓的走刀路线。铣削平面零件内、外轮廓时，一般采用立铣刀侧刃切削。刀具切入工件时，应避免沿工件轮廓的法向切入，以避免在切入处产生刀具的刻痕，而应沿切削起始点延伸线（图 2-29a）或切线方向（图 2-29b）逐渐切入工件，保证工件曲线的平滑过渡；同样，在切离工件时，也应避免在切削终点处直接抬刀，而应沿切削终点延伸线（图 2-29a）或切线方向（图 2-29b）逐渐切离工件。铣削封闭的内轮廓表面时，走刀路线应设有建立半径刀具补偿段和取消半径刀具补偿段，实际切削段只要沿着实际轮廓编程即可。

图 2-29

刀具切入和切出外轮廓的走刀路线

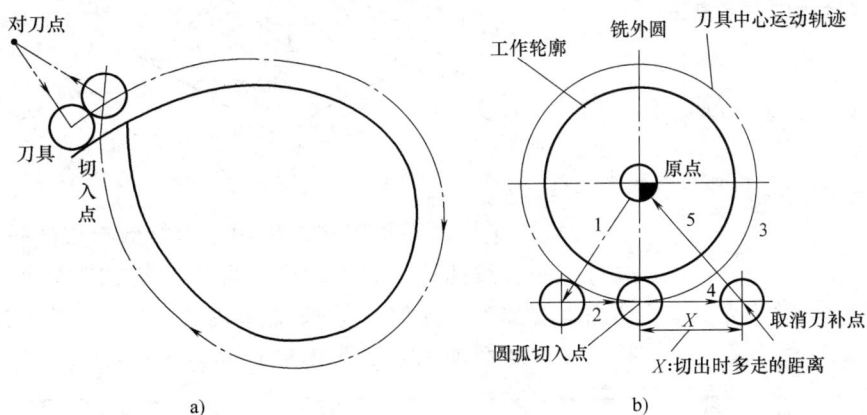

a)

b)

3）铣削内槽的走刀路线。内槽是指以封闭曲线为边界的平底凹槽，一般用平底立铣刀加工，刀尖圆弧半径应与内槽圆角相对应。图 2-30 所示为铣削内槽的三种走刀路线。图 2-30a 是行切法，其走刀路线最短，但由于将在两次进给的起点和终点间留下残留高度，表面粗糙度最差；图 2-30b 是环切法，铣刀沿与工件轮廓相切的过渡圆弧切入和切出，表面粗糙度较好，但走刀路线最长；图 2-30c 是先用行切法切去中间部分余量，最后环切一刀光整轮廓表面，既能使总的走刀路线较短，又能获得较好的表面粗糙度，该走刀路线方案最佳。

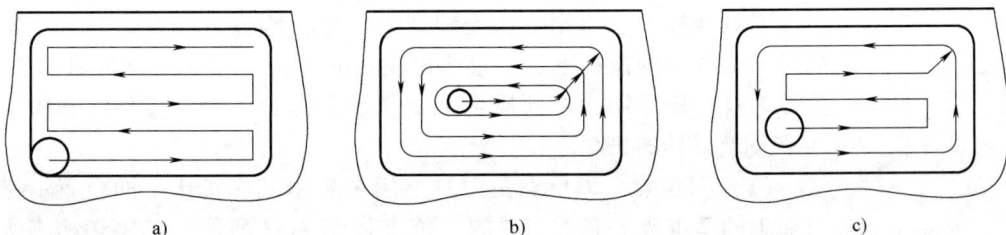

a)

b)

c)

图 2-30　　铣削内槽的三种走刀路线

（3）曲面加工的走刀路线　曲面加工一般使用球头铣刀，加工面与铣刀始终为点接触，可采用的加工方法有：行切加工法、三坐标联动加工法、四坐标联动加工法、五坐标联动加工法。下面介绍行切加工法和三坐标联动加工法，其他加工方法可参考相关资料。

1）行切加工法。采用三坐标数控铣床进行二轴半坐标控制加工，即行切加工法。如图 2-31 所示，球头铣刀沿 XZ 平面的曲线进行直线插补加工，当一段曲线加工完后，沿 Y 方向进给 ΔY 再加工相邻的另一曲线，如此依次用平面曲线来逼近整个曲面。相邻两曲线间的距离 ΔY 应根据表面粗糙度的要求及球头铣刀的半径选取。球头铣刀的球半径应尽可能选得大一些，以增加刀具刚度，提高散热性，降低表面粗糙度值。加工凹圆弧时的铣刀球头半径必须小于被加工曲面的最小曲率半径。

图 2-31

行切加工法示意图

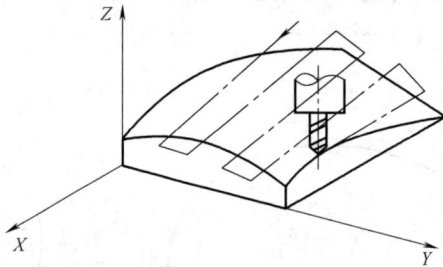

2）三坐标联动加工法。采用三坐标数控铣床进行三轴联动加工，即进行空间直线插补。如半球形，可用行切加工法加工，也可用三坐标联动加工法加工。这时，数控铣床用 X、Y、Z 三坐标联动的空间直线插补，实现球面加工，如图 2-32 所示。

图 2-32

三坐标联动加工法示意图

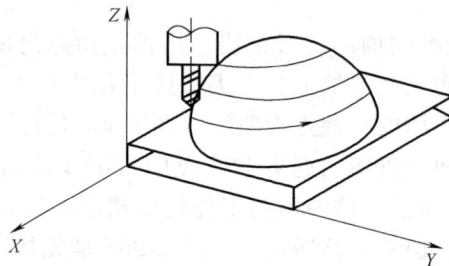

2.3.6　刀具的选用

刀具选择的总原则是：安装调整方便，刚性好，寿命和精度高。在满足加工要求的前提下，尽量选择较短的刀柄，以提高刀具加工的刚性。数控刀具一般采用涂层硬质合金材料。数控加工中，应理解并应用以下几个关于刀具的概念。

（1）刀位点　刀位点是刀具上用来表示其在机床上的位置，是对刀与加工的基准点。各类刀具的刀位点如图 2-33 所示。其中切槽刀大多设置在左刀尖，也可设在右刀尖或主切削刃中间点；球头铣刀大多设置在球头铣顶点，也可设置在球心点。

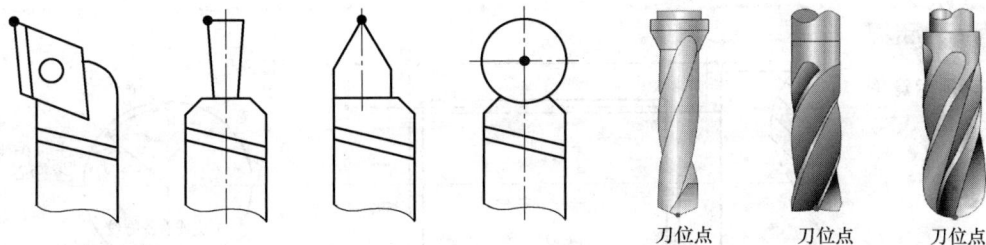

刀位点　　　　刀位点　　　　刀位点

图 2-33　　刀具的刀位点

（2）对刀点　对刀点是指通过对刀确定刀具与工件相对位置的基准点。对刀点可以设置在被加工工件上，也可以设置在夹具上与工件定位基准有一定尺寸联系的某一位置，应尽可能设在工件的设计基准或工艺基准上，往往选择工件原点为对刀点。

（3）换刀点　数控车床、加工中心等都备有若干把刀具，加工中机床可自动换刀。换刀点就是机床上刀盘（刀架）或工作台自动转位换刀的位置。换刀点要设在工件外面，换刀时不能与工件、机床或夹具发生碰撞。

（4）起刀点　起刀点是指数控加工时刀具刀位点相对工件运动的起始点，又称为程序起点。由于程序一般从对刀点开始执行，故对刀点一般就作为起刀点，对刀点往往也作为程序终点。

2.3.7　切削用量的确定

切削用量包括背吃刀量 a_p、主轴转速或切削速度 v_C（用于恒线速切削）、进给速度或进给量 f。这些切削用量应在机床说明书给定的允许范围内选取，也可结合实际经验用类比法来确定。切削用量选择的原则是：保证工件加工精度和表面粗糙度，充分发挥刀具的切削性能，保证合理的刀具寿命，并充分发挥机床的性能，最大限度地提高生产率、降低成本。一般是先选取背吃刀量或侧吃刀量，再确定进给速度，最后确定切削速度。背吃刀量可根据加工余量确定。进给量的选用：粗加工主要受切削力的限制，因粗加工表面粗糙度一般要求不高；半精加工和精加工主要受表面粗糙度和加工精度要求的限制，一般选得较小。切削速度的选用：粗加工时受刀具寿命和机床功率的限制；精加工时主要受刀具寿命的限制。

2.3.8　螺纹加工工艺处理

车削螺纹是数控车床常见的加工任务。数控车床可以加工圆柱螺纹、圆锥螺纹与端面螺纹，可加工三角形、梯形与矩形螺纹，还可加工多段连续螺纹、恒螺距及变螺距螺纹等，工艺范围很宽。

数控车床必须装备主轴位置测量装置，以使主轴转速与刀具进给同步。同时，加工多线螺纹通过主轴起点位置偏移来实现。如图 2-34 所示，加工双线螺纹起点位置在圆周方向偏移值 SF 相差 $180°$。

图 2-34

螺纹车削示意图

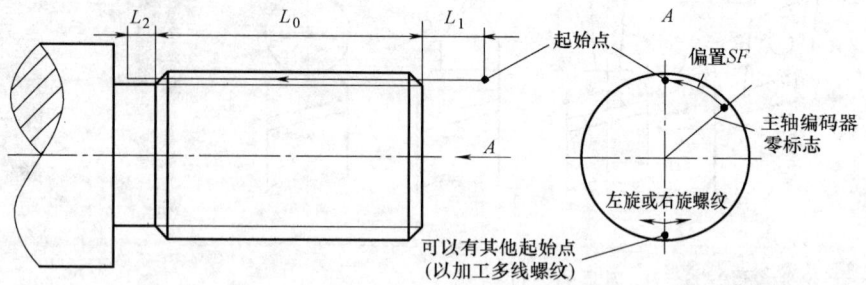

（1）轴向进给设置适当的空刀导入量和空刀退出量　数控机床上车削螺纹时，沿螺距方向的 Z 向进给应和车床主轴的旋转保持严格的速比关系，故应避免在进给机构加速或减速过程中切削。为此，轴向进给应当设置适当的空刀导入量 L_1 和空刀退出量 L_2。如图 2-34 所示，L_1、L_2 的数值与机床传动系统的动态特性、螺纹的螺距和精度有关，一般取 $L_1 \geqslant 2P$、$L_2 \geqslant 0.5P$，其中 P 为螺距或导程。实际刀具轴向行程为

$$L = L_1 + L_0 + L_2 \tag{4-2}$$

螺纹车削不能使用恒线速切削功能，因为 X 轴的直径值是逐渐减小的，若使用恒线速切削功能使主轴回转，则工件将以非固定转速回转，随工件直径减小而增大转速，会使 F 指定的导程值产生变动而发生乱牙现象。

（2）螺纹牙型加工参数　车削螺纹的总切深是螺纹牙型高度，即螺纹牙型上牙顶到牙底之间垂直于螺纹轴线的距离，如图 2-35 中的 h。

图 2-35

螺纹牙型高度示意图

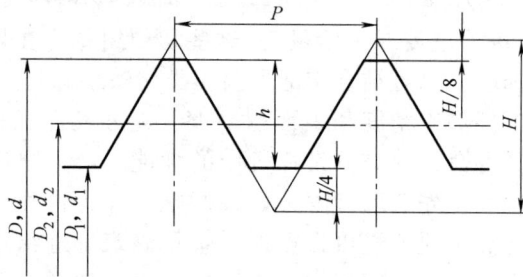

数控车削螺纹需要给定螺纹相关参数，如螺纹大径、小径和导程，据此可计算出螺纹总切深。粗加工如螺纹牙型高度较深、螺距较大时，可分数次进刀，每次进刀的深度用螺纹牙型高度减精加工预留量所得的差值按递减规律分配。普通米制螺纹也可按表 2-2 选取。螺纹牙型参数可查阅相关国家标准。

（3）主轴转速　车削螺纹时，要求主轴每转一周，刀具沿进给方向移动一个导程的距离。实际加工中，由于主轴转速受到螺纹的螺距（或导程）大小、驱动电动机的矩频特性及螺纹插补运算速度等多种因素限制，故对于不同的数控系统，推荐不同的主轴转速选择范围。应按机床或数控系统说明书中规定的数值选用，如大多数经济型车床数控系统推荐车螺纹时的主轴转速计算公式为

表 2-2	螺距/mm	1	1.5	2	2.5	3	3.5	4
普通米制螺纹走刀	牙深(半径值)	0.649	0.974	1.299	1.624	1.949	2.273	2.598
次数和背吃刀量	背吃刀量/mm							
	1 次	0.7	0.8	0.9	1.0	1.2	1.5	1.5
	2 次	0.4	0.6	0.6	0.7	0.7	0.7	0.8
	3 次	0.2	0.4	0.6	0.6	0.6	0.6	0.6
走刀次数	4 次		0.16	0.4	0.4	0.4	0.6	0.6
	5 次			0.1	0.4	0.4	0.4	0.4
	6 次				0.15	0.4	0.4	0.4
	7 次					0.2	0.2	0.4
	8 次						0.15	0.3
	9 次							0.2

注：表中背吃刀量为直径值，走刀次数和背吃刀量根据工件材料及刀具的不同可酌情增减。

$$n \leq \frac{1200}{P} - K \qquad (4\text{-}3)$$

式中，P 为螺距或导程（mm）；K 为安全系数，一般取 80。

◉ 2.4　数控加工工艺文件

数控加工工艺文件既是数控编程的依据、数控加工的依据、产品验收的依据、操作者遵守和执行的规程，也是产品零件重复生产在技术上的工艺资料积累和储备。数控加工工艺文件主要有数控编程任务书、数控机床调整单、数控加工工序卡片、数控加工走刀路线图、数控加工刀具卡片、数控加工程序单等。目前，数控加工工艺文件尚无统一的国家标准，各企业可结合本单位的实际情况自行制订。

1. 数控编程任务书

数控编程任务书（表 2-3）阐明了工艺人员对数控加工工序的技术要求和工序说明，以及数控加工前应保证的加工余量，它是编程人员和工艺人员协调工作和编制数控程序的重要依据之一。

表 2-3	工艺科	数控编程任务书	零件图号		任务书编号	
数控编程任务书			零件名称			
			使用设备		共　页，第　页	

主要工序说明及技术要求：
加工零件为套类零件，由圆弧、锥面、螺纹、退刀槽等结构组成。工序 50 的主要加工内容有粗车、精车内轮廓半圆弧至 $R11$mm，精车工件内轮廓至 $\phi40$mm 和倒角 $C2$。内轮廓 $\phi40$mm 圆柱面的表面粗糙度要求为 3.2μm，内轮廓半径为 11mm 的圆弧的表面粗糙度要求为 1.6μm

			编程收到日期	月　日	经手人
编制		审核		编程		审核		批准	

2. 数控机床调整单

数控机床调整单（图 2-36）是操作人员在加工工件之前调整机床的依据，应表示出所用夹具名称和编号，工件定位和夹紧方法，工件原点设置位置和坐标方向，并记有机床控制柜面板上"开关"的位置和键盘应键入的数据等。

工艺科		数控机床调整单		零件图号	CKT00	共 1 页
				零件名称	套类零件	第 1 页
				夹具名称		自定心卡盘
				夹具编号		01
				装夹次数		1
				毛坯尺寸		$\phi86\times54\times\phi36$
				每坯件数		1
				每台件数		1
				设备编号		Lathe02
				设备名称		SINUMERIK CK6132
				1		自定心卡盘
				2		刀架
				3		尾座
				4		停止按钮
签字				5		输入按钮
日期				编制(日期)	审核(日期)	会签(日期)
标记	处数	更改文件号	签字	日期	标记	处数	更改文件号	签字	日期

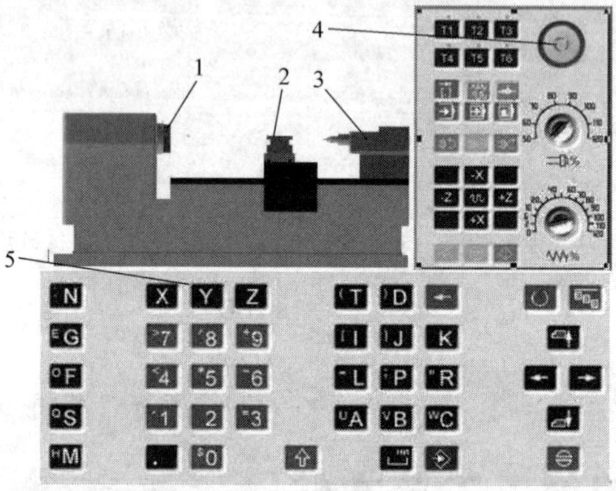

图 2-36　数控机床调整单

3. 数控加工工序卡片

数控加工工序卡片是编制加工程序的主要依据和操作人员配合数控程序进行数控加工的主要指导性工艺文件。数控加工工序卡片（图 2-37）与传统加工工序卡片有许多相似之处，所不同的是工序简图中应注明工件原点与对刀点，要进行简要编程说明（如所用机床型号、程序编号、刀具半径补偿、镜像对称加工方式等）及切削参数的选择。

4. 数控加工走刀路线图

数控加工走刀路线图主要反映加工过程中刀具的运动轨迹，其作用是：一方面方便编程人员编程；另一方面帮助操作人员了解刀具的进给轨迹（如从哪里下刀、在哪里抬刀、哪里是斜下刀等），以便确定夹紧和控制夹紧元件的位置。为简化走刀路线图，一般可根据不同机床采用统一约定的符号来表示，如图 2-38 所示。

5. 数控加工刀具卡片

数控加工刀具卡片（图 2-39）是组装刀具和调整刀具的依据，主要包括刀具编号、刀具结构、尾柄规格、组合件名称代号、刀片型号和材料等信息。数控加工前，一般要依据数控加工刀具卡片在机外对刀仪上预先调整刀具直径和长度。

工艺科		数控加工工序卡片		产品型号		零件图号	CKT00	共6页
				产品名称		零件名称	套类零件	第5页

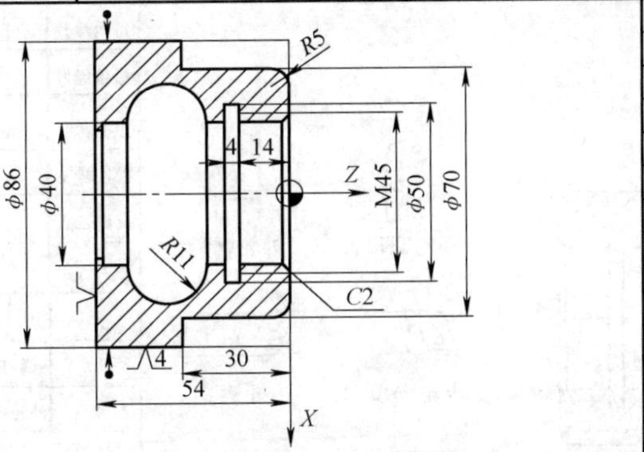

工序号		60
工序名称		工件右端面加工
毛坯材料		45钢
毛坯种类		锻件
毛坯尺寸		$\phi86\times54\times\phi36$
每坯件数		1
每台件数		1
设备编号		Lathe02
设备名称		SINUMERIK CK6132
夹具编号		T01
夹具名称		通用夹具
切削液		
工序工时		

工步号	工步内容	单边余量/mm	走刀长度/mm	工艺装备 刀具	工艺装备 量、辅具	切削速度/(mm/r)	主轴转速/(r/min)	走刀量/(mm/min)	走刀次数	吃刀深度/mm 1	2	3	4	5	工时定额 机动	辅助
1	粗车右端外轮廓至$\phi69.5$mm×29.5mm及R5mm圆弧			T1	游标卡尺	0.1	800	110		1.5	1.5	1.5	1.5			
2	精车右端外轮廓至工件要求			T1	游标卡尺	0.1	1000	60		0.25						
3																
4																
5																

			编制(日期)	审核(日期)	会签(日期)
标记 处数 更改文件号 签字 日期	标记 处数 更改文件号 签字 日期				

借用件登记
描　图
描　校
旧底图总号
底图总号
签　字
日　期

图 2-37　数控加工工序卡片

工艺科		数控加工走刀路线图		产品型号		零件图号	CKT00	共6页
				产品名称		零件名称	套类零件	第5页

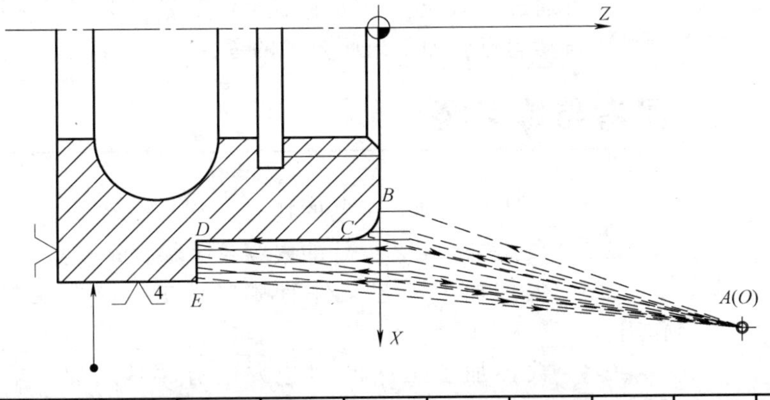

含义	抬刀	下刀	编程原点	起刀点	走刀方向	走刀线相交	爬斜坡	铰孔	行切	轨迹重叠
符号	⊙	⊗	⊕	○—	↓	○✕	○—	○—○	▭	⊂⊃

工序号	程序	起始段号	N05	毛坯尺寸	$\phi86\times54\times\phi36$	走刀号	①	②	③	④	⑤	⑥	⑦	⑧	⑨	⑩
30	段号	结束段号	N45	刀具号	T1	所属工步	1	1	1							

			编制(日期)	审核(日期)	会签(日期)
标记 处数 更改文件号 签字 日期	标记 处数 更改文件号 签字 日期				

借用件登记
描　图
描　校
旧底图总号
底图总号
签　字
日　期

图 2-38　数控加工走刀路线图

工艺科	数控加工刀具卡片	零件图号	CKT00	共1页

零件名称	套类零件　第1页
每台件数	1
设备编号	Lathe 02
设备名称	SINUMERIKCK6132
夹具编号	01
夹具名称	自定心卡盘
换刀方式	自动

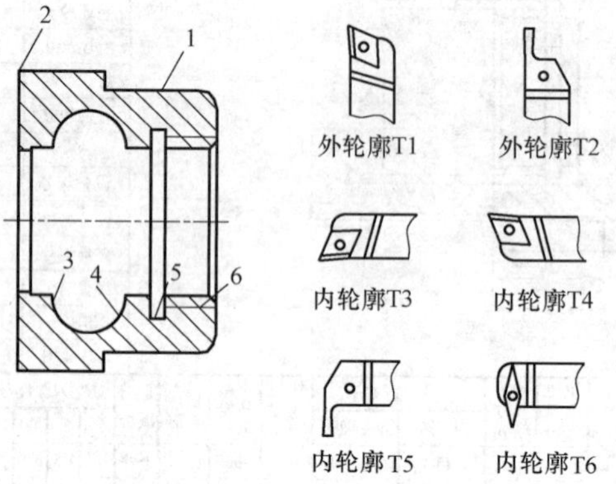

序号	刀具编号	刀具名称
1	外轮廓T1	93°外轮廓左偏刀
2	外轮廓T2	外轮廓切槽刀
3	内轮廓T3	93°内轮廓左偏刀
4	内轮廓T4	93°内轮廓右偏刀
5	内轮廓T5	内轮廓退刀槽车刀
6	内轮廓T6	60°内螺纹车刀

签字									编制(日期)	审核(日期)	会签(日期)
日期											
	标记	处数	更改文件号	签字	日期	标记	处数	更改文件号	签字	日期	

图 2-39　数控加工刀具卡片

6. 数控加工程序单

数控加工程序单是编程人员根据工艺分析情况，经过数值计算，按照机床指令代码编制的用于控制机床加工运动的程序代码；它是记录数控加工工艺过程、工艺参数、位移数据的清单。数控加工程序单编制完成后，可通过 DNC 或手工从面板输入到数控装置里，运行此程序即可控制机床自动运行，加工出所要求的零件。

思考与练习题

2-1　简述数控加工工艺的特点。

2-2　数控加工工艺设计的内容及步骤有哪些？

2-3　数控加工工艺文件有哪些？在指导数控加工过程中各有何作用？

2-4　数控加工工序的划分方法有哪些？加工顺序的安排原则有哪些？

2-5　简述刀位点、对刀点与换刀点的概念及它们之间的区别。

2-6　数控铣削走刀路线的确定总体上有哪些原则？

2-7　编制如图 2-1a 所示轴类零件的数控车削加工工艺（毛坯为 45 钢棒料）。

2-8　加工如图 2-40 所示的具有三个台阶（①、②、③）的槽腔零件，试编制槽腔的数控铣削加工工艺（其余表面已加工）。

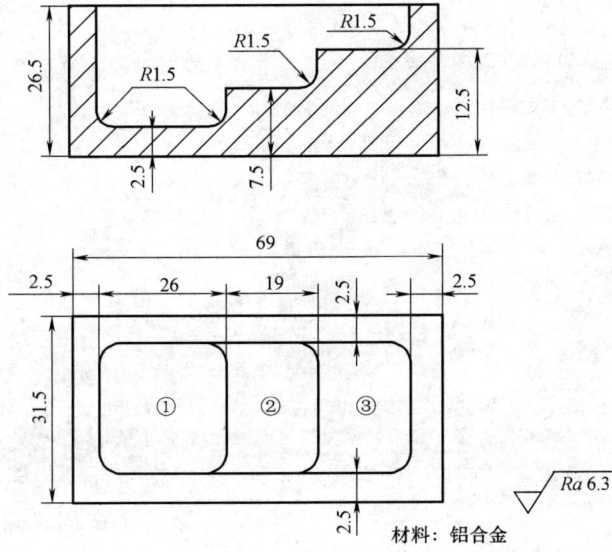

图 2-40

槽腔零件

第3章

数控加工程序编制

内容提要:

本章首先概述了数控加工程序编制的内容与步骤,介绍了数控编程的基础知识及基本指令;然后分别针对常见的数控车床、数控铣床、加工中心,阐述编程特点及个性化编程技术;最后,简要介绍了自动编程技术和数控机床的对刀方法,这一部分可作为自学内容。

通过本章的学习,具备中等难度零件数控加工程序的编制、分析和调试能力。

本章重点:

1) 数控编程基础。
2) 数控系统的指令。
3) 数控车床程序编制。
4) 数控铣床程序编制。

3.1 概述

3.1.1 数控编程的基本概念

数控机床是按照加工程序自动加工的,区别于普通机床的人工操控。在数控机床上加工零件时,必须根据被加工零件图样确定零件的几何信息(如零件轮廓形状、尺寸等)及工艺信息(如进给速度、主轴转速、主轴正反转、换刀、切削液的开关等),依据数控机床编程手册规定的代码与程序格式编写零件数控加工程序,再将其输入数控机床的数控装置;用数控加工程序控制机床动作,实现零件的全部加工过程。只要改变控制机床动作的加工程序,就可达到加工不同零件的目的。

根据被加工零件的图样、技术要求及其工艺要求等切削加工的必要信息,按照具体数控系统所规定的指令和格式编制的加工指令序列,称为数控加工程序,或称为零件程序。从零件图的分析到制成数控加工程序单的全部过程称为数控程序编制,简称数控编程(NC Programming)。

数控机床要按照预先编制好的程序自动加工零件,因此加工程序不仅关系到能否高精高效地加工出合格的零件,而且影响数控机床的正确使用和数控加工特点的发挥，甚至还会影响机床和操作人员的安全。这就要求编程人员具有较高素质，通晓机械加工工艺以及机床、刀夹具、数控系统的性能，熟悉工厂的生产特点和生产习惯；在工作中，编程人员不但要责任心强、心细，而且要和操作人员配合默契。

3.1.2　数控编程的内容与步骤

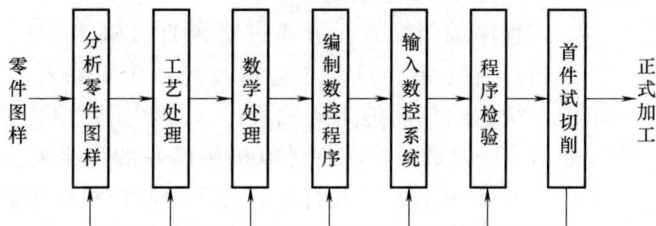

一般来讲，数控编程的内容和步骤如图 3-1 所示，包括分析零件图样、工艺处理、数学处理、编制数控程序、输入数控系统、程序检验、首件试切削。

图 3-1

数控编程的内容和步骤

1. 分析零件图样

分析设计部门提供的零件图样，选择适合在数控机床上加工的零件和工艺内容；根据零件类别和加工表面特征，结合企业现有装备情况和加工能力，选择加工方法；进行零件图样和结构工艺性分析，明确加工内容及技术要求，在此基础上确定零件的加工方案。

2. 工艺处理

根据零件的材料、形状、尺寸、精度、毛坯、热处理状态，进行数控加工工艺路线设计，包括工序的划分与内容确定、加工顺序的安排、数控加工工序与传统加工工序的衔接等；然后进行数控加工工序设计，包括工步的划分与进给路线确定、工件的装夹方案与夹具的选择、刀具的选择、切削用量的确定等。一般需要编制数控加工工艺文件，包括数控编程任务书、数控机床调整单、数控加工工序卡片、数控加工走刀路线图和数控加工刀具卡片等。特别注意对刀点应选在容易定位、容易检查的位置；换刀点应选在不撞刀且空行程较短的位置；选择加工路线时，主要应考虑尽量缩短加工路线、减少空行程、提高生产率，应满足零件加工精度和表面粗糙度的要求，应有利于简化数学处理，减少程序段数目和编程工作量。

3. 数学处理

数控编程中需要知道每个程序段的起点、终点和轮廓线型，而零件图中给出的一般是零件的几何特征尺寸，如长、宽、高、半径等。数学处理的任务就是根据图样数据求出编程所需的数据，即在设定的编程坐标系内，根据零件图的几何形状、尺寸、走刀路线，计算零件轮廓或刀具运动轨迹的坐标值。对于没有刀具补偿功能的数控机床，一般需要计算刀具轨迹；现代数控机床一般都具备刀具补偿功能，因此只需计算零件轮廓坐标值。目前，一般数控系统具备直线和圆弧插补功能，对于加工形状比较简单的零件轮廓（如直线与圆弧），需要计算出零件轮廓线上基点（各几何元素的起点、终点、圆弧的圆心坐标、两几何元素的交点或切点）的坐标值；对于加工形状比较复杂的非圆曲线轮廓（如渐开线、双曲线等），需要用小直线段或圆弧段逼近，按精度要求计算出各节点（逼近非圆曲线的若干个直线段或圆弧段的交点或切点）的坐标值，一般需利用计算机进行辅助计算。

4. 编制数控程序

完成以上工作后，就可按数控系统的指令代码和程序段格式，逐段编制零件加工程序单。编程人员应对数控机床的性能、指令功能、代码书写格式等非常熟悉，以编制出正确的零件加工程序。

5. 输入数控系统

程序编制好后，可通过键盘直接输入数控系统；也可将程序记录在控制介质（如 U 盘）上，通过控制介质输入；现代数控加工大多利用数控系统的通信功能来传输程序，即利用数控装置的 RS-232C 接口与计算机通信，通过数据线将在计算机中编好的程序输入数控系统；有些数控机床还有 DNC 接口，上位计算机与下位数控机床可联网分布式数控加工。

6. 程序检验

在正式加工前，一定要对编制完成的程序进行检验，检验程序语法是否有误，刀具路径是否正确，刀具是否碰撞工件、夹具或机床等。一般可采用空走刀检验，或使用模拟软件进行模拟，也可用石蜡、木材等易切削的材料进行试切。在具有 CRT 屏幕图形显示功能和动态模拟功能的数控机床上，用图形模拟刀具轨迹的方法进行检验更为方便。检验中，如果发现语法错误，系统一般会自动报警，根据报警号内容，编程人员可对相应出错程序段进行检查、修改；如果有刀具轨迹错误，则应分析原因并返回相应步骤进行适当修改。

7. 首件试切削

程序检验只能检查运动正确与否，不能检查由于刀具调整不当或数学处理误差而造成的加工精度超出图样技术要求。正式加工前，一般还要进行首件试切削，以检验加工精度。为安全起见，首件试切削一般采用单段运行方式，逐段逐段运行来检查机床的每次动作。加工完毕，检测所有尺寸、表面粗糙度及几何误差，若超出图样技术要求，则应分析原因并采取措施加以纠正，或者修改程序，或者进行尺寸补偿。

◉ 3.2 数控编程基础

3.2.1 数控机床的坐标系

在数控机床上加工零件，刀具或工作台等运动部件的动作是由数控系统发出的指令来控制的。为了确定运动部件的移动方向和移动位移，需在机床上建立坐标系。

1. 坐标和运动方向命名原则

为简化数控加工程序编制并保证程序具有通用性，国际标准化组织

（ISO）对数控机床的坐标及其方向制定了统一的标准。我国根据 ISO 标准也制定了国家标准 GB/T 19660—2005《工业自动化系统与集成　机床数值控制　坐标系和运动命名》。

机床加工过程中，有的是刀具相对于工件运动（如车床），有的是工件相对于刀具运动（如铣床）。国家标准规定：无论是刀具相对于工件运动，还是工件相对于刀具运动，都假定工件是静止的，而刀具相对于静止的工件运动，并且以刀具远离工件的运动方向为正方向。这样，编程人员编程时就无须考虑是刀具移向工件，还是工件移向刀具，只需根据零件图样进行编程。

2. 坐标轴的命名

标准规定数控机床的坐标系采用右手定则的笛卡儿坐标系。如图 3-2 所示，X、Y、Z 为移动坐标轴，相互垂直，大拇指指向为 X 轴的正方向，食指指向为 Y 轴的正方向，中指指向为 Z 轴的正方向；A、B、C 分别为绕 X、Y、Z 轴旋转的旋转坐标轴，其正方向根据右手螺旋定则来确定。

图 3-2

右手直角笛卡儿
坐标系

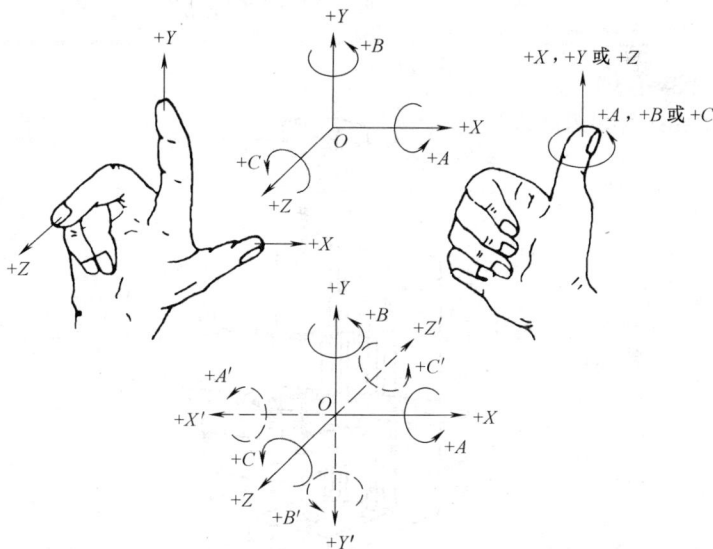

对于工件相对于静止的刀具而运动的机床，坐标系命名时，在坐标系相应符号上应加注标记"′"，如 X'、Y'、A' 等。加"′"字母表示的工件运动正方向与不加"′"的同一字母表示的刀具运动方向相反。对于编程人员来说，应只考虑不带"′"的运动方向；对于机床制造者来说，需考虑带"′"的运动方向。

3. 坐标轴的确定

坐标系的各个坐标轴与机床的主要导轨相平行。图 3-3～图 3-6 所示为几种常用机床的坐标系，其他机床的坐标系可参考机床说明书。确定坐标轴时，一般先确定 Z 轴，再确定 X 轴，最后确定 Y 轴。

（1）Z 轴的确定　规定平行于机床主轴（传递切削动力）轴线的刀具运动作为 Z 轴，如卧式车床和铣床等，以机床主轴轴线作为 Z 轴。对于没有主轴的机床，如牛头刨床，规定垂直于装夹工件的工作台的方向为 Z 轴方向。对于有几根主轴的机床，如龙门铣床，选择其中一个与工作台面相垂直的主轴为主要主轴，并以它来确定 Z 轴方向。

（2）X 轴的确定　规定 X 轴为水平方向，且垂直于 Z 轴并平行于工件的装夹平面。对于工件旋转的机床，如车床、磨床等，X 轴在工件的

图 3-3	
后置刀架卧式车床	

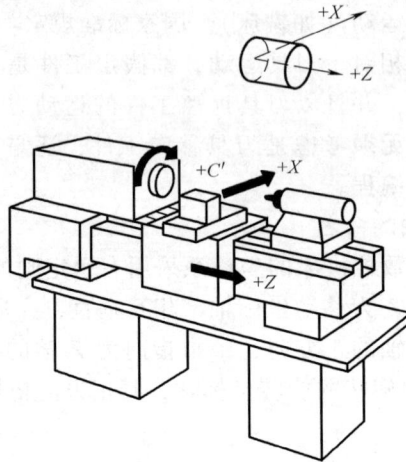

图 3-4	
立式升降台铣床	

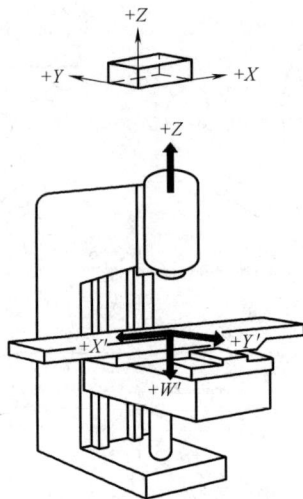

图 3-5	
卧式升降台铣床	

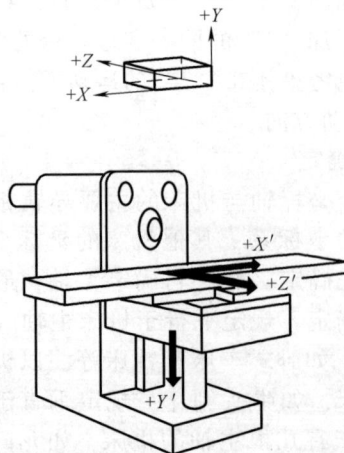

图 3-6

牛头刨床

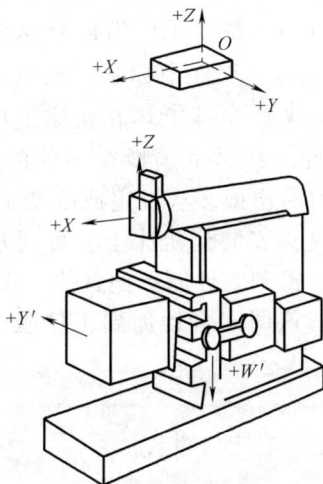

径向且平行于横向滑座。对于刀具旋转的机床，若 Z 轴为垂直的，如立式铣床、钻床等，则面对刀具（主轴）向立柱方向看，X 轴的正方向指向右边；若 Z 轴是水平的，如卧式铣床、镗床等，则从刀具（主轴）后端向工件方向看，X 轴的正方向指向右边。对于没有主轴的机床，如刨床等，则选定主要切削方向为 X 轴方向。

（3）Y 轴的确定　Y 轴垂直于 X、Z 坐标轴，当 X、Z 轴方向确定后，可根据右手直角笛卡儿坐标系来确定。对于卧式车床，由于刀具无须做垂直方向运动，故不需要规定 Y 轴。

（4）附加坐标　如果机床除有 X、Y、Z 主要的直线运动坐标外，还有平行于它们的坐标运动，可分别指定为 U、V、W；如果还有第三组直线运动，则分别指定为 P、Q、R。

4. 机床坐标系与工件坐标系

根据坐标原点设定位置的不同，数控机床的坐标系可分为机床坐标系和工件坐标系。

（1）机床参考点与机床坐标系　为建立机床坐标系，在数控机床上设有一固定位置点，称为机床参考点（用 R 或 ⊕ 表示），其固定位置由各轴向的机械挡块来确定。对数控铣床、加工中心而言，机床参考点一般选在 X、Y、Z 坐标的正方向极限位置处；对数控车床而言，机床参考点选在车刀退离主轴端面和旋转中心线较远的某一固定点。机床开机后，运动部件一般先要回机床参考点。

机床坐标系是数控机床安装调试时便设定好的固定坐标系，并设有固定的坐标原点，即机床原点（又称机械原点，用 M 或 ⊕ 表示），它是数控机床进行加工运动的基准点，由机床制造厂确定。机床原点与机床参考点的位置关系固定，存放在数控系统中。一般可将机床原点设在机床参考点处，如数控铣床、加工中心；也有厂家将数控车床的机床原点选在主轴旋转中心线与卡盘左端面的交点处。机床回参考点后，即建立起机床坐标系。

（2）工件坐标系　工件坐标系（又称编程坐标系）是编程人员根据

零件图样及加工工艺等建立的坐标系，其各轴应与所使用的数控机床相应的坐标轴平行，正方向一致。工件坐标系原点称为工件原点（又称编程原点，用 W 或 ⊕ 表示）。工件坐标系一般供编程使用，工件原点可根据图样自行确定，不必考虑工件毛坯在机床上的实际装夹位置，但应考虑对刀与编程的方便性，并尽量选择在零件的设计基准或工艺基准上。一个零件的加工程序可一次或多次设定或改变工件原点。

加工前，工件随夹具安装到机床上，可通过对刀来测量工件原点与机床原点之间的距离，得到工件原点偏置值（图 3-7），并输入数控系统；加工时，工件原点偏置值便能自动加到工件坐标系上，使数控系统可按机床坐标系进行加工。

图 3-7

机床坐标系与工件坐标系的关系

a）后置刀架卧式车床
b）铣床与加工中心

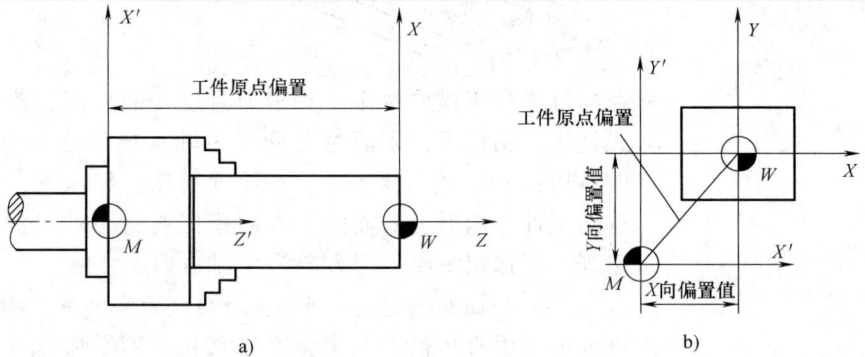

a)

b)

5. 绝对坐标系与相对坐标系

（1）绝对坐标系 刀具（或机床）运动轨迹的坐标值均是以固定的坐标原点为基准来计量的坐标系，称为绝对坐标系。如图 3-8 所示，A、B 两点的坐标均是以固定的坐标原点 O 计算的，其值分别为（$X_A = 10$，$Y_A = 20$）、（$X_B = 50$，$Y_B = 40$）。

（2）相对（增量）坐标系 刀具（或机床）运动轨迹（直线或圆弧段）的终点坐标值是相对于起点坐标值来计量的坐标系，称为相对坐标系，又称增量坐标系。如图 3-8 所示，假定加工直线由 A 到 B，则 A、B 两点的相对（增量）坐标值分别为（$U_A = 0$，$V_A = 0$）、（$U_B = 40$，$V_B = 20$），该处的 U-V 坐标系即为相对（增量）坐标系，其坐标原点跟随加工轮廓而移动。

图 3-8

绝对坐标和增量坐标

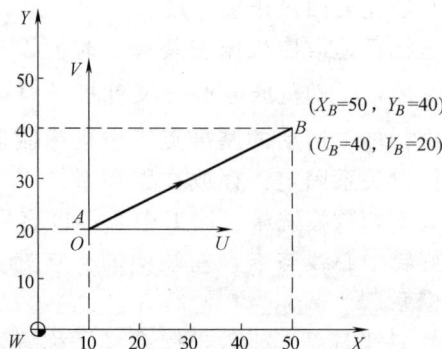

现代数控系统一般都具有这两种坐标编程的功能，编程人员可根据编程的便捷性合理选用。

6. 脉冲当量与编程尺寸的表示方法

数控系统所能实现的最小位移量称为脉冲当量，又称最小设定单位或最小指令增量。数控系统每发出一个脉冲，机床工作台就移动一个脉冲当量的距离。脉冲当量是机床加工精度的重要技术指标，一般为 0.0001~0.01mm，视具体机床而定。

编程时，所有的编程尺寸都应转换成与脉冲当量相对应的数量。编程尺寸一般以 mm 为单位，以有效位小数来表示。如某坐标点尺寸为 $X = 524.295$mm，$Y = 36.52$mm，脉冲当量为 0.01mm，编程尺寸可表示为：X524.30，Z36.52。

3.2.2　零件的数学处理

现代数控机床一般都具备直线与圆弧插补功能，以及刀具补偿功能。因此，对于由直线与圆弧组成的形状比较简单的零件轮廓，数学处理的任务就是计算轮廓线上基点的坐标值；对于含有非圆曲线的形状比较复杂的零件轮廓，数学处理的任务是按精度要求计算出各节点的坐标值。

1. 基点坐标的计算

由直线和圆弧组成的零件轮廓上各几何元素的起点、终点、圆弧的圆心坐标、两几何元素的交点或切点称为基点。基点的计算，可以用联立方程组求解，也可以利用几何元素间的三角函数关系求解，还可以采用计算机辅助计算。这里只简单介绍联立方程组求解基点坐标的方法。基点一般是直线与直线、直线与圆弧、圆弧与圆弧的交点与切点。计算原理与步骤如下：

1）选定工件坐标系，列出构成基点的两个几何元素的解析方程。

对于所有直线，均可转化为一次方程的一般形式：

$$Ax + By + c = 0 \tag{3-1}$$

对于所有圆弧，均可转化为圆的标准方程的形式：

$$(x-\xi)^2 + (y-\eta)^2 = R^2 \tag{3-2}$$

式中，ξ、η 为圆弧的圆心坐标；R 为圆弧半径。

2）将各基点两相邻几何元素的方程联立起来，即可解出各基点（交点或切点）的坐标。

2. 节点坐标的计算

在只有直线和圆弧插补功能的数控机床上加工双曲线、抛物线、阿基米德螺线或列表曲线时，就需用直线段或圆弧段去逼近被加工曲线。逼近非圆曲线的若干个直线段或圆弧段的交点或切点称为节点。非圆曲线的节点的计算要按精度要求进行，一般需利用计算机进行辅助计算。计算方法有很多种，采用直线段逼近的有等间距法、等弦长法和等误差法等；采用圆弧段逼近的有曲率圆法、三点圆法和相切圆法等。这里仅介绍用直线段逼近非圆曲线的等误差法的节点计算。

（1）基本原理 如图 3-9 所示，设零件轮廓曲线为 $y=f(x)$，先以点 a 为圆心，以 $\delta_{允}$ 为半径作允差圆；再作该圆与轮廓曲线公切的一条直线 MN，切点分别为 M、N，求出切线的斜率；过点 a 作 MN 的平行线交曲线于 b 点；然后以 b 点依同样方法作出 c 点，这样即可作出所有节点 a、b、c、d……可以证明，任意两相邻节点间的逼近误差相等。

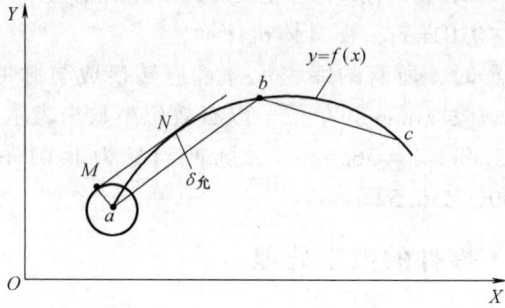

图 3-9

等误差法直线段逼近非圆曲线

（2）计算步骤

1）以起点 $a(x_a,\ y_a)$ 为圆心，以 $\delta_{允}$ 为半径作允差圆。允差圆的标准方程为

$$(x-x_a)^2+(y-y_a)^2=\delta_{允}^2 \tag{3-3}$$

2）求允差圆与轮廓曲线公切线 MN 的斜率。先用以下方程联立求 $M(x_M,\ y_M)$、$N(x_N,\ y_N)$ 两点的坐标：

$$\begin{cases} \dfrac{y_N-y_M}{x_N-x_M}=-\dfrac{x_M-x_a}{y_M-y_a} & \text{（允差圆切线方程）} \\[2mm] (y_M-y_a)^2+(x_M-x_a)^2=\delta_{允}^2 & \text{（允差圆方程）} \\[2mm] \dfrac{y_N-y_M}{x_N-x_M}=f'(x_N) & \text{（曲线切线方程）} \\[2mm] y_N=f(x_N) & \text{（曲线方程）} \end{cases} \tag{3-4}$$

则

$$k=\frac{y_N-y_M}{x_N-x_M} \tag{3-5}$$

3）过 a 点与直线 MN 平行的直线方程为

$$y-y_a=k(x-x_a) \tag{3-6}$$

4）与轮廓曲线方程联立求解 $b(x_b,\ y_b)$ 点坐标

$$\begin{cases} y-y_a=k(x-x_a) \\ y=f(x) \end{cases} \tag{3-7}$$

5）按以上各步骤依次求得各节点 c、d……

3.2.3 程序结构与格式

数控系统种类繁多，所使用的数控程序语言规则和格式也不尽相同。国际上已形成两种通用的标准，即国际标准化组织的 ISO 标准和美国电子工业协会的 EIA 标准，我国根据 ISO 标准也制定了 GB/T 8870.1—2012。由于国内外应用 FANUC 数控系统较多，本章将介绍 FANUC 系统指令代码及数控加工程序的编制方法。当针对具体数控系统编程时，应

严格按机床编程手册中的规定进行程序编制。

数控程序的最小单元是字符，包括字母 A ~ Z、符号、数字 0 ~ 9 三类。其中，26 个字母称为地址码，用作程序功能指令识别的地址；符号主要用于数学运算及程序格式的要求；数字可以组成一个十进制数或与字母组成一个代码。

1. 程序结构

现以 FANUC 系统的一个简单数控加工程序为例，说明程序结构。

程序开始标记　%

程序号　O0010（数控加工程序实例）

程序内容

N010 G92 X50.0 Y50.0;　　　　　　　程序说明

N020 G90 G42 G00 X10.0 S800 T01 D01 M03;

N030　　　Z40 M08;　　　　　　　程序段

N040 G01 X-5.0 Y5.0 F100;

N050 G04 X5;　　　　　　　指令字(字母+符号+数字)

N060 G01 X10.0 Y-10.0;

N070 G00 G40 X50.0 Y50.0 M09;

N080 M30;　　　　　　指令字(字母+数字)

程序段号

程序结束标记　%

从上面的程序可以看出，程序以 % 作为程序开始和结束的标记，程序主体是由程序号和程序内容构成的，程序内容是由若干个程序段组成的。% 下面的 O0010 为程序号。程序中的每一行称为程序段。程序开始标记、程序号、程序段、程序结束标记是数控加工程序必须具备的四个要素。本章所编程序省略开始和结束的标记，仅给出程序主体。

（1）程序号　在程序的开头要有程序号，即为零件加工程序的编号，以便进行程序检索。FANUC 系统采用英文字母 O 及其后若干位（最多 4 位）十进制数表示，O 为程序号地址码，其后数字为程序的编号。不同的数控系统，程序号地址码所用字符可不相同，如 AB8400 系统用 P，而 SINUMERIK 系统则用 %。

（2）程序段　若干个程序段是整个程序的核心，规定了数控机床要完成的全部动作，每个程序段表示一个完整的加工工步或动作。每个程序段由程序段号（有些系统可以省略）和若干个指令字组成，以 ";"（SINUMERIK 系统以 "LF"）结束；每个指令字又由字母、符号（或缺）和数字组成。最后一个程序段以指令 M02、M30 或 M99（子程序结束）结束程序，以结束零件加工。

2. 程序段格式

目前国内外广泛采用字-地址可变程序段格式。如 O0010 程序所示，每个指令字前有地址（G、X、F、M……），各字的排列顺序没有严格要求，指令字的位数可多可少（但不得大于规定的最大允许位数），不需要的字以及与上一程序段相同的续效字可以不写。该格式的优点是程序简短、直观，以及容易检验、修改。一般的书写顺序按表 3-1 所示从左往右进行书写，建议（但不强制）读者依此顺序编制程序，以提高程序的

扫码看视频

可读性及可维护性。

例如：N160 G01 X32.0 Z-102.0 F100 S800 T0101 M03；

其中，"N160"是程序段号，是用以识别程序段的编号，由程序段地址码 N 和后面的若干位数字来表示；"G01"是准备功能指令字；"X32"和"Z-102"为尺寸指令字；"F100"为进给功能指令字；"S800"为主轴功能指令字；"T0101"为刀具功能指令字；"M03"为辅助功能指令字。

序号	1	2	3	4	5	6	7	8	9	10	11
指令字	N-	G-	X- U- P- A- D-	Y- V- Q- B- E-	Z- W- R- C-	I- J- K- R-	D- H-	F-	S-	T-	M-	； （或 LF 或 CR）
解释	程序段号	准备功能	尺 寸 字				补偿功能	进给功能	主轴功能	刀具功能	辅助功能	结束符号
			指 令 字									

表 3-1 程序段书写顺序格式

3. 主程序和子程序

数控加工程序可设计为主程序加子程序的结构模式。有时被加工零件上有多个形状和尺寸都相同的加工部位，或顺次加工几个相同的工件，若按通常的方法编程，则有一定量的连续程序段在几处完全重复出现。为缩短程序、简化编程工作，可将这些重复的程序段单独抽出，按规定的格式编成子程序，并存储在子程序存储器中。调用子程序的程序称为主程序，它与子程序是各自独立的程序文件。主程序执行中间可调用子程序，子程序执行完将返回主程序调用位置，并继续执行主程序中的后续程序。子程序可以被多次重复调用，也可调用其他子程序，即"多层嵌套"调用（一般不宜嵌套过深），从而可以大大简化编程工作。带子程序的程序执行过程如图 3-10 所示。

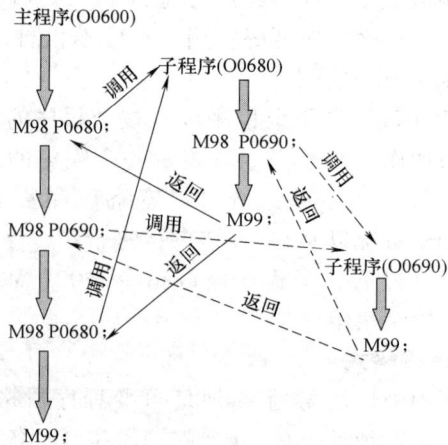

图 3-10 带子程序的程序执行过程

⊙ 3.3 数控系统的指令

如表 3-1 所示，程序段的指令字可分为尺寸字和功能字。其中，常用的功能字（功能指令）有准备功能 G 指令和辅助功能 M 指令；另外，还有进给速度功能 F 指令、主轴转速功能 S 指令、刀具功能 T 指令等。这些功能字用以描述工艺过程的各种操作和运动。

3.3.1 准备功能 G 指令

准备功能 G 指令为准备性工艺指令，由地址码 G 及其后的两位数字组成，从 G00 到 G99 共 100 种。该指令是在数控系统插补运算之前需要预先规定、为插补运算做好准备的工艺指令，从而使机床或数控系统建立起某种加工方式。G 指令通常位于程序段中尺寸字之前。FANUC 0i Mate TC 系统车床 G 指令系列参见附录 A，FANUC 0i Mate MC 系统铣床及加工中心 G 指令系列参见附录 B。本节仅介绍常用的准备功能 G 指令。

数控程序指令可分为模态指令（又称续效指令）和非模态指令（又称非续效指令）两类。模态指令指在某一段程序应用后可以一直保持有效状态，直到撤销这些指令；非模态指令是指单段有效指令，仅在编入的程序段中有效。如附录 A 所示，第二列中数字组号所对应的 G 指令即为模态指令，且同一个数字（如 01）所对应的 G 指令为同一组模态指令；第二列中 "#" 对应的 G 指令是非模态指令。如 O0010 程序所示，N020 中 G00 是模态指令，在 N030 中仍然有效，但在 N040 中被同一组的 G01 指令所撤销并代替，后续程序段 G01 就继续有效，因此 N060 中 G01 可以省略，但也可以编写。N020 中 G90、G42 和 G00 是非同组的模态指令，可以同时出现在一个程序段中，不影响各自指令续效；但同一组的模态指令（如 G00、G01、G02 等）不能出现在一个程序段中，否则只有最后的指令有效。

1. 与运动有关的指令

（1）快速点定位指令（G00）　G00 指令使刀具以点定位控制方式从刀具当前位置，以系统设定的速度快速移动到坐标系的另一点。快速运动到将近定位点时，通过 1～3 级降速以实现精确定位。G00 是模态指令。

程序格式：N～ G00 X～ Y～ Z～；

其中，X、Y、Z 为终点坐标。G00 指令只做快速移动到位，对刀具与工件的运动轨迹不做严格要求，可以是直线、斜线或折线，具体轨迹一般由制造厂确定，编程时应注意参考所用机床的说明书，避免刀具与工件等发生干涉碰撞；运动时也不进行切削加工，一般用作空行程运动，其运动速度由机床系统设置的参数确定。G00 指令程序段中不需要指定进给速度 F，如果指定了，对本程序段无效，但可对后续程序段续效。

（2）直线插补指令（G01）　G01 指令用以控制两个坐标（或三个坐标）以联动的方式，按程序段中规定的进给速度 F，从刀具当前位置插补加工出任意斜率的直线，到达指定位置。G01 是模态指令。

程序格式：N～ G01 X～ Y～ Z～ F～；

其中，X、Y、Z 为终点坐标；F 为进给速度。直线插补加工中，直线的起点是刀具的当前位置，程序段中无须指定。G01 指令程序段中必须指定进给速度 F，或者前面程序段已经指定，本程序段续效。

（3）圆弧插补指令（G02、G03） 圆弧插补指令用以控制两个坐标以联动的方式，按程序段中规定的进给速度 F，从刀具当前位置插补加工出任意形状的圆弧，到达指定位置。如图 3-11 所示，在刀具当前位置（A）与指定位置（B）间插补加工某一确定半径值的圆弧，共有四种可能性的路径，其中 AB 右侧两种路径（1 和 2）为顺时针圆弧，左侧两种路径（3 和 4）为逆时针圆弧。编程时，顺圆弧用 G02 指令，逆圆弧用 G03 指令，G02 和 G03 都是模态指令。

图 3-11

加工圆弧的四种
可能性路径

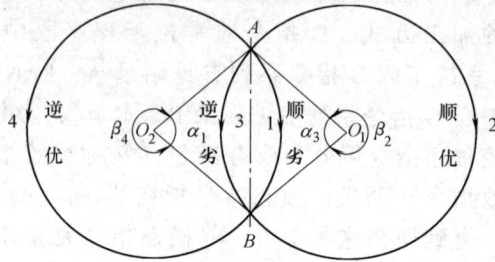

圆弧顺、逆方向判别方法：如图 3-12 所示，沿垂直于要加工的圆弧所在平面（如 XY 平面）的坐标轴（如 Z 轴）从正方向往负方向看，刀具相对于工件轮廓沿顺时针方向转动就是顺圆弧，用 G02 指令；沿逆时针方向转动就是逆圆弧，用 G03 指令。特别注意，用前置刀架卧式车床加工圆弧，XZ 平面中圆弧的顺逆方向与我们的习惯正好相反。

图 3-12

圆弧顺、逆方向判别

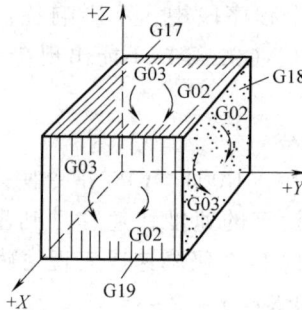

圆弧插补指令的程序格式有多种，常用的有两种格式：

1）半径指定法。如图 3-11 所示，同为 G02 指令的顺圆弧仍有两种可能性的路径（1 和 2），加工轨迹不唯一。分析 1 和 2 两路径，发现路径 1 的圆心角 $\alpha_1 \leqslant 180°$，为劣圆弧；而路径 2 的圆心角为 $180° < \beta_2 < 360°$，是优圆弧。逆圆弧情形相似。编程时，可用半径尺寸字 R 带 "±" 号的方法以区别优劣圆弧，使加工轨迹唯一；劣圆弧用正半径值，优圆弧用负半径值。

$$\text{程序格式：} N \sim \begin{Bmatrix} G17 \\ G18 \\ G19 \end{Bmatrix} \begin{Bmatrix} G02 \\ G03 \end{Bmatrix} \begin{Bmatrix} X \sim Y \sim \\ X \sim Z \sim \\ Y \sim Z \sim \end{Bmatrix} R \sim F \sim ;$$

其中，G17、G18、G19 指定圆弧所在的平面；G02、G03 指定圆弧顺、逆类型；X、Y、Z 为终点坐标；R~指定圆弧优、劣类型及其半径值；F 为进给速度。注意，半径指定法不能用来加工整圆。

2）圆心指定法。圆心指定法直接指定圆心位置，从而能使顺圆弧或劣圆弧中两种可能性的加工轨迹唯一确定。

程序格式：

$$N\sim \left\{\begin{matrix}G17\\G18\\G19\end{matrix}\right\} \left\{\begin{matrix}G02\\G03\end{matrix}\right\} \left\{\begin{matrix}X\sim Y\sim\\X\sim Z\sim\\Y\sim Z\sim\end{matrix}\right\} \left\{\begin{matrix}I\sim J\sim\\I\sim K\sim\\J\sim K\sim\end{matrix}\right\} F\sim;$$

其中，G17、G18、G19 指定圆弧所在的平面；G02、G03 指定圆弧顺、逆类型；X、Y、Z 为终点坐标；F 为进给速度。在 G90 或 G91 状态，I、J、K 中的坐标字均为圆弧圆心相对圆弧起点在 X、Y、Z 轴方向上的增量值。I、J、K 为零时可以省略。圆心指定法能用来加工整圆。

（4）暂停指令（G04）　G04 指令可使刀具做短暂的无进给光整加工，经过指令的暂停时间，再继续执行下一程序段。用于车槽、钻镗孔，也可用于拐角轨迹控制。G04 是非模态指令。

程序格式：$N\sim G04 \left\{\begin{matrix}X\sim\\P\sim\end{matrix}\right\};$

若用地址码 X，则后面数值带小数点，单位为 s；若用地址码 P，则后面用不带小数点的整数，单位为 ms。如 G04 X5.0 表示暂停 5s，G04 P1000 表示暂停 1s。有些机床，P 后面的数字表示刀具或工件空转的圈数。SINU-MERIK 系统暂停时间地址码用 F，也有系统用 U、K 作为地址码。

2. 与尺寸单位和坐标值有关的指令

（1）寸制/米制编程指令（G20~G21）　G20 指令为寸制编程（单位为 in），G21 指令为米制编程（单位为 mm），两者为同一组模态指令。机床出厂前一般设定为 G21 状态。在一个程序内，不能同时使用 G20 或 G21 指令，且必须在坐标系确定前指定。G20 或 G21 指令断电前后一致，即断电前使用 G20 或 G21 指令，上电后仍有效，除非重新设定。特别注意，与加工有关的参数（坐标值、进给速度、螺纹导程、刀具补偿值等）的单位须与编程单位一致。

（2）绝对尺寸指令与相对（增量）尺寸指令（G90~G91）　数控铣床中，G90 表示程序段的坐标字按绝对坐标编程；G91 表示程序段的坐标字按增量坐标编程。一般数控系统在初始状态（开机时状态）时自动设置为 G90 绝对坐标编程状态。

例 3-1　如图 3-13 所示，设 AB 段直线已加工完毕，刀具位于 B 点，现欲加工 BC 段直线，则加工程序段为

绝对尺寸指令：N0020 G90 G01 X40 Y10 F100；

增量尺寸指令：N0020 G91 G01 X30 Y-20 F100；

采用 G90 或 G91 指定尺寸指令方式，在不同程序段间可以切换，但在同一程序段中只能用一种。

数控车床的绝对尺寸和增量尺寸不用 G90、G91 指定，而用 X、Z 表示绝对尺寸指令，用 U、W 表示增量尺寸指令。如

N0020 G01 U40 W-2 F100；

且车床可在一个程序段中并用绝对尺寸和增量尺寸，称为混合尺寸

编程, 如

N0020 G01 X80 W-2 F100;

注意: 对于绝对坐标编程, 若后一程序段的某一尺寸值与上一程序段相同, 则可省略不写; 对于增量坐标编程, 若后一程序段的某一尺寸值为零, 则可省略不写。

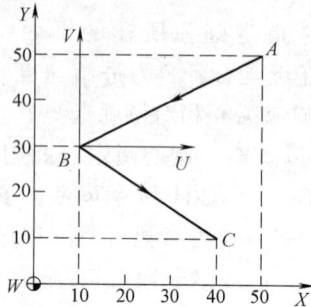

图 3-13

G90 与 G91 指令

3. 与参考点有关的指令

机床参考点是机床上通过位置传感器确认的绝对位置基准点, 是为建立机床坐标系而设定的固定位置点, 其位置由各轴向的机械挡块来确定。除机床参考点外, 一般数控机床还可用参数设置第 2 至第 4 参考点, 这三个参考点是建立在机床参考点 (第 1 参考点) 之上, 而且是虚拟的。

(1) 返回参考点 (G28、G30) G28 指令用于返回机床参考点 (等同于手动返回机床参考点), G30 指令用于返回第 2、3 或 4 参考点。G28 和 G30 是非模态指令。

程序格式: $N \sim \begin{Bmatrix} G28 \\ G30 \quad P \sim \end{Bmatrix} X \sim Y \sim Z \sim;$

其中, X、Y、Z 为中间点位置坐标 (绝对坐标/增量坐标); P~ 为 P2、P3 或 P4, 指返回第 2、3 或 4 参考点。如程序段 "N0060 G30 P3 X40.0 Y20.0;" 执行过程如图 3-14 所示, 为 $A \to M \to R$, 刀具 (工作台) 将快速定位运动到中间点 (M), 然后再从中间点回到第 3 参考点 (R)。这样可使回参考点操作有可能避开某些干涉点。G28/G30 指令中的坐标值将被 NC 作为中间点存储。

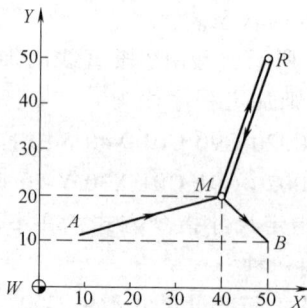

图 3-14

G30 指令执行过程

G28 一般用于加工结束后使工件移出加工区, 以便卸下加工完毕的工件和装夹待加工的工件; G30 指令一般用于自动换刀时, 换刀位置与机床参考点不同的场合。使用 G28/G30 指令时, 应先取消刀具补偿功能。

（2）从参考点返回（G29）　G29 指令用于使刀具（工作台）从参考点经由中间点快速定位运动到指定位置，该指令必须在 G28/G30 后的程序段中立即给出。

程序格式：N~ G29 X~ Y~ Z~ ;

其中，X、Y、Z 为终点坐标（绝对坐标/增量坐标），在增量值模态下，为终点相对于中间点的坐标增量。中间点的位置由前面程序段中 G28 或 G30 指令确定。如图 3-14 所示，程序段"N0070 G29 X50.0 Y10.0；"执行过程为 $R→M→B$。

（3）返回参考点检查（G27）　G27 指令用于检查机床是否能准确返回参考点。

程序格式：N~ G27 X~ Y~ Z~ ;

其中，X、Y、Z 为参考点在工件坐标系中的坐标值。执行动作如下：刀具（工作台）以快速定位方式运动到 X、Y、Z 位置，然后检查该点是否为参考点，如果是，则参考点灯点亮；如果不是，则发出一个报警，并中断程序运行。使用 G27 指令时，应先取消刀具补偿功能。

4．与坐标系有关的指令

（1）机床坐标系选择指令（G53）　G53 指令使刀具（工作台）快速运动到机床坐标系中指定的坐标值位置。一般地，该指令在 G90 模态下执行。G53 是非模态指令。

程序格式：N~（G90）G53 X~ Y~ Z~ ;

其中，X、Y、Z 是机床坐标系位置绝对尺寸，可使刀具快速定位到机床坐标系中该位置上。

（2）工件坐标系选取指令（G54~G59）　G54~G59 指令用来选取工件坐标系。加工前，一般通过对刀将所设工件原点相对于机床原点的偏置值，以 MDI 方式输入原点偏置寄存器中；加工中，通过程序指令 G54~G59 来从相应的存储器中读取数值，并按照工件坐标系中的坐标值运动。G54~G59 共六个指令，可设定六个不同的工件坐标系，适用于多种不同工件间隔重复批量生产而程序不变，或一个工作台上同时加工几个工件的工件坐标系设定。G54~G59 是模态指令，在机床重开机时仍然存在。

例 3-2　如果预置 1#工件坐标系偏移量：X-160.000，Y-380.000；预置 3#工件坐标系偏移量：X-350.000，Y-240.000，程序段见表 3-2，则终点在机床坐标系中的坐标值如表中第 2 栏所列，执行过程如图 3-15 所示。

扫码看视频

表 3-2

工件坐标系选取
指令实例

程序段内容	终点在机床坐标系中的坐标值	注　释
……		
N0120 G90 G54 G00 X30.0 Y100.0；	X-130.0，Y-280.0	选择 1#工件坐标系，快速定位
N0130 G01 X-122.0 F100；	X-282.0，Y-280.0	直线插补
N0140 G00 X0 Y0；	X-160.0，Y-380.0	快回 1#工件坐标系原点
N0150 G53 X0 Y0；	X0，Y0	选择机床坐标系

（续）

程序段内容	终点在机床坐标系中的坐标值	注　释
N0160 G56 X30.0 Y100.0；	X-320.0，Y-140.0	选择 3#工件坐标系，快速定位
N0170 G01 X-122.0；	X-472.0，Y-140.0	直线插补，F 为 100（模态）
N0180 G00 X0 Y0；	X-350.0，Y-240.0	快回 3#工件坐标系原点
……		

图 3-15

工件坐标系选取执行过程

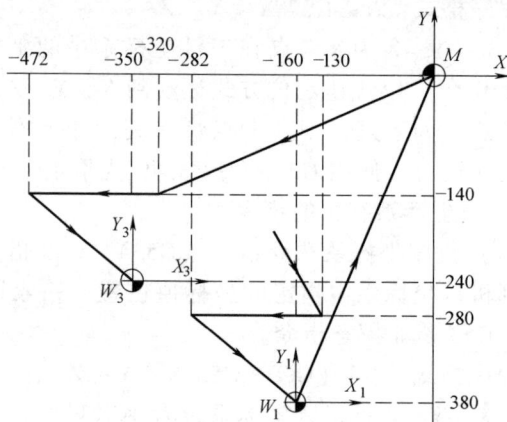

（3）工件坐标系设定指令（车床用 G50，铣床用 G92）　G50 或 G92 指令用来设定工件坐标系。车床使用 G50 指令，而铣床使用 G92 指令。G50/G92 是非模态指令，但由该指令建立的工件坐标系却是模态的，在机床重开机时消失。

程序格式：$N \sim （G90）\begin{Bmatrix} G50 \\ G92 \end{Bmatrix} X \sim Y \sim Z \sim ；$

机床执行上述程序并不产生运动，只是设定工件坐标系，使得在这个工件坐标系中，当前刀具所在点的坐标值为 X、Y、Z。实际上，该指令也是给出了一个偏移量，此偏移量是所设工件坐标系原点在原来的机床（工件）坐标系中的坐标值，是间接给出的。从 G50/G92 的功能可以看出，这个偏移量也就是刀具在原机床（工件）坐标系中的坐标值与 X、Y、Z 指令值之差。

例 3-3　如果预置 1#工件坐标系偏移量：X-160.000，Y-160.000；预置 5#工件坐标系偏移量：X-440.000，Y-400.000，程序段见表 3-3，则终点在机床坐标系中的坐标值如表中第 2 栏所列，执行过程如图 3-16 所示。

注意：

1）用 G50/G92 设置工件坐标系，应特别注意起点和终点必须一致，即程序结束前，应使刀具移到 X、Y、Z 指令字中的坐标点，这样才能保证重复加工不乱刀。

扫码看视频

	程序段内容	终点在机床坐标系中的坐标值	注　释
表 3-3 工件坐标系设定指令实例	......		
	N0220 G90 G54 G00 X0 Y0;	X-160.0, Y-160.0	选择 1#工件坐标系, 快速定位到工件原点
	N0230 G92 X90.0 Y150.0;	X-160.0, Y-160.0	刀具不运动, 建立新工件坐标系 1p#, 新工件坐标系中当前点坐标值为 X90.0、Y150.0
	N0240 G00 X0 Y0;	X-250.0, Y-310.0	快速定位到新工件坐标系原点 W_{1p}
	N0250 G56 X0 Y0;	X-440.0, Y-400.0	选择 5#工件坐标系, 因为前段程序已用 G92 偏移, 实质是 5p# 工件坐标系, 快速定位到工件坐标系原点 W_{5p}
	N0260 X90.0 Y150.0;	X-350.0, Y-250.0	快速定位到原 5#工件坐标系原点 W_5
	......		

图 3-16

工件坐标系设定执行过程

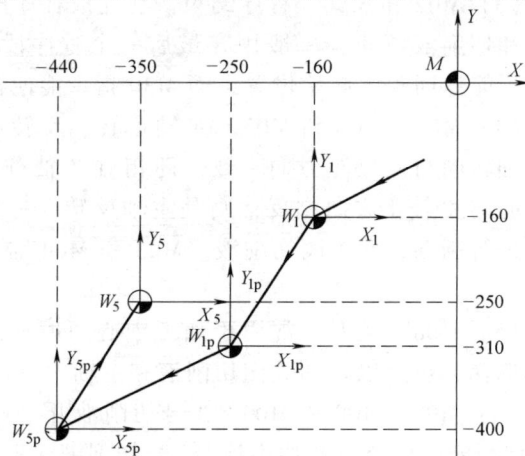

2）该指令程序段要求坐标值 X、Y、Z 必须齐全, 不可缺少, 并且只能使用绝对坐标值, 不能使用增量坐标值。

3）在一个工件的全部加工程序中, 根据需要, 可重复设定或改变工件原点。

4）虽然 G50/G92 和 G54~G59 都能设定工件坐标系, 但 G50/G92 是通过程序来设定、选用工件坐标系的; 而 G54~G59 是在加工前就设定好工件坐标系, 在程序中进行调用。

（4）坐标平面选取指令（G17、G18、G19）　坐标平面选取指令是用来选择圆弧插补的平面和刀具半径补偿平面的。对于三坐标运动机床, 特别是二轴半机床, 常需用这些指令指定机床在哪一平面进行运动。G17、G18、G19 指令分别表示在 XY、XZ、YZ 坐标平面内进行加工, 如图 3-12 所示。如果在 XY 平面内运动, G17 可以省略; 而车床总是在 XZ

平面内运动，故无须编写 G18。

3.3.2 辅助功能 M 指令

辅助功能 M 指令由地址码 M 及其后的两位数字组成，是控制机床辅助动作的指令，从 M00 到 M99 共 100 种。FANUC 数控系统 M 指令系列参见附录 C。

M 指令也有模态指令与非模态指令之别，按其逻辑功能可分成组，如 M03、M04、M05 为同一组。同一组的 M 指令不可在同一程序段中同时出现。非模态指令仅在其出现的程序段中有效。

下面简单介绍常用的 M 指令含义。

（1）M00　程序停止。在完成程序段的其他指令后，用以停止主轴、进给和切削液，并停止执行后续程序。若想要在加工中使机床暂停，以进行必需的手动操作（检验工件、调整、排屑等），则可使用 M00 指令。手动操作完成后，按启动键即可继续执行后续程序。

（2）M01　选择停止。与 M00 相似，所不同的是，只有操作面板上的选择停开关处于接通状态，M01 指令才起作用。常用于关键尺寸的抽样检验或临时暂停。按启动键可继续执行后续程序。

（3）M02 和 M30　程序结束。在完成程序段的所有指令后，使主轴、进给和切削液停止，一般用在最后一个程序段中，表示加工结束。M02 指令不能返回程序起始位置，而 M30 指令能使程序返回到开始状态。

（4）M03、M04 和 M05　主轴正转、反转和停转。所谓主轴正转是指主轴转向与 C 轴正方向一致，即相对 Z 轴符合右手螺旋定则。如果主轴转向与 C 轴正方向相反，则是主轴反转。一般情况下，主轴停转的同时也进行制动，并关闭切削液。M03 和 M04 需与 S 指令一起使用，主轴才能转动。

（5）M06　换刀。常用于加工中心刀库换刀前的准备动作，不包括刀具选择，也可以自动关闭切削液和主轴。

（6）M07、M08 和 M09　2 号切削液开、1 号切削液开和切削液关。2 号切削液一般是雾状切削液，1 号切削液一般是液状切削液。M09 用来注销 M07、M08、M50 和 M51。

（7）M10 和 M11　机床滑座、工件、夹具、主轴等运动部件的夹紧和松开。

（8）M19　主轴准停。指令主轴定向停止在预定的角度位置上。

（9）M98 和 M99　子程序调用和子程序结束。如图 3-10 所示，子程序以 M99 结束，不能以 M02 或 M30 结束。主程序中调用子程序格式为：N～ M98 P～；其中，P 指定子程序的编号。

3.3.3　F、S、T 指令

1. F 指令

进给速度功能。用来指定各运动坐标轴及其任意组合的进给速度或螺纹导程。F 指令是模态指令。现代机床大多采用直接指定法，根据与 F

指令配合使用的 G 指令的不同，有两种速度表示法：

1) 每分钟进给量（车床用 G98，铣床用 G94）。

程序格式：$N \sim \begin{Bmatrix} G98 \\ G94 \end{Bmatrix} F \sim ;$

其中，车床用 G98 指令，铣床用 G94 指令；地址码 F 后面跟的数值就是进给速度的大小。对于直线进给，如 G94 F100 表示铣床进给速度为 100mm/min；对于回转轴，如 G94 F10 表示铣床进给速度为 10°/min。

2) 每转进给量（车床用 G99，铣床用 G95），单位为 mm/r。

程序格式：$N \sim \begin{Bmatrix} G99 \\ G95 \end{Bmatrix} F \sim ;$

其中，车床用 G99 指令，铣床用 G95 指令。如 G95 F1.5 表示铣床主轴每转一转进给 1.5mm。G98/G94 与 G99/G95 是同一组模态指令，可以互为取消。G98/G94 为初始化指令。

2. S 指令

主轴转速功能。用来指定主轴的转速，现代机床也多采用直接指定法，由地址码 S 及其后的若干位数字组成。S 指令也是模态指令。根据与 S 指令配合使用的 G 指令的不同，有两种转速表示法：

1) 恒转速（G97，单位为 r/min）。

程序格式：$N \sim$ G97 $S \sim ;$

2) 表面恒线速（G96，单位为 m/min）。

程序格式：$N \sim$ G96 $S \sim ;$

如 G97 S800 表示主轴转速为 800r/min，G96 S200 表示表面恒切削速度为 200m/min。G96 和 G97 是同一组模态指令，可以互为取消。G97 为初始化指令。

特别指出，进给速度和主轴转速可通过数控机床操作面板上的进给速度倍率开关和主轴转速倍率开关进行调整，倍率开关通常在 0 ～ 200% 之间设有众多档位，实际速度是编程速度与速度倍率之积。

另外，S 指令还可与限定主轴最高转速 G 指令（车床用 G50，铣床用 G92）配合使用，以限制主轴最高转速。

程序格式：$N \sim \begin{Bmatrix} G50 \\ G92 \end{Bmatrix} S \sim ;$

其中，S~ 是主轴最高转速（r/min），若后续程序设定转速超过此值，则被限制在该转速。

3. T 指令

刀具功能。在有自动换刀功能的数控机床上，该指令用以选择所需的刀具号或刀补号。T 指令由地址码 T 及其后的两位或四位数字组成，由不同系统自行确定和定义。M06 要求机床自动换刀，而所换的刀具号则由 T 指令来指定。例如：T03 M06 表示将当前刀具换为 03 号刀具；T0302 表示选用 03 号刀具和 02 号刀补值；T0300 表示取消 03 号刀具的刀补值。

例 3-4　在数控铣床上加工如图 3-17 所示的零件，请用增量值尺寸方式编制数控加工程序（不考虑刀具补偿）。

解：采用 φ8mm 的立式铣刀，以工件原点为起刀点，所编程序见表 3-4。

图 3-17

简单编程综合实例

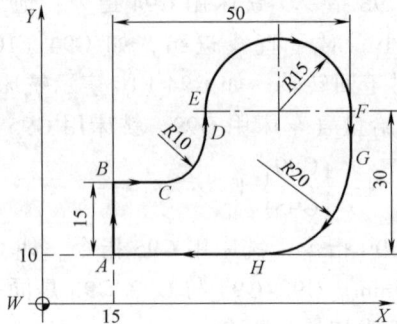

表 3-4

简单编程综合
实例程序

扫码看视频

程　序	说　明
O0020	程序号
N0010 G91 G94 G97 G21 G17；	设定初始化指令
N0020 G92 X0 Y0；	建立工件坐标系
N0030 G00 X15.0 Y10.0 S500 M03 M08；	快进到接近 A 点
N0040 G01 Y15.0 F100；	直线工进到 B 点
N0050　　X10.0；	直线工进到 C 点
N0060 G03 X10.0 Y10.0 R10.0 F80；	逆圆工进到 D 点
N0070 G01 Y5.0 F100；	直线工进到 E 点
N0080 G02 X30.0 R15.0 F80；	顺圆工进到 F 点
N0090 G01 Y-10.0 F100；	直线工进到 G 点
N0100 G02 X-20.0 Y-20.0 R20.0 F80；	顺圆工进到 H 点
N0110 G01 X-30.0 F100；	直线工进到 A 点
N0120 G00 X-15.0 Y-10.0 M09 M05；	取消刀偏，回至原点
N0130 M02；	程序结束

⊙ 3.4　数控车床程序编制

数控车床（CNC Lathe）主要用于加工轴类、套类和盘类等回转体零件，可通过程序控制自动完成端面、内外圆柱面、锥面、圆弧面、螺纹等内容的切削加工，并可进行切槽、切断、钻、扩、铰孔等加工。

3.4.1　数控车削的编程特点

数控车削的编程特点如下：

1）被加工零件的径向尺寸图样标注和测量值大多以直径值表示，故一般径向用绝对坐标编程时，X 以直径值表示；用增量坐标编程时，U

以径向实际位移量的两倍值表示，并附上方向符号（正向省略）。

2）由于车削加工常用棒料作为毛坯，加工量较大，为简化编程，数控系统常备有不同形式的固定循环，如内外圆柱面循环、内外圆锥面循环、切槽循环、端面切削循环、内外螺纹加工循环等，可进行多次重复循环切削。

3.4.2　数控车床的刀具补偿

数控车床的刀具补偿可分为两类，即刀具位置补偿和刀尖圆弧半径补偿。

1. 刀具位置补偿

刀具位置补偿也称刀具长度补偿，是刀具几何位置偏移及磨损补偿，可用来补偿不同刀具之间的刀尖位置偏移。

如图 3-18 所示，在编程与实际加工中，一般以其中一把刀具为基准，并以该刀具的刀尖位置 A 点为依据来建立工件坐标系。当其他刀具转到加工位置时，由于刀具几何尺寸差异及安装误差，刀尖的位置 B 相对于 A 点就有偏移量 Δx、Δz。因此，原来以对刀点 A 设定的工件坐标系对这些刀具就不适用。利用刀具位置补偿功能可以对刀具轴向和径向偏移量 Δx、Δz 进行修正，将所有刀具的刀尖位置都移至对刀点 A。每把刀具的偏移值（或称为补偿值）事先用手工对刀和测量工件加工尺寸的方法测得，并输入到相应的存储器中。

图 3-18

刀具位置补偿

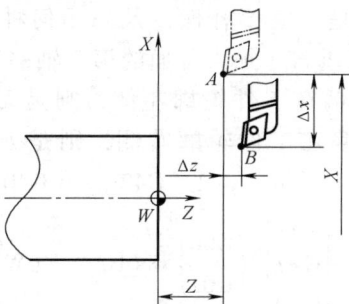

因此，当刀具磨损或重新安装造成的刀尖位置有偏移时，只要修改相应存储器中的位置补偿值，而无须更改程序。

2. 刀尖圆弧半径补偿

为提高刀具强度和降低加工表面粗糙度值，车刀刀尖常磨成半径较小的圆弧，并非尖点。而编程时，常按理想的刀尖（刀位点）来进行，如果直接按零件轮廓编程，在切削圆锥面或圆弧面时，将引起过切或欠切现象，如图 3-19 所示。

图 3-19

刀尖圆弧半径引起过切或欠切

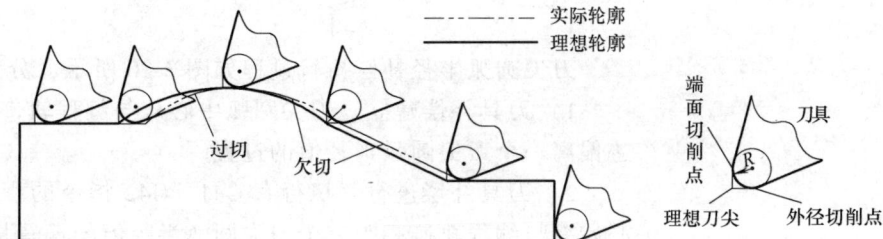

为避免过切或欠切，有两种方法：①加工前先计算出刀位点运动轨迹，再编程加工。这种方法数学处理量大，在老式数控系统或自动编程中有所应用。②按零件轮廓的坐标数据编程，由系统根据工件轮廓和刀尖圆弧半径及刀尖方位自动计算出刀具中心轨迹。现代数控系统都具备刀尖圆弧半径补偿功能，因此在手工编程中广泛应用这种方法。

使用刀尖圆弧半径补偿功能时，按零件的实际轮廓编程，并在控制面板上手工输入刀尖圆弧半径及刀尖方位号，数控装置便能自动地计算出刀尖中心轨迹，并按刀尖中心轨迹运动，如图 3-20 所示。当刀具磨损或刀具重磨后刀尖圆弧半径变小，这时只需手工输入改变后的刀尖圆弧半径，而不需修改已编好的程序。

图 3-20

刀尖圆弧半径补偿

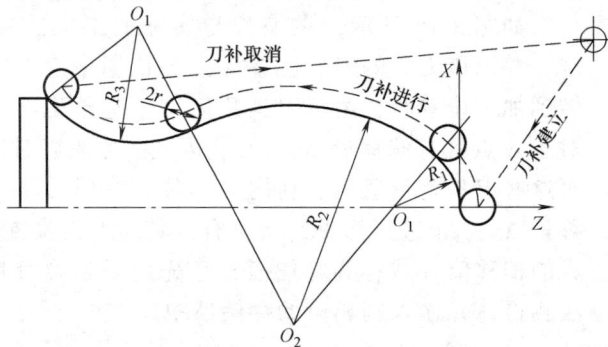

刀尖圆弧半径是否需要补偿以及采用何种方式补偿，可使用 G40、G41、G42 设定。沿垂直于加工平面的第三轴的反方向看去，再沿刀具运动方向看，若刀具偏在工件轮廓左侧，则是刀尖圆弧半径左补偿，用 G41 指令；若刀具偏在工件轮廓右侧，则是刀尖圆弧半径右补偿，用 G42 指令，如图 3-21 所示。G41、G42 都用 G40 指令取消。

程序格式：$N \sim \begin{Bmatrix} G41 \\ G42 \\ G40 \end{Bmatrix} \begin{Bmatrix} G00 \\ G01 \end{Bmatrix} X(U) \sim Z(W) \sim ;$

图 3-21

刀尖圆弧半径补偿
指令判断

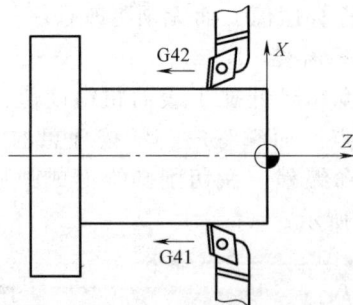

刀尖圆弧半径补偿执行过程如图 3-20 所示，分为以下三个步骤：

1）刀具补偿建立。刀尖圆弧中心从与编程轨迹重合过渡到与编程轨迹偏离一个刀尖圆弧半径值的过程。

2）刀具补偿进行。执行有 G41、G42 指令的程序段后，刀尖圆弧中心始终与编程轨迹相距一个刀尖圆弧半径值的偏置量。

3）刀具补偿取消。刀具离开工件，刀尖圆弧中心轨迹又过渡到与编程轨迹重合的过程。

3. 刀具补偿值的设定

刀具补偿有刀具位置补偿和刀尖圆弧半径补偿。刀具位置补偿用以补偿不同刀具之间的刀尖位置偏移，有 X 向和 Z 向；刀尖圆弧半径补偿用以补偿由于刀尖圆弧半径及刀尖位置方向所造成的加工误差，有刀尖圆弧半径补偿量 R 和刀尖方位号 T（图 3-22）。加工工件前，可用操作面板上的功能键“OFFSET”分别设定、修改每把刀具对应的刀具补偿号中 X、Z、R、T 参数，如图 3-23 所示。

图 3-22
后置刀架假定刀尖方位号

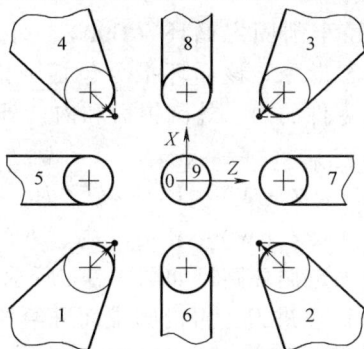

图 3-23
刀具偏置与刀具方位界面

工件补正/现状　　O0010　　N0200

番号	X	Z	R	T
C01	-225.005	-105.966	000.500	03
C02	-219.255	-103.326	002.500	08
C03	-217.305	-102.165	001.060	01
C04	-210.306	-106.008	003.100	07
C05	-206.011	-100.561	002.050	02
C06	-218.321	-103.208	002.000	08
C07	-217.361	-102.207	001.405	04
C08	-221.062	-100.560	003.500	05

现在位置（相对坐标）

U　0.000　　W　0.000

ADRS　MX 25.300　　S 0　　T

JOG　****　***　***

[摩耗]　[现状]　[SETTING]　[坐标系]　[(操作)]

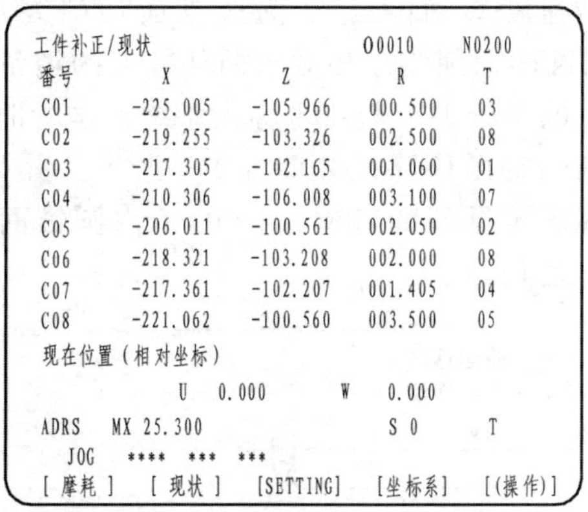

4. 刀具补偿的实现

刀具补偿功能（刀具位置补偿和刀尖圆弧半径补偿）是由程序中指定的 T 代码和刀尖圆弧半径补偿代码共同实现的。

T 代码由字母 T 和其后的 4 位数字组成：T××××，其中前两位数字为刀具号，后两位数字为刀具补偿号。如 T0103 表示调用 1 号刀具，选用 3 号刀具补偿。刀具补偿号实际上是刀具补偿寄存器的地址号，可以是 00~32 中任意一个数；刀具补偿号为 00 时，表示不进行补偿或取消刀具补偿。如图 3-23 所示，对应于每个刀具补偿号，都有 X、Z、R、T 参数。补偿寄存器中预置的刀具位置和刀尖圆弧半径，包括基本尺寸和磨损尺寸两分量，控制器处理这些分量，计算并得到最后尺寸（总和长度、总和半径）。在激活补偿寄存器时这些最终尺寸生效，即补偿是按总和长度及总和半径进行的。

刀具补偿的实现过程如下：假如某个程序段中的 T 指令为 T0102，则数控系统自动按 02 号寄存器中的刀具补偿值修正 01 号刀具的位置偏移和进行刀尖圆弧半径的补偿，并根据程序段中的 G41/G42 指令来决定刀尖圆弧半径补偿的方向是左偏置还是右偏置。

3.4.3　简化编程功能指令

为简化数控车床编程，数控系统针对数控加工常见动作过程，按规定的动作顺序，以子程序形式设计了指令集，用 NC 代码直接调用，分别对应不同的加工循环动作。

1. 单一固定循环

（1）外径/内径车削固定循环（G90）　外径/内径车削固定循环用G90 指令，它是模态指令。该循环指令包括圆锥面车削循环和圆柱面车削循环功能，用于零件的内、外圆锥面和内、外圆柱面的车削加工。

程序格式：

N~ G90 X（U）~ Z（W）~ I~ F~；（内、外圆锥面）

N~ G90 X（U）~ Z（W）~ F~；（内、外圆柱面）

外圆锥面车削固定循环路径如图 3-24a 所示，其为梯形循环，刀具从循环起点先沿 X 轴快速进刀，再沿圆锥面进给切削，后沿 X 轴工进退刀，最后沿 Z 轴快速返回循环起点。图中虚线表示快速移动，实线表示按 F 指定的进给速度移动；X、Z 为圆锥面切削终点（图中 E 点）坐标值，U、W 为圆锥面切削终点相对于循环起点的增量值；I 为圆锥面车削始点与车削终点的半径差，起点坐标大于终点坐标时，I 为正，反之为负。外圆柱面车削固定循环路径如图 3-24b 所示，其为矩形循环，可认为是外圆锥面车削固定循环的特例（I=0）。内圆锥面/圆柱面车削固定循环路径及编程与之相似。

图 3-24　外径车削固定循环路径

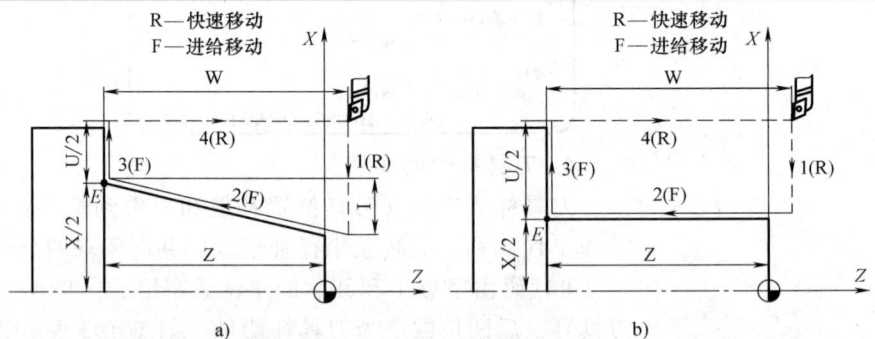

（2）端面车削固定循环（G94）　端面车削固定循环用 G94 指令，它也是模态指令。该循环指令包括锥形端面车削固定循环和垂直端面车削固定循环功能。

程序格式：

N~ G94 X（U）~ Z（W）~ K~ F~；（锥形端面）

N~ G94 X（U）~ Z（W）~ F~；（垂直端面）

端面车削固定循环路径如图 3-25 所示，与 G90 类似，图 3-25a、b 分别为梯形和矩形循环，刀具从循环起点先沿 Z 轴快速进刀，再沿 X 轴（或锥端面）进给切削，后沿 Z 轴工进退刀，最后沿 X 轴快速返回循环起点。程序格式中 X(U)、Z(W)、F 的含义同 G90 指令；K 为端面车削始点与端面车削终点在 Z 方向的坐标增量，起点坐标大于终点坐标时，K 为正，反之为负。垂直端面车削固定循环是锥形端面车削固定循环的特例（K＝0）。

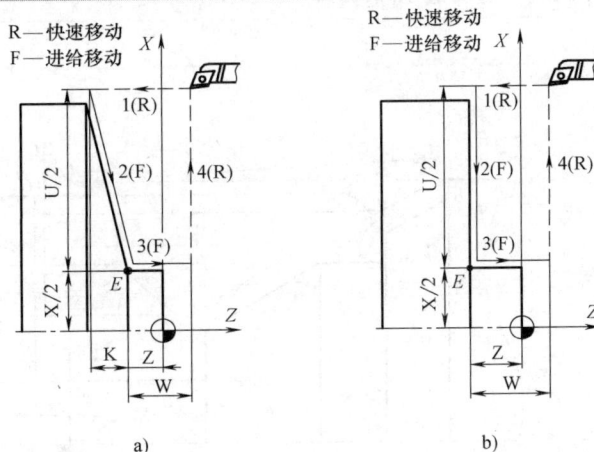

图 3-25
端面车削固定循环路径

2. 复合固定循环

车削加工阶梯相差较大的轴时，由于加工余量较大，往往需要多次切削，且每次加工的轨迹相差不大。利用复合固定循环功能，只要编出精加工路线（最终走刀路线），依程序格式设定粗车时每次的背吃刀量、精车余量、进给量等参数，系统就会自动计算出粗加工走刀路线，控制机床自动重复切削直到完成工件全部加工为止，可大为简化编程。

（1）外径/内径粗车复合循环（G71）　G71 指令适用于用圆柱毛坯料粗车外径和用圆筒毛坯料粗车内径，特别是在切除余量较大的情况下。

程序格式：$\begin{cases} N\sim\ G71\ U(\Delta d)\ R(e); \\ N\sim\ G71\ P(ns)\ Q(nf)\ U(\Delta u)W(\Delta w)\ F\sim S\sim T\sim; \end{cases}$

其中地址码含义见表 3-5。外径粗车复合循环路径如图 3-26 所示，C 是粗加工循环的起点，A 是毛坯外径与端面轮廓的交点。加工路线为：$C\to D\to E\to F\to G\to\cdots\cdots\to H\to I\to A$，按图中箭头所示方向进刀和退刀；每次 X 轴上的进给量为 Δd，从切削表面沿 45° 方向退刀的距离为 e，Δw 和 $\Delta u/2$ 分别为轴向和径向精车余量。图中直线 AB、AA' 与粗加工最后沿轮廓面运动轨迹 HI 间包容的区域即为粗加工 G71 循环切削内容；粗加工之后的精加工（G70）路线为：$A\to A'\to B$。

表 3-5
车削固定循环指令中地址码的含义

地址	含　　义
ns	指定精加工程序第一个程序段的段号
nf	指定精加工程序最后一个程序段的段号
Δi	粗车时，径向(X轴方向)切除的余量(半径值)
Δk	粗车时，轴向(Z轴方向)切除的余量

（续）

地址	含义
Δu	径向（X轴方向）的精车余量（直径值）
Δw	轴向（Z轴方向）的精车余量
Δd	每次车削深度（在外径和端面粗车循环中）；或粗车循环次数（在固定形状粗车循环中）
e	退刀量

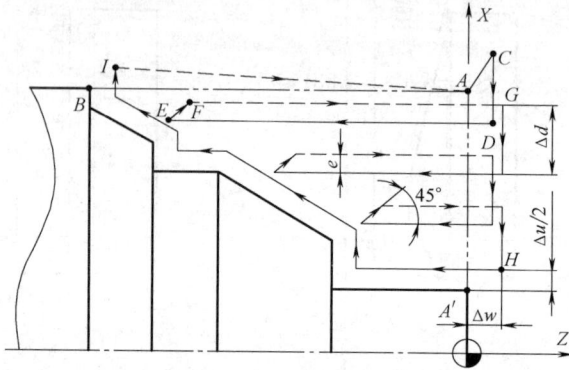

图 3-26

外径粗车复合循环
路径

（2）端面粗车复合循环（G72）　G72 指令适用于棒料毛坯端面方向上粗车，特别是在切除余量较大的情况下。

程序格式：$\begin{cases} \text{N}\sim \text{ G72 W}(\Delta d)\ \text{R}(e); \\ \text{N}\sim \text{G72 P}(ns)\ \text{Q}(nf)\ \text{U}(\Delta u)\ \text{W}(\Delta w)\ \text{F}\sim\ \text{S}\sim\ \text{T}\sim; \end{cases}$

其中地址码含义见表 3-5。G72 与 G71 指令类似，不同之处就是刀具路径是按径向方向车削循环的。如图 3-27 所示，加工路线为：$C \rightarrow D \rightarrow E \rightarrow F \rightarrow G \rightarrow \cdots\cdots \rightarrow H \rightarrow I \rightarrow A$；粗加工之后的精加工（G70）路线为：$A \rightarrow A' \rightarrow B$。

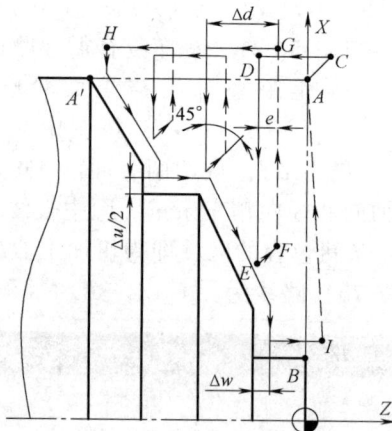

图 3-27

端面粗车复合循环
路径

（3）固定形状粗车复合循环（G73）　G73 指令适用于毛坯轮廓形状与零件轮廓形状基本接近时的粗车。

程序格式：$\begin{cases} N\sim G73 \ U(\Delta i) \ W(\Delta k) \ R(d); \\ N\sim G73 \ P(ns) \ Q(nf) \ U(\Delta u) \ W(\Delta w) \ F\sim S\sim T\sim; \end{cases}$

其中地址码含义见表 3-5。如图 3-28 所示，加工路线为：$C\to D\to E\to F\to$ ……$\to G\to H\to A$；粗加工之后的精加工（G70）路线为：$A\to A'\to B$。

图 3-28

固定形状粗车循环
路径

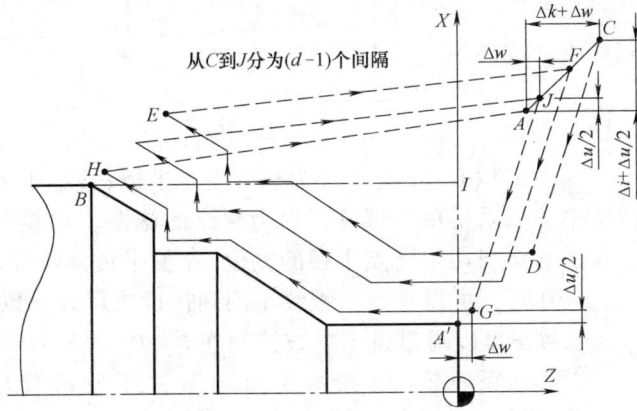

（4）精车循环（G70）　G70 指令用于在粗车复合循环指令 G71、G72 或 G73 后进行精车。

程序格式：$N\sim G70 \ P(ns) \ Q(nf);$

其中地址码含义见表 3-5。必须先使用 G71、G72 或 G73 指令后，才可使用 G70 指令。在 G70 车削循环期间，刀尖圆弧半径补偿功能有效。

特别注意：在粗车循环 G71、G72、G73 状态下，优先执行 G71、G72、G73 指令中的 F、S、T，若 G71、G72、G73 中不指定 F、S、T，则在 G71 程序段前编程的 F、S、T 有效；在精车循环 G70 状态下，优先执行 $ns\sim nf$ 程序段中的 F、S、T，若 $ns\sim nf$ 程序段中不指定 F、S、T，则默认为粗加工时的 F、S、T。

3. 螺纹加工指令

（1）单行程螺纹切削（G32/G33）　G32/G33 指令可切削加工等螺距圆柱螺纹、等螺距圆锥螺纹和等螺距端面螺纹，其为模态指令。G32 用于车削寸制螺纹，G33 用于车削米制螺纹。

程序格式：$N\sim \begin{cases} G32 \\ G33 \end{cases} X(W)\sim Z(W)\sim F\sim;$

其中，X(U)、Z(W) 为螺纹终点坐标；F 为以螺纹导程给出的每转进给率，如果是单线螺纹，则为螺纹的螺距，单位为 mm/r。如车削圆锥螺纹，如图 3-29 所示，斜角 α 在 45° 以下时，螺纹导程以 Z 轴方向指定；斜角 α 在 45°~90° 时，以 X 轴方向指定。

（2）简单螺纹切削循环（G92）　G92 为简单螺纹切削循环指令，是模态指令，切削方式为直进式。

程序格式：

$N\sim G92 \ X(U)\sim Z(W)\sim I\sim F\sim;$（圆锥螺纹）

$N\sim G92 \ X(U)\sim Z(W)\sim F\sim;$（圆柱螺纹）

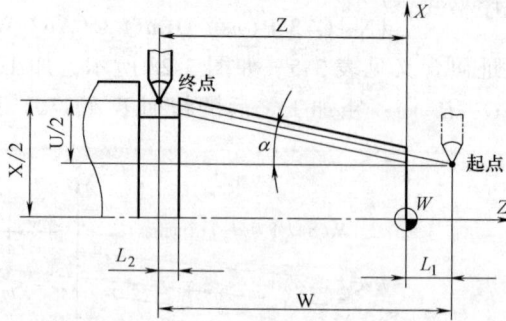

图 3-29

单行程螺纹切削

其中，X(U)、Z(W) 为螺纹终点坐标；F 为以螺纹导程给出的每转进给率，如果是单线螺纹，则为螺纹的螺距，单位为 mm/r；I 为圆锥螺纹切削起点与切削终点半径的差值，I 值正负判断方法与 G90 相同，圆柱螺纹 I=0 时，可以省略。螺纹车削到接近螺尾处，以接近 45°退刀，退刀部分长度 r 可以通过机床参数控制在 $0.1P_h \sim 12.7P_h$（P_h 为螺纹导程）之间。刀具从循环起点，按图 3-30 与图 3-31 所示走刀路线，从循环起点 A 开始，按 $A \rightarrow B \rightarrow C \rightarrow D \rightarrow A$ 路径进行自动循环，最后返回到循环起点；图中虚线表示按 R 快速移动，实线表示按 F 指定的进给速度移动。

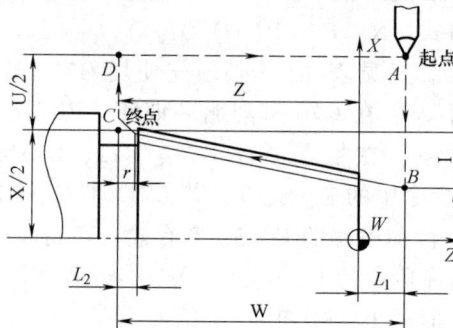

图 3-30

简单圆锥螺纹切削
循环

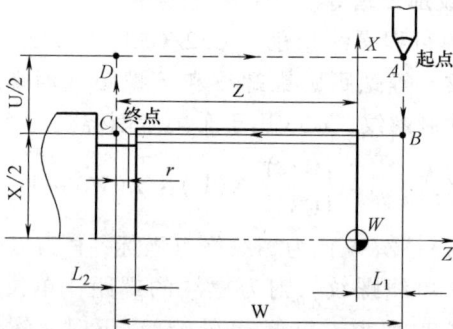

图 3-31

简单圆柱螺纹切削
循环

（3）螺纹切削复合循环（G76） G76 为螺纹切削复合循环指令，其较 G32/G33、G92 指令简洁，在程序中只需指定一次有关参数，则螺纹加工过程自动进行，G76 螺纹切削复合循环采用斜进式，一般适用于大螺距、低精度螺纹的加工。

程序格式：
$$\begin{cases} \text{N} \sim \text{G76 P}(m)(r)(\alpha) \text{ Q}(\Delta d_{\min}) \text{ R}(d); \\ \text{N} \sim \text{G76 X(U)} \sim \text{Z(W)} \sim \text{R}(i) \text{ P}(k) \text{ Q}(\Delta d) \text{ F}(P_h); \end{cases}$$

其中，m 表示精车重复次数（1~99）；r 表示螺纹尾端倒角值，在 $0.1P_h$ ~$9.9P_h$ 之间，以 $0.1P_h$ 为一单位（即为 0.1 的整数倍），用 00~99 两位数字指定，其中 P_h 为螺纹导程；α 表示刀尖角度，从 80°、60°、55°、30°、29°、0°六个角度选择；Δd_{min} 表示最小切削深度（半径值）；d 表示精加工余量（半径值）；Δd 表示第一刀粗切削深度（半径值）；X(U)、Z(W) 表示螺纹根部终点的坐标值；i 表示圆锥螺纹的半径差，I=0 则为直螺纹；k 表示螺纹高度（半径值）；P_h 表示螺纹导程值。P、Q 不支持小数点输入。螺纹切削复合循环如图 3-32 所示。

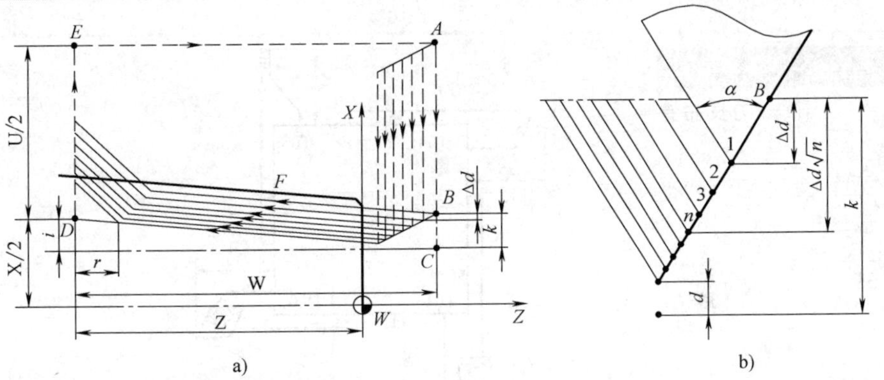

图 3-32

螺纹切削复合循环

a）轴向走刀路线

b）截面切深

3.4.4　数控车床编程实例

例 3-5　在 FANUC 0i Mate TC 系统数控车床上加工如图 3-33 所示轴类零件，毛坯为 45 号圆钢棒料，试编制数控加工程序。

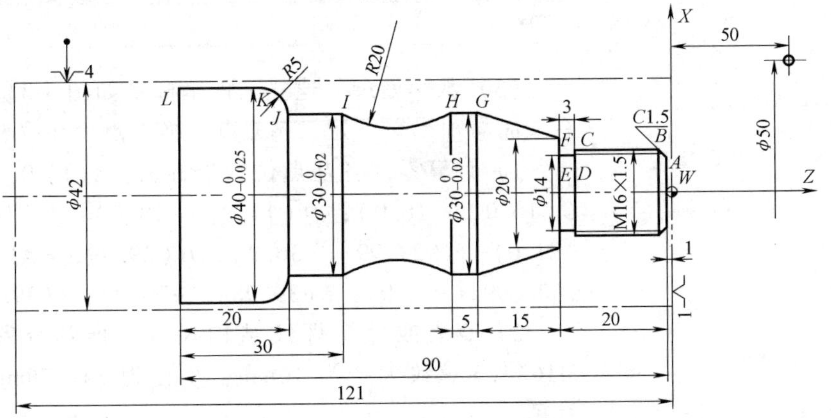

图 3-33

轴类零件

解：（1）加工工艺分析　查 GB/T 702—2017，毛坯采用 $\phi42$mm 热轧圆钢。采用工序集中方法一次装夹加工，毛坯长度定为 121mm，其中右端面留 1mm 加工余量，左端留 30mm 用于装夹及车床安全距离。轴类零件需按其（毛坯）长度确定装夹方法，对于 $L/D<4$ 的短轴类零件，采用液压卡盘装夹一端来进行车削加工；对于 $4\leq L/D<10$ 的长轴类零件，在工件的一端用卡盘夹持，在尾端用回转顶尖顶紧工件安装。本零件 $L/D=2.88$，故采用液压卡盘装夹一端来进行车削加工。

根据先粗后精和先主后次的原则确定工艺方案和走刀路线：车右端面→粗车外廓→精车外廓→切退刀槽→车 M16 螺纹→切断。其中精车外廓详细走刀路线：倒角→车螺纹外径圆柱面→车 ϕ20mm 右端面→车圆锥面→车 ϕ30mm 圆柱面→车 R20mm 圆弧面→车 ϕ30mm 圆柱面→车 R5mm 圆弧面→车 ϕ40mm 圆柱面。

（2）选择刀具及确定切削参数　共选用四把刀具，均采用涂层硬质合金机夹刀片。刀具布置如图 3-34 所示。各刀具切削参数应根据工件、机床等因素查阅相关手册确定，也可由经验确定。本例各刀具切削参数确定见表 3-6。

图 3-34

刀具布置

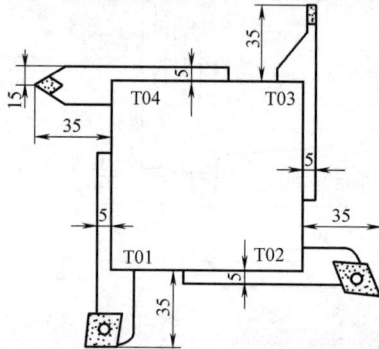

表 3-6

各刀具切削参数

刀具号	刀具名称	主轴转速	进给速度
T01	外圆左偏粗车刀	800r/min 或 100m/min	0.15mm/r 或 120mm/min
T02	外圆左偏精车刀	1000r/min	0.08mm/r 或 157mm/min
T03	切槽刀，刀宽3mm	60m/min	0.05mm/r
T04	螺纹车刀	400r/min	1.5mm/r

（3）数学处理　建立工件坐标系如图 3-33 所示，工件原点设在毛坯右端面与轴线交点处。起刀点、换刀点设在（50，50）处。

1）计算零件各基点位置坐标值：A(13.0，-1.0)；B(16.0，-2.5)；C(16.0，-18.0)；D(14.0，-18.0)；E(14.0，-21.0)；F(20.0，-21.0)；G(29.99，-36.0)；H(29.99，-41.0)；I(29.99，-61.0)；J(29.99，-71.0)；K(39.988，-76.0)；L(39.988，-91.0)。

2）查表或计算螺纹结构尺寸。推荐查阅 GB/T 196—2003，确认 M16×1.5 螺纹大径为 16mm、小径为 14.376mm。也可通过近似公式来计算。

（4）编制数控车削加工程序　数控车床编程实例程序见表 3-7。

表 3-7

数控车床编程实例程序

程　序	说　明
O0030	程序号
N0010 G90 G97 G21 G40;	设定初始化指令
N0020 G00 X50.0 Z50.0 T0101;	设定工件坐标系
N0030 G00 X50.0 Z10.0 S800 M04;	选01号刀具和01号刀具补偿值，预启动

（续）

扫码看视频

程　　序	说　　明
N0040 G50 S1800;	限制主轴最高转速
N0050 G96 S100;	设定粗车主轴恒线速度 100m/min
N0060 G98 F120;	设定进给速度 120mm/min
N0070 G41 G00 X45.0 Z2.0 M08;	刀尖圆弧半径左补偿
N0080 G94 X-0.5 Z-1.0 F120;	车工件左端面循环，F120 可以省略
N0090 G40 G00 X50.0 Z2.0;	取消刀补
N0100 G42 G99 G00 X45.0 Z0.0;	刀尖圆弧半径右补偿，快进至粗车循环起始点
N0110 G71 U2.0 R0.5;	G71 外径粗车复合循环
N0120 G71 P130 Q0230 U0.5 W0.25 F0.15;	
N0130 G00 X11.0;	开始定义精车轨迹，Z 轴不移动
N0140 G97 G01 X16 Z-2.5 F0.08 S1000;	倒角 C1.5，工进到 B 点
N0150 　　Z-21.0;	车螺纹外径 ϕ16mm 圆
N0160 　　U4.0;	工进到 F 点
N0170 　　U9.99 W-15.0;	工进到 G 点
N0180 　　　W-5.0;	工进到 H 点
N0190 G02 X29.99 Z-61.0 R20.0;	工进到 I 点
N0200 G01 　　W-10.0;	工进到 J 点
N0210 G03 U9.998 W-5.0 I0.0 K-5.0;	工进到 K 点
N0220 G01 Z-92.0;	工进到 L 点
N0230 G01 U3.0;	径向退刀，完成精车程序段
N0240 G00 G40 X50.0 Z50.0 T0100 M05 M09;	快速返回换刀点，取消刀补
N0250 X60.0 T0202 M04;	选用 02 号刀具和 02 号刀具补偿值
N0260 G42 G00 Z0.0 M08;	快进至循环起点，刀尖圆弧半径右补偿
N0270 G70 P130 Q0220;	精车循环
N0280 G00 G40 X100.0 Z100.0 T0200 M05 M09;	快速返回换刀点，取消刀补
N0290 G96 S60;	设定切槽恒线速度 60m/min
N0300 G99 G00 X25.0 T0303 M04;	选用 03 号刀具和 03 号刀具补偿值
N0310 G42 Z-18.0 M08;	快进至切槽起点，刀尖圆弧半径右补偿
N0320 G01 X14.0 F0.05;	切槽
N0330 G01 X22.0 F0.2;	退刀
N0340 G00 G40 X50.0 Z50.0 T0300 M05 M09;	快速返回换刀点，取消刀补
N0350 G97 S100;	设定主轴恒转速 400r/min
N0360 X20.0 T0404 M04;	选用 04 号刀具和 04 号刀具补偿值
N0370 G42 G00 Z2.0 M08;	快进至螺纹循环起点，刀尖圆弧半径右补偿

（续）

程　序	说　明
N0380 G92 X15.2 Z-19.5 F1.5;	螺纹切削第一次循环，切深 0.4mm
N0390　　　X14.6;	螺纹切削第二次循环，切深 0.3mm
N0400　　　X14.376;	螺纹切削第三次循环，切深 0.112mm
N0410 G00 G40 X50.0 Z50.0 T0400 M05 M09;	快速返回换刀点，取消刀补
N0420 G96 S60;	设定切槽恒线速度 60m/min
N0430 G00 X45.0 T0303 M04;	选用 03 号刀具和 03 号刀具补偿值
N0440 G42 Z-94.0 M08;	快进至切断起点，刀尖圆弧半径右补偿
N0450 G01 X-0.5 F0.05;	切断，过切 0.5mm
N0460 G01 X50.0;	径向退刀
N0470 G00 G40 Z50.0 T0300 M05 M09;	快速返回起刀点，取消刀补
N0480 M30;	程序结束

◎ 3.5　数控铣床程序编制

数控铣床（CNC Milling Machine）具有多坐标联动，可以加工具有各种平面轮廓和曲面轮廓的零件，如凸轮、模具、叶片、螺旋桨等；此外，数控铣床也可进行钻、扩、铰、攻螺纹、镗孔等加工。

3.5.1　数控铣削的编程特点

数控铣削的编程特点如下：

1）数控铣床上没有刀库和自动换刀装置，如需换刀，由人工手动换刀。

2）数控铣床常具有多种特殊插补功能，如圆柱插补、螺旋线插补等，一般还有极坐标、镜像、比例缩放等编程指令，可通过两个或更多个坐标轴联动，加工任意平面轮廓及复杂的空间曲面轮廓；另外，数控铣床常备有多种固定循环功能，如孔加工固定循环指令。编程时要充分合理地选用这些功能，以提高加工精度和效率。

3.5.2　数控铣床的刀具补偿

数控铣床的刀具补偿可分为两类，即刀具长度偏置（补偿）和刀具半径补偿。

1. 刀具长度偏置（补偿）指令（G43、G44、G49）

在数控铣床或加工中心上，刀具长度偏置指令一般用于刀具轴向（Z向）的补偿，它使刀具在 Z 向上的实际位移量比程序给定值增加或减少一个偏置量，则当刀具在长度方向的尺寸发生变化时，可以在不改变程序的情况下，通过改变偏置量，加工出所要求的零件尺寸。应用刀具长度偏置指令编程时，不必考虑刀具的实际长度及各把刀具不同的长度尺寸；加工前，用 MDI 方式将各把刀具的"刀具长度偏置值"（实际刀长度与编程时设置的刀具长度之差）输入数控系统相应"刀具长度偏置值"存储器中；加工时，系统通过指定偏置号（H 指令）选择"刀具长度偏置值"存储器，即可正确加工。当由于刀具磨损、更换刀具等原因引起刀具长度尺寸变化时，只需修正刀具长度偏置量，而不必调整程序或刀具。

程序格式：$N \sim \begin{Bmatrix} G43 \\ G44 \end{Bmatrix} Z \sim H \sim ;$

其中，G43 为正偏置，即将 Z 坐标尺寸字与 H 指令中长度偏置的量相加，按其结果进行 Z 轴运动，如图 3-35 所示。G44 为负偏置，即将 Z 坐标尺寸字与 H 指令中长度偏置的量相减，按其结果进行 Z 轴运动。G49 为取消刀偏，用来撤销 G43 和 G44，有的系统用 G40 指令，也可用 H00 取消刀具长度偏置。

图 3-35

刀具长度偏置

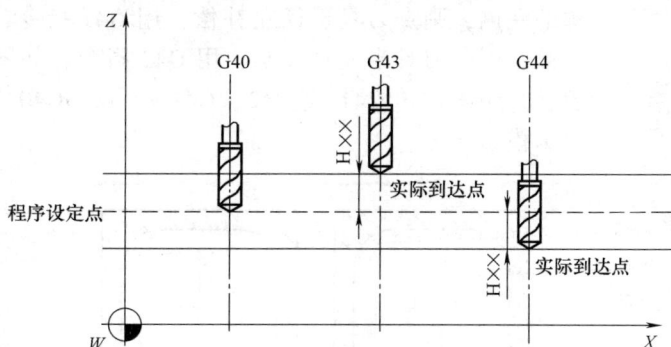

H 指令（偏置号）存储器中存入的"刀具长度偏置值"可正可负，图 3-35 所示为正值情况。若为负值，则 G43、G44 指令使刀具向图示对应的反方向移动一个"刀具偏置值"，执行结果正好与图示情况相反。

2. 刀具半径补偿指令（G41、G42、G40）

（1）刀具半径补偿概念　实际的铣刀或钻刀等都是有半径的，加工平面内零件轮廓时，刀位点不能简单地沿零件轮廓曲线加工，否则将使工件尺寸缩小（或放大）一个刀具半径值。刀位点的运动轨迹即加工路线应该与零件轮廓曲线有一个刀具半径值大小的偏移量，如图 3-36 所示。刀具半径补偿功能就是要求数控系统能根据工件轮廓和刀具半径自动计算出刀具中心轨迹，在加工曲线轮廓时，只按被加工工件的轮廓曲线编程，同时在程序中给出刀具半径的补偿指令，就可加工出具有轮廓曲线的零件，使编程工作大为简化。

（2）刀具半径补偿指令　应用刀具半径补偿指令，按工件轮廓曲线编程，加工前，用 MDI 方式将各把刀具的"刀具半径补偿值"输入数控系统相应"刀具半径补偿值"存储器中；加工时，系统通过指定补偿号（D 指令）选择"刀具半径补偿值"存储器，即可正确加工。

程序格式：$N \sim \begin{Bmatrix} G41 \\ G42 \end{Bmatrix} D \sim ;$

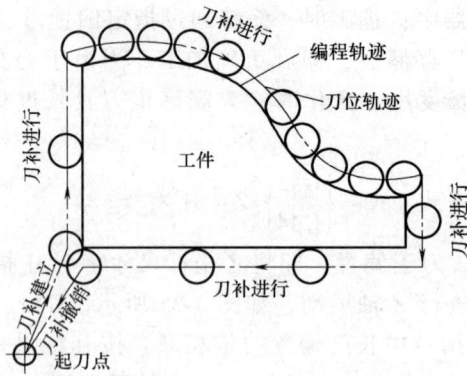

图 3-36
刀具半径补偿

其中，G41 为刀具半径左补偿；G42 为刀具半径右补偿。沿垂直于加工平面的第三轴的反方向看去，再沿刀具运动方向看，若刀具偏在工件轮廓的左侧，则是刀具半径左补偿，用 G41 指令；若刀具偏在工件轮廓的右侧，则是刀具半径右补偿，用 G42 指令，如图 3-37 所示。G40 为取消刀补，用来撤销 G41 或 G42。G41、G42、G40 为同一组的模态指令，D 也为模态指令。

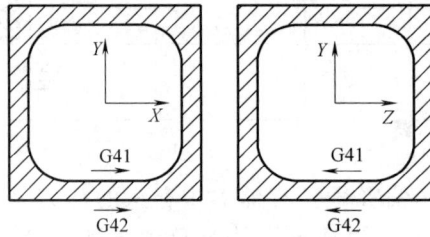

图 3-37
G41 和 G42 的方向
判定

（3）刀具半径补偿过程　如图 3-36 所示，刀具半径补偿过程一般分为三个步骤：刀具补偿建立、刀具补偿进行、刀具补偿撤销。

刀具半径补偿功能，除了可免去刀具中心轨迹的人工计算外，还可以利用同一加工程序去适应不同的情况，如：利用刀具半径补偿功能做粗、精加工余量补偿；刀具磨损后，可重输入刀具半径，不必修改程序；利用刀具半径补偿功能进行凹凸模具的加工等。

3.5.3　简化编程功能指令

铣削过程中，常遇到一些加工结构相似或对称，还有些加工动作顺序固定，为简化编程，数控系统一般提供简化编程功能指令，如图形变换功能指令、孔加工固定循环指令等。灵活应用这些指令，可极大地提高编程效率和正确率。

1. 图形变换功能指令

（1）比例缩放功能指令（G51、G50）　G51 指令可使原编程尺寸按指定比例缩小或放大，也可将图形按指定规律进行镜像变换。G50 指令为比例缩放取消，用来撤销 G51。G51、G50 为同一组模态指令。

1）各轴以相同比例缩小与放大。

程序格式：

N~ G51 X~ Y~ Z~ P~ ；（比例缩放指令）

　　　　　　　　　　　　　（比例缩放编程）

N~ G50；　　　　　　　　（取消比例缩放）

其中，X、Y、Z 为比例缩放中心坐标值，若省略，则默认为刀具当前位置；P 为缩放比例，最小输入增量为 0.001，范围为 0.001~999.999。

2）各轴以不同比例缩小与放大。

程序格式：

N~ G51 X~ Y~ Z~ I~ J~ K~ ；（比例缩放指令）

　　　　　　　　　　　　　（比例缩放编程）

N~ G50；　　　　　　　　（取消比例缩放）

其中，X、Y、Z 为比例缩放中心坐标值，若省略，则默认为刀具当前位置；I、J、K 分别为 X、Y、Z 轴对应的缩放比例，在 ±0.001 ~ ±9.999 范围内，且 I、J、K 不能带小数点，如比例为 1.000 时，应输入 1000；I、J、K 指定负比例时，为镜像加工。

注意：G51 指令可将其后程序段中的图形按指定的比例缩放加工，但对偏移量无影响，即对刀具补偿值没有影响。

（2）坐标旋转功能指令（G68、G69）　G68 指令可使图形按指定中心及方向旋转一定的角度。G69 指令为坐标旋转功能取消，用来撤销 G68。G68、G69 为同一组模态指令。

程序格式：

$$N\sim \begin{Bmatrix} G17 \\ G18 \\ G19 \end{Bmatrix} G68 \begin{Bmatrix} X\sim\ Y\sim \\ X\sim\ Z\sim \\ Y\sim\ Z\sim \end{Bmatrix} R\sim;$$（坐标旋转指令）

　　　　　　　　　　　　　（坐标旋转编程）

N~ G69；　　　　　　　　（取消坐标旋转）

其中，X、Y、Z（任意两个，由平面选择指令 G17、G18 或 G19 确定）为旋转中心坐标值，若 X、Y、Z 省略，则默认旋转中心为刀具当前位置；R 为旋转角度，最小输入增量为 0.001°，范围为 -360.000° ~ 360.000°，正值表示逆时针旋转，负值表示顺时针旋转。

例 3-6　如图 3-38 所示，平面上有 4 个三角形凸台，高为 5mm，请编制加工这 4 个凸台的数控加工程序。

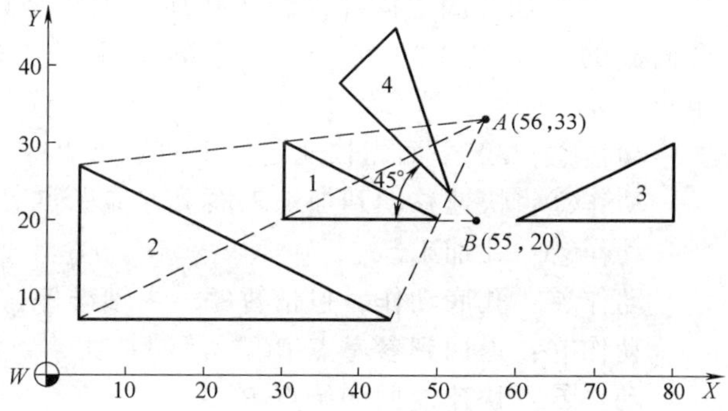

图 3-38

图形变换功能指令实例

解：设刀具起刀点为（0，0，10），主程序及子程序见表 3-8。

表 3-8	主 程 序	说 明
图形变换功能指令实例程序	O0040	程序号
	N0010 G90 G94 G97 G21 G40 G49；	设定初始化指令
扫码看视频	N0020 G92 X0 Y0 Z10；	建立工件坐标系
	N0030 M98 P0050；	调用子程序，加工图形 1
	N0040 G51 X56.0 Y33.0 P2000；	比例缩放 2 倍
	N0050 M98 P0050；	调用子程序，加工图形 2
	N0060 G51 X55.0 Y20.0 I-1000 J1000；	镜像加工
	N0070 M98 P0050；	调用子程序，加工图形 3
	N0080 G50；	取消比例缩放
	N0090 G17 G68 X55.0 Y20.0 R-45.000；	坐标旋转
	N0100 M98 P0050；	调用子程序，加工图形 4
	N0110 G69；	取消坐标旋转
	N0120 M30；	程序结束
	子 程 序	**说 明**
	O0050	程序号
	N0010 G41 G00 X30.0 Y20.0 D01 S1000 M03 M08；	快进，准备加工
	N0020 G43 G01 Z-1.0 H01 F10；	下刀
	N0030 Y30.0；	加工轮廓
	N0040 X50.0 Y20.0；	
	N0050 X30.0；	
	N0060 G49 Z10.0；	抬刀
	N0070 G40 G00 X0.0 Y0.0 M05 M09；	快回至起刀点
	N0080 M99；	子程序结束

2. 孔加工固定循环

数控铣床、镗铣加工中心和车削中心上一般都具备孔加工固定循环功能，包括钻孔、镗孔和攻螺纹等，使用一个程序段即可完成一个孔的全部加工动作。继续加工孔时，如果孔加工的动作无须变更，则程序中所有模态数据可以不写，因而可大大简化程序，减少编程工作量。

（1）孔加工固定循环概念　孔加工固定循环都是由多个简单动作组合而成的。如图 3-39 所示，一个固定循环一般由以下六个动作顺序组成。

动作①：XY 平面内快速定位于初始点 B。
动作②：快速移动到加工表面上方参考点 R。
动作③：孔加工。
动作④：孔底动作，包括暂停、主轴准停、刀具偏移等。
动作⑤：退回到参考点 R。
动作⑥：快速返回初始点 B。

图 3-39
钻孔固定循环动作

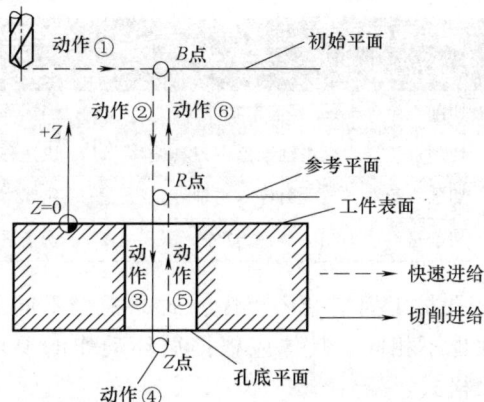

在孔加工中，有以下三个作用平面：

1）初始平面。初始点 B 所在的与 Z 轴垂直的平面，称为初始平面。初始平面是为了安全操作而设定的一个平面。初始平面到工件表面的距离可以任意设定一个安全高度。当使用同一把刀具加工若干个孔时，只有孔间存在障碍需要跳跃或全部加工完成时，才使刀具返回到初始平面上的初始点。

2）参考平面。参考点 R 所在的与 Z 轴垂直的平面，称为参考平面，它是刀具下刀时自快进转为工进的高度平面，与工件表面的距离主要考虑工件表面尺寸的变化，一般可取 $2\sim5\mathrm{mm}$。

3）孔底平面。孔底点 Z 所在的与 Z 轴垂直的平面，称为孔底平面。加工不通孔时，孔底平面就是孔底部的 Z 轴高度；加工通孔时，一般刀具要伸出工件底面一段距离，主要保证全部孔深都加工到尺寸；钻孔时还要考虑钻头钻尖对孔深的影响。

孔加工可在 XY、XZ 或 YZ 平面内定位，选择加工平面时有 G17、G18 和 G19 三条指令，对应的孔轴线分别为 Z 轴、Y 轴和 X 轴。立式数控铣床加工孔时，其加工平面仅限于 XY，孔加工轴线为 Z 轴，下面主要讨论立式数控铣床孔加工固定循环指令。常用孔加工固定循环指令及其功能和动作见表 3-9。

表 3-9
常用孔加工固定循环指令及其功能和动作

G 指令	孔加工动作 （−Z 方向）	孔底动作	Z 轴返回动作 （+Z 方向）	应　用
G73	间歇进给	—	快速移动	高速深孔往复排屑钻
G74	切削进给	暂停→主轴正转	快速移动	攻左旋螺纹
G76	切削进给	主轴准停→刀具偏移	快速移动	精镗孔
G80	—	—	—	取消孔加工固定循环
G81	切削进给	—	快速移动	钻孔
G82	切削进给	暂停	快速移动	钻孔、锪孔、镗孔
G83	间歇进给	—	快速移动	深孔往复排屑钻
G84	切削进给	暂停→主轴反转	切削进给	攻右旋螺纹
G85	切削进给	—	切削进给	精镗孔

（续）

G 指令	孔加工动作 （−Z 方向）	孔底动作	Z 轴返回动作 （+Z 方向）	应　用
G86	切削进给	主轴停止	快速移动	镗孔
G87	切削进给	主轴准停→刀具偏移	快速移动	反镗孔
G88	切削进给	暂停→主轴停止	手动/快速	镗孔
G89	切削进给	暂停	切削进给	精镗阶梯孔

（2）孔加工固定循环程序格式　根据不同的循环方式，固定循环的程序格式也不相同。具体应根据循环动作的要求予以定义。常用的固定循环程序格式：

$$N \sim \begin{Bmatrix} G90 \\ G91 \end{Bmatrix} \begin{Bmatrix} G98 \\ G99 \end{Bmatrix} \begin{Bmatrix} G73 \\ \vdots \\ G89 \end{Bmatrix} X \sim Y \sim Z \sim R \sim Q \sim P \sim F \sim K \sim ;$$

其中，G98 为加工完成后返回初始点 B，G99 为加工完成后返回参考平面（没有动作⑥），如图 3-40 所示；孔加工方式由固定循环指令 G73、G74、G76 和 G81～G89 中的任一个指定；X、Y 为孔的位置坐标；Z 为孔底坐标值，在 G90 模态下，是其绝对坐标值，在 G91 模态下，是孔底相对参考平面的增量坐标值；R 为参考面的 Z 坐标值，在 G90 模态下，是其绝对坐标值，在 G91 模态下，是 R 点平面相对 B 点平面的增量坐标值；Q 指定每次切削深度（G73 或 G83），或规定孔底刀具偏移量（G76 或 G87）；P 指定刀具在孔底的暂停时间，用整数表示，单位为 ms；F 为切削进给速度；K 指定重复加工次数，为非续效代码，在 G90 模态下，可对原来的孔重复加工，在 G91 模态下，可依次加工出分布均匀的若干个孔，若仅加工一次，则 K1 可省略。

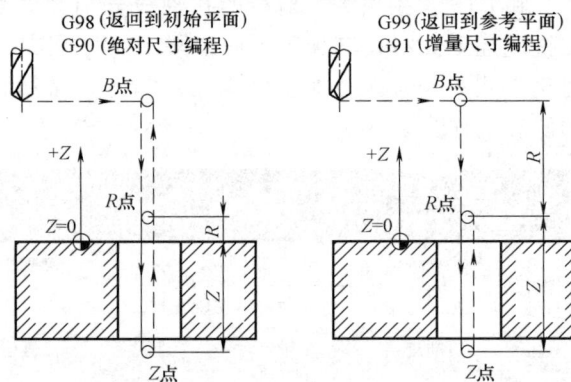

图 3-40　孔加工程序指令字意义

注意：G73、G74、G76 和 G81～G89 是模态指令，孔加工数据也是模态值；G80、G00、G01、G02、G03 等代码可以取消孔加工固定循环，除 F 代码外，全部钻削数据被清除；使用固定循环指令前应使主轴回转；刀具长度补偿指令在刀具至 R 点时生效。

（3）孔加工固定循环指令

1）定点钻孔循环（G81）。G81 指令可用于一般的通孔加工，其循环过程如图 3-41 所示。

程序格式：N~ $\begin{Bmatrix} G90 \\ G91 \end{Bmatrix}$ $\begin{Bmatrix} G98 \\ G99 \end{Bmatrix}$ G81 X~ Y~ Z~ R~ F~ K~;

2）带暂停的钻孔循环（G82）。该指令与 G81 指令的不同之处仅在于刀具到达孔底位置时，暂停一段时间再退刀。暂停功能能产生精切效果，因而该指令适合钻不通孔、锪孔、镗阶梯孔等。G82 循环过程如图 3-42 所示。

程序格式：N~ $\begin{Bmatrix} G90 \\ G91 \end{Bmatrix}$ $\begin{Bmatrix} G98 \\ G99 \end{Bmatrix}$ G82 X~ Y~ Z~ R~ P~ F~ K~;

3）深孔往复排屑钻循环（G83）。G83 指令用于深孔钻削，其循环过程如图 3-43 所示。每次切削深度到 Q 值后，刀具都快速退回至 R 平面，然后，再快进到前次的切削终点上方，改为进给切削。Z 轴方向的间断进给有利于深孔加工过程中断屑与排屑。

程序格式：N~ $\begin{Bmatrix} G90 \\ G91 \end{Bmatrix}$ $\begin{Bmatrix} G98 \\ G99 \end{Bmatrix}$ G83 X~ Y~ Z~ R~ Q~ F~ K~;

其中，Q 为每次切削深度，是增量值且为正值，由程序给定，末次切削深度为前面几次进刀后的剩余量，小于或等于 Q 值；图中 d 为刀具每次由快进转为切削进给的那一点至前次切削终点的距离，由系统参数设定。

4）高速深孔往复排屑钻循环（G73）。G73 指令与 G83 指令相似，所不同的是，G73 循环中，每次切削深度到 Q 值后，不是退回到 R 平面，而是退回一段系统参数设定的距离 d。G73 循环过程如图 3-44 所示。G73 循环退刀距离较 G83 短，故其加工速度更快，但排屑效果稍差。

程序格式：N~ $\begin{Bmatrix} G90 \\ G91 \end{Bmatrix}$ $\begin{Bmatrix} G98 \\ G99 \end{Bmatrix}$ G73 X~ Y~ Z~ R~ Q~ F~ K~;

5）攻螺纹循环（G84、G74）。G84 指令用于攻右旋螺纹，其循环过程如图 3-45 所示，向下攻螺纹时主轴正转，孔底暂停后变正转为反转，再退出。G74 指令用于攻左旋螺纹，其循环过程如图 3-46 所示，与 G84 指令相似，只是主轴转向与其正好相反。

程序格式：N~ $\begin{Bmatrix} G90 \\ G91 \end{Bmatrix}$ $\begin{Bmatrix} G98 \\ G99 \end{Bmatrix}$ $\begin{Bmatrix} G84 \\ G74 \end{Bmatrix}$ X~ Y~ Z~ R~ P~ F~ K~;

图 3-41

G81 循环过程

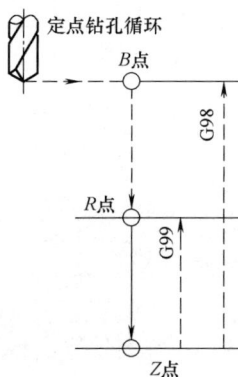

图 3-42

G82 循环过程

带暂停的钻孔循环

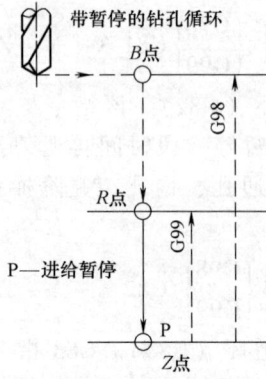

P—进给暂停

图 3-43

G83 循环过程

深孔往复排屑钻循环

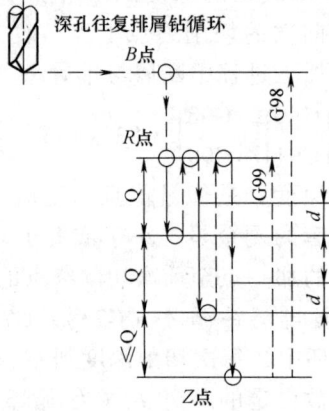

图 3-44

G73 循环过程

高速深孔往复排屑钻循环

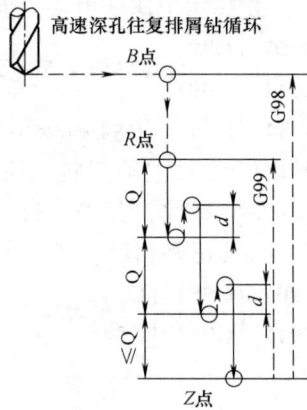

图 3-45

G84 循环过程

攻右旋螺纹循环

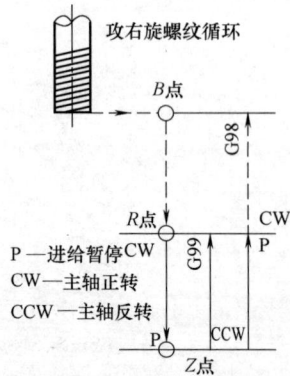

P—进给暂停CW
CW—主轴正转
CCW—主轴反转

图 3-46

G74 循环过程

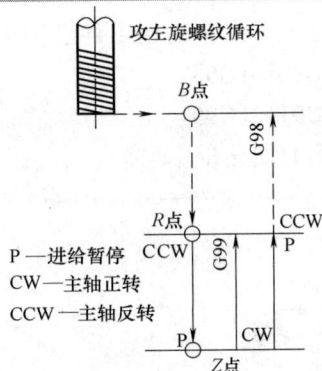

攻左旋螺纹循环

P —进给暂停
CW —主轴正转
CCW —主轴反转

其中，F 为螺纹导程，在切削螺纹期间速率修正无效，运动不会中途停顿，直到循环结束。

6) 镗孔循环（G85、G86）。G85、G86 指令用于镗孔循环。G85 循环过程如图 3-47 所示，主轴连续回转，镗刀以切削速度加工到孔底，然后又以同样速度返回到 R 平面，G98 模态下，还要快回到 B 平面。G86 循环过程如图 3-48 所示，与 G85 的区别在于：加工到孔底后，主轴停转，刀具再快速返回 R 平面或 B 平面，然后主轴才恢复转动。

程序格式：$N\sim \begin{Bmatrix} G90 \\ G91 \end{Bmatrix} \begin{Bmatrix} G98 \\ G99 \end{Bmatrix} \begin{Bmatrix} G85 \\ G86 \end{Bmatrix} X\sim Y\sim Z\sim R\sim F\sim K\sim ;$

图 3-47

G85 循环过程

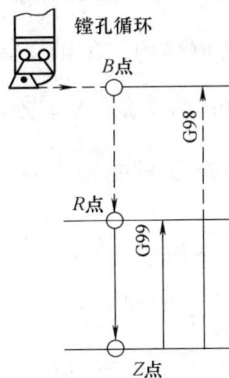

镗孔循环

图 3-48

G86 循环过程

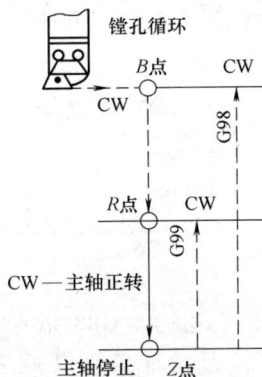

镗孔循环

CW —主轴正转

7) 精镗孔循环（G76）。G76 指令用于精镗孔循环，其循环过程如图 3-49 所示，快速定位到 B 点→快进到 R 点→加工到孔底→进给暂停、主轴准停、刀具沿刀尖反方向偏移 Q→快速退刀到 R 平面或初始平面→主轴正转。这样可保证退刀时不划伤工件已加工表面。

程序格式：$N\sim \begin{Bmatrix} G90 \\ G91 \end{Bmatrix} \begin{Bmatrix} G98 \\ G99 \end{Bmatrix} G76\ X\sim\ Y\sim\ Z\sim\ R\sim\ Q\sim\ P\sim\ F\sim\ K\sim;$

其中，Q 为刀具在孔底的偏移量。

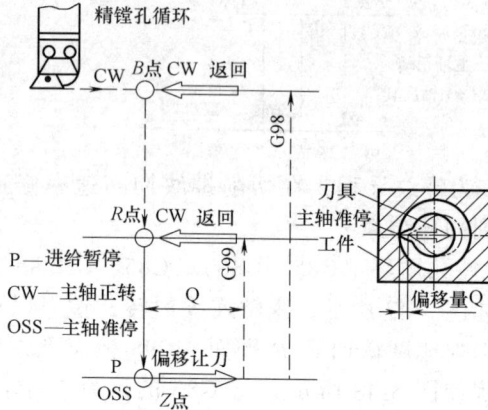

图 3-49

G76 循环过程

8）反镗孔循环（G87）。G87 指令用于反镗孔循环，其循环过程如图 3-50 所示，主轴正转，快速定位到 B 点→主轴准停，刀具沿刀尖反方向偏移 Q→快进到孔底（R 点）→刀具沿刀尖正方向偏移 Q→主轴正转，沿 Z 轴正方向工进至 Z 点→主轴准停→刀具沿刀尖反方向偏移 Q→快退到 B 平面→刀具沿刀尖正方向偏移 Q，主轴正转。

程序格式：$N\sim \begin{Bmatrix} G90 \\ G91 \end{Bmatrix} G98\ G87\ X\sim\ Y\sim\ Z\sim\ R\sim\ Q\sim\ P\sim\ F\sim\ K\sim;$

其中，Q 为刀具的偏移量；该指令只能用 G98 模式，即刀具只能返回初始平面。

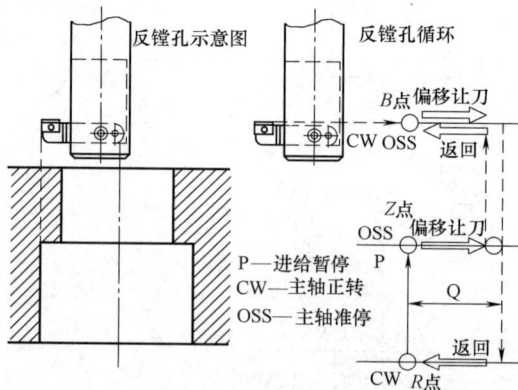

图 3-50

G87 循环过程

9）带手动的镗孔循环（G88）。G88 指令用于带手动的镗孔循环，其循环过程如图 3-51 所示，刀具加工到孔底后，在孔底暂停，主轴停转，系统进入进给保持状态。此时，可用手动方式，把刀具从孔中完全退出后，再转换为自动方式，按下循环启动键，刀具即快速返回 R 平面

或 *B* 平面，主轴正转。

程序格式：N~ $\begin{Bmatrix} G90 \\ G91 \end{Bmatrix}$ $\begin{Bmatrix} G98 \\ G99 \end{Bmatrix}$ G88 X~ Y~ Z~ R~ P~ F~ K~ ;

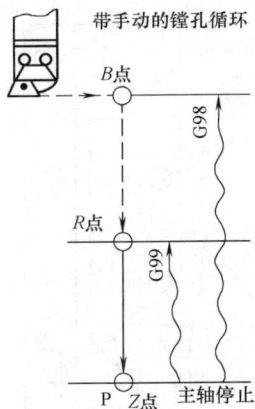

图 3-51

G88 循环过程

10）带暂停的镗孔循环（G89）。G89 指令用于带暂停的精镗孔循环，其循环过程如图 3-52 所示，与 G85 相似，区别仅在于 G89 在孔底增加了暂停，以提高孔底精度。

程序格式：N~ $\begin{Bmatrix} G90 \\ G91 \end{Bmatrix}$ $\begin{Bmatrix} G98 \\ G99 \end{Bmatrix}$ G89 X~ Y~ Z~ R~ P~ F~ K~ ;

11）取消孔加工固定循环（G80）。G80 指令可取消孔加工固定循环，机床将回到执行正常操作状态。孔的加工数据，包括点 *R*、点 *Z* 等，都被取消，但移动速率续效。除用 G80 指令外，还可用 G00、G01、G02、G03 等指令取消孔加工固定循环。

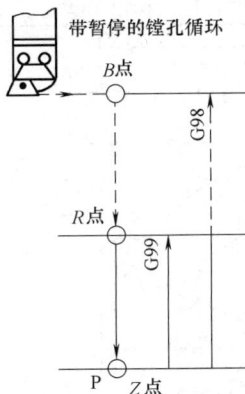

图 3-52

G89 循环过程

3.5.4　数控铣床编程实例

例 3-7　如图 3-53 所示盖类零件，材料为 45 钢，上表面及 ϕ14mm、ϕ10mm 两孔已加工到尺寸，凸台周边轮廓完成了粗加工，留 2mm 精加工余量。现利用 FANUC 0i Mate MC 系统数控铣床精加工凸台周边轮廓，并钻削两组 8×ϕ8mm 孔，试编制数控加工程序。

图 3-53

盖类零件图

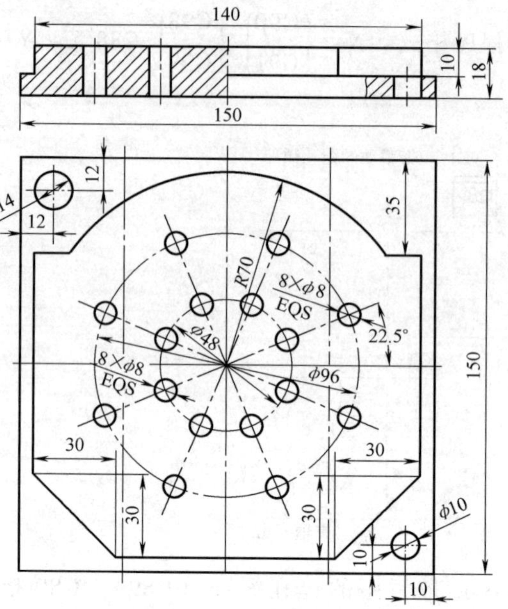

图 3-53
盖类零件图

解：（1）加工工艺分析 如图 3-54 所示，由于粗加工中已钻出 φ14mm、φ10mm 两孔，精加工可以一面两销方式进行定位，采用压板在四角从上往下压紧。建立工件坐标系如图 3-54 所示，起刀点、换刀点设在（115，60，40）处。

图 3-54

数学处理用图

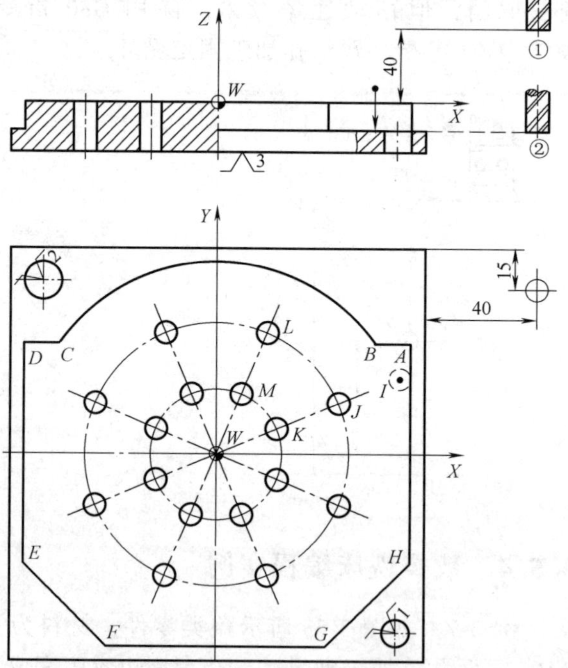

分两道工序进行加工。第一道工序精铣凸台周边轮廓。走刀路线：起刀点①→下刀点②→沿 *ABCDEFGHA* 精铣轮廓→抬刀→返回起刀点。

第二道工序钻削两组 8×ϕ8mm 孔。这里可利用定点钻孔循环指令（G81）、坐标旋转功能指令（G68）和比例缩放功能指令（G51）的镜像功能进行简化编程。

（2）选择刀具及确定切削参数　共选用两把刀具，精铣轮廓用 ϕ10mm 立铣刀，钻孔用 ϕ8mm 麻花钻。由于数控铣床没有自动换刀功能，因此加工过程中由操作人员手工换刀。各刀具切削参数应根据工件、机床等因素查阅相关手册确定，也可由经验确定。本例各刀具切削参数确定见表 3-10。

表 3-10 各刀具切削参数	刀具号	刀具名称	主轴转速/(r/min)	进给速度/(mm/min)
	T01	ϕ10mm 立铣刀	550	40
	T02	ϕ8mm 麻花钻	250	20

（3）数学处理　计算零件各基点在 XY 平面内位置坐标值：$A(70.0, 40.0)$；$B(57.446, 40.0)$；$C(-57.446, 40.0)$；$D(-70.0, 40.0)$；$E(-70.0, -40.0)$；$F(-40.0, -70.0)$；$G(40.0, -70.0)$；$H(70.0, -40.0)$；$I(66.519, 27.533)$；$J(44.346, 18.369)$；$K(22.173, 9.184)$。

（4）编制数控铣削加工程序　由于两道工序间需要手工换刀，每道工序可编制一个（主）程序。精铣凸台周边轮廓程序见表 3-11，钻削两组 8×ϕ8mm 孔程序见表 3-12。

表 3-11 精铣凸台周边轮廓程序 扫码看视频	程　　序	说　　明
	O0060	程序号（自动运行前，手工安装好 ϕ10mm 立铣刀）
	N0010 G90 G94 G97 G21 G40 G49;	设定初始化指令
	N0020 G54 G00 X115.0 Y60.0 Z40.0;	设定工件坐标系
	N0030 G43 G00 Z-10.0 H01 S550 M03;	绝对尺寸方式编程，刀具长度偏置，下刀
	N0040 G42 X90.0 Y40.0 D01 M08;	刀具半径右补偿，快进至接近工件
	N0050 G01 X57.446 F40;	切线方向从 A 点切入，切削进给至 B 点
	N0060 G03 X-57.446 Y40.0 R70.0;	逆圆切削进给至 C 点
	N0070 G01 X-70.0 Y40.0;	切削进给至 D 点
	N0080 G91　　　Y-80.0;	改为增量尺寸编程方式，切削进给至 E 点
	N0090　　　X30.0 Y-30.0;	切削进给至 F 点
	N0100　　　X80.0;	切削进给至 G 点
	N0110　　　X30.0 Y30.0;	切削进给至 H 点
	N0120　　　Y85.0;	切削进给至 A 点，并沿切线方向切出
	N0130 G90 G49 G00 Z40.0 M09;	改为绝对尺寸编程方式，抬刀，取消刀具长度偏置
	N0140 G40 X115.0 Y60.0 M05;	返回起刀点，取消刀具半径补偿
	N0150 M30;	程序结束

表 3-12	主 程 序	说 明
钻削两组 8×φ8mm 孔程序	O0070	程序号(自动运行前，手工安装好 φ8mm 麻花钻)
	N0010 G90 G94 G97 G21 G40 G49 G80;	设定初始化指令
	N0020 G54 G00 X115.0 Y60.0 Z40.0;	设定工件坐标系
	N0030 M98 P0071;	调用子程序 0071，钻削第一象限四个孔
	N0040 G51 X0.0 Y0.0 I-1000 J1000;	关于 Y 轴镜像加工
	N0050 M98 P0071;	调用子程序 0071，钻削第二象限四个孔
	N0060 G51 X0.0 Y0.0 I-1000 J-1000;	关于工件原点镜像加工
	N0070 M98 P0071;	调用子程序 0071，钻削第三象限四个孔
	N0080 G51 X0.0 Y0.0 I1000 J-1000;	关于 X 轴镜像加工
	N0090 M98 P0071;	调用子程序 0071，钻削第四象限四个孔
	N0100 G50;	取消比例缩放(镜像)
	N0110 G00 X115.0 Y60.0 Z40.0;	返回起刀点
	N0120 M30;	程序结束

一级子程序	说 明
O0071	程序号(钻削第一象限四个孔程序)
N0010 G90 G43 G00 Z20.0 H02;	绝对尺寸方式编程，刀具长度偏置，下刀至 B 平面
N0020 M98 P0072;	调用子程序 0072，钻孔 J 和孔 K
N0030 G00 Z20.0;	刀具返回 B 平面
N0040 G17 G68 X0.0 Y0.0 R45.000;	坐标旋转 45°
N0050 M98 P0072;	调用子程序 0072，钻孔 L 和孔 M
N0060 G69;	取消坐标旋转
N0070 G49;	取消刀具长度偏置
N0080 M99;	子程序结束

二级子程序	说 明
O0072	程序号(钻削孔 J 和孔 K)
N0010 G90 G00 X66.519 Y27.533 S250 M03 M08;	XY 平面内定位，准备重复钻孔固定循环
N0020 G91 G99 G81 X-22.173 Y-9.184 Z-45.0 R-10.0 F5 K2;	重复钻孔固定循环，钻削孔 J 和孔 K
N0030 G80;	取消孔加工固定循环
N0040 G00 Z40;	避免撞刀
N0040 G90 M09 M05;	恢复绝对尺寸编程
N0050 M99;	子程序结束

◉ 3.6 加工中心程序编制

加工中心（Machining Center）是从数控铣床发展而来的，但具有数控铣床所不具备的刀库和自动换刀装置（ATC），因而加工中心具有数控镗、铣、钻床的综合功能，可实现钻、铣、镗、铰、攻螺纹、切槽等多种加工功能。立式加工中心主轴（ Z 轴）是垂直的，适合于加工盖板类零件及各种模具；卧式加工中心主轴（ Z 轴）是水平的，主要用于箱体类零件的加工。

3.6.1　加工中心的编程特点

加工中心的编程特点如下：

1）加工中心具有刀库和自动换刀装置，可一个工序中多次换刀，实现工序集中，能完成精度要求较高的铣、钻、镗、扩、铰、攻螺纹等复合加工，具有较高的加工精度、生产率和质量稳定性。

2）加工中心虽然可以自动换刀，但在批量小、刀具种类不多时，宜手动换刀，以减少机床调整时间；一般批量大于 10 件、刀具更换频繁时，才采用自动换刀。自动换刀要留足够的换刀空间，注意避免发生撞刀事故。

3）加工中心编程时，不同工艺内容应编制不同的子程序，可选用不同的工件坐标系，主程序主要完成换刀及子程序的调用。这样便于各工序程序独立调试，也便于调整加工顺序。除换刀程序外，加工中心的编程方法与数控铣床基本相同，编程时也要灵活利用其特殊插补功能和固定循环功能。

3.6.2　加工中心的自动换刀

加工中心的自动换刀功能包括选刀和换刀两部分内容。选刀是把刀库上被指定的刀具自动转到换刀位置，为下次换刀做准备，是通过选刀指令 T×× 来实现的；换刀是把刀库上位于换刀位置的刀具与主轴上的刀具进行自动交换，是由换刀指令 M06 来实现的。通常选刀和换刀可分开进行，不同的加工中心，其过程是不完全一样的。

为节省时间，可在切削过程中选用下一把将用刀具，即在换刀之前的某个程序段就进行选刀，当控制机接到选刀 T 指令后，自动选刀，被选中的刀具处于刀库最下方。

多数加工中心都规定了换刀点位置，即定距换刀，一般立式加工中心规定换刀点的位置在机床 Z 轴零点（参考点）。只有主轴移到换刀点位置，控制机接到换刀 M06 指令后，机械手才能执行换刀动作。

换刀程序见表 3-13。

表 3-13　换刀程序

换 刀 程 序	说　　　明
……	T01 刀具加工内容
N0120 ……T02;	T01 刀具切削加工同时，选下一把将用刀具 T02
……	仍为 T01 刀具加工内容
N0190 G28 Z~ M05;	Z 轴返回参考点（换刀点），主轴停转
N0200 G28 X~ Y~;	X 、 Y 轴返回参考点，扩大换刀空间，以避免撞刀

（续）

换 刀 程 序	说　明
N0210 M06；	换刀。将刀库中刀具 T02 与主轴中刀具 T01 交换
N0220 G29 X~ Y~ Z~ H~ M03 T03；	从参考点返回 T02 加工起始点，主轴起动，选用刀具 T03
……	T02 刀具加工内容

总之，换刀动作必须在主轴停转条件下进行；换刀完毕起动主轴后，方可执行后续程序段的加工动作。换刀 M06 指令必须安排在用新刀具进行加工的程序段之前，而下一个选刀指令 T××常紧接安排在这次换刀指令之后，以保证有足够的时间选刀，使之不占用加工时间。另外，换刀前还要取消刀具补偿。

3.6.3　加工中心编程实例

例 3-8　如图 3-55 所示板类零件，材料为 45 钢。现利用 FANUC 0i Mate MC 系统立式加工中心，对其中 8 个螺纹孔进行钻、倒角和攻螺纹等加工，试编制数控加工程序。

图 3-55

板类零件

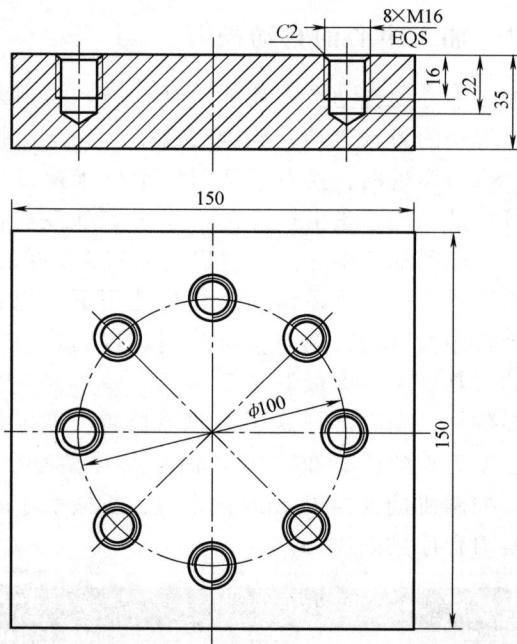

解：（1）加工工艺分析　如图 3-56 所示，可采用底面和两侧面进行定位，采用压板在四角从上往下压紧。由于零件简单，仅建立一个工件坐标系，如图 3-56 所示。

加工工序为：钻中心孔→钻底孔→倒角→攻螺纹。因此，可以把各工序分别编制成子程序，在主程序中调用加工。每个工序中各孔的加工顺序为：$A→B→C→D→E→F→G→H$。

图 3-56	
数学处理用图	

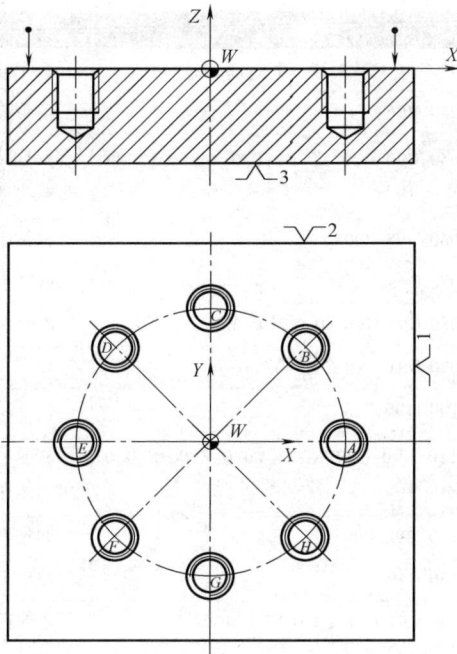

（2）选择刀具及确定切削参数　每个工序选用一把刀具，共需四把刀具，加工过程中自动换刀。各刀具及切削参数应根据工件、机床等因素查阅相关手册确定，也可由经验确定。本例各刀具及切削参数确定见表 3-14。

表 3-14		
各刀具及切削参数		

刀具号	刀具名称	主轴转速/(r/min)	进给速度
T01	中心钻	2000	10mm/min
T02	ϕ9.5mm 麻花钻	1000	10mm/min
T03	倒角钻头	2000	20mm/min
T04	M12 丝锥	200	2r/min

（3）数学处理　计算零件各基点在 XY 平面内位置坐标值：A（50.0，0.0）；B（35.355，35.355）；C（0.0，50.0）；D（−35.355，35.355）；E（−50.0，0.0）；F（−35.355，−35.355）；G（0.0，−50.0）；H（35.355，−35.355）。底孔深 22mm，计算后得麻花钻刀位点应到达−25.926mm。

（4）编制数控加工程序　采用主程序和子程序结构，主程序主要完成换刀及子程序的调用，子程序完成具体工艺内容。加工中心编程实例程序见表 3-15。

表 3-15		
加工中心编程实例程序		

主　程　序	说　明
O0080	程序号
N0010 G94 G97 G21 G40 G49 G80;	设定初始化指令
N0020 G54 G91 G28 Z0.0 T01;	选择工件坐标系，Z 轴返回参考点，选中心钻 T01

（续）

主　程　序	说　明
N0030　G91 G28 X0.0 Y0.0;	X、Y 轴返回参考点，以避免撞刀
N0040 M06;	换中心钻 T01
N0050 G90 G29 X0.0 Y0.0 Z40.0 S2000 M03 M08 T02;	从参考点返回，起动主轴，开切削液，选麻花钻 T02
N0060 M98 P0081;	调钻中心孔子程序 0081
N0070 G49;	取消刀具长度偏置
N0080 G91 G28 Z0.0 M05 M09;	Z 轴返回参考点，主轴停转
N0090 G91 G28 X0.0 Y0.0;	X、Y 轴返回参考点，以避免撞刀
N0100 M06;	换 ϕ9.5mm 麻花钻 T02
N0110 G90 G29 X0.0 Y0.0 Z100 S1000 M03 M08 T03;	从参考点返回，起动主轴，开切削液，选倒角钻头 T03
N0120 M98 P0082;	调钻孔子程序 0082
N0130 G49;	取消刀具长度偏置
N0140 G91 G28 Z0.0 M05 M09;	Z 轴返回参考点，主轴停转
N0150 G91 G28 X0.0 Y0.0;	X、Y 轴返回参考点，以避免撞刀
N0160 M06;	换倒角钻头 T03
N0170 G90 G29 X0.0 Y0.0 Z100.0 S2000 M03 M08 T04;	从参考点返回，起动主轴，开切削液，选丝锥 T04
N0180 M98 P0083;	调倒角子程序 0083
N0190 G49;	取消刀具长度偏置
N0200 G91 G28 Z0.0 M05 M09;	Z 轴返回参考点，主轴停转
N0210 G91 G28 X0.0 Y0.0;	X、Y 轴返回参考点，以避免撞刀
N0220 M06;	换 M12 丝锥 T04
N0230 G90 G29 X0.0 Y0.0 Z100 S200 M03 M08;	从参考点返回，起动主轴，开切削液
N0240 M98 P0084;	调攻螺纹子程序 0084
N0250 G49;	取消刀具长度偏置
N0260 G91 G28 Z0.0 M05 M09;	Z 轴返回参考点，主轴停转
N0270 G91 G28 X0.0 Y0.0;	X、Y 轴返回参考点，方便卸下工件
N0280 M30;	程序结束
钻中心孔子程序	**说　明**
O0081	程序号
N0010 G43 H01	建立 T01 刀具长度补偿
N0020 G99 G81 X50.0 Y0.0 Z-2.0 R3.0 F10;	中心孔 A 钻循环
N0030 M98 P0085;	调孔位置二级子程序 0085，继续钻孔 B~H
N0040 G80;	取消孔加工固定循环
N0050 M99;	子程序结束

（续）

钻孔子程序	说　　明
O0082	程序号
N0010 G43 H01	建立 T02 刀具长度补偿
N0020 G99 G73 X50.0 Y0.0 Z-25.926 R3.0 Q5.0 F10;	孔 *A* 钻循环
N0030 M98 P0085;	调孔位置二级子程序 0085，继续钻孔 *B~H*
N0040 G80;	取消孔加工固定循环
N0050 M99;	子程序结束

倒角子程序	说　　明
O0083	程序号
N0010 G43 H03	建立 T03 刀具长度补偿
N0020 G99 G82 X50.0 Y0.0 Z-2.0 R3.0 P1500 F20;	孔 *A* 倒角循环
N0030 M98 P0085;	调孔位置二级子程序 0085，继续倒角孔 *B~H*
N0040 G80;	取消孔加工固定循环
N0050 M99;	子程序结束

攻螺纹子程序	说　　明
O0084	程序号
N0010 G43 H04;	建立 T04 刀具长度补偿
N0020 G99 G84 X50.0 Y0.0 Z-16.0 R3.0 P1000 F2;	孔 *A* 攻螺纹循环
N0030 M98 P0085;	调孔位置二级子程序 0085，继续攻螺纹孔 *B~H*
N0040 G80;	取消孔加工固定循环
N0050 M99;	子程序结束

孔位置二级子程序	说　　明
O0085	程序号
N0010 X35.355 Y35.355;	孔 *B* 位置
N0020 X0.0 Y50.0;	孔 *C* 位置
N0030 X-35.355 Y35.355;	孔 *D* 位置
N0040 X-50.0 Y0.0;	孔 *E* 位置
N0050 X-35.355 Y-35.355;	孔 *F* 位置
N0060 X0.0 Y-50.0;	孔 *G* 位置
N0070 X35.355 Y-35.355;	孔 *H* 位置
N0080 M99;	子程序结束

3.7　自动编程简介

3.7.1　数控编程方法

数控编程的方法一般有手工编程和自动编程两类。

1. 手工编程（Manual Programming）

由人工完成程序编制的全部工作，包括使用计算机进行数学处理，称为手工编程。现代数控机床大多具备丰富的循环指令功能，手工编程可灵活应用这些指令，将极大地降低编程难度，缩短程序段长度，提高程序可读性与代码执行效率。对于几何形状较简单、数学处理较简单、程序段不多的零件，采用手工编程较容易完成，且省时简便，因此在点位加工及由直线与圆弧组成的轮廓加工中，手工编程仍广泛应用。但对于形状复杂、工序很长、计算烦琐的零件，特别是具有非圆曲线、列表曲线及曲面的零件，手工编程就有一定的困难，往往耗时长，效率低，出错概率增大，有时甚至无法编出程序，此时必须采用自动编程方法。

2. 自动编程（Automatic Programming）

除分析零件图样和制订工艺方案由人工进行外，其余工作均是利用计算机专用软件自动实现的编程方法，称为计算机辅助自动编程，包括语言式自动编程和图形交互式自动编程两种方法。

3.7.2　语言式自动编程

语言式自动编程是编程人员根据零件的图样要求，分析其工艺特点，以语言（零件源程序）的形式表达出零件的几何元素、工艺参数和刀具运动轨迹等加工信息。零件源程序是用编程系统规定的语言和语法编写的。国际上流行的自动编程语言系统有上百种，其中最具有代表性的是美国 MIT 研制的 APT 系统。APT 是 1955 年推出的，1958 年完成了 APT-Ⅱ，该版本可进行曲线自动编程；1961 年推出 APT-Ⅲ，该版本可用于 3~5 坐标立体曲面自动编程；1970 年又推出 APT-Ⅳ，该版本可进行自由曲面编程。语言式自动编程过程一般有以下四个阶段：

（1）编写零件源程序　编写零件源程序就是用指定的数控语言描述工件的形状尺寸、刀具与工件的相对运动、切削用量、切削液的打开与关闭，以及其他工艺参数等。数控编程语言比数控代码更接近自然语言，因此编写零件源程序比直接编写数控加工程序简单，零件源程序的可读性也更好一些。这一阶段可以由人工完成，也可由计算机辅助完成。

（2）翻译　翻译阶段即语言处理阶段。它按源程序的顺序，一个符号一个符号地依次阅读并进行处理。首先分析语句的类型，当遇到几何定义的语句时，转入几何定义处理程序。根据几何单元名字将其几何类型和标准存入单元信息表，供计算阶段使用。对于其他语句也要处理成信息表的形式。

（3）数值计算　根据翻译阶段处理的信息生成刀位数据文件，所谓刀位数据就是刀具在加工过程中的一系列坐标位置。刀位数据文件中除了刀位数据外，还包含了必要的工艺信息，如切削用量、切削液的打开与关闭等。刀位数据文件包含了生成数控代码的全部信息，但它不是数控代码，还不能被数控机床接受。

（4）后置处理　根据计算阶段的信息，通过后置处理生成符合具体数控机床要求的零件加工程序。对于具有不同数控系统的数控机床来说，所使用的数控指令代码形式是不同的。因此，不同数控系统的机床应使用不同的后置处理程序。

3.7.3　图形交互式自动编程

图形交互式自动编程是编程人员根据屏幕菜单提示的内容，以人机对话的方式进行加工工艺的确定、加工模型的建立、刀具轨迹的生成、后置处理，直至输出数控程序的方法。在自动编程技术发展的早期，语言式自动编程应用广泛；随着计算机技术的发展，计算机图形处理功能得到极大增强，图形交互式自动编程应运而生，并成为现今自动编程的主流方法。如 CATIA、EUCLID、UG Ⅱ、I-DEAS、Solid-Works、Pro/Engineer、MasterCAM、Cimatron、CAMAND 等软件系统。图形交互式自动编程包括零件图样及加工工艺分析、几何造型、刀具轨迹计算及生成、轨迹仿真校验和后置处理生成代码。下面对主要处理过程做简单介绍。

1. 几何造型

利用 CAD 系统的图形编辑功能进行图形构建、编辑修改、曲线、曲面和实体造型等，将零件被加工部位的几何图形准确地绘制在计算机屏幕上；同时，在计算机内自动形成零件图形数据库。这些图形数据作为计算机自动生成刀具轨迹的依据。

被加工零件一般以工程图的形式表达在图样上，用户可根据图样建立三维加工模型。因而，CAD 系统应提供强大的几何造型功能，不仅应能生成常用的直线和圆弧，还应提供复杂的样条曲线、组合曲线、各种规则的和不规则的曲面等的造型方法，并提供过渡、裁剪、几何变换等编辑手段。

几何造型有二维（2D）和三维（3D）两种方法。早期的 CAD 系统一般是二维的，可进行工程图的设计与绘制，如 AutoCAD 软件；车削加工因为刀具是在平面内移动，一般也仅需二维造型，如 CAXA 数控车软件。现代三维造型软件非常普及，广泛用于数控铣床、加工中心等几何造型中。

几何造型还可分为线框造型和参数化实体造型两种方法。参数化实体造型具有基于特征、全尺寸约束、尺寸驱动和全数据相关等特点，其造型速度比线框造型快，且显示更为直接。

被加工零件数据也可由其他 CAD/CAM 系统导入，因此 CAD 系统应提供标准的数据接口，如 DXF、IGES、STEP 等。

2. 刀具轨迹生成

调用刀具轨迹生成功能，可根据工件的形状特点、工艺要求和精度要求，灵活地选用系统中提供的各种加工方式和加工参数（如刀具参数、主轴转速、进给量）等。软件将自动从图形中提取编程所需的信息，进行分析判断，计算节点数据值，并将其转换为刀具位置数据；同时，在屏幕上显示出零件图形和刀具运动轨迹。

3. 轨迹仿真校验

刀具轨迹生成难以保证不会出错，如数据输入错误、抬刀时发生碰撞、过切等。为此，正式加工前必须认真检查和校核数控加工程序，通常还要进行首件试切加工，但这样往往要冒一定的风险，稍有不慎，就会发生损坏刀具，甚至撞坏机床等事故。

CAM 系统一般具备轨迹仿真校验功能，可以在软件上实现零件加工的试切过程，即将刀具轨迹在计算机屏幕上动态地模拟出来。模拟时，刀具依据生成的刀具轨迹移动，刀具与工件接触之处，工件的形状就会按刀具移动的轨迹发生相应的变化。这样就可以很容易检验生成的刀具轨迹的正确性与是否产生过切。如果仿真发现轨迹有误或不理想，则可返回上一步修改相应参数，重新生成刀具轨迹，继续仿真校验，直至正确为止。

轨迹仿真校验是在后置处理生成 NC 程序之前进行的，纠正方便，能代替实际试切过程，减轻调试人员的劳动强度。

4. 后置处理

后置处理是将校验正确的刀具轨迹转换成可以控制机床移动和动作的数控加工程序，即 NC 代码。由于各种机床配置的数控系统不同（如 FANUC、SINUMERIK 等），其加工程序指令代码及程序格式也不尽相同。为解决这个问题，CAM 系统为常见数控系统设置一个后置处理文件，在进行后置处理之前，编程人员应根据具体数控系统的指令代码及程序格式，事先编辑好该文件，然后利用该文件来处理刀具轨迹，生成与特定机床相匹配的数控加工程序。

例 3-9 试用图形交互式自动编程方法编制如图 3-57 所示零件的数控加工程序。

解：本题采用 Master CAM 软件进行编程，具体过程如下。限于篇幅，详细内容从略。

（1）加工工艺的确定　目前主要依靠人工进行，其主要内容包括：核准加工零件的尺寸、公差和精度要求，确定装夹位置，选择刀具，确定加工路线，选定工艺参数等。

（2）几何造型　利用软件 CAD 功能三维造型。若已有造型好的文件，则可直接打开或导入。

（3）刀具轨迹生成　先确定加工坯料及对刀点，再设置工件参数，然后依次进行曲面平行粗加工、曲面平行精加工、曲面等高外形精加工、外形加工等方法，生成刀具轨迹，如图 3-58 所示。

扫码看视频

图 3-57

图形交互式自动
编程实例

图 **3-58**

生成的刀具轨迹

（4）轨迹仿真校验　上一步每采用一种加工方式生成一组刀具轨迹，就对轨迹进行仿真校验，及早发现问题并修改相应参数，重新生成刀具轨迹，继续仿真校验，直至正确为止。图 3-59 所示为曲面平行粗加工仿真，图 3-60 所示为曲面平行精加工仿真，图 3-61 所示为精修清角的外形加工仿真。

图 **3-59**

曲面平行粗加工仿真

图 **3-60**

曲面平行精加工仿真

（5）后置处理　打开后置处理管理对话框，根据所用机床数控系统进行选择和设置，然后处理所有刀具轨迹，生成数控加工程序，如图 3-62 所示。

图 3-61

精修清角的外形
加工仿真

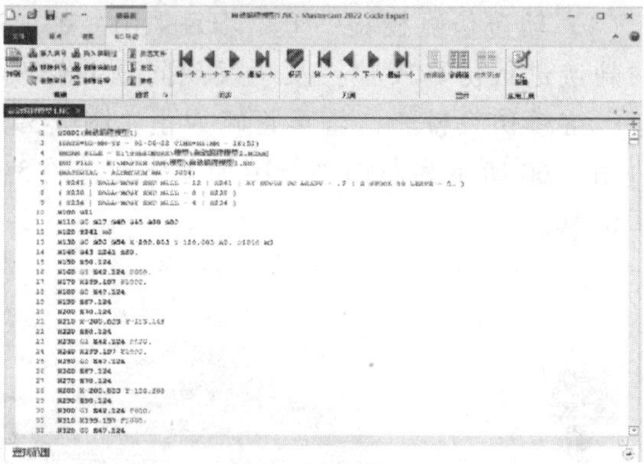

图 3-62

数控加工程序

◉ 3.8　数控机床对刀方法

数控加工前，首先要进行对刀操作，即确定工件在机床坐标系中的确切位置。对刀是使"刀位点"与"对刀点"重合的操作，以确定工件坐标系在机床坐标系中的位置。对刀的准确程度将直接影响加工精度，因此，对刀操作一定要仔细，对刀方法应与零件加工精度要求相适应。

3.8.1　数控车床对刀方法

数控车床的对刀方法很多，有试切对刀法、机外对刀仪对刀法、自动对刀法等多种对刀方法。

机外对刀仪对刀法的本质是测量出刀具假想刀尖点到刀具台基准之间 X 及 Z 方向的距离。利用机外对刀仪可将刀具预先在机床外校对好，以便装上机床后将对刀长度输入相应刀具补偿号即可以使用，如图 3-63 所示。

自动对刀法是通过刀尖检测系统实现的，刀尖以设定的速度向接触式传感器接近，当刀尖与传感器接触并发出信号，数控系统立即记下该瞬间的坐标值，并自动修正刀具补偿值。自动对刀过程如图 3-64 所示。

试切对刀是指在机床上使用相对位置检测手动对刀，为最基本的对刀方法。目前，经济型数控车床大多采用"试切—测量—调整"模式的试切对刀法，试切对刀也有多种方法，现以 FANUC 系统数控车床为例进行介绍。

图 3-63

机外对刀仪对刀

图 3-64

自动对刀过程

扫码看视频

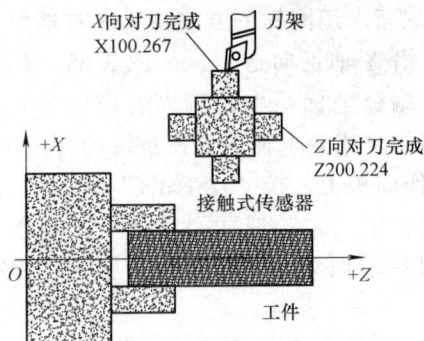

1. 试切方式对刀

1）对刀前先手动执行机床回参考点的操作。

2）试切外圆。手动（手轮或 JOG 方式）操纵机床加工外圆试切一刀，保持刀具 X 方向位置不变，沿 Z 轴正向退刀，如图 3-65a 所示。待主轴停转后测量工件的直径 D，或记下 X 方向的机械坐标值。

图 3-65

直接用刀具试切对刀

a）X 轴方向对刀

b）Z 轴方向对刀

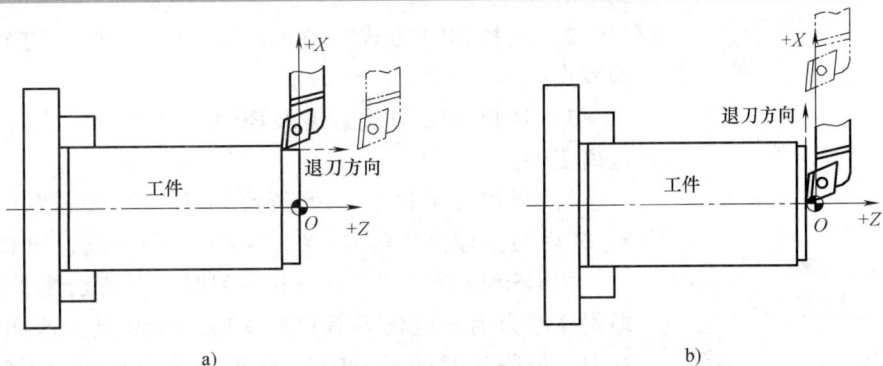

3）在操作面板上，按 "OFFSET" 键，再按 "形状" 软键出现如图 3-66 所示界面，用 "↑" 或 "↓" 键将光标移至与刀号相应的刀补号位置，如果此时测量直径为 "25.300"，则输入 "MX 25.300"，按 "IN-PUT" 键输入即可。数控系统会自动计算该直径的回转中心为 X 方向的工件原点。

图 3-66

对刀值输入补偿界面

工件补正/现状			O0010	N0200
番号	X	Z	R	T
C01	−225.005	−105.966	000.500	03
C02	−219.255	−103.326	002.500	08
C03	−217.305	−102.165	001.060	01
C04	−210.306	−106.008	003.100	07
C05	−206.011	−100.561	002.050	02
C06	−218.321	−103.208	002.000	08
C07	−217.361	−102.207	001.405	04
C08	−221.062	−100.560	003.500	05

现在位置(相对坐标)

U　0.000　　　W　0.000

ADRS　MX 25.300　　　　S 0　　　T

JOG　****　***　***

[摩耗] [现状] [SETTING] [坐标系] (操作)

4）试切端面。用同样的方法将工件右端面试切一刀，保持刀具 Z 坐标位置不变，沿 X 轴正向退刀，如图 3-65b 所示。记下此端面的机械坐标值，然后将编程坐标系中此端面对应的坐标值或记下的机械坐标值，按机床说明书的格式要求输入数控系统的特定位置。

5）在操作面板上，按"OFFSET"键，再按"形状"软键出现如图3-66 所示界面，用"↑"或"↓"键将光标移至与刀号相应的刀补号位置，如果对刀右端面为工件原点，则输入"MZ 0"，按"INPUT"键输入即可。

此时，1号刀的对刀操作完成，将刀架移至安全换刀位置，换另一把刀，重复2）~5）各步骤，如此可对所有刀具进行对刀。加工时，通过调用相应的刀号、刀具补偿号来提取并执行。如"T 0101"，前两位表示 1号刀，后两位为刀具形状和磨损补偿号。

2. G50 设置工件零点方式对刀

1）用外圆车刀先试车一外圆，刀具沿 Z 轴正方向退出后，再切端面到中心。

2）选择 MDI 方式，输入 G50 X0 Z0，按"START"键，把当前点设为零点。

3）选择 MDI 方式，输入 G0 X *** Z ***，如 G0 X150 Z150，使刀具远离工件。

4）调用加工程序自动运行，该程序开头应为 G50 X *** Z ***，其中X、Z 后的坐标值应与 G0 X *** Z ***中一致，如 G50 X150 Z150。

用 G50 设置工件零点方式对刀时，应特别注意起点和终点必须一致，即程序结束前，应使刀具移到 X150 Z150 点，这样才能保证重复加工不乱刀。值得注意的是，FANUC 车床数控系统用 G50 来实现这种对刀功能，而铣床数控系统使用 G92。

3. G54~G59 设置工件零点方式对刀

1）用外圆车刀先试车一外圆，刀具沿 Z 轴正方向退出，再切端面到中心。

2）把当前的 X 和 Z 轴坐标直接输入 G54~G59 里，程序即可直接调用如：G54 G00 X50 Z50。

G54~G59 工件坐标系可用 G53 指令清除。

3.8.2　数控铣床对刀方法

数控铣床对刀也有很多方法，现以 FANUC 0i 系统数控铣床和如图 3-67 所示零件为例，介绍生产中常用的两种对刀方法，工件原点设在工件上表面的中心处。

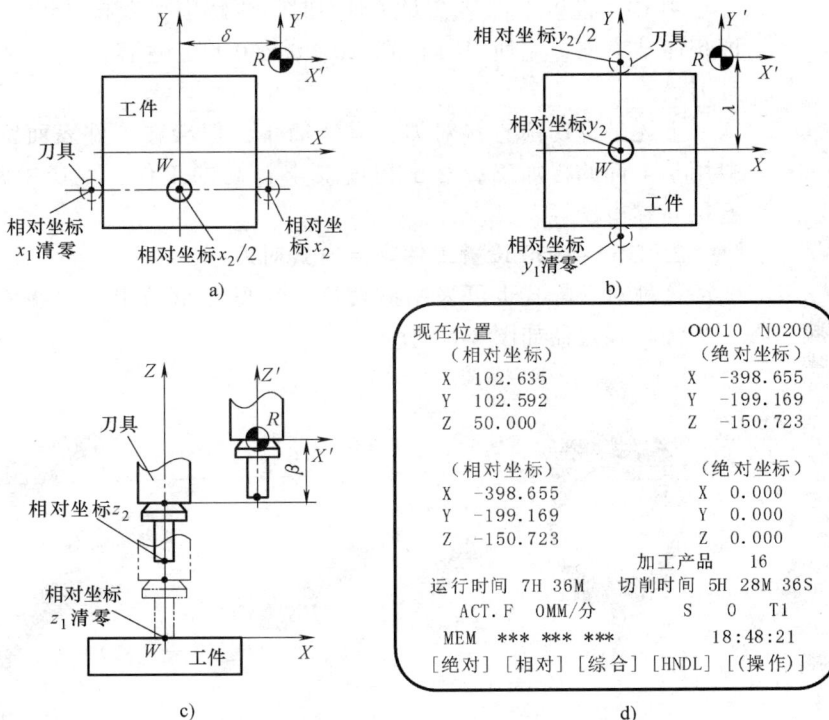

图 3-67　G92 设置工件零点方式对刀

a) X 方向对刀　b) Y 方向对刀　c) Z 方向对刀　d) POS 界面

1. G92 设置工件零点方式对刀

1）在"回零"方式下使刀具返回机床参考点 R。

2）将工件在工作台上定位夹紧，在 MDI 方式下输入 M03 S600，执行该指令使主轴中速正转。

3）如图 3-67a 所示，在"手动增量方式"或"手轮方式"下，先将铣刀抬高，离开工件上表面，然后通过改变倍率，使刀具接近工件左侧面，此时先沿 $-Z$ 向下刀，再沿 $+X$ 向使侧刃与工件左侧面轻微接触（观察，听切削声音、看切痕、看切屑，只要出现其中一种情况即表示刀具接触到工件），将相对坐标 x_1 清零，然后将铣刀沿 $+Z$ 向退离工件。

4）移动铣刀，使其侧刃轻微接触工件右侧面，记录相对坐标值 x_2。

5）计算工件坐标系原点的 X 方向相对坐标值 $x_0 = x_2/2$，将刀具的 X 方向相对坐标移动到该位置。

6）同理，如图 3-67b 所示，试切工件的前后侧面，测量并计算出工件坐标系原点的 Y 方向相对坐标值 $y_0 = y_2/2$，将刀具的 Y 方向相对坐标移动到该位置。

7）如图 3-67c 所示，在 x_0、y_0 处，移动铣刀，使其端刃轻微接触工件上表面，将相对坐标 Z_1 清零，沿 $+Z$ 向移动铣刀至相对坐标值 z_2（如 50mm）处，停转主轴。

8）在程序开头建立工件坐标系指令：G92 X0 Y0 Z50；

用 G92 设置工件零点方式对刀时，应特别注意起点和终点必须一致，即程序结束前，应使刀具移到 X0 Y0 Z50 点，这样才能保证重复加工不乱刀。

上述是试切法直接对刀，方法简单，但会在工件表面留下痕迹，一般用于工件的粗加工；对于精度要求较高的工件，生产中常使用芯棒、塞尺、寻边器等工具。

扫码看视频

2．G54～G59 设置工件零点方式对刀

这种对刀方式也可采用试切法，这里介绍采用寻边器和标准芯轴对刀方法。寻边器如图 3-68 所示。

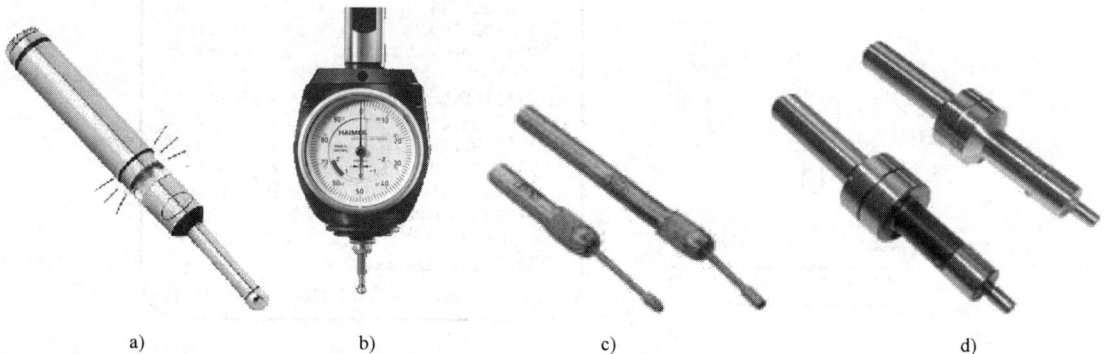

a)　　　　　　　b)　　　　　　　c)　　　　　　　d)

| 图 3-68 | 寻边器 |

a）光电式寻边器　b）量表式寻边器　c）回转式寻边器　d）偏心式寻边器

对刀步骤如下：

1）在"回零"方式下使刀具返回机床参考点。

2）在主轴上安装偏心式寻边器，在 MDI 方式下输入 M03 S600，执行该指令使主轴中速正转。

3）用寻边器先轻微接触工件左侧面，打开 POS 界面，将当前的相对坐标值 x_1 清零，再接触工件右侧面，记录相对坐标值 x_2，然后将寻边器移动到相对坐标 $x_2/2$ 处；同理，将刀具的 Y 方向相对坐标移动到 $y_2/2$ 处。如图 3-69a 所示，打开工件坐标系设定界面，将光标移动到 G54 中 X 坐标位置，在屏幕左下方输入 X0，按下操作面板上的"测量"键，完成刀具基准点在机床坐标系中的 X 坐标的测量。然后用类似的方法测量出刀具基准点在机床坐标系中的 Y 坐标。

4）停止主轴，将寻边器卸下，换上直径为 10mm、长度为 100mm 的标准芯轴，并在芯轴与工件上表面之间加入厚度为 1mm 的塞尺，采用手轮方式移动芯轴轻微接触塞尺上表面。打开工件坐标系设定界面，如图 3-69a 所示，将光标移动到 G54 中 Z 坐标位置，在屏幕左下方输入 Z1，按下操作面板上的"测量"键，完成刀具基准点在机床坐标系中的 Z 坐标的测量。这样，数控系统会自动计算出工件原点的机械坐标值。

5）如图 3-69b 所示，打开刀具补正界面，在第一组补正量的（形状）H 处输入 20（刀具与芯轴的长度差），在（形状）D 处输入 12（刀具的直径）。

```
工件坐标系              O 0010      N 0200
 (G54)
 番号  数据          番号  数据
 00    X   0.000     02    X   0.000
 (EXT) Y   0.000     (G55) Y   0.000
       Z   0.000           Z   0.000

 01    X  -349.986   03    X   0.000
 (G54) Y  -150.006   (G56) Y   0.000
       Z      0.000        Z   0.000
 〉Z1
 MDI  **** *** ***              8:12:65
 [NO检索][ 测量 ][     ][+输入 ][ 输入 ]
```
a)

```
工具补正                O 0010      N 0200
 番号  形状(H)  摩耗(H)  形状(D)  摩耗(D)
 001   20.000   0.000   12.000   0.000
 002    5.000   0.000    8.000   0.000
 003   -9.061   0.000    3.000   0.000
 004    0.000   0.000    0.000   0.000
 005    0.000   0.000    0.000   0.000
 006    0.000   0.000    0.000   0.000
 007    0.000   0.000    0.000   0.000
 008    0.000   0.000    0.000   0.000
 现在位置(相对坐标)
 X  -357.283  Y  -227.850  Z  -166.950
 〉                          S 0    T 0100
 MDI  **** *** ***              8:15:32
 [NO检索][ 测量 ][     ][+输入 ][ 输入 ]
```
b)

图 3-69　G54 设置工件零点方式对刀
a) 工件坐标系设定界面　b) 刀具补正界面

这种方法是将寻边器和标准芯轴假设为基准刀具，然后将实际刀具的直径以及它与标准芯轴的长度差在刀具补正界面中进行补偿和设定。这样，如果加工中用到多把刀具时，只需要在此界面中分别设定各把刀具的直径以及它与标准芯轴的长度差，避免了对每把刀具都进行烦琐的试切对刀。

对刀后，在程序中建立坐标系并调用刀具的指令如下：

G54；（建立 G54 工件坐标系）

……；

T01；（换 1 号刀）

G43 H1；（刀具长度补偿，调用 01 组刀具补正量）

……；

G42 G01 X0 Y0 Z3 D01；（刀具半径右补偿，调用 01 组刀具补正量）

……；

G49；（取消长度补偿）

……；

G40 G00 X50 Y50 Z100；（取消半径补偿）

……；

如果在工作台上实现多个相同工件的连续加工，则需要对每个工件分别建立一个工件坐标系，将各坐标系分别设定为 G54~G59，按照 G54 的对刀原理，确定其他工件坐标系的原点，并且将单个工件的加工程序编为子程序，在主程序里调用即可。

思考与练习题

3-1 什么是数控编程？数控编程分为哪几类？手工编程的步骤是什么？

3-2 数控机床的坐标轴与运动方向是怎样规定的？试画出卧式车床和立式铣床的机床坐标系。

3-3 机床坐标系与工件坐标系的含义是什么？试阐述它们之间的关系。

3-4 什么是程序段？目前，数控系统常用的程序段格式是什么？

3-5 准备功能 G 指令的模态和非模态有什么区别？

3-6 试举例说明绝对坐标编程和增量坐标编程的区别。

3-7 简述数控车床的刀具补偿原理，说明其补偿值的设定及实现方法。

3-8 简述数控铣床刀具补偿的目的及原理，图示说明刀具半径补偿的过程。

3-9 图示说明 G90、G94 与 G92 循环指令走刀路径。

3-10 孔加工固定循环的基本组成动作有哪些？并用图示说明。

3-11 指出 G92、G50 与 G54~G59 指令的区别。

3-12 什么是图形交互式自动编程？简述其主要过程。

3-13 自动编程为什么要进行后置处理？不同的数控系统，后置处理为什么不同？

3-14 简述数控车床试切方式对刀的过程。

3-15 简述数控铣床 G54~G59 设置工件零点方式对刀的过程。

3-16 试编制如图 3-70 所示轴类零件的数控加工程序。

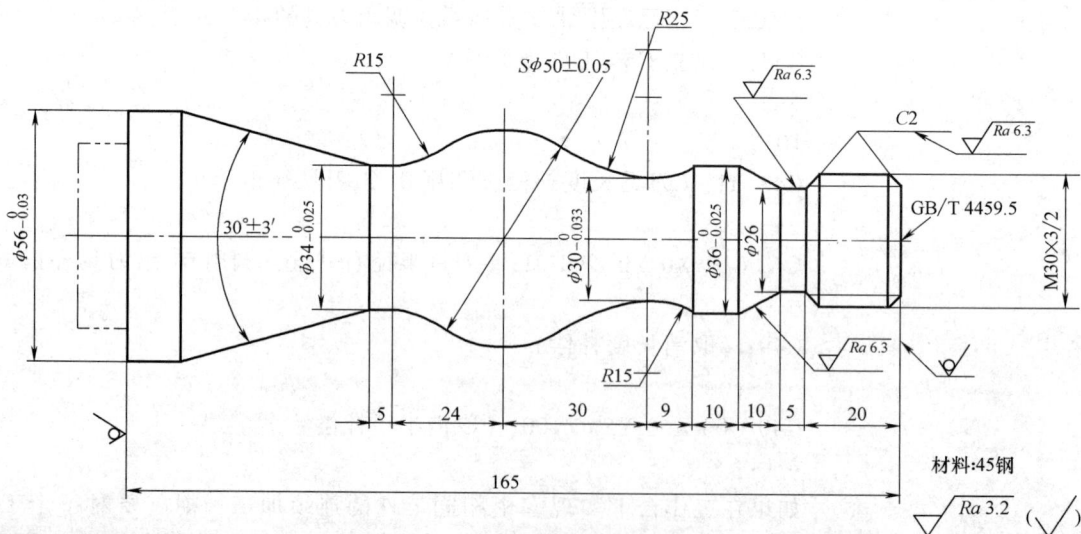

图 3-70 车削加工零件图

3-17　用直径为 20mm 的立铣刀，精铣如图 3-71 所示零件轮廓，要求每次最大切削深度不超过 20mm，其中中间两孔为已加工的工艺孔。试编制数控加工程序。

3-18　用立式加工中心加工如图 3-72 所示端盖上各孔，采用底面和两侧面定位、压板压紧。试编制数控加工程序。

图 3-71

铣削加工零件图

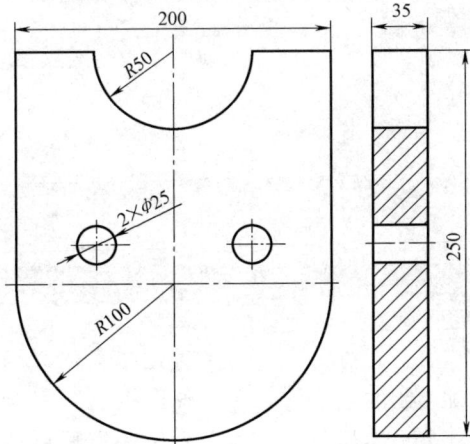

图 3-72

铣削加工零件图

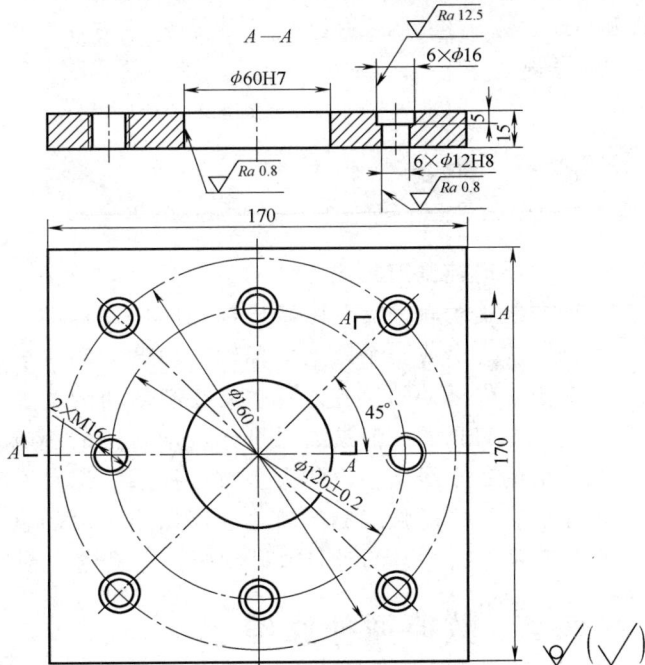

第4章

数控机床轮廓控制原理

本章提要

○ 内容提要：
本章概述了数控装置实现轮廓控制的基本原理，介绍了插补的概念和分类，详细介绍了逐点比较法、数字积分法、数字采样法的插补原理及实现方法，还介绍了进给速度控制和刀具补偿原理。

通过本章的学习，掌握数控装置的插补、速度控制、刀具补偿的运行原理，具备数控装置底层的初步设计能力。

○ 本章重点：
1）逐点比较法插补。
2）数字积分法插补。

4.1 概述

如何控制刀具或工件的运动是机床数字控制的核心问题。要走出平面曲线运动轨迹需要两个坐标轴的协调运动，要走出空间曲线运动轨迹则要求三个或三个以上坐标轴的协调运动。运动控制不仅要控制刀具相对于工件运动的轨迹，同时要控制运动的速度。在进行轮廓加工时，还要考虑刀具的几何参数对机床运动轨迹的影响。直线和圆弧是构成工件轮廓的基本线条，因此大多数数控系统都具有直线和圆弧插补功能。对于非直线或圆弧组成的轨迹，可以用小段的直线或圆弧来拟合。在要求较高的系统中，另外具有抛物线、螺旋线等插补功能。

4.2 数控插补原理

4.2.1 插补的概念和分类

所谓插补就是数控系统根据给定的速度、轮廓线型等要求，通过算法在给定坐标点之间生成一系列的中间点的坐标数据，并对机床各坐标轴进行协调控制，完成轨迹运行，加工出所要求的轮廓曲线。插补本质上是一个数据点密化的过程。对于轮廓控制系统来说，插补程序的运行时间和计算精度影响着整个数控系统的性能指标，可以说插补是整个数控系统控制软件的核心。

插补的分类方法很多，按插补工作由硬件电路还是软件程序完成，可分为硬件插补、软件插补，以及由软件完成粗插补、硬件完成精插补的软硬件结合插补。现代数控系统都采用软件插补器，由数控装置的软件插补程序实现。完全硬件插补已逐渐被淘汰，只有在特殊的应用场合和软硬件结合插补时，硬件插补才作为第二级插补（精插补）使用。从产生的数学模型来分，有一次（直线）插补、二次（圆、抛物线等）插补及高次曲线插补等。一般数控机床的数控装置都具有直线插补和圆弧插补功能。根据插补所采用的原理和计算方法的不同，插补方法可分为两类：

（1）脉冲增量插补　脉冲增量插补又称为基准脉冲插补或行程标量插补，实现方法较简单，可以用硬件实现。这种插补算法的特点是每次插补结束后，数控装置向每个运动坐标轴输出相互协调的脉冲序列，驱动步进电动机动作，实现进给运动。脉冲产生的速度与运动轴的速度成比例，脉冲的累积值代表运动轴的位置。适用于一些中等精度和中等速度要求的经济型数控系统。

脉冲增量插补算法包含多种实现方法，其中广泛应用的有逐点比较法和数字积分法等。

（2）数据采样插补　数据采样插补又称为时间标量插补或数字增量插补，包括直接函数法、扩展数字积分法等。插补运算分两步完成。第一步为粗插补，基于时间分割的思想，根据编程给定的进给速度，将轮廓曲线分割为插补周期的进给段（轮廓步长），用弦线或割线等逼近轮廓轨迹。粗插补在每个插补运算周期中计算一次，因此每一微小直线段的长度 ΔL 与进给速度 F 和插补周期 T 有关，即 $\Delta L = FT$。第二步为精插补，它是在粗插补算出的每一微小直线段的基础上进一步做"数据点的密化"工作，这一步相当于直线的脉冲增量插补。

4.2.2　逐点比较法

逐点比较法的基本思想是用折线来逼近直线或曲线，最大逼近误差不超过一个脉冲当量，因此可通过减小脉冲当量的方法提高加工精度。

1. 插补原理

数控系统在控制过程中，逐点计算和判别运动轨迹与给定轨迹的偏差，并根据偏差控制进给轴动作方向，使刀具向减小偏差的方向进给，进而缩小与给定轮廓之间的偏差，使加工轮廓逼近给定轮廓。逐点比较法的流程图如图 4-1 所示，插补过程中每进给一步都要经过以下四个步骤：

（1）偏差判别　判别加工点相对于给定曲线的偏离位置，从而决定进给的方向。

（2）进给　根据偏差判别结果，控制刀具向偏差减小的方向进给一步，即向给定的轮廓靠拢。

（3）偏差计算 计算新的加工点相对于给定曲线的偏差，作为偏差判别的依据。

（4）终点判别 判断刀具是否到达加工终点，若到达终点，则停止插补，否则回到第一步。

以上四个步骤不断反复，就可加工出所需要的曲线。

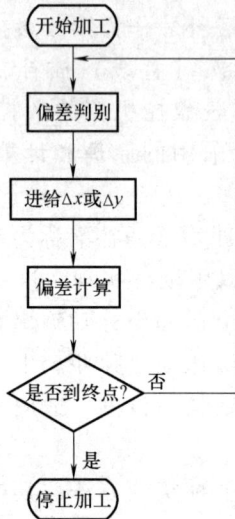

2. 直线插补

（1）偏差计算公式 图 4-2 中，xy 平面第一象限内直线段 OE 以原点 O 为起点，以 $E(x_e, y_e)$ 为终点，其直线方程为

$$\frac{y}{x} = \frac{y_e}{x_e}$$

可改写为

$$y x_e - x y_e = 0 \qquad\qquad (4-1)$$

如果加工轨迹脱离该直线，则刀位点的 x、y 坐标不满足上述直线方程。

设刀具刀位点某一时刻位于 $B(x_b, y_b)$ 点，它在直线 OE 上，有

$$y_b x_e - x_b y_e = 0 \qquad\qquad (4-2)$$

若位于 $A(x_a, y_a)$ 点，则它在直线 OE 的上方，有

$$y_a x_e - x_a y_e > 0 \qquad\qquad (4-3)$$

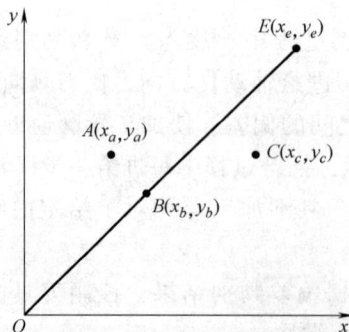

若位于 $C(x_c, y_c)$ 点，则它在直线 OE 的下方，有

$$y_c x_e - x_c y_e < 0 \tag{4-4}$$

令 $F = yx_e - xy_e$ 为偏差判别函数，由 F 即可判别刀位点与直线的位置关系，判别方法如下：当刀位点落在直线上时，$F = 0$；当刀位点落在直线上方时，$F > 0$；当刀位点落在直线下方时，$F < 0$。

（2）进给　由 F 的符号判别进给方向，这里规定刀位点在直线上（即 $F = 0$）时，归入 $F > 0$ 的情况一同考虑。对于第一象限直线，其偏差符号与进给方向的关系为：当 $F \geq 0$ 时，沿 $+x$ 方向进给一步；当 $F < 0$ 时，沿 $+y$ 方向进给一步。

（3）偏差计算公式简化　按照函数 $F = yx_e - xy_e$ 进行运算判别时，每次运算包括两次乘法运算和一次加法运算，这在电路或程序中不是最方便的实现方法。一个简便的方法是加工偏差由前一点的加工偏差递推出来。

设某时第一象限中某点为 $D(x_i, y_i)$，其 F 值为

$$F_i = y_i x_e - x_i y_e \tag{4-5}$$

若经偏差判别后，$F_i \geq 0$，沿 $+x$ 方向走一步，则

$$\begin{cases} x_{i+1} = x_i + 1 \\ y_{i+1} = y_i \end{cases}$$

因而，新点的偏差判别函数为

$$F_{i+1} = y_{i+1} x_e - x_{i+1} y_e = y_i x_e - (x_i + 1) y_e = y_i x_e - x_i y_e - y_e = F_i - y_e \tag{4-6}$$

若经偏差判别后，$F_i < 0$，沿 $+y$ 方向走一步，则

$$\begin{cases} x_{i+1} = x_i \\ y_{i+1} = y_i + 1 \end{cases}$$

因而，新点的偏差判别函数为

$$F_{i+1} = y_{i+1} x_e - x_{i+1} y_e = (y_i + 1) x_e - x_i y_e = y_i x_e - x_i y_e + x_e = F_i + x_e \tag{4-7}$$

由式（4-6）及式（4-7）可以看出，新加工点的偏差值完全可以用前一点的偏差递推出来，这种方法称递推法。

（4）终点判别　直线插补的终点判别可采用以下三种方法：

1）设置一个减法计数器，在其中存入 $\Sigma = |x_e| + |y_e|$，当沿 x 或 y 坐标方向进给时在计数器中减去 1，当 $\Sigma = 0$ 时，到达终点，停止插补。

2）设置 Σx 和 Σy 两个减法计数器，在其中分别存入终点坐标值 x_e 和 y_e，沿 x 或 y 坐标方向每进给一步时，就在相应的计数器中减去 1，当两个计数器都减少到 0 时，到达终点，停止插补。

3）选终点坐标值较大的坐标作为计数坐标，存入计数器。仅在该轴进给时才减去 1，当减到 0 时，到达终点，停止插补。

（5）逐点比较法直线插补举例

例 4-1　第一象限直线 OE，起点为 $O(0, 0)$，终点为 $E(5, 3)$，试写出用逐点比较法插补此直线的过程并画出运动轨迹。

解：刀具沿 x 和 y 轴应走的总步数为 $\Sigma = |x_e| + |y_e| = 5 + 3 = 8$，逐点比较法直线插补运算过程见表 4-1，逐点比较法直线插补运动轨迹如图 4-3 所示。

循环序号	偏差判别	坐标进给	偏差计算	终点判别
	$F \geqslant 0$	$+x$	$F_{i+1}=F_i-y_e$	$J=\sum=\mid x_e\mid+\mid y_e\mid$
	$F<0$	$+y$	$F_{i+1}=F_i+x_e$	
0			$F_0=0,\ x_e=5,\ y_e=3$	$J=8$
1	$F_0=0$	$+x$	$F_1=0-3=-3$	$J=7$
2	$F_1=-3$	$+y$	$F_2=-3+5=2$	$J=6$
3	$F_2=2$	$+x$	$F_3=2-3=-1$	$J=5$
4	$F_3=-1$	$+y$	$F_4=-1+5=4$	$J=4$
5	$F_4=4$	$+x$	$F_5=4-3=1$	$J=3$
6	$F_5=1$	$+x$	$F_6=1-3=-2$	$J=2$
7	$F_6=-2$	$+y$	$F_7=-2+5=3$	$J=1$
8	$F_7=3$	$+x$	$F_8=3-3=0$	$J=0$

表 4-1 逐点比较法直线插补运算过程

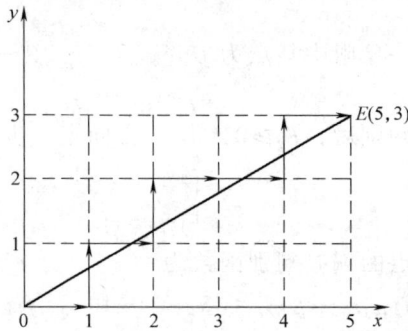

图 4-3 逐点比较法直线插补运动轨迹

（6）不同象限的直线插补　对于第二象限插补，只要用 $\mid x\mid$ 取代 x，就可以将待插补直线变换到第一象限进行处理。在脉冲输出时，应使 x 轴步进电动机反向旋转，而 y 轴步进电动机旋转方向不变。同理，用 $\mid x\mid$ 和 $\mid y\mid$ 代替 x 和 y，可实现第三象限中直线的插补；用 $\mid y\mid$ 代替 y，可实现第四象限中直线的插补。直线插补四象限进给方向如图 4-4 所示。

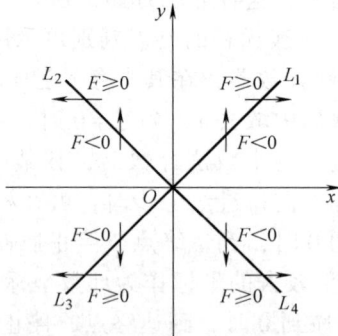

图 4-4 直线插补四象限进给方向

现将直线插补四种情况的偏差计算及进给方向列于表 4-2 中，其中用 L 表示直线，四个象限分别用数字 1、2、3、4 标注。

线　型	偏差	偏差计算	进给方向与坐标
L_1、L_4	$F \geqslant 0$	$F \leftarrow F-\mid y_e\mid$	$+\Delta x$
L_2、L_3	$F \geqslant 0$		$-\Delta x$

表 4-2 xy 平面内直线插补的进给与偏差计算

（续）

线　型	偏　差	偏差计算	进给方向与坐标
L_1，L_2	$F<0$	$F \leftarrow F+\mid x_e\mid$	$+\Delta y$
L_3，L_4	$F<0$		$-\Delta y$

3. 圆弧插补

（1）偏差计算公式　以第一象限逆圆弧为例，如图 4-5 所示，起点为 S，终点为 E，半径为 r，圆心在原点。再设刀具刀位点某一时刻位于 $B(x_b,\ y_b)$ 点，它在圆弧 SE 上，有

$$x_b^2+y_b^2=r^2 \tag{4-8}$$

若位于 $A(x_a,\ y_a)$ 点，则它在圆弧 SE 的外侧，有

$$x_a^2+y_a^2>r^2 \tag{4-9}$$

若位于 $C(x_c,\ y_c)$ 点，则它在圆弧 SE 的内侧，有

$$x_c^2+y_c^2<r^2 \tag{4-10}$$

令 $F=x^2+y^2-r^2$ 为偏差判别函数，由 F 即可判别刀位点与圆弧的位置关系，判别方法如下：当刀位点落在圆弧上时，$F=0$；当刀位点落在圆弧外侧时，$F>0$；当刀位点落在圆弧内侧时，$F<0$。

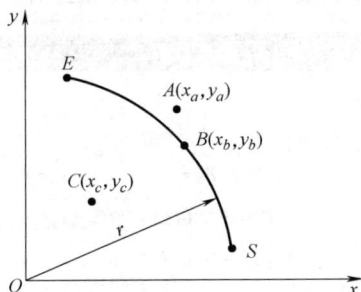

图 4-5　第一象限逆圆弧

（2）进给　由 F 的符号判别进给方向，第一象限逆圆弧偏差与进给方向的关系应为：当 $F\geq0$，则沿 $-x$ 方向进给一步；当 $F<0$ 时，沿 $+y$ 方向进给一步。

（3）偏差计算公式简化　若直接采用偏差判别函数 $F=x^2+y^2-r^2$ 进行偏差计算，每次插补需要完成平方运算及加法运算。与直线插补类似，当前点的偏差可由前一点的偏差通过递推法得到，其中第一次的偏差值通过直接赋值给定（一般令 $F=0$）。

设某时第一象限中某点为 $D\ (x_i,\ y_i)$，其 F 值为

$$F_i=x_i^2+y_i^2-r^2$$

若经偏差判别后，$F_i\geq0$，沿 $-x$ 方向走一步，则

$$\begin{cases} x_{i+1}=x_i-1 \\ y_{i+1}=y_i \end{cases}$$

因而，新的偏差判别函数为

$$F_{i+1}=x_{i+1}^2+y_{i+1}^2-r^2=(x_i-1)^2+y_i^2-r^2=x_i^2-2x_i+1+y_i^2-r^2=F_i-2x_i+1 \tag{4-11}$$

若经偏差判别后，$F_i < 0$，沿 $+y$ 方向走一步，则

$$\begin{cases} x_{i+1} = x_i \\ y_{i+1} = y_i + 1 \end{cases}$$

因而，新的偏差判别函数为

$$F_{i+1} = x_{i+1}^2 + y_{i+1}^2 - r^2 = x_i^2 + (y_i+1)^2 - r^2 = x_i^2 + y_i^2 + 2y_i + 1 - r^2 = F_i + 2y_i + 1$$

$$(4\text{-}12)$$

由式（4-11）及式（4-12）可以看出，递推法把圆弧偏差运算式由二次方运算转化为加法和乘法运算，而对二进制来说，乘法运算是容易实现的。

（4）终点判别　圆弧插补时每进给一步也要进行终点判别，其方法与逐点比较法直线插补相同。

（5）逐点比较法圆弧插补举例

例 4-2　第一象限逆圆弧，起点为 S（4，3），终点为 E（0，5），试写出用逐点比较法插补此圆弧的过程并画出运动轨迹。

解：插补完该段圆弧刀具沿 x 和 y 轴应走的总步数为 $\sum = |x_E - x_S| + |y_E - y_S| = 4 + 2 = 6$，故可设置一计数器 $J = 6$，当沿 x 或 y 坐标方向进给时，在计数器中减去 1，当 $\sum = 0$ 时，停止插补。逐点比较法圆弧插补运算过程见表 4-3，逐点比较法圆弧插补运动轨迹如图 4-6 所示。

表 4-3

逐点比较法圆弧插补运算过程

循环序号	偏差判别	坐标进给	偏差计算	坐标计算	终点判别
	$F \geqslant 0$	$-x$	$F_{i+1} = F_i - 2x_i + 1$		$J = \|x_E - x_S\| + \|y_E - y_S\|$
	$F < 0$	$+y$	$F_{i+1} = F_i + 2y_i + 1$		
0			$F_0 = 0$	$x_0 = 4$，$y_0 = 3$	$J = 6$
1	$F_0 = 0$	$-x$	$F_1 = 0 - 2 \times 4 + 1 = -7$	$x_1 = 3$，$y_1 = 3$	$J = 5$
2	$F_1 = -7 < 0$	$+y$	$F_2 = -7 + 2 \times 3 + 1 = 0$	$x_2 = 3$，$y_2 = 4$	$J = 4$
3	$F_2 = 0$	$-x$	$F_3 = 0 - 2 \times 3 + 1 = -5$	$x_3 = 2$，$y_3 = 4$	$J = 3$
4	$F_3 = -5 < 0$	$+y$	$F_4 = -5 + 2 \times 4 + 1 = 4$	$x_4 = 2$，$y_4 = 5$	$J = 2$
5	$F_4 = 4 > 0$	$-x$	$F_5 = 4 - 2 \times 2 + 1 = 1$	$x_5 = 1$，$y_5 = 5$	$J = 1$
6	$F_5 = 1 > 0$	$-x$	$F_6 = 1 - 2 \times 1 + 1 = 0$	$x_6 = 0$，$y_6 = 5$	$J = 0$

图 4-6

逐点比较法圆弧插补运动轨迹

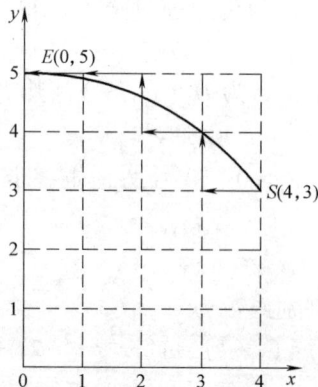

（6）圆弧插补的象限处理与坐标变换

1）圆弧插补的象限处理。上面仅讨论了第一象限的逆圆弧插补，实际上若圆弧所在的象限不同、顺逆不同，则插补公式和进给方向均不同。圆弧插补有八种情况，如图 4-7 所示，推导出插补计算公式如下：

沿 $+x$ 方向走一步

$$\begin{cases} x_{i+1} = x_i + 1 \\ F_{i+1} = F_i + 2x_i + 1 \end{cases} \tag{4-13}$$

沿 $+y$ 方向走一步

$$\begin{cases} y_{i+1} = y_i + 1 \\ F_{i+1} = F_i + 2y_i + 1 \end{cases} \tag{4-14}$$

沿 $-x$ 方向走一步

$$\begin{cases} x_{i+1} = x_i - 1 \\ F_{i+1} = F_i - 2x_i + 1 \end{cases} \tag{4-15}$$

沿 $-y$ 方向走一步

$$\begin{cases} y_{i+1} = y_i - 1 \\ F_{i+1} = F_i - 2y_i + 1 \end{cases} \tag{4-16}$$

图 4-7

圆弧插补四象限进给方向

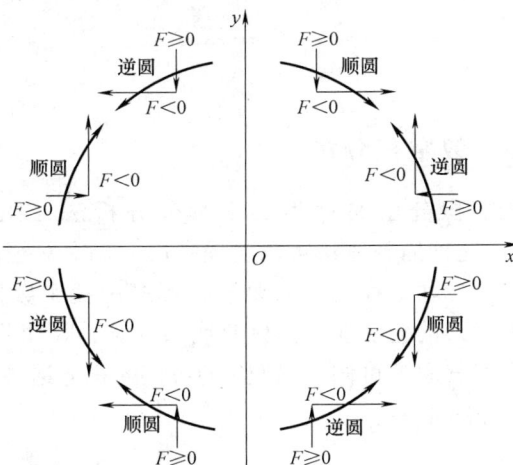

现将圆弧插补八种情况的偏差计算及进给方向列于表 4-4 中，其中用 R 表示圆弧，S 表示顺时针，N 表示逆时针，四个象限分别用数字 1、2、3、4 标注，如 SR_1 表示第一象限顺圆，NR_3 表示第三象限逆圆。

表 4-4

xy 平面内圆弧插补的进给与偏差计算

线 型	偏 差	偏差计算	进给方向与坐标
SR_2，NR_3	$F \geq 0$	$F \leftarrow F + 2x + 1$ $x \leftarrow x + 1$	$+\Delta x$
SR_1，NR_4	$F < 0$		
NR_1，SR_4	$F \geq 0$	$F \leftarrow F - 2x + 1$ $x \leftarrow x - 1$	$-\Delta x$
NR_2，SR_3	$F < 0$		
NR_4，SR_3	$F \geq 0$	$F \leftarrow F + 2y + 1$ $y \leftarrow y + 1$	$+\Delta y$
NR_1，SR_2	$F < 0$		

（续）

线　型	偏　差	偏差计算	进给方向与坐标
SR_1，NR_2	$F \geq 0$	$F \leftarrow F - 2y + 1$	
NR_3，SR_4	$F < 0$	$y \leftarrow y - 1$	$-\Delta y$

2）圆弧自动过象限。所谓圆弧自动过象限，是指圆弧的起点和终点不在同一象限内，如图 4-8 所示。为实现一个程序段的完整功能，需设置圆弧自动过象限功能。要完成过象限功能，首先应判别何时过象限。过象限有一显著特点，就是过象限时刻正好是圆弧与坐标轴相交的时刻，因此在两个坐标值中必有一个为零，判断是否过象限只要检查是否有坐标值为零即可。

图 4-8

圆弧过象限

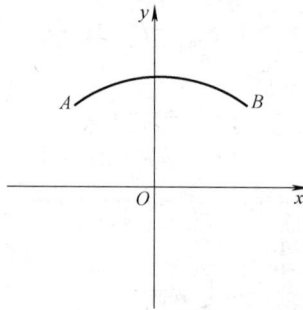

4.2.3　数字积分法

数字积分法又称为数字微分分析法（Digital Differential Analyzer，DDA）。这种插补方法可以实现一次、二次甚至高次曲线的插补，也可以实现多坐标联动控制。只要输入不多的几个数据，就能加工出圆弧等形状较为复杂的轮廓曲线。做直线插补时，脉冲分配也较均匀。

由积分原理可知，函数 $y = f(t)$ 的积分运算就是求函数曲线所包围的面积 S（图 4-9）：

$$S = \int_0^t y \mathrm{d}t \tag{4-17}$$

此面积可以近似看作是许多长方形小面积之和，长方形的宽为自变量 Δt，高为纵坐标 y_i，则

$$S = \int_0^t y \mathrm{d}t = \sum_{i=0}^n y_i \Delta t \tag{4-18}$$

这种近似积分法称为矩形积分法，该公式称为矩形公式。数学运算时，如果取 $\Delta t = 1$，即一个脉冲当量，上式可以简化为

$$S = \sum_{i=0}^n y_i \tag{4-19}$$

由此，函数的积分运算变成了变量求和运算。如果所选取的脉冲当量足够小，则用求和运算来代替积分运算所引起的误差不会超过允许值。

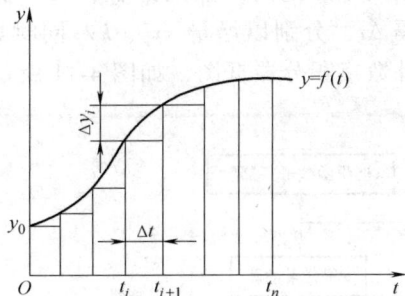

图 4-9

函数 $y = f(t)$ 的积分

1. 直线插补

（1）直线插补原理　设 xy 平面内直线 OE，起点为 O（0，0），终点为 E（x_e，y_e），直线长度为 L，如图 4-10 所示。若以匀速 v 沿 OE 位移，则 v 可分为动点在 x 轴和 y 轴方向的两个速度 v_x、v_y，根据前述积分原理计算公式，在 x 轴和 y 轴方向上微小位移增量 Δx、Δy 应为

$$\begin{cases} \Delta x = v_x \Delta t \\ \Delta y = v_y \Delta t \end{cases} \tag{4-20}$$

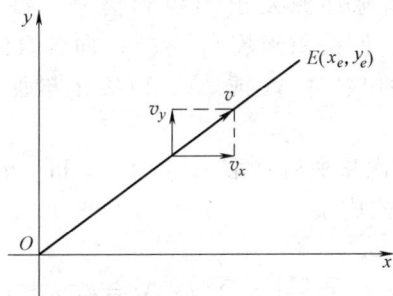

图 4-10

DDA 直线插补

对于直线函数来说，v_x、v_y、v 和 L 满足下式：

$$\begin{cases} \dfrac{v_x}{v} = \dfrac{x_e}{L} \\ \dfrac{v_y}{v} = \dfrac{y_e}{L} \end{cases}$$

整理上式，令 $k = \dfrac{v}{L}$，从而有

$$\begin{cases} v_x = k x_e \\ v_y = k y_e \end{cases} \tag{4-21}$$

因此坐标轴的位移增量为

$$\begin{cases} \Delta x = k x_e \Delta t \\ \Delta y = k y_e \Delta t \end{cases} \tag{4-22}$$

各坐标轴的位移量为

$$\begin{cases} x = \displaystyle\int_0^t k x_e \,\mathrm{d}t = k \sum_{i=1}^{n} x_e \Delta t \\ y = \displaystyle\int_0^t k y_e \,\mathrm{d}t = k \sum_{i=1}^{n} y_e \Delta t \end{cases} \tag{4-23}$$

因此，动点从原点走向终点的过程，可以看作是各坐标轴每经过一个单位时间间隔 Δt，分别以增量 kx_e、ky_e 同时累加的过程。据此，可以构绘出直线插补数字积分器框图，如图 4-11 所示。

图 4-11

直线插补数字积分器
框图

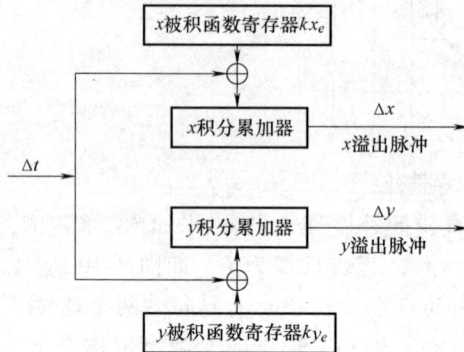

平面直线插补器由两个数字积分器组成，每个坐标的积分器由累加器和被积函数寄存器组成，终点坐标值存在被积函数寄存器中，Δt 相当于插补控制脉冲源发出的控制信号。每发生一个插补迭代脉冲（即来一个 Δt），使被积函数 kx_e 和 ky_e 向各自的累加器里累加一次，累加的结果有无溢出脉冲 Δx 或 Δy，取决于累加器的容量和 kx_e 或 ky_e 的大小。

假设经过 n 次累加后（取 $\Delta t = 1$），x 和 y 分别（或同时）到达终点 (x_e, y_e)，则下式成立

$$\begin{cases} x = \sum_{i=1}^{n} kx_e \Delta t = kx_e n = x_e \\ \\ y = \sum_{i=1}^{n} ky_e \Delta t = ky_e n = y_e \end{cases} \tag{4-24}$$

由此得到 $nk = 1$，即 $n = 1/k$，这表明了比例常数 k 和累加（迭代）次数 n 的关系，因为 n 必须是整数，所以 k 一定是小数。

k 的选择主要考虑每次增量 Δx 或 Δy 不大于 1，以保证坐标轴上每次分配进给脉冲不超过一个，也就是说，要使下式成立

$$\begin{cases} \Delta x = kx_e < 1 \\ \\ \Delta y = ky_e < 1 \end{cases} \tag{4-25}$$

若取寄存器位数为 N 位，则 x_e 及 y_e 的最大寄存器容量为 $2^N - 1$，故有

$$\begin{cases} \Delta x = kx_e \leqslant k(2^N - 1) < 1 \\ \\ \Delta y = ky_e \leqslant k(2^N - 1) < 1 \end{cases} \tag{4-26}$$

由此可得

$$k < \frac{1}{2^N - 1}$$

一般取 $\qquad$ $k < \dfrac{1}{2^N}$

因此，累加次数 n 为

$$n = \frac{1}{k} = 2^N$$

因为 $k = 1/2^N$，对于一个二进制数来说，使 kx_e（或 ky_e）等于 x_e（或 y_e）乘以 $1/2^N$ 是很容易实现的，即 x_e（或 y_e）数字本身不变，只要把小数点左移 N 位即可。所以一个 N 位的寄存器存放 x_e（或 y_e）和存放 kx_e（或 ky_e）的数字是相同的，只是后者的小数点出现在最高位数 N 前面，其他没有差异，故一般在被积函数寄存器中存入 x_e（或 y_e）。

直线插补的终点判别较简单，因为直线程序段需要进行 2^N 次累加运算，进行 2^N 次累加后就一定到达终点，所以可由一个与积分器中寄存器容量相同的终点计数器 J_E 实现，其初值为 0。每累加一次，J_E 加 1，当累加 2^N 次后，产生溢出，使 $J_E = 0$，完成插补。

（2）直线插补软件流程　用 DDA 进行插补时，x 和 y 两坐标可同时进给，即可同时送出 Δx、Δy 脉冲，同时每累加一次，要进行一次终点判别。直线插补软件流程图如图 4-12 所示，其中 J_{Vx}、J_{Vy} 为被积函数寄存器，J_{Rx}、J_{Ry} 为余数寄存器，J_E 为终点计数器。

图 4-12

直线插补软件流程图

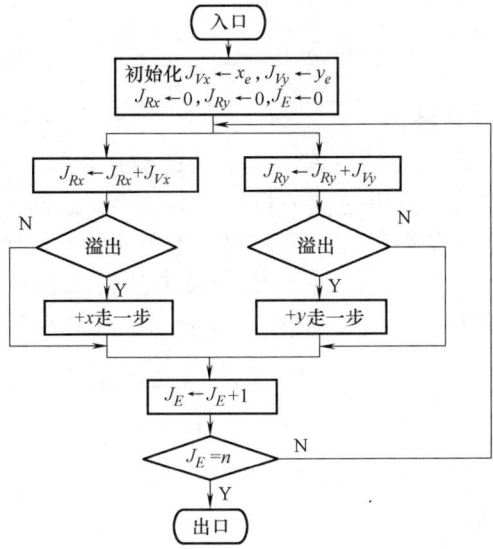

（3）直线插补举例

例 4-3　设有第一象限直线 OA，起点为 O（0，0），终点为 A（5，3），试用数字积分法插补此直线并画出运动轨迹。

解：因终点最大坐标值为 5，取累加器、被积函数寄存器、终点计数器均为三位二进制寄存器，即 $N = 3$，则累加次数 $n = 2^3 = 8$。直线插补运算过程见表 4-5，直线插补运动轨迹如图 4-13 所示。

表 4-5
直线插补运算过程

累加次数 (n)	x积分器			y积分器			终点计数器 (J_E)
	x被积函数寄存器	x累加器	x累加器溢出脉冲	y被积函数寄存器	y累加器	y累加器溢出脉冲	
0	5	0	0	3	0	0	0
1	5	5+0=5	0	3	3+0=3	0	1
2	5	5+5=8+2	1	3	3+3=6	0	2
3	5	5+2=7	0	3	3+6=8+1	1	3
4	5	5+7=8+4	1	3	3+1=4	0	4
5	5	5+4=8+1	1	3	3+4=7	0	5
6	5	5+1=6	0	3	3+7=8+2	1	6
7	5	5+6=8+3	1	3	3+2=5	0	7
8	5	5+3=8+0	1	3	3+5=8+0	1	0

图 4-13
直线插补运动轨迹

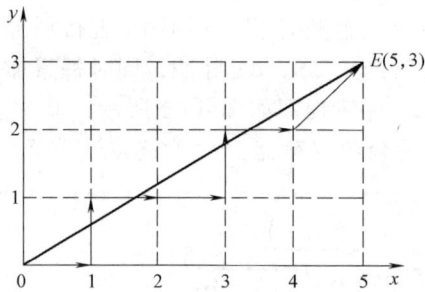

2. 圆弧插补

（1）圆弧插补原理　从上面的叙述可知，数字积分法直线插补的物理意义是使动点沿速度矢量的方向前进，这同样适合于圆弧插补。

以第一象限圆弧 AE 为例，半径为 R，起点为 A（x_0，y_0），终点为 E（x_e，y_e），N（x_i，y_i）为圆弧上的任意动点，动点移动速度为 v，分速度分别为 v_x 和 v_y，如图 4-14 所示。圆弧方程为

$$\begin{cases} x_i = R\cos\alpha \\ y_i = R\sin\alpha \end{cases} \tag{4-27}$$

图 4-14
第一象限逆圆弧插补

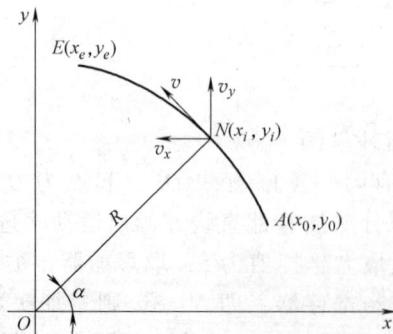

动点 N 的分速度为

$$\begin{cases} v_x = \dfrac{\mathrm{d}x_i}{\mathrm{d}t} = -v\sin\alpha = -v\dfrac{y_i}{R} = -\left(\dfrac{v}{R}\right)y_i \\[3mm] v_y = \dfrac{\mathrm{d}y_i}{\mathrm{d}t} = v\cos\alpha = v\dfrac{x_i}{R} = \left(\dfrac{v}{R}\right)x_i \end{cases} \quad (4\text{-}28)$$

在单位时间 Δt 内，x、y 位移增量方程为

$$\begin{cases} \Delta x_i = v_x\Delta t = -\left(\dfrac{v}{R}\right)y_i\Delta t \\[3mm] \Delta y_i = v_y\Delta t = \left(\dfrac{v}{R}\right)x_i\Delta t \end{cases} \quad (4\text{-}29)$$

令 $k = \dfrac{v}{R}$，则式（4-29）可写为

$$\begin{cases} \Delta x_i = -ky_i\Delta t \\[2mm] \Delta y_i = kx_i\Delta t \end{cases} \quad (4\text{-}30)$$

与直线插补一样，取累加器容量为 2^N，$k = 1/2^N$，N 为累加器、寄存器的位数，则各坐标的位移量为

$$\begin{cases} x = \displaystyle\int_0^t -ky\mathrm{d}t = -\dfrac{1}{2^N}\sum_{i=1}^{n}y_i\Delta t \\[4mm] y = \displaystyle\int_0^t kx\mathrm{d}t = \dfrac{1}{2^N}\sum_{i=1}^{n}x_i\Delta t \end{cases} \quad (4\text{-}31)$$

由此可绘出如图 4-15 所示的圆弧插补数字积分器框图。

DDA 圆弧插补与直线插补的区别主要有两点：一是坐标值 x、y 存入被积函数寄存器 J_{Vx}、J_{Vy} 的对应关系与直线插补不同，即 x 不是存入 J_{Vx} 而是存入 J_{Vy}，y 不是存入 J_{Vy} 而是存入 J_{Vx}；二是 J_{Vx}、J_{Vy} 寄存器中寄存的数值与 DDA 直线插补有本质的区别：直线插补时，J_{Vx}（或 J_{Vy}）寄存的是终点坐标 x_e（或 y_e），是常数，而圆弧插补时寄存的是动点坐标，是变量。因此，在插补过程中，必须根据动点位置的变化来改变 J_{Vx} 和 J_{Vy} 中的内容。在起点时，J_{Vx} 和 J_{Vy} 分别寄存起点坐标 y_0、x_0。对于第一象限逆圆来说，在插补过程中，J_{Ry} 每溢出一个 Δy 脉冲，J_{Vx} 应该加 1；J_{Rx} 每溢出一个 Δx 脉冲，J_{Vy} 应该减 1。对于其他各种情况的 DDA 圆弧插补，J_{Vx} 和 J_{Vy} 是加 1 还是减 1，取决于动点坐标所在象限及圆弧走向。

DDA 圆弧插补时，由于 x、y 方向到达终点的时间不同，因此需对 x、y 两个坐标分别进行终点判别。实现这一点可利用两个终点计数器 J_{Ex} 和 J_{Ey}，把 x、y 坐标所需输出的脉冲数 $|x_0-x_e|$、$|y_0-y_e|$ 分别存入这两个计数器中，x 或 y 积分累加器每输出一个脉冲，相应的减法计数器减 1，当某一个坐标的计数器为零时，说明该坐标已到达终点，停止该坐标的累加运算。当两个计数器均为零时，圆弧插补结束。

（2）圆弧插补举例

例 4-4　设有第一象限逆圆弧，起点为 S（4，3），终点为 E（0，5），试用数字积分法插补此圆弧并画出运动轨迹（脉冲当量为 1）。

图 4-15

圆弧插补数字积分器框图

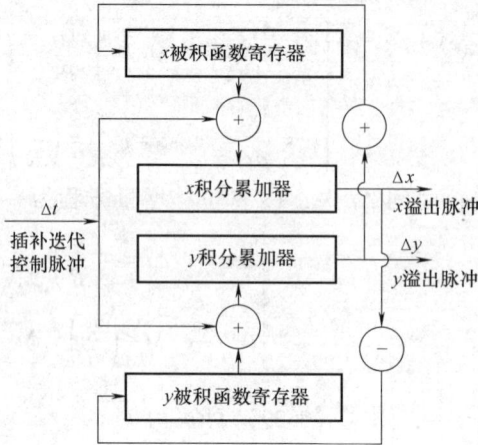

解：因圆弧半径值为 5，取累加器、被积函数寄存器、终点计数器均为三位二进制寄存器，即 $N = 3$。用两个终点计数器 J_{Ex}、J_{Ey}，把 $|x_s - x_e| = 4$、$|y_s - y_e| = 2$ 分别存入这两个计数器中。圆弧插补运算过程见表 4-6，圆弧插补运动轨迹如图 4-16 所示。

表 4-6

圆弧插补运算过程

累加次数 (n)	x 积分器				y 积分器			
	x 被积函数寄存器	x 累加器	x 累加器溢出脉冲	终点计数器 (J_{Ex})	y 被积函数寄存器	y 累加器	y 累加器溢出脉冲	终点计数器 (J_{Ey})
0	3	0	0	4	4	0	0	2
1	3	0+3=3	0	4	4	0+4=4	0	2
2	3	3+3=6	0	4	4	4+4=8+0	1	1
3	4	6+4=8+2	1	3	4	0+4=4	0	1
4	4	2+4=6	0	3	3	4+3=7	0	1
5	4	6+4=8+2	1	2	3	7+3=8+2	1	0
6	5	2+5=7	0	2	2	停止累加	0	0
7	5	7+5=8+4	1	1	2			
8	5	4+5=8+1	1	0	1			
9	5	停止累加	0	0	0			

图 4-16

圆弧插补运动轨迹

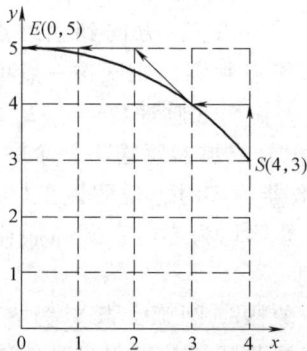

（3）不同象限的脉冲分配　第二、三、四象限的顺圆、逆圆的插补运算过程及原理框图与第一象限逆圆插补基本一致。不同点在于，控制各坐标轴的 Δx 和 Δy 的进给脉冲分配方向不同，以及修改被积函数寄存器 J_{Vx} 和 J_{Vy} 内容时，是"+1"还是"-1"由 y 和 x 坐标的增减而定。DDA 圆弧插补时不同象限的脉冲分配及坐标修正见表 4-7。

<table>
<tr><td rowspan="2">**表 4-7**
DDA 圆弧插补时
不同象限的脉冲
分配及坐标修正</td><td></td><td>SR_1</td><td>SR_2</td><td>SR_3</td><td>SR_4</td><td>NR_1</td><td>NR_2</td><td>NR_3</td><td>NR_4</td></tr>
<tr><td>J_{Vx}</td><td>-1</td><td>+1</td><td>-1</td><td>+1</td><td>+1</td><td>-1</td><td>+1</td><td>-1</td></tr>
<tr><td></td><td>J_{Vy}</td><td>+1</td><td>-1</td><td>+1</td><td>-1</td><td>-1</td><td>+1</td><td>-1</td><td>+1</td></tr>
<tr><td></td><td>Δx</td><td>+</td><td>+</td><td>-</td><td>-</td><td>-</td><td>-</td><td>+</td><td>+</td></tr>
<tr><td></td><td>Δy</td><td>-</td><td>+</td><td>+</td><td>-</td><td>+</td><td>-</td><td>-</td><td>+</td></tr>
</table>

（4）提高插补精度的措施　DDA 直线插补的插补误差小于脉冲当量。DDA 圆弧插补的插补误差小于或等于两个脉冲当量，其原因是：当在坐标轴附近进行插补时，一个积分器的被积函数值接近于 0，而另一个积分器的被积函数值接近最大值（圆弧半径），这样，后者连续溢出，而前者几乎没有溢出脉冲，两个积分器的溢出脉冲频率相差很大，致使插补轨迹偏离给定加工轨迹。

减小插补误差的方法有：

1）减小脉冲当量。减小脉冲当量（即减小 Δt），可以减小插补误差。但参加运算的数（如被积函数值）变大，寄存器的容量则变大，在插补运算速度不变的情况下，进给速度会显著降低。因此欲获得同样的进给速度，需提高插补运算速度。

2）余数寄存器预置数。在 DDA 迭代之前，余数寄存器 J_{Rx}、J_{Ry} 的初值不置为 0，而是预置某一数值。通常采用余数寄存器半加载。所谓半加载，就是在 DDA 插补前，给余数寄存器 J_{Rx}、J_{Ry} 的最高有效位置"1"，其余各位均置"0"，即 N 位余数寄存器容量的一半值 2^{N-1}。这样只要再累加 2^{N-1}，就可以产生第一个溢出脉冲，改善了溢出脉冲的时间分布，减小了插补误差。"半加载"可以使直线插补的误差减小到半个脉冲当量以内，使圆弧插补的精度得到明显改善。

4.2.4　数据采样法

1. 插补原理

数据采样插补根据进给速度，将轮廓曲线分割为插补采样周期的进给段，即轮廓步长。在每一插补周期中，插补程序被调用一次，为下一周期计算出各坐标轴应该行进的增长段（而不是单个脉冲）Δx 或 Δy 等，然后再计算出相应插补点位置坐标值。

数据采样插补通常采用时间分割插补算法。这种算法把加工一段直线或圆弧的整段时间分为许多相等的时间间隔，该时间间隔称为单位时间间隔，也即插补周期。例如日本 FANUC 公司的 7M 系统采用了时间分割插补算法，插补周期为 8ms。在每个插补周期进行一次插补计算，计算出各坐标轴在一个插补周期内的进给量。设 F 为程序编制中给定的速度指令（单位为 mm/min），则一个插补周期的进给量 l（μm）为

$$l = \frac{F \times 1000 \times 8}{60 \times 1000} = \frac{2}{15}F \qquad (4\text{-}32)$$

计算出一个插补周期的进给量 l 后，根据刀具运动轨迹与各坐标轴的几何关系，就可以求出各轴在一个插补周期内的进给量。

（1）插补周期与采样周期 选择插补周期是一个重要问题，插补周期虽然不直接影响进给速度，但对插补误差及更高速运行有影响。插补周期与插补运算时间有密切关系，一旦选定了插补算法，则完成该算法的时间也就确定了。当系统进行轮廓控制时，CPU 除了要完成插补运算外，还必须实时地完成一些其他工作，如显示、监控等。插补周期必须大于插补运算时间与完成其他实时任务所需时间之和。

插补周期与位置反馈采样周期有一定的关系，插补周期和采样周期可以相同，也可以不同。如果不同，则选插补周期是采样周期的整数倍。如 FANUC 7M 系统采用 8ms 的插补周期和 4ms 的位置反馈采样周期。在这种情况下，插补程序每 8ms 被调用一次，为下一个周期算出各坐标轴应该行进的增量长度；而位置反馈采样程序每 4ms 被调用一次，将插补程序算好的坐标位置增量值除以 2 后再进行直线段的进一步数据点密化（即精插补）。

（2）插补周期与精度、速度的关系 在直线插补中，插补所形成的每个小直线段与给定的直线重合，不会造成轨迹误差。在圆弧插补时，一般用内接弦线或割线来逼近圆弧，这种逼近必然会造成轨迹误差。图 4-17 所示为用内接弦线逼近圆弧，其最大半径误差 e_r 与步距角 δ 的关系为

$$e_r = r\left(1 - \cos\frac{\delta}{2}\right)$$

由 e_r 的表达式得到幂级数的展开式为

$$e_r = r - r\cos\frac{\delta}{2} = r\left\{1 - \left[1 - \frac{(\delta/2)^2}{2!} + \frac{(\delta/2)^4}{4!}\cdots\right]\right\}$$

由于步距角 δ 很小，则

$$\frac{(\delta/2)^4}{4!} = \frac{\delta^4}{384} \ll 1$$

又因 $l = TF$，$\delta \approx \dfrac{l}{r}$，则最大半径误差为

$$e_r = \frac{\delta^2}{8}r = \frac{l^2}{8r} = \frac{(TF)^2}{8r} \qquad (4\text{-}33)$$

式中，T 为插补周期；F 为刀具速度指令；r 为圆弧半径。

由式（4-33）可以看出，圆弧插补时，插补周期 T 与最大半径误差 e_r、半径 r 和速度 F 有关。在给定圆弧半径和弦线误差极限的情况下，插补周期应尽可能地小，以便获得尽可能大的加工速度。

图 4-17

用内接弦线逼近圆弧

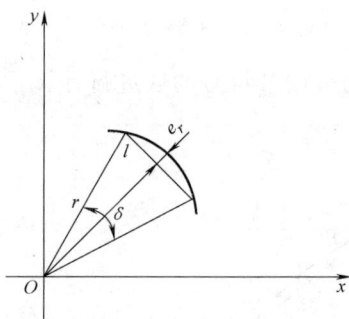

2. 直线插补

如图 4-18 所示，设第一象限直线，起点为坐标原点，终点为 $E(x_e, y_e)$，OE 与 x 轴夹角为 α，l 为一次插补的进给步长。由图 4-18 可以确定本次插补周期内 x 轴和 y 轴的插补进给量：

$$\begin{cases} \Delta x = l\cos\alpha \\ \Delta y = \dfrac{y_e}{x_e}\Delta x \end{cases} \tag{4-34}$$

图 4-18

时间分割法直线插补

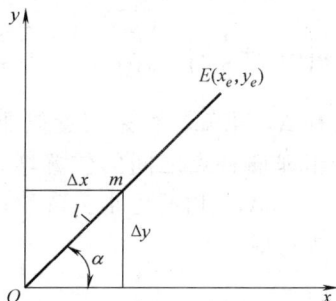

3. 圆弧插补

数据采样法圆弧插补的基本思路是，在满足加工精度的前提下，用弦线或割线代替弧线来实现进给，即用直线逼近圆弧。下面以内接弦线法为例进行说明。

（1）基本原理　内接弦线法利用圆弧上相邻两个采样点之间的弦线来逼近相应圆弧。这里将坐标轴分为长轴和短轴，并定义位置增量值大的轴为长轴，而位置增量值小的轴为短轴。在圆弧插补过程中，坐标轴的进给速度与坐标绝对值成反比，即动点坐标值越大，则增量值越小。因此，长轴也可以定义为坐标绝对值较小的轴。对于图 4-19 所示的情况，由于 $|y_{i-1}| > |x_{i-1}|$，故取 x 轴为长轴。

如图 4-19 所示，设 $A(x_{i-1}, y_{i-1})$、$B(x_i, y_i)$ 是圆弧上两个相邻的插补点，弦 AB 是圆弧 AB 对应的弦，长为 ΔL。若进给速度为 F，插补周期为 T，则有 $\Delta L = FT$。且当刀具由 A 点进给到 B 点时，对应 x 轴的坐标增量为 Δx_i，对应 y 轴的坐标增量为 Δy_i。由于 A、B 两点均为圆弧上的

点，故它们均应满足圆的方程，即

$$x_i^2 + y_i^2 = (x_{i-1} + \Delta x_i)^2 + (y_{i-1} + \Delta y_i)^2 = R^2 \tag{4-35}$$

式中，Δx_i 和 Δy_i 均采用带符号的数进行计算，且 $\Delta x_i > 0$，$\Delta y_i < 0$。

图 4-19

数据采样法圆弧插补

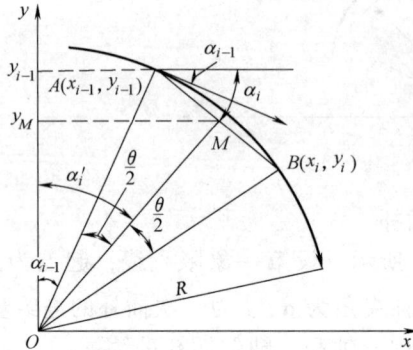

先求 Δx_i，根据图 4-19 中的几何关系 $\alpha_i = \alpha_i'$ 可得

$$\Delta x_i = \Delta L \cos\alpha_i = \Delta L \cos\left(\alpha_{i-1} + \frac{1}{2}\theta\right) \tag{4-36}$$

图中 M 点为弦 AB 的中点，θ 为 AB 对应的圆心角（步距角），故有

$$\cos\left(\alpha_{i-1} + \frac{1}{2}\theta\right) = \frac{\overline{y_M O}}{\overline{OM}} \approx \frac{y_{i-1} - |\Delta y_i|/2}{R} \tag{4-37}$$

式（4-37）中只有 Δy_i 未知，可采用近似计算方法求得 Δy_i。由于圆弧插补过程中，两个相邻插补点之间的位置增量值相差很小，对于短轴（y 轴）而言，$|\Delta y_{i-1}|$ 与 $|\Delta y_i|$ 相差更小，可使用 $|\Delta y_{i-1}|$ 近似代替 $|\Delta y_i|$。因此可将式（4-37）改写成

$$\cos\left(\alpha_{i-1} + \frac{1}{2}\theta\right) \approx \frac{1}{R}\left(|y_{i-1}| - \frac{1}{2}|\Delta y_{i-1}|\right) \tag{4-38}$$

由于 $y_i > 0$，$\Delta y_i < 0$，可得

$$\Delta x_i = \frac{\Delta L}{R}\left(y_{i-1} + \frac{1}{2}\Delta y_{i-1}\right) \tag{4-39}$$

又根据式（4-35）可求得

$$\Delta y_i = -y_{i-1} \pm \sqrt{R^2 - (x_{i-1} + \Delta x_i)^2} \tag{4-40}$$

通常 θ 很小，由图 4-19 所示的几何关系可知，Δx_i 和 Δy_i 的初值可近似取为

$$\begin{cases} \Delta x_0 = \Delta L \cos\left(\alpha_0 + \dfrac{1}{2}\theta\right) \approx \Delta L \cos\alpha_0 = \Delta L \dfrac{y_s}{R} \\ \Delta y_0 = \Delta L \sin\left(\alpha_0 + \dfrac{1}{2}\theta\right) \approx \Delta L \sin\alpha_0 = \Delta L \dfrac{x_s}{R} \end{cases} \tag{4-41}$$

式中，(x_s, y_s) 为圆弧起点的坐标。

由上述推导过程可以看出，这种近似处理过程只对角度 $\alpha_i' = \alpha_{i-1} + \dfrac{\theta}{2}$ 有微小的影响。由于式（4-35）的约束保证了任何插补点均处于圆弧上，因此，主要误差是由弦代替弧进给而引起的。

当 $|x_{i-1}| > |y_{i-1}|$ 时，应取 y 轴作为长轴，这时应先求 $|\Delta y_i| = \Delta L \sin \alpha_i'$，同理可推得

$$\begin{cases} \Delta y_i = \dfrac{\Delta L}{R}\left(x_{i-1} + \dfrac{1}{2}\Delta x_{i-1}\right) \\ \Delta x_i = -x_{i-1} \pm \sqrt{R^2 - (y_{i-1} + \Delta y_i)^2} \end{cases} \quad (4\text{-}42)$$

（2）算法实现　基于上述分析，可将数据采样法插补公式汇总如下：

当 $|x_{i-1}| < |y_{i-1}|$ 时：

$$\begin{cases} \Delta x_i = \dfrac{\Delta L}{R}\left(y_{i-1} + \dfrac{1}{2}\Delta y_{i-1}\right) \\ \Delta y_i = -y_{i-1} \pm \sqrt{R^2 - (x_{i-1} + \Delta x_i)^2} \end{cases} \quad (4\text{-}43)$$

当 $|x_{i-1}| \geqslant |y_{i-1}|$ 时：

$$\begin{cases} \Delta y_i = \dfrac{\Delta L}{R}\left(x_{i-1} + \dfrac{1}{2}\Delta x_{i-1}\right) \\ \Delta x_i = -x_{i-1} \pm \sqrt{R^2 - (y_{i-1} + \Delta y_i)^2} \end{cases} \quad (4\text{-}44)$$

动点坐标为

$$\begin{cases} x_i = x_{i-1} + \Delta x_i \\ y_i = y_{i-1} + \Delta y_i \end{cases} \quad (4\text{-}45)$$

式（4-43）和式（4-44）中"$\pm$"号的选取与圆弧所在的象限和区域有关。根据长轴和短轴的定义条件，可用两条直线 $y = x$ 和 $y = -x$ 将 xy 平面的 4 个象限划分成如图 4-20 所示的 4 个区域：Ⅰ区、Ⅱ区、Ⅲ区、Ⅳ区。显然式（4-43）适用于Ⅰ区和Ⅲ区，式（4-44）适用于Ⅱ区和Ⅳ区。

图 4-20

xy 平面区域划分

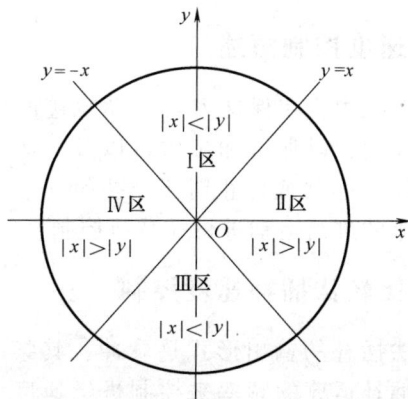

对于Ⅰ区而言，由于 $y \geqslant 0$，故 $y_{i-1} + \Delta y_i \geqslant 0$，即

$$\Delta y_i + y_{i-1} = \sqrt{R^2 - (x_{i-1} + \Delta x_i)^2} \geqslant 0$$

所以
$$\Delta y_i = -y_{i-1} + \sqrt{R^2 - (x_{i-1} + \Delta x_i)^2} \tag{4-46}$$

对于Ⅲ区而言，由于 $y \leq 0$，故 $y_{i-1} + \Delta y_i \leq 0$，即
$$\Delta y_i + y_{i-1} = -\sqrt{R^2 - (x_{i-1} + \Delta x_i)^2} \leq 0$$

所以
$$\Delta y_i = -y_{i-1} - \sqrt{R^2 - (x_{i-1} + \Delta x_i)^2} \tag{4-47}$$

同理，对于Ⅱ区而言，根据 $x \geq 0$，可推得
$$\Delta x_i = -x_{i-1} + \sqrt{R^2 - (y_{i-1} + \Delta y_i)^2} \tag{4-48}$$

对于Ⅳ区而言，根据 $x \leq 0$，可推得
$$\Delta x_i = -x_{i-1} - \sqrt{R^2 - (y_{i-1} + \Delta y_i)^2} \tag{4-49}$$

通过比较式（4-46）~式（4-49）可以看出，只需要采用Ⅰ区和Ⅱ区的插补公式就足够了，而Ⅲ区和Ⅳ区的情况则可通过符号标志 S_1 的转换来实现。另外，由于以上推导过程均是在顺圆情况下进行的，若进一步考虑逆圆插补情况，则还需引入另一个符号标志 S_2 来实现转换。由于在插补算法中全部采用带符号的代数值进行运算，因此上述算法不仅适用于顺、逆圆的插补，而且能实现自动过象限功能。

任何轮廓曲线的插补过程均要进行终点判别，以便顺利转入下一个零件轮廓的插补与加工。对于数据采样法插补而言，由于插补点坐标和位置坐标增量均采用带符号的代数值形式进行运算，因此利用当前插补点 (x_i, y_i) 与该零件轮廓段终点 (x_e, y_e) 之间的距离 S_i 来进行终点判别最简单明了，判断到达终点的条件为
$$S_i = (x_i - x_e)^2 + (y_i - y_e)^2 \leq \left(\frac{FT}{2}\right)^2 \tag{4-50}$$

当动点一旦到达轮廓曲线的终点，就设置相应的标志，并取出下一段轮廓曲线进行处理。另外，如果在本段程序中还要减速，则需要检查当前插补点是否已经到达减速区域，如果到达，则进行减速处理。

4.3　进给速度控制

4.3.1　进给速度控制概述

轮廓控制系统中，在保证刀具运动轨迹的同时需要对刀具的运动速度进行严格的控制，以保证加工质量以及机床和刀具的寿命。在高速运动时，为了保证在起动或停止时不产生冲击、失步、超程或振荡，数控系统需要对机床的进给运动进行加减速控制。

4.3.2　逐点比较法插补速度控制

逐点比较法插补的输出形式是脉冲，其频率与进给速度成正比，因此可通过控制插补运算的频率来控制进给速度。常用的方法有软件延时法和中断控制法。

（1）软件延时法　根据编程进给速度可以求出要求的进给脉冲频率 f，从而得到两次插补运算之间的时间间隔 t，它必须大于 CPU 执行插补

程序的时间 $t_程$，t 与 $t_程$ 之差即为应调节的时间 $t_延$，可以编写一个延时子程序来改变进给速度。

例 4-5　设某数控装置的脉冲当量 $\delta = 0.01\text{mm}$，插补程序运行时间 $t_程 = 0.2\text{ms}$，若编程进给速度 $F = 200\text{mm/min}$，求调节时间 $t_延$。

解：由 $F = 60\delta f$ 得

$$f = \frac{F}{60\delta} = \frac{200}{60 \times 0.01}\text{Hz} = \frac{1000}{3}\text{Hz}$$

则插补时间间隔为

$$t = \frac{1}{f} = 0.003\text{s} = 3\text{ms}$$

调节时间为 $t_延 = t - t_程 = (3 - 0.2)\text{ms} = 2.8\text{ms}$

（2）中断控制法　由进给速度计算出两次插补运算之间的时间间隔 t，确定定时器/计数器（CTC）的定时时间常数，以控制 CPU 中断。定时器每申请一次中断，CPU 执行一次中断服务程序，在中断服务程序中完成一次插补运算并发出进给脉冲。如此连续进行，直至插补完毕。时间常数的大小决定了插补运算的频率，也决定了进给脉冲的输出频率。采用中断控制法时，CPU 可以在两个进给脉冲时间间隔内做其他工作，如输入、译码、显示等。因此，中断控制法在数控系统中应用广泛。

4.3.3　数据采样法插补速度控制

1. 速度控制

数据采样法插补根据编程进给速度计算出一个插补周期内合成速度方向上的进给量。

$$f_s = \frac{FTK}{60 \times 1000} \tag{4-51}$$

式中，f_s 为系统在稳定进给状态下的插补进给量，称为稳定速度（mm/min）；F 为编程进给速度（mm/min）；T 为插补周期（ms）；K 为速度系数，包括快速倍率、切削进给倍率等，可由数控装置面板手动设置。

2. 加减速控制

在数控装置中，加减速控制多数是采用软件来实现的，其中放在插补前的加减速控制称为前加减速控制，放在插补后的加减速控制称为后加减速控制。

（1）前加减速控制　前加减速控制仅对编程速度 F 指令进行控制，其优点是不影响实际插补输出的位置精度，缺点是需要预测减速点，而减速点要根据实际刀具位置与程序段终点之间的距离来确定，预测工作需要完成的计算量较大。

1）稳定速度和瞬时速度。如果计算出的稳定速度超过系统允许的最大速度（由参数设定），则取最大速度为稳定速度。

所谓瞬时速度，指系统在每个插补周期内的进给量。当系统处于稳定进给状态时，瞬时速度 f_i 等于稳定速度 f_s；当系统处于加速（或减速）状态时，$f_i < f_s$（或 $f_i > f_s$）。

2）线性加减速处理。当机床起动、停止或在切削加工过程中改变进给速度时，数控系统自动进行线性加、减速处理。加、减速速率分为快速进给和切削进给两种，它们必须作为机床的参数预先设置好。设进给速度为 $F(\mathrm{mm/min})$，从静止加速到 F 所需的时间为 $t(\mathrm{ms})$，则加速度 a（$\mathrm{mm/ms^2}$）为

$$a=\frac{1}{60\times1000}\times\frac{F}{t}=1.67\times10^{-5}\frac{F}{t}\qquad(4\text{-}52)$$

① 加速处理。系统每插补一次，都应进行稳定速度、瞬时速度的计算和加/减速处理。当计算出的稳定速度 f_s' 大于原来的稳定速度 f_s 时，需进行加速处理。每加速一次后，新的瞬时速度为

$$f_{i+1}=f_i+aT\qquad(4\text{-}53)$$

式中，T 为插补周期。

新的瞬时速度 f_{i+1} 作为插补进给量参与插补运算，对各坐标轴进行分配，使坐标轴运动直至新的稳定速度为止。

② 减速处理。系统每进行一次插补计算，都要进行终点判别，计算出刀具距终点的瞬时距离 s_i，并判别是否已到达减速区域 s。若 $s_i\leqslant s$，表示已到达减速点，则要开始减速。在稳定速度 f_s 和设定的加速度 a 确定后，减速区域为

$$s=\frac{f_s^2}{2a}+\Delta s\qquad(4\text{-}54)$$

式中，Δs 为提前量，可作为参数预先设置好。若不需要提前一段距离开始减速，则可取 $\Delta s=0$。每减速一次后，新的瞬时速度为

$$f_{i+1}=f_i-aT\qquad(4\text{-}55)$$

新的瞬时速度 f_{i+1} 作为插补进给量参与插补运算，控制各坐标轴移动，直至减速到新的稳定速度或减速到 0。

3）终点判别处理。每进行一次插补计算，系统都要计算 s_i，然后进行终点判别。终点判别计算分为直线插补和圆弧插补两个方面。

① 直线插补。如图 4-21 所示，设刀具沿直线 OE 运动，E 为直线程序段终点，N 为某一瞬时点。在插补计算时，已计算出 x 轴和 y 轴插补进给量 Δx 和 Δy，因此 N 点的瞬时坐标可由上一插补点的坐标 x_{i-1} 和 y_{i-1} 求得

$$\begin{cases}x_i=x_{i-1}+\Delta x\\y_i=y_{i-1}+\Delta y\end{cases}\qquad(4\text{-}56)$$

瞬时点 N 离终点 E 的距离 s_i 为

$$s_i=NE=\sqrt{(x_e-x_i)^2+(y_e-y_i)^2}\qquad(4\text{-}57)$$

② 圆弧插补。如图 4-22 所示，设刀具沿圆弧 AE 做顺时针运动，N 为某一瞬间插补点，其坐标值 x_i 和 y_i 已在插补计算中求出。N 点与终点 E 的距离 s_i 为

$$s_i=\sqrt{(x_e-x_i)^2+(y_e-y_i)^2}\qquad(4\text{-}58)$$

图 4-21

直线插补终点判别

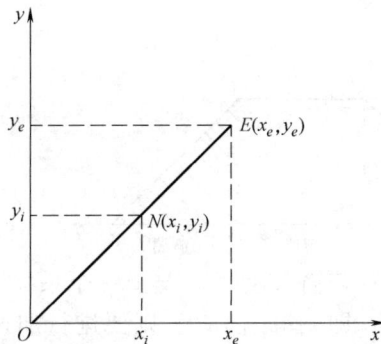

图 4-22

圆弧插补终点判别

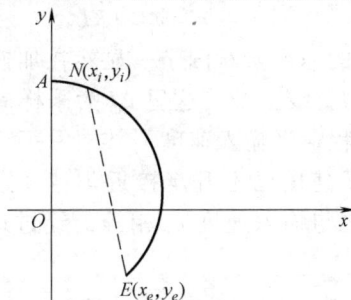

（2）后加减速控制　后加减速控制不需要专门预测减速点，而是对各运动轴分别进行加减速控制，加减速控制时导致各坐标轴的实际合成位置可能不精确。后加减速控制主要有指数加减速控制和直线加减速控制。

1）指数加减速控制。在切削进给或手动进给时，跟踪响应要求较高，一般采用指数加减速控制，将速度突变处理成速度随时间指数规律上升或下降。

如图 4-23 所示，指数加减速控制时，速度与时间的关系为

加速时：
$$v(t) = v_c \left(1 - e^{-\frac{t}{T}}\right) \tag{4-59}$$

匀速时：
$$v(t) = v_c \tag{4-60}$$

减速时：
$$v(t) = v_c e^{-\frac{t}{T}} \tag{4-61}$$

式中，T 为时间常数；v_c 为稳定速度。

2）直线加减速控制算法。快速进给时速度变化范围大，要求平稳性好，一般采用直线加减速控制。速度突然升高时，沿一定斜率的直线上升；速度突然降低时，沿一定斜率的直线下降，如图 4-24 中的速度变化曲线 $OABC$。直线加减速控制分为以下五个过程：

图 4-23

指数加减速

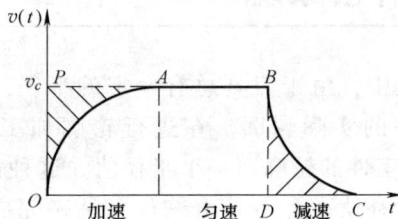

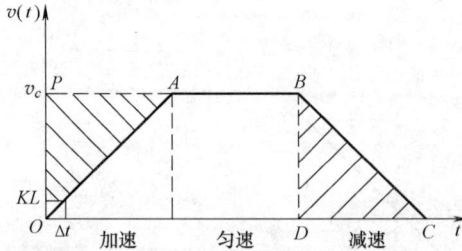

图 4-24

直线加减速

① 加速过程。若输入速度 v_c 与上一个采样周期的输出速度 v_{i-1} 之差大于一个常值 KL，即 $v_c-v_{i-1}>KL$，则要进行加速控制，使本次采样周期的输出速度 v_i 增加一个 KL 值，即

$$v_i = v_{i-1}+KL \tag{4-62}$$

式中，KL 为加减速的速度阶跃因子。显然在加速过程中，输出速度 v_i 沿斜率为 $K'=KL/\Delta t$ 的直线上升。这里 Δt 为采样周期。

② 加速过渡过程。当输入速度 v_c 与上一个采样周期的输出速度 v_{i-1} 之差满足下式时说明速度已上升至接近匀速。这时可改变本次采样周期的输出速度 v_i，使之与输入速度 v_c 相等，经过这个过程后，系统进入稳定速度状态。

$$0<v_c-v_{i-1}<KL$$

③ 匀速过程。在这个过程中，输出速度保持不变。

④ 减速过程。若输入速度 v_c 小于上一个采样周期的输出速度 v_{i-1}，且差值大于 KL 值时，则要进行减速控制，使本次采样周期的输出速度 v_i 减小一个 KL 值，即

$$v_i = v_{i-1}-KL \tag{4-63}$$

显然在减速过程中，输出速度沿斜率为 $K'=-\dfrac{KL}{\Delta t}$ 的直线下降。

⑤ 减速过渡过程。当输入速度 v_c 与上一个采样周期的输出速度 v_{i-1} 之差满足下式时说明已下降至接近匀速。这时可改变本次采样周期的输出速度 v_i，使之减小到与输入速度 v_c 相等。

$$0<v_{i-1}-v_c<KL$$

后加减速控制的关键是加速过程和减速过程的对称性，即在加速过程中输入加减速控制器的总进给量必须等于该加减速控制器减速过程中实际输出的总进给量，以保证系统不产生失步和超程。因此，对于指数加减速和直线加减速，必须使图 4-23 和图 4-24 中区域 OPA 的面积等于区域 DBC 的面积。

4.4 刀具补偿原理

在轮廓加工中，由于刀具总有一定的半径，刀具中心的运动轨迹并不是待加工工件的实际轮廓。在进行轮廓加工时，刀具中心需要偏移（外偏或内偏）工件的轮廓面一个半径值。这种偏移称为刀具半径补偿。

刀具半径的补偿通常不是由编程人员来完成的，编程人员只是按工

件的加工轮廓编制程序。实际的刀具半径补偿是在 CNC 系统内部自动完成的。CNC 系统根据工件轮廓尺寸和刀补指令（G41、G42、G40），以及实际加工中所用的刀具半径值自动地完成刀具半径补偿计算。

4.4.1　B 功能刀具半径补偿计算

B 功能刀具半径补偿计算主要是根据零件尺寸和刀具半径计算出刀具中心的运动轨迹。对直线而言，刀具半径补偿后的刀具中心运动轨迹是一与原直线相平行的直线，因此直线轨迹的刀具半径补偿计算只需计算出刀具中心轨迹的起点和终点坐标。对于圆弧而言，刀具半径补偿后的刀具中心运动轨迹是一与原圆弧同心的圆弧，因此圆弧的刀具半径补偿计算只需计算出刀补后圆弧起点和终点的坐标值以及刀补后的圆弧半径值。有了这些数据，轨迹控制（直线或圆弧插补）就能够实现。

1. 直线刀具半径补偿计算

如图 4-25 所示，被加工直线 OE 的起点在坐标原点，终点 E 的坐标为 (x_e, y_e)。设刀具半径为 r，刀具偏移后 E 点移动到了 E' 点，E' 点的坐标可以用下式计算：

$$\begin{cases} x_e' = x_e + r_x = x_e + r\sin\alpha = x_e + \dfrac{ry_e}{\sqrt{x_e^2 + y_e^2}} \\[4mm] y_e' = y_e + r_y = y_e - r\cos\alpha = y_e - \dfrac{rx_e}{\sqrt{x_e^2 + y_e^2}} \end{cases} \tag{4-64}$$

起点 O' 的坐标为上一个程序段的终点，求法同 E'。直线刀具偏移分量 r_x 和 r_y 的正、负号的确定受直线终点 (x_e, y_e) 所在象限以及刀具半径沿切削方向偏向工件的左侧（G41）还是右侧（G42）影响。

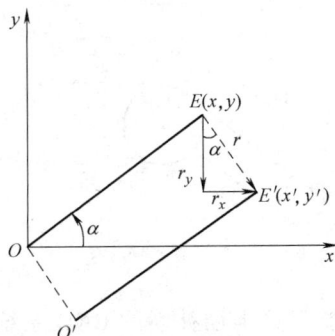

2. 圆弧刀具半径补偿计算

如图 4-26 所示，被加工圆弧 AE 的半径为 R，圆心在坐标原点，圆弧起点 A 的坐标为 (x_a, y_a)，圆弧终点 E 的坐标为 (x_e, y_e)。刀具偏移后 E 点移动到了 E' 点，E' 点的坐标可以用下式计算：

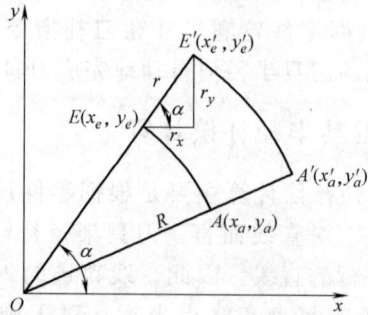

图 4-26

B 功能圆弧刀具补偿

$$
\begin{cases}
x'_e = x_e + r_x = x_e + r\cos\alpha = x_e + r\dfrac{x_e}{R} \\[3mm]
y'_e = y_e + r_y = y_e + r\sin\alpha = y_e + r\dfrac{y_e}{R}
\end{cases}
\tag{4-65}
$$

圆弧刀具偏移分量的正、负号的确定与圆弧的走向（G02 或 G03）、刀补指令（G41 或 G42）以及圆弧所在象限有关。

4.4.2　C 功能刀具半径补偿计算

B 功能刀具半径补偿只能计算出直线或圆弧终点的刀具中心值，而对于两个程序段之间在刀补后可能出现的一些特殊情况没有给予考虑。实际上，当编程人员按零件的轮廓编制程序时，各程序段之间是连续过渡的，没有间断点，也没有重合段。但是，当进行了刀具半径补偿（B功能刀具半径补偿）后，在两个程序段之间的刀具中心轨迹就可能会出现间断点和交叉点。如图 4-27 所示，粗线为编程轮廓，当加工外轮廓时，会出现间断 $A' \sim B'$；当加工内轮廓时，会出现交叉点 C''。

图 4-27

B 功能刀具补偿的
交叉点和间断点

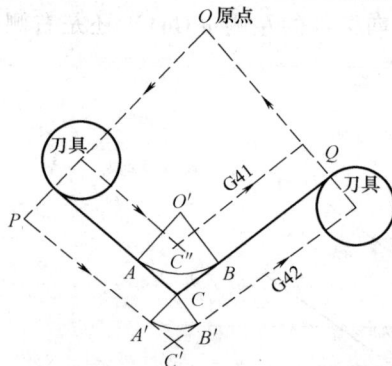

对于只有 B 功能刀具半径补偿的 CNC 系统，编程人员必须事先估计出在进行刀具半径补偿后可能出现的间断点和交叉点的情况，并进行人为的处理。当遇到间断点时，可以在两个间断点之间增加一个半径为刀具半径的过渡圆弧段 $A'B'$。当遇到交叉点时，应事先在两程序段之间增加一个过渡圆弧段 AB，圆弧的半径必须大于所使用刀具的半径。显然，这种仅有 B 功能刀具半径补偿的 CNC 系统对于编程人员的使用是很不方便的。

1．C功能刀具半径补偿的基本设计思想

B功能刀具半径补偿在确定刀具中心轨迹时，都采用了读一段，算一段，再走一段的控制方法。这样，就无法预测刀具半径造成的下一段加工轨迹对本段加工轨迹的影响。于是，对于给定的加工轮廓轨迹来说，当加工内轮廓时，为了避免刀具干涉，合理地选择刀具的半径以及在相邻加工轨迹转接处选用恰当的过渡圆弧等问题，就不得不靠程序员自己来处理。

为了解决下一段加工轨迹对本段加工轨迹的影响，需要在计算完本段加工轨迹后，提前将下一段程序读入，然后根据它们之间转接的具体情况，对本段加工轨迹做适当修正，得到本段实际加工轨迹。

图4-28a所示为普通NC系统工作方法流程图，程序轨迹作为输入数据送到工作寄存区AS后，由运算器进行刀具补偿运算，运算结果输送给输出寄存区OS，直接作为伺服系统的控制信号。图4-28b所示为改进后的NC系统工作方法流程图。与图4-28a相比，其增加了一组数据输入的缓冲寄存区BS，节省了数据读入时间。一般情况是AS中存放着正在加工的程序段信息，而BS中已经存放了下一段所要加工的信息。图4-28c所示为在CNC系统中采用C功能刀具半径补偿方法的流程图。与之前方法不同的是，CNC装置内部又设置了一个刀具补偿缓冲区CS。

图 4-28

几种数控系统的工作
流程

a）一般方法
b）改进后的方法
c）采取C功能刀具
半径补偿的方法

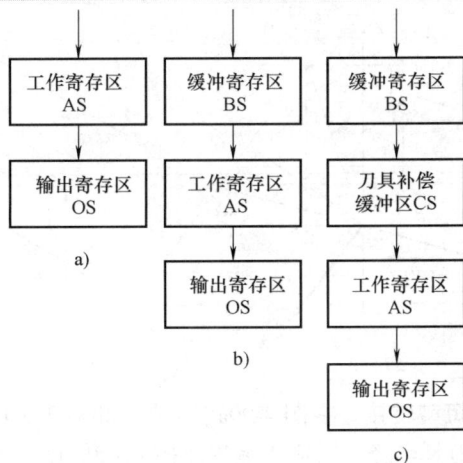

这样，在系统起动后，第一段程序先被读入BS，在BS中算得的第一段编程轨迹被送到CS暂存后，又将第二段程序读入BS，算出第二段的编程轨迹。接着，对第一、第二两段编程轨迹的连接方式进行判别，根据判别结果，再对CS中的第一段编程轨迹做相应的修正。修正结束后，顺序地将修正后的第一段编程轨迹由CS送到AS，第二段编程轨迹由BS送入CS。随后，由CPU将AS中的内容送到OS进行插补运算，运算结果送伺服驱动装置予以执行。当修正了的第一段编程轨迹开始被执行后，利用插补间隙，CPU又命令第三段程序读入BS，随后，又根据BS、CS中的第三、第二段编程轨迹的连接方式，对CS中的第二段编程轨迹进行修正。依此进行，可见在刀补工作状态，CNC装置内部总是同时存有三个程序段的信息。

2. 编程轨迹转接类型

在普通的 CNC 装置中，所能控制的轮廓轨迹通常只有直线和圆弧。所有编程轨迹一般有以下四种轨迹转接方式：直线与直线转接、直线与圆弧转接、圆弧与直线转接、圆弧与圆弧转接。

根据两个程序段轨迹的矢量夹角 α，可将过渡类型划分为伸长型、缩短型和插入型。

（1）直线与直线转接 图 4-29 是直线与直线相交进行左刀补的 3 种情况，右刀补的情况与左刀补类似。图中编程轨迹为 OA—AF。

图 4-29

G41 直线与直线转接情况

a)、b) 缩短型转接
c) 伸长型转接
d) 插入型转接

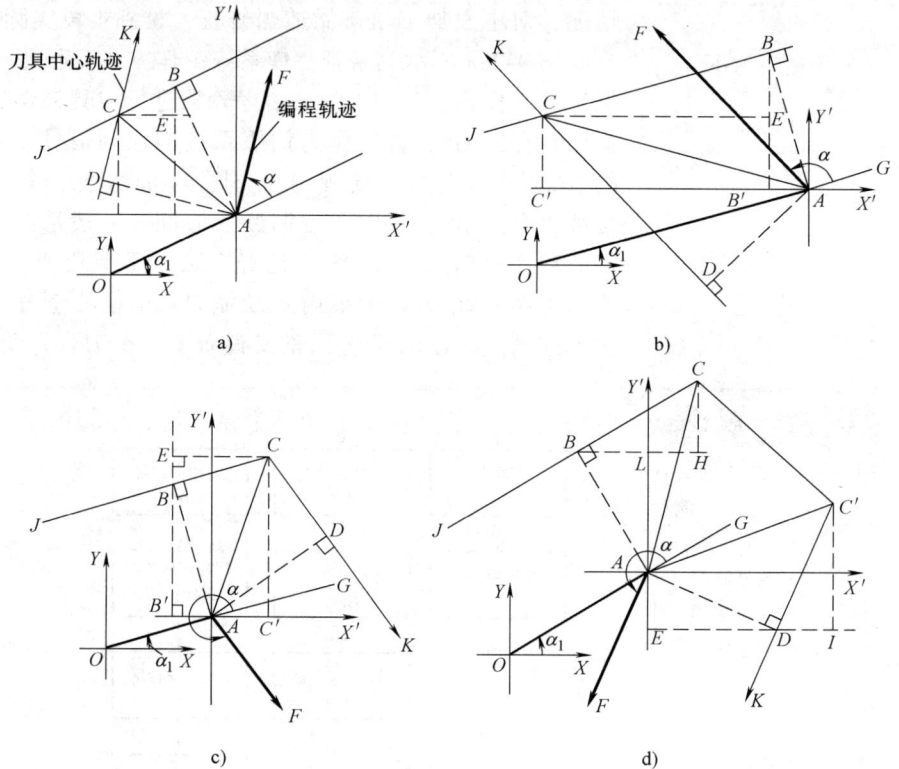

1）缩短型转接。在图 4-29a、b 中，相对于∠OAF 来说，∠JCK 是内角，AB、AD 为刀具半径。对应于编程轨迹 OA 和 AF，刀具中心轨迹 JB 和 DK 将在 C 点相交。这样，相对于 OA 和 AF 来说，缩短了 BC 和 DC 的长度。

2）伸长型转接 在图 4-29c 中，相对于∠OAF 来说，∠JCK 是外角，C 点处于 JB 和 DK 的延长线上。这样，相对于 OA 和 AF 来说，伸长了 BC 和 DC 的长度。

3）插入型转接。在图 4-29d 中仍需外角过渡，但∠OAF 是锐角，若仍采用伸长型转接，则将增加刀具的非切削空行程时间，甚至行程超过工作台加工范围。为此，可以在 JB 和 DK 之间增加一段过渡圆弧，且计算简单，但会使刀具在转角处停顿，工件加工工艺性变差。较好的做法是，插入直线。令 BC 等于 DC′且等于刀具半径长度 AB 和 AD，同时，在中间插入过渡直线 CC′。也就是说，刀具中心除了沿原来的编程轨迹伸长移动一个刀具半径长度外，还须增加一个沿直线 CC′的移动，等于在原来的程序段中间插入了一个程序段。

（2）圆弧与圆弧转接　与直线接直线一样，圆弧接圆弧时转接类型的区分也可以通过相接的两圆的起点和终点半径矢量的夹角 α 的大小来判别。不过，为了便于分析，往往将圆弧等效于直线处理。

图 4-30 是圆弧接圆弧时的左刀补情况。图中，编程轨迹为 PA 和 AQ。比较图 4-29 与图 4-30，它们的转接类型分类和判别是完全相同的，即左刀补顺圆接顺圆时，它的转接类型等效于左刀补直线接直线。

（3）直线与圆弧转接　图 4-30 也可看作是直线与圆弧的转接，它们的转接类型同样可等效于直线接直线。

图 4-30

G41 圆弧接圆弧的
转接情况

a）、b）缩短型转接
c）伸长型转接
d）插入型转接

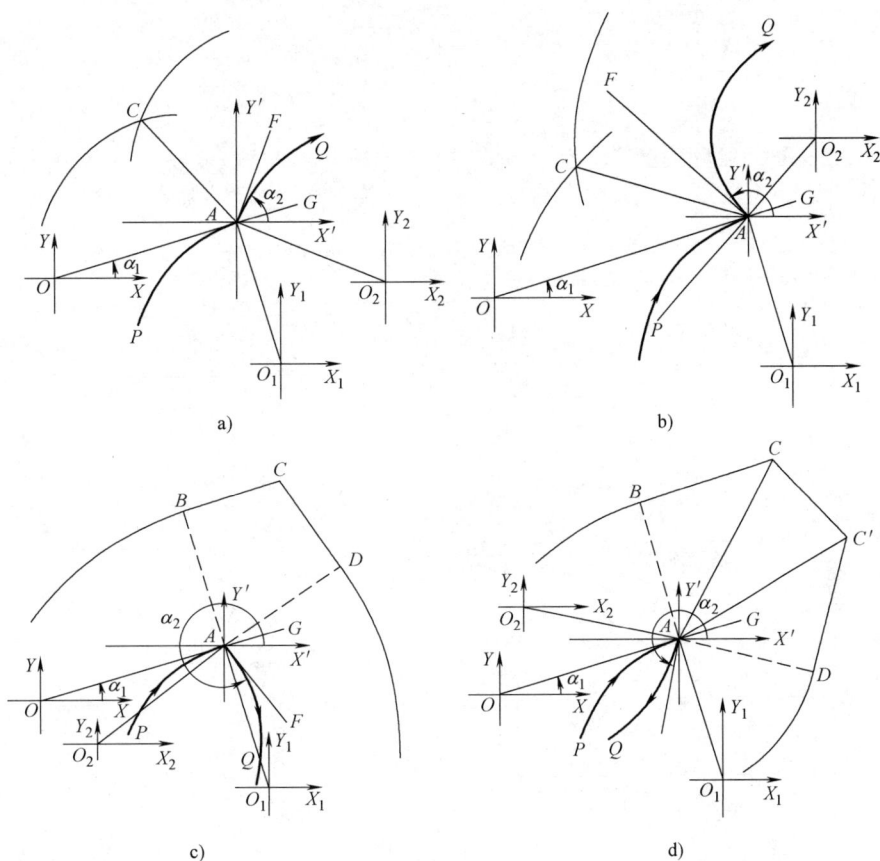

a)

b)

c)

d)

思考与练习题

4-1　什么是插补？常用的插补算法有哪两类？

4-2　试述逐点比较法的四个步骤。

4-3　试用逐点比较法插补直线 OE，起点为 O（0，0），终点为 E（10，12），写出插补运算过程并绘出运动轨迹。

4-4　用你熟悉的计算机语言编写第一象限直线插补软件。

4-5　试用逐点比较法插补圆弧 PQ，起点为 P（7，0），终点为 Q（0，7），写出插补运算过程并绘出运动轨迹。

4-6 试用数字积分法插补第一象限逆圆 AE，起点为 A (5, 0)，终点为 E (0, 5)，设寄存器位数为 4，写出插补运算过程并绘出加工轨迹。

4-7 试用数字积分法插补直线 OA，起点在坐标原点，终点 A 的坐标为 (4, 8)，写出插补运算过程并绘出加工轨迹。

4-8 数据采样插补是如何实现的？

4-9 什么是刀具半径补偿？其执行过程如何？

4-10 B 功能刀补与 C 功能刀补有何区别？

4-11 加减速控制有何作用？有哪些实现方法？

第5章

计算机数控装置

本章提要

○ 内容提要：

本章首先概述了数控装置的组成、工作原理和功能结构，然后分别介绍了数控装置的常见软硬件结构，对于理解数控装置的运行机理有很好的帮助。

通过本章的学习，具备正确表达 CNC 软硬件系统架构的能力。

○ 本章重点：

1）CNC 装置的硬件结构。

2）CNC 装置的软件结构。

◎ 5.1 概述

数控机床的数控系统由程序、输入/输出设备、计算机数控装置（CNC 装置）、可编程控制器（PLC）、主轴驱动装置和进给驱动装置等组成，又称为 CNC 系统，CNC 系统组成框图如图 5-1 所示。数控系统的核心是计算机数控装置（CNC 装置），由于它在整个系统中的重要性，本章将对其进行详细的讨论。通过对多处理硬件体系结构的研究，读者将学习到需要保证实时运行的 CNC 系统体系结构的基本设计方法。

5.1.1 CNC 装置的组成

CNC 装置由硬件和软件组成，软件在硬件的支持下运行，离开软件，硬件便无法工作，两者缺一不可。

图 5-1

CNC 系统组成框图

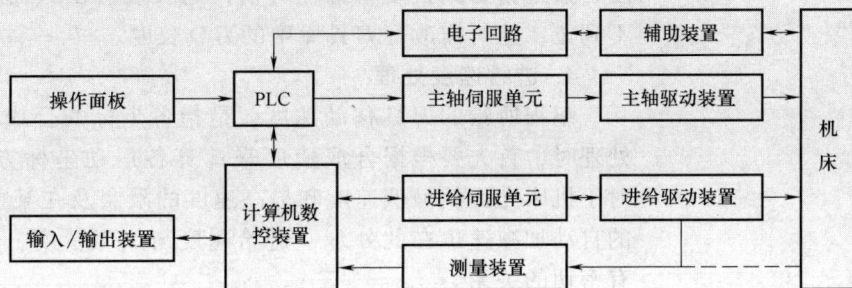

CNC 装置的硬件具有一般计算机的基本结构，另外一方面还有数控机床特有的功能模块和基本单元。

CNC 装置的软件由管理软件和控制软件组成。管理软件包括零件加工的输入/输出程序、显示程序、CNC 装置的自诊断程序等；控制软件包括译码程序、刀具补偿计算程序、速度控制程序、插补运算程序和位置控制程序等。

5.1.2 CNC 装置的工作原理

CNC 装置的工作过程是在硬件支持下执行软件的全过程。下面从输入、译码、刀具补偿、进给速度处理、插补、位置控制、I/O 处理、显示和诊断来说明 CNC 装置的工作原理。

1. 输入

输入 CNC 装置的有零件程序、控制参数和补偿数据。输入形式有键盘输入、磁盘输入、通信接口输入及连接上级计算机的 DNC（直接数控）接口输入。从 CNC 装置工作方式看，有存储工作方式输入和 NC 工作方式输入。

所谓存储工作方式输入，是将加工的零件程序一次全部输入到 CNC 装置内部存储器中，加工时再从存储器把一个个程序段调出。

所谓 NC 工作方式输入，是指 CNC 装置一边输入一边加工，即在前一个程序段正在加工时，输入后一个程序段内容。通常在输入过程中 CNC 装置还要完成无效码删除、代码校验和代码转换等工作。

2. 译码

不论系统工作在 NC 方式还是存储器方式，译码处理都是将零件程序以一个程序段为单位进行处理，把其中的各种零件轮廓信息（如起点、终点、直线或圆弧等）、加工速度信息（F 代码）和其他辅助信息（M、S、T 代码等）按照一定的语法规则解释成计算机能够识别的数据形式，并以一定的数据格式放在指定的内存专用区间。在译码过程中，还要完成对程序段的语法检查，若发现语法错误，便立即报警。

3. 刀具补偿

刀具补偿包括刀具长度补偿和刀具半径补偿。CNC 装置的零件程序是以零件轮廓轨迹来编程的，刀具补偿的作用是把零件轮廓轨迹的数据转换成刀具中心轨迹的数据。刀具半径补偿的工作还包括程序段间的转接（即尖角过渡）和过切削判别，这称为 C 功能刀具半径补偿。刀具长度补偿是指刀具长度与编程时估计的长度有出入时或刀具磨损导致加工不到位，这时需改变刀具库中的刀具长度。

4. 进给速度处理

编程所给的刀具移动速度，是指各坐标的合成方向上的速度。速度处理时，首先要根据合成速度来计算各运动坐标方向的分速度。另外，对于机床允许的最低速度和最高速度的限制及在某些 CNC 装置中，软件的自动加减速也在此处理。进给速度与加工精度、表面粗糙度和生产率有密切的关系。

5. 插补

插补（Interpolation）信息完成"数据密化"的工作，即数控装置依据编程时的有限数据，按照一定方法产生基本线型（直线、圆弧等），并以此为基础完成所需轮廓轨迹的拟合工作。插补计算就是数控系统根据输入的基本数据，如直线起点、终点坐标值，圆弧起点、圆心、终点坐标值，进给速度等，通过计算将工件轮廓的形状描述出来，边计算边根据计算结果向各坐标发出进给指令。

插补是数控系统的主要功能，它直接影响数控机床加工的质量和效率。无论是普通数控（NC）系统，还是计算机数控（CNC）系统，都必须有完成插补功能的模块。能完成插补功能的模块或装置称为插补器。

6. 位置控制

位置控制的主要任务是在每个采样周期内，将插补计算出的理论位置与工作台实际位置相比较，用其宏值去控制进给电动机。这是因为CNC 系统是个闭环系统，闭环系统是靠差值来驱动的。在位置控制中，通常还要完成位置回路的增益调整、各坐标方向的螺距误差补偿和反向间隙补偿，通过软件来弥补硬件的误差，以提高机床的定位精度。

7. 输入/输出（I/O）处理

输入/输出处理主要是处理 CNC 装置和机床之间来往信号的输入/输出控制。

8. 显示

数控系统显示主要是为操作者提供方便，通常应有零件程序的显示、参数显示、刀具位置显示、机床状态显示和报警显示等。高档 CNC 装置中还有刀具加工轨迹静态和动态图形显示，以及在线编程时的图形显示等。

9. 诊断

现代 CNC 装置都具有联机和脱机诊断的能力。所谓联机诊断，是指CNC 装置中的自诊断程序，这种自诊断程序融合在各个部分，随时检查不正常的事件。所谓脱机诊断，是指系统运转条件下的诊断。脱机诊断还可以采用远程通信方式进行，即所谓的远程诊断，把用户 CNC 装置通过网络与远程通信诊断中心的计算机连接，由诊断中心计算机对 CNC 装置进行诊断、故障定位和修复。

5.1.3　CNC 装置的功能

CNC 装置的硬件采用模块化结构，许多复杂的功能靠软件实现。CNC 装置的功能通常包括基本功能和选择功能。不管用于什么场合的CNC 装置，基本功能都是必备的数控功能；而选择功能是供用户根据机床特点和用途进行选择的功能。不同的 CNC 装置生产厂家生产的 CNC 装置的功能是有些差异的，但主要功能是相同的。CNC 装置的主要功能如下：

1. 控制功能

控制功能是指 CNC 装置能够控制的并且能够同时控制联动的轴数，它是 CNC 装置的重要性能指标，也是档次之分的重要依据。控制轴有移动轴、回转轴、基本轴和附加轴。数控车床一般只需 X、Z 两轴联动控制，数控铣床、数控钻床和加工中心等需三轴控制以及三轴联动控制。联动轴数越多，说明 CNC 装置的功能越强，加工的零件越复杂。

2. 准备功能

准备功能又称 G 功能，用来指明机床在下一步如何动作。它包括基本移动、程序暂停、平面选择、坐标设定、刀具补偿、镜像、固定循环加工、米寸制转换、子程序等指令。在 ISO 标准中规定，用指令 G 和后续的两位数字组成表示指令的功能。SIEMENS 公司出品的 CNC 装置（如840D、802D）也用 G 带三位数字表示某一功能。

3. 插补功能

插补功能用于对零件轮廓加工的控制，一般的 CNC 装置有直线插补功能、圆弧插补功能，特殊的还有二次曲线和样条曲线等的插补功能。实现插补运算的方法有逐点比较法、数字积分法和时间分割法等。

4. 固定循环加工功能

用数控机床加工工件时，一些典型的加工工序（如钻孔、铰孔、攻螺纹、深孔钻削、车螺纹等）所需完成的动作循环十分典型，用基本指令编写则较麻烦，使用固定循环加工功能可以使编程工作简化。固定循环加工指令是将典型动作事先编好程序并储存在内存中，用 C 代码进行指定。固定循环加工指令有钻孔、铰孔、攻螺纹循环，车削、铣削循环，复合加工循环，车螺纹循环等。

5. 进给功能

用 F 指令给出各进给轴的进给速度。在数控加工中常用到以下几种与进给速度有关的术语：

（1）切削进给速度（mm/min）　指定刀具切削时的移动速度，如 F100 表示切削速度为 100mm/min。

（2）同步进给速度（mm/r）　即主轴每转一圈时进给轴的进给量。只有主轴装有位置编码器的机床才能指令同步进给速度。用 G00 指令快速，通过参数设定。

（3）机床的最高移动速度　可通过操作面板上的快速开关改变。

（4）进给倍率　操作面板上设置了进给倍率开关，使用进给倍率开关不用修改零件程序就可改变进给速度。倍率可在 0~200% 之间变化。

6. 主轴功能

主轴功能包括以下几个方面：

（1）指定主轴转速　用 S 加四位数字表示，单位为 r/min，如 S1500 表示主轴转速指定为 1500r/min。

（2）设定恒定线速度　该功能主要用于车削和磨削加工中，以使工件端面质量得到提高。

（3）主轴准停　该功能使主轴在径向的某一位置准确的停止。加工中心换刀必须有主轴准停功能，主轴准停后实施卸刀和装刀动作。

7. 辅助功能

辅助功能主要用于指定主轴的正转、反转、停止、切削液泵的打开和关闭、换刀等动作，用 M 字母后跟两位数字表示。对于没有特指的辅助功能可作为其他用途。

8. 刀具功能

刀具功能用来选择刀具并且指定有效刀具的几何参数的地址。

9. 补偿功能

补偿包括刀具补偿（刀具半径补偿、刀具长度补偿、刀具磨损补偿）、丝杠螺距误差补偿和反向间隙补偿。CNC 装置采用补偿功能可以把刀具长度或半径的相应补偿量、丝杠的螺距误差和反向间隙误差的补偿量输入到其内部存储器，在控制机床进给时按一定的计算方法将这些补偿量补上。

10. 显示功能

CNC 配置 CRT 显示器或液晶显示器，用于显示程序、零件图形、人机对话编程菜单和故障信息等。

11. 通信功能

通信功能主要完成上级计算机与 CNC 装置之间的数据和命令传送。一般的 CNC 装置带有 RS-232C 串行接口，可实现 DNC 方式加工。高级一些的 CNC 装置带有 FMS 接口，按制造自动化协议（Manufacture Auto-mation Protocol，MAP），可实现车间和工厂自动化。

12. 自诊断功能

CNC 装置安装了各种诊断程序，这些程序可以嵌入其他功能程序中，在 CNC 装置运行过程中进行检查和诊断。诊断程序也可作为独立停机后的服务性程序，在 CNC 装置运行前或故障停机后进行诊断，查找故障的部位。有些 CNC 装置可以进行远程诊断。

◉ 5.2　CNC 装置的硬件结构

5.2.1　概述

CNC 装置的硬件结构可以分为单微处理器结构、多微处理器结构和开放式结构。

1. 单微处理器结构

单微处理器结构中，整个 CNC 装置中只有一个 CPU，通过该 CPU 来集中管理和控制整个系统的资源（存储器、总线），通过分时处理的方法实现各种数控功能，如图 5-2 所示。有些 CNC 装置中，虽然有两个或两个以上的 CPU，但是只有一个 CPU 对系统的资源拥有控制权和使用权，这种称为主从结构，也可归类为单机结构，其他 CPU（从 CPU）无权控制和使用系统资源，只能接收主 CPU 的控制命令和数据，或向主 CPU 发请求信号以获取所需要的数据，从而完成某一辅助功能。由于 CPU 通过总线与各个控制单元连接，完成信息交换，结构比较简单，但是由于只用一个微处理器来集中控制，因此 CNC 的功能受到微处理器字长、寻址功能和运算速度等因素的限制。

2. 多微处理器结构

多微处理器 CNC 系统采用模块化技术，由多个功能模块组成。这种结构主要用在高级数控装置中，主要是为了解决数控功能的提高和扩展与 CNC 装置处理速度的矛盾，整个 CNC 装置中有两个或两个以上带 CPU 的功能部件对系统资源（存储器、总线）有控制权和使用权，主要分为两种类型：多主结构和分布式结构。多主结构中带 CPU 的功能部件之间采用紧耦合方式联结，有集中的操作系统，用总线仲裁器解决总线争用，通过公共存储器交换系统信息。分布式结构中各个带 CPU 的功能模块有独立的运行环境（总线、存储器、操作系统），各功能模块之间采用松耦合方式连接，用通信方式交换信息。多机结构的 CNC 装置能实现真正意义上的并行处理，处理速度快，可以实现较复杂的系统功能；容错能力强，在某模块出了故障后，通过系统重组仍可继续工作。其结构型式分为以下两种。

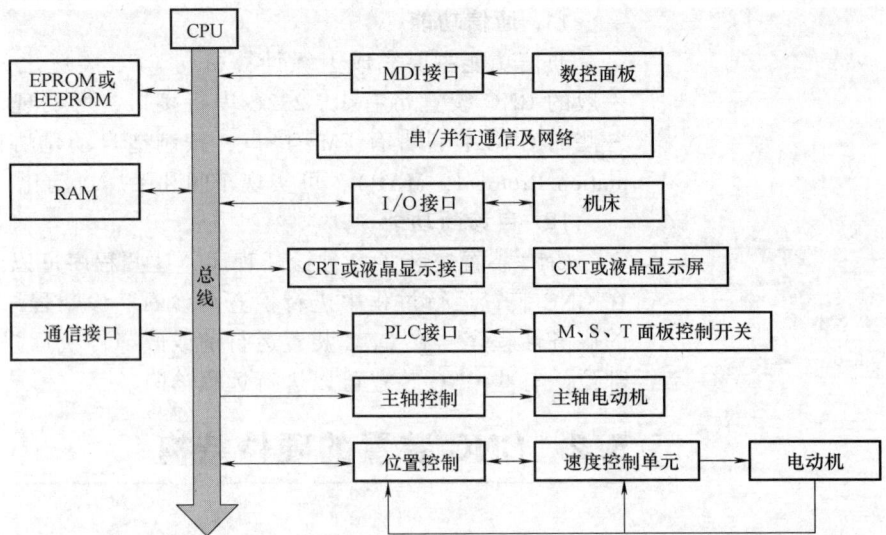

图 5-2
单微处理结构的 CNC 装置框图

（1）共享总线结构　带 CPU 的为主模块，不带 CPU 的为从模块，如图 5-3 所示。以系统总线为中心，所有的主、从模块都插在严格定义的标准系统总线上，采用总线仲裁结构（电路）来裁定多个模块同时请求使用系统总线的竞争问题。结构相对简单、系统组配灵活、可靠性高。由于使用总线要经仲裁，因此信息传输率降低；一旦系统总线出了故障，将使整个系统受到影响。

（2）共享存储器结构　面向公共存储器来设计的，所有主模块共享存储器；采用多端口存储器来实现各主模块之间的互联和通信，如图 5-4 所示。多端口存储器的每个端口都配有数据线、地址线、控制线，供独立的 CPU 访问；采用多端口控制逻辑电路来解决多个模块同时访问多端口存储器冲突的矛盾。多端口存储器设计较复杂，对两个以上的主模块，可能会因争用存储器造成存储器传输信息的阻塞，因此这种结构一般采用双端口存储器（双端口 RAM）。

3. 开放式结构

开放式结构数控系统是一种模块化的通用数控系统，充分利用计算机的软件和硬件资源，根据控制对象的不同要求，灵活地变更软硬件组

图 5-3

多微处理器共享总线
结构框图

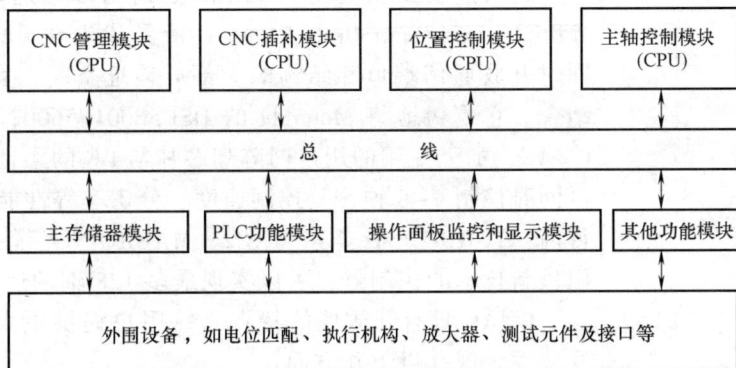

```
┌──────────┐  ┌──────────┐  ┌──────────┐  ┌──────────┐
│ CNC管理模块 │  │ CNC插补模块 │  │ 位置控制模块 │  │ 主轴控制模块 │
│  (CPU)   │  │  (CPU)   │  │  (CPU)   │  │  (CPU)   │
└──────────┘  └──────────┘  └──────────┘  └──────────┘
      ↕            ↕            ↕            ↕
┌─────────────────────────────────────────────────────┐
│                    总       线                        │
└─────────────────────────────────────────────────────┘
      ↕            ↕            ↕            ↕
┌──────────┐  ┌──────────┐  ┌──────────────────┐  ┌──────────┐
│ 主存储器模块 │  │ PLC功能模块 │  │ 操作面板监控和显示模块 │  │ 其他功能模块 │
└──────────┘  └──────────┘  └──────────────────┘  └──────────┘
      ↕            ↕            ↕            ↕
┌─────────────────────────────────────────────────────┐
│   外围设备，如电位匹配、执行机构、放大器、测试元件及接口等   │
└─────────────────────────────────────────────────────┘
```

图 5-4

多微处理器共享存储器
结构框图

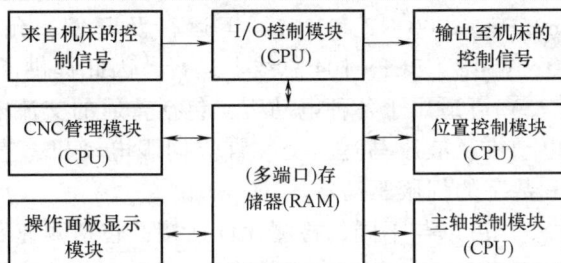

```
┌──────────┐   ┌──────────┐   ┌──────────┐
│ 来自机床的控 │ → │ I/O控制模块 │ → │ 输出至机床的 │
│  制信号   │   │  (CPU)   │   │  控制信号  │
└──────────┘   └──────────┘   └──────────┘
                    ↕
┌──────────┐   ┌──────────┐   ┌──────────┐
│ CNC管理模块 │ ↔ │ (多端口)存 │ ↔ │ 位置控制模块 │
│  (CPU)   │   │ 储器(RAM) │   │  (CPU)   │
└──────────┘   │          │   └──────────┘
┌──────────┐   │          │   ┌──────────┐
│ 操作面板显示 │ ↔ │          │ ↔ │ 主轴控制模块 │
│   模块    │   └──────────┘   │  (CPU)   │
└──────────┘                  └──────────┘
```

成，适应不同用户的需求。开放式体系结构已成为数控发展的趋势。开放式体系结构数控系统的主要目的是解决复杂变化的市场需求与控制系统专一的固定模式之间的矛盾，使数控系统易变、紧凑、廉价，并具有很强的适应性和二次开发性。它以工业 PC 作为 CNC 系统的支撑平台，并根据需要装入自己的控制卡和数控软件组成数控系统。

　　开放式结构数控系统基本上有三种结构型式：专用 CNC+PC 主板、通用 PC+开放式运动控制器、完全 PC 型的全软件形式的数控系统。

　　（1）专用 CNC+PC 主板　这种结构形式采用传统数控专用模板（包括内置式 PLC 单元、带有光电隔离的开关量 I/O 单元、多功能模块）嵌入通用的 PC 构成数控系统，使得系统可以共享计算机的一部分软件、硬件资源，计算机可以完成辅助编程、监控、编排工艺等工作。与传统的 CNC 系统相比，其具有硬件资源的通用性和软件资源的再生性。如华中科技大学的华中 I 型数控系统，采用通用 PC 作为硬件平台，DOS 及其支持软件作为软件平台的开放式体系结构。尽管这类系统已经具备了开放式的某些特点，并可根据不同用户需求而灵活配置，但由于这种数控系统的开放性仅限于 PC 部分，而专业的数控部分仍属于封闭结构，且其运行在 DOS 操作系统下，使得 PC 的潜力未能充分发挥，系统的功能和柔性也受到了限制。

　　（2）通用 PC+开放式运动控制器　通用 PC+开放式运动控制器数控系统是一种完全采用以 PC 为硬件平台的数控系统。其主要部件是计算机和运动控制器，机床的运动控制和逻辑控制功能由独立的运动控制器完成。具有开放性的运动控制器是该系统的核心部分，它是以 PC 硬件插件而构成系统的。

运动控制器以美国 DeltaTau 公司的多轴运动控制器（Programmable Multiple-Axis Controller，PMAC）最具代表性，该控制器本身具有 CPU，同时开放通信端口和结构的大部分地址空间，实现通用的 DLL 与 PC 相结合。它成功地将 Motorola 的 DSP56001/56002 数字信号处理芯片用于 PMAC，加上专用的用户门阵列芯片与 PC 的柔性相结合，使得 PMAC-NC 可同时控制 4~8 轴，其控制速度、分辨率等性能远远优于一般的控制器。目前，TURBO PMAC、PMAC2、MACRO（光缆控制环路）、UMAC 等采用最新技术的控制器，可以实现最多 128 轴的运动控制。

PMAC 具有开放性的特点，给用户提供更大的柔性，其硬件结构的开放性表现在以下几方面：

1）PMAC 适应多种硬件操作平台，可以在 IBM 及兼容机上运行，在 Win95/98/2000 NT 和 Linux 下运行及开发，允许同一控制软件在 PC、STD、WME、PCI、104 总线上运行，因此提供了多平台的支持特性。

2）可适用于各种电动机，包括普通的交流电动机，直流电动机，步进电动机及液压马达，交、直流伺服电动机，直线电动机等；能连接模拟和数字的伺服驱动器。

3）可以与不同的检测元件连接，包括测速发电机、光栅、旋转变压器、激光干涉仪和电编码器等。

4）PMAC 的大部分地址向用户开放，包括电动机的所有信息、坐标系的所有信息及各种保护信息等。

PMAC 软件结构的开放性表现在以下几方面：

1）多平台功能。支持各种高级语言，PMAC 提供 16 位、32 位的 DLL 及 ActiveX 控件 PTALK，用户可以采用 C++、VB、VC、Delphi 在 Win95/98/2000 NT 下开发人机界面接口。

2）PLC 功能的开放。内置式软件化 PLC 可将 I/O 扩展到 1024/1024 点，可编制 64 个异步 PLC 程序。

3）机床语言的开放。PMAC 支持用户调用现成的直线、圆弧、样条、PVT 三次曲线等插补模式，同时支持标准的 RS-274 代码，用户还可以自定义 G、M、T、D、S 代码，实现特定功能。

这种开放式结构数控系统是目前较为先进的技术。但是该系统 CNC 核心部分的运动控制和伺服控制仍要依赖于专用运动控制卡，还未达到整个产品的硬件通用化。

（3）完全 PC 型的全软件形式的数控系统　完全 PC 型的全软件形式的数控系统目前正处于研究阶段，还未形成产品。这种全软件数控以应用软件的形式实现运动控制。欧盟的 OSACA（Open System Architecture for Control within Automation System）计划在第二期工程提出了"分层的系统平台+结构化的功能单元 AO（Architecture Object）"的体系结构。系统平台包括系统软件和系统硬件（处理器、I/O 板等）。AO 之间的相互操作有赖于 OSACA 的通信系统，通过 API 接口运行于不同的系统平台上。该体系结构保证了各种应用系统与操作平台的无关性及相互操作性，明确规定不同的开放层次：应用层开放、核心层开放、全部开放。

OSACA 的软件结构中有三个主要的组成部分：通信系统、参考体系结构模型和配置系统。通信系统主要解决各 AO 单元独立于系统情况下的信息交换，制定独立于硬件及制造商的各 AO 单元之间信息交换的方法和原则标准，同时制定通用模块的协议标准；参考体系结构模型主要用于描述控制系统有哪些 AO 单元以及这些 AO 单元具有怎样的开放式接口；配置系统划分系统平台所需实例化的 AO 单元，并对它进行动态实时配置。

OSACA 基本符合 IEEE 的对开放式数控体系结构的规定，即开放式的控制系统采用分布式控制原则，各模块之间相互独立，用户可根据需要方便地实现重组，并具有一致的通信协议接口，允许不同的厂商提供不同的组件运行于不同的平台之上。

5.2.2　单机或主从结构模块的功能介绍

这类 CNC 装置硬件是由若干功能不同的模块组成的，这些模块既是系统的组成部分，又有相对的独立性，即所谓的模块化结构。采用这种结构对 CNC 装置的设计和生产以及维修都有极大好处。实现这种结构的方法称为模块化设计的方法。所谓模块化设计方法就是，将控制系统按功能划分成若干种具有独立功能的单元模块，每个模块配上相应的驱动软件，按功能的要求选择不同的功能模块，并将其插入控制单元母板上，组成一个完整的控制系统。其中单元母板一般为总线结构的无源母板，它提供模块间互联的信号通路。

实现 CNC 装置模块化设计的条件是总线的标准化。而采用模块化结构时，CNC 装置设计工作则可归结为功能模块的合理选用。

单处理器结构的 CNC 装置由微处理器、存储器、总线、I/O 接口、MDI 接口、CRT 或液晶显示接口、PLC 接口、主轴控制、通信接口等组成。

1. 微处理器和总线

微处理器由控制器和运算器组成，是微处理器的核心部分，它完成控制和运算两方面的任务。在 CNC 装置中，控制器的控制任务为：从程序存储器中依次取出的指令，经过解释，向 CNC 装置各部分按顺序发出执行操作的控制信号，使指令得以执行，而且又接收执行部件发回来的反馈信号，控制器根据程序中的指令信息及这些反馈信息，决定下一步命令操作。运算器的计算任务主要是：零件加工程序的译码、刀补计算、插补计算、位置控制计算及其他数据的计算和逻辑运算。

CNC 装置中常用的微处理器有 8 位、16 位和 32 位等。在实际选用时主要根据实时控制和处理速度考虑字长、寻址能力和运算速度。微处理器和其他的结构共同集成在一块主板上，将主板做成插卡形式，集成度更高，即所谓的 ALL-IN-ONE 主板。主板上的功能结构主要包括以下几种：

1）CPU 芯片及其外围芯片。

2）内存单元、cache 及其外围芯片。

3）通信接口（串口、并口、键盘接口）。

4）软、硬驱动接口。

各功能模块的组成原理和普通微型计算机的原理完全一样，这里不再赘述。

总线是将微处理器、存储器和输入/输出接口等相对独立的装置或功能部件连接起来，并传送信息的公共通道。从功能上，它可分为三组：

（1）数据总线 它是各模块间数据交换的通道，线的根数与数据宽度相等，它是双向总线。

（2）地址总线 它是传送数据存放地址的总线，与数据总线结合，可以确定数据总线上的数据的来源地或目的地，它是单向总线。

（3）控制总线 它是一组传送管理或控制信号的总线（如数据的读、写、控制、中断、复位、I/O 读写及各种确认信号等），它是单向总线。

2. 存储器

存储器分为只读存储器（ROM）和随机存储器（RAM），常用的只读存储器有紫外线擦除可编程 ROM（EPROM）和电擦除可编程 ROM（EEPROM）。只读存储器存放系统程序，由 CNC 装置生产厂家写入或者由厂家提供系统程序软件和操作工具，由使用者通过上位计算机下装到 CNC 装置中，也将用户的参数存放在 EEPROM 中，以保持不丢失。随机存储器（RAM）用于存放中间运行结果，显示数据以及运算中的状态、标志信息等。EEPROM 是用户可更改的只读存储器（ROM），其可通过高于普通电压的作用来擦除和重编程（重写）。不像 EPROM 芯片，EEPROM 不需从计算机中取出即可修改。

随机存储器（RAM）分为静态 RAM（SRAM）和动态 RAM（DRAM）。静态 RAM 在加电使用期间，除非进行改写，否则其存储信息不会改变。动态 RAM 在加电使用期间，当超过一定时间（一般为 2ms）时，其存储的信息会自动丢失。因此，为了保持存储信息不丢失，必须另外设置一刷新电路，每隔一定时间按原存储内容重新刷新（写）一遍。

3. I/O 接口

计算机 I/O 接口用于外部设备或用户电路与 CPU 之间进行数据、信息交换以及控制，使用时应使微型计算机总线把外部设备和用户电路连接起来，这时就需要使用微型计算机总线接口；当微型计算机系统与其他系统直接进行数字通信时，使用通信接口。所谓总线接口是把微型计算机总线通过电路插座提供给用户的一种总线插座，供插入各种功能卡。插座的各个引脚与微型计算机总线的相应信号线相连，用户只要按照总线排列的顺序制作外部设备或用户电路的插线板，即可实现外部设备或用户电路与系统总线的连接，使外部设备或用户电路与微型计算机系统成为一体。

（1）I/O 接口的标准 与其他工业上的 I/O 接口标准一样，CNC 装置与机床间的接口也有国际标准，它是 1975 年由国际电工委员会（IEC）第 44 技术委员会制定并批准的，称为"机床/数控接口"标准。

数控装置与机床及机床电气设备之间的接口分为三种类型。

第一类：与驱动控制器和测量装置之间的连接电路。

第二类：电源及保护电路。

第三类：开/关信号和代码信号连接电路。

第一类接口传送的信息是 CNC 装置与伺服单元、伺服电动机、位置检测和速度检测之间的控制信息，它们属于数学控制、伺服控制和检测控制。

第二类电源及保护电路由数控机床强电线路中的电源控制电路构成。强电线路由电源变压器、继电器、接触器、保护开关和熔断器等连接而成，以便为驱动单元、主轴电动机、辅助电动机（如风扇电动机、切削液泵电动机、换刀电动机等）、电磁铁、电磁阀和离合器等功率执行元件供电。强电线路不能与低压下工作的控制电路或弱电路直接连接，只能通过中间继电器、热保护器、控制开关等转换。用继电器控制回路或 PLC 控制中间继电器，用中间继电器的触点给接触器通电，接通主回路（强电线路）。

第三类开/关信号和代码信号连接电路是 CNC 装置与机床参考点、限位、面板开关等以及一些辅助功能输出控制连接的信号。当数控机床没有使用 PLC 时，这些信号在 CNC 装置与机床间直接传送。当数控机床带有 PLC 时，这些信号除一些高速信号外，均通过 PLC 输入/输出。

（2）I/O 信号的分类及接口电路的任务　从机床向 CNC 装置传送的信号称为输入信号，从 CNC 装置向机床传送的信号称为输出信号。输入/输出信号的主要类型有数字量输入/输出信号、模拟量输入/输出信号、交流输入/输出信号。这些信号中，模拟量 I/O 信号主要用于进给坐标轴和主轴的伺服控制或其他接收，发送模拟量信号的设备。交流信号用于直接控制功率执行器件。接收或发送模拟量信号需要专门的电子线路，应用最多的是数字量 I/O 信号。数字量 I/O 接收接口电路相对简单些。

接口电路的主要任务如下：

1）进行电平转换和功率放大。一般 CNC 装置的信号是 TTL 电平，而控制机床和来自机床的信号电平通常不是 TTL 电平，因此要进行电平转换；在重负载情况下，还要进行功率放大。

2）防止噪声引起误动作，用光电耦合器或继电器将 CNC 装置和机床之间的信号在电器上加以隔离。

3）模拟量与数字量之间的转换，CNC 装置的微处理器只能处理数字量，而对于模拟量控制的地方则需数/模（D/A）转换器；同理，将模拟量输入到 CNC 装置需模/数（A/D）转换器。

数字量 I/O 接口在数控机床中用得较多，下面介绍几种常用的数字量 I/O 接口。

1）输入接口。输入接口用于接收机床操作面板的各开关、按钮信号及机床的各种限位开关信号，因此有以触点输入的接收电路和以电压输入的接收电路。触点输入电路分为有源和无源两类。如行程开关就是无源触点，对于无源触点的输入，依靠 CNC 接口的触点供电回路产生高低电平信号。在机床输入信号中,有些是以电压作为输入信号的,如接近开关,当遇到铁块时输入低电平信号,无铁块时输入高电平信号。

2)输出接口。输出接口是将各种机床工作状态的信息送到机床操作面板上用指示灯显示,将控制机床动作的信号送到强电箱中。在实际使用中,有继电器输出电路和无触点输出电路两种。当 CNC 装置输出高电平时,光耦晶体管导通,指示灯或继电器线圈有电流通过,使指示灯亮或继电器吸合;当 CNC 装置输出低电平时,光耦晶体管截止,指示灯和继电器没有电流回路,故指示灯不亮,继电器不吸合。

对于电感性负载(如继电器),应增加一续流二极管,以便在继电器断电时将电能释放掉。对于容性负载,应在信号输出负载电路中串联限流电阻,电阻值的选取原则是应确保负载承受的瞬间电流和电压被限制在额定值内。当被驱动负载是电磁开关、电磁耦合器、电磁阀线圈等交流负载,或虽是直流负载,但工作电压或工作电流超过输出信号的工作范围时,应选用输出信号驱动中间继电器(电压为 24 V),然后用它们的触点接通强电线路的功率继电器或直接去激励这些负载。当 CNC 装置带有 PLC 装置,且具有交流输入/输出信号接口,或有用于直流负载驱动的专用接口时,输出信号就不必经中间继电器过渡,即可以直接驱动负载器件。CNC 装置数字量输入/输出接口对应有接口数据锁存器,锁存器对应一地址,其二进制数位对应一位 I/O 信号。锁存器输入/输出的数据某一二进制数位为"1",则表示对应的 I/O 信号为高电平,若数位为"0",则表示对应的 I/O 信号为低电平。

4. MDI 接口

MDI(手动数据输入)是通过数控面板上的键盘来进行操作的。CNC 装置的微处理器扫描到按下键的信号时,就将数据送入移位寄存器,移位寄存器的输出经报警电路检查。若按键有效,按键数据在控制选通信号的作用下,经选择器、移位寄存器、数据总线送入 RAM 存储起来。若按键无效,则数据不送入 RAM。

5. 位置控制器

每一进给轴对应一套位置控制器。位置控制器在 CNC 装置的指令下控制电动机带动工作台按要求的速度移动规定的距离。轴控制是数控机床上要求最高的位置控制,不仅对单个轴的运动和位置精度的控制有严格要求,还在多轴联动时要求各移动轴有很好的运动配合。

对主轴的控制要求是在很宽的范围内速度连续可调,并且在不同的转速下输出恒转矩。在有换刀装置的机床中还需要对主轴进行位置控制(准停)。加工中心要实现根据指令到刀库放刀、取刀、自动换刀,就必须控制刀库(或取放刀机构)的位置,使刀库(或取放刀机构)准确停在要选用的刀具位置。刀库(或取放刀机构)位置控制与轴控制相比没有复杂计算,比较简单,可以用 PLC 控制。

进给坐标轴位置控制的硬件一般采用大规模专用集成电路位置控制芯片(如 FANUC 公司的 MB8720、MB8730 等)和位置控制模块(如 SI-EMENS 公司的 MS230、MS250 等)。

5.2.3　多微处理器结构的 CNC 装置

多微处理器结构是由两个或两个以上的微处理器构成的，每个微处理器分担系统的一部分工作，从而将在单微处理器结构的 CNC 装置中顺序完成的工作转为多微处理器的并行、同时完成的工作，因而大大提高了整个系统的处理速度。

多微处理器 CNC 装置的结构设计采用模块化技术，模块的划分依具体情况而定，一般包括以下六模块：

（1）CNC 管理模块　该模块实现管理和组织整个 CNC 系统工作过程所需的功能，如系统的初始化、中断管理、总线裁决、系统出错识别和处理，以及系统软件、硬件诊断等。

（2）CNC 插补模块　该模块完成译码、刀具补偿计算、坐标位移量的计算和进给速度处理等插补前的预处理，然后进行插补计算，为各坐标轴提供位置给定量。

（3）位置控制模块　该模块对插补后的坐标位置给定值与位置检测器测得的位置实际值进行比较，并自动完成加减速、回基准点、伺服系统滞后量的监视和漂移补偿，最后得到速度控制的模拟电压，以驱动进给电动机。

（4）PLC 模块　该模块可对工件加工程序中的某些辅助功能和从机床来的信号进行逻辑处理，实现各功能与操作方式之间的连锁，机床电气设备的起、停，刀具交换，转台分度，工件数量和运转时间的计数等。

（5）操作与控制数据输入/输出和显示模块　该模块实现工件加工程序、参数和数据、各种操作命令的输入/输出，并显示所需要的各种接口电路。

（6）存储器模块　该模块指存放程序和数据的主存储器，或是功能模块间数据传送用的共享存储器。

5.2.4　西门子 SIMUMERIK 840D 数控系统硬件结构

SIMUMERIK 840D 数控系统硬件结构如图 5-5 所示。

以下是 SIMUMERIK 840D 数控系统主要的功能部件：

（1）数字控制单元（NCU）　数字控制单元（Numeriacl Control Unit, NCU）是 SINUMERIK 840D 数控系统的控制中心和信息处理中心，数控系统的直线插补、圆弧插补等轨迹运算和控制，PLC 系统的算数运算和逻辑运算都由 NCU 完成。在 SIMUMERIK 840D 数控系统中，NC-CPU 和 PLC-CPU 采用硬件一体化结构，合成在 NCU 中。

（2）人机通信中央处理单元（MMC-CPU）　MMC-CPU 的主要作用是完成机床与外界及与 PLC-CPU、NC-CPU 之间的通信，内带硬盘，用以存储系统程序、参数等。

（3）操作员面板　操作员面板的作用是显示数据及图形，提供人机显示界面，编辑、修改程序及参数，实现软功能操作。

在 SINUMERIK 840D 中有 OP031、OP032、OP032S、OP030 以及

PHG 等 5 种操作员面板。其中，OP031 是常使用的操作员面板。

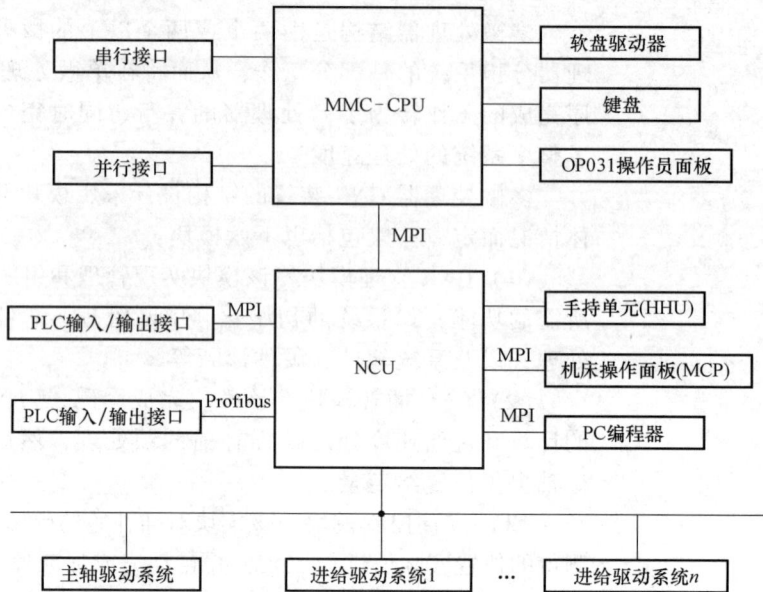

图 5-5

SIMUMERIK 840D 数控系统硬件结构

（4）机床操作面板（MCP）　MCP 的主要作用是完成数控机床的各类硬功能键的操作。主要有下列 6 个硬功能键操作：

1）操作模式键区。可选择的操作模式有 JOG、MD、TEACHIN 和 AUTO 等 4 种操作模式。

2）轴选择键区。实现轴选择，完成轴的点动进给、回参考点和增量进给。

3）自定义键区。供用户使用，通过 PLC 的数据块实现与系统的联系，完成机床生产厂所要求的特殊功能。

4）主轴操作区。主轴倍率开关，实现主轴转速 0～150% 倍率修调。主轴起停按钮实现主轴驱动系统的起停，一般控制主轴驱动系统的脉冲使能和驱动使能。

5）进给轴操作区。进给轴倍率开关，实现进给轴转速 0～200% 倍率修调。进给轴起停按钮实现进给轴驱动系统的起停，一般控制进给轴驱动系统的脉冲使能和驱动使能。

6）急停按钮。实现机床的紧急停车，切断进给轴和主轴的脉冲使能和驱动使能。

（5）主电源模块和驱动系统　主电源模块的主要功能是实现整流和电压提升。驱动系统则包括主轴驱动系统和进给驱动系统两部分。

5.2.5　齿轮加工专用数控系统 GSK 25iG

因齿轮加工工艺复杂程度较高，齿轮加工机床传动链复杂，导致齿轮加工机床数控系统直到 20 世纪 80 年代才逐渐推向市场，以法国 NUM，德国 SIEMENS、Heidenhain、Rexroth，日本 FANUC、MITSUBISHI、MAZAK，西班牙 FAGOR 为代表的国外高端数控系统生产企业在数控系统领域的发展已有 60 余年，形成了较为成熟的技术体系和可信的市场品牌。

因为国外数控系统品牌和企业对数控系统关键技术的封锁，所以在国内形成极其坚固的"市场生态圈"，国内数控系统的发展长期以来受到了很大的牵制。又由于数控系统的发展对国家的国防安全和经济安全具有重要意义，故我国在国产数控系统投入了巨大的人力、物力，从第六个五年计划发展到现在，国内数控系统的研究经历了从技术引进、消化吸收、自主开发和创新到现在产业化几个阶段，特别是从 2009 年制订的"04 专项"计划到现在的几年期间，国产数控系统在精度的提升、可靠性等方面取得了较大的突破和进展。

目前，国内数控系统的生产企业主要有华中数控、广州数控、航天数控、大连光洋、沈阳高精、凯恩帝数控、广泰数控等。经过科研单位与企业的共同努力，国内在齿轮加工机床数控系统的研发上取得了很大的进步。其中有广州数控和合肥工业大学 CIMS 研究所联合开发的滚（铣）齿、插齿加工机床数控系统（GSK 25iG）以及合肥工业大学 CIMS 研究所独立开发的蜗杆砂轮磨齿、弧齿锥齿轮铣（磨）齿、内齿珩轮强力珩齿加工机床数控系统。

齿轮加工机床数控系统基于"ARM+DSP+FPGA"硬件架构，如图 5-6 所示。数控系统前台由高性能的 ARM 系列微处理器内嵌定制的 WINCE 操作系统完成丰富的人机接口功能、文件处理功能和与外界信息交换的网络通信功能等；系统后端由内置可裁剪 BIOS 实时操作系统的高性能 DSP 系列数字信号处理器来完成复杂实时的逻辑运算、轨迹规划、位置控制等功能。前后台通过 DSP 的 HPI 接口实现数据交互，前台 ARM 通过 HPI 将控制指令数据传递给后台的 DSP，由 DSP 根据运动指令完成实时的运动控制；后台 DSP 将机床的运行状态数据通过 HPI 反馈给 ARM，用于机床状态显示、监控等。HPI 接口前后台数据交换的逻辑顺序由可编程逻辑器件（FPGA）控制完成，系统内部控制总线完成伺服驱动控制，最终达到控制机床运动的目的。

图 5-6

齿轮加工机床数控系统平台硬件体系架构

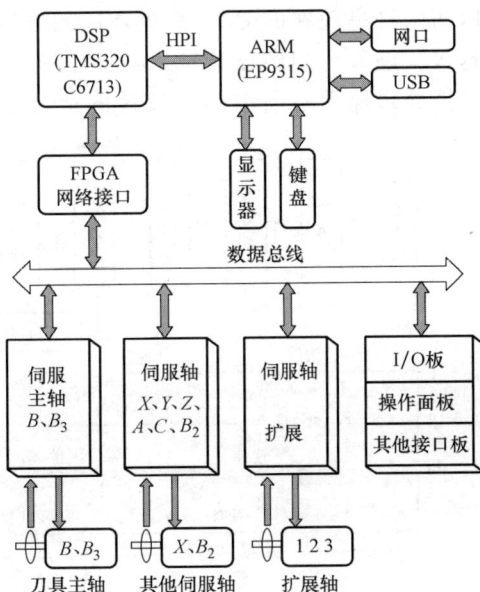

◉ 5.3   CNC 装置的软件结构

　　CNC 装置的软件是一个典型又复杂的实时系统，它的许多控制任务，如零件程序的输入与译码、刀具半径补偿、插补运算、位置控制和精度补偿都是由软件实现的。从逻辑上讲，这些任务可看成一个个功能模块，模块之间存在着耦合关系；从时间上讲，各功能模块之间存在一个时序配合问题。在设计 CNC 装置的软件时，如何组织和协调这些功能模块，使之满足一定的时序和逻辑关系，就是 CNC 装置软件结构要考虑的问题。

　　CNC 系统软件必须完成管理和控制两大任务，其管理作用类似于计算机操作系统的功能，包括输入、I/O 处理、通信、显示、诊断以及加工程序的编制管理等程序。系统的控制软件部分包括译码、刀具补偿、速度处理、插补和位置控制等软件，不同的 CNC 系统，其功能和控制方案也不同，因而各系统软件在结构上和规模上差别很大，各厂家的软件互不兼容。现代数控机床的功能大都采用软件来实现，因此系统软件的设计及功能是 CNC 系统设计的关键。

5.3.1   CNC 装置软件和硬件的功能界面

　　CNC 装置是由软件和硬件组成的，硬件为软件的运行提供支持环境。在信息处理方面，软件与硬件在逻辑上是等价的，即硬件能完成的功能从理论上讲也可以由软件来完成。但是硬件和软件在实现这些功能时各有不同的特点：硬件处理速度快，但灵活性差，实现复杂控制的功能困难；软件设计灵活，适应性强，但处理速度相对较慢。如何合理确定软硬件的功能分担是 CNC 装置结构设计的重要任务。这就是所谓软件和硬件的功能界面划分的概念，划分准则是系统的性价比。

　　图 5-7 所示的几种功能界面是 CNC 装置不同时期不同产品的划分。其中后面两种是现在的 CNC 系统常用的方案，反映出软件所承担的任务越来越多，硬件承担的任务越来越少。一是因为计算机技术的发展，计算机运算处理能力不断增强，软件的运行效率大大提高，这为用软件实

图 5-7

CNC 系统软件任务分解

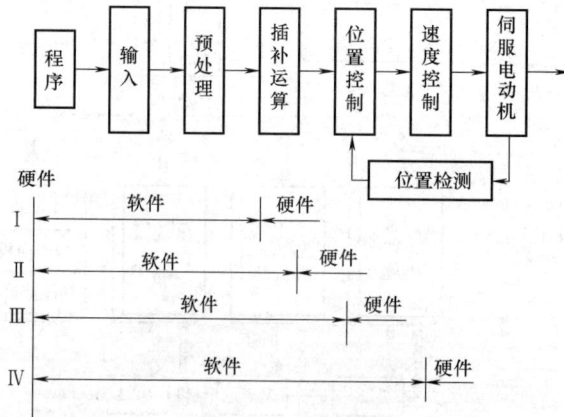

现数控功能提供了技术支持。二是数控技术的发展对数控功能的要求越来越高，若用硬件来实现这些功能，不仅结构复杂，而且柔性差，甚至不可能实现。而用软件实现则具有较大的灵活性，且能方便实现较复杂的处理和运算。因而，用相对较少且标准化程度较高的硬件，配以功能丰富的软件模块的 CNC 系统是当今数控技术的发展趋势。

5.3.2　CNC 装置软件结构的特点

CNC 装置系统是一个专用的实时多任务计算机控制系统，它的控制软件也采用了计算机软件技术中的许多先进技术。其中多任务并行处理和多重实时中断两项技术的运用是 CNC 装置软件结构的优点。

1. 多任务并行处理

（1）CNC 装置的多任务性质　如前所述，CNC 装置系统软件分为管理软件和控制软件两部分。数控加工时，控制软件与管理软件经常同时运行，如插补的同时在屏幕上显示坐标位置。此外，为了保证加工过程的连续性，即刀具在各程序段不停刀，译码、刀具补偿和速度控制模块必须与插补模块同时进行，而插补又必须与位置控制同时进行。

（2）并行处理　并行处理是计算机在同一时刻或同一时间间隔内完成两种或两种以上的工作。运用并行处理技术可以提高运算速度。并行处理的方法有资源共享、资源重复和资源重叠。资源共享是根据"分时共享"的原则，使多个用户按时间顺序使用同一套设备。资源重复是通过增加资源（如多 CPU）提高运算速度。资源重叠是根据流水线处理技术，使多个处理过程在时间上相互错开，轮流使用同一套设备的几个部分。CNC 装置的硬件设计普遍采用资源重复的并行处理方法，而 CNC 装置的软件设计则常用资源共享和资源重叠的流水线处理技术。

1）资源共享并行处理。在单 CPU 的 CNC 装置中，主要采用 CPU 分时共享的原则来解决多任务的同时运行。资源分时共享要解决的主要问题是如何分配各任务占用 CPU 的时间，即各任务何时占用 CPU，以及允许占用 CPU 多长时间。

在 CNC 装置中，对各任务占用 CPU 是用循环轮流和中断有限相结合的方法来解决的。

系统在完成初始化以后自动进入时间分配中，在环中依次轮流处理各任务。而对于系统中一些实时性很强的任务则按优先级排队，分别放在不同中断优先级上作为环外任务，环外的任务可以随时中断环内各任务的执行。每个任务允许占用 CPU 的时间是受限制的，对于某些占用 CPU 时间比较多的任务（如插补准备），通常的处理方法是在其中的某些地方设置断点，当程序执行到断点处时，自动让出 CPU，等到下一个运行时间里自动跳到断点处继续执行。

2）资源重叠流水处理。当 CNC 装置在自动加工工作方式时，其数据的转换过程将由工件程序输入、插补准备（包括译码、刀具补偿计算和速度处理等）、插补、位置控制四个子过程组成。如果每个子过程的处理时间分别为 Δt_1、Δt_2、Δt_3、Δt_4，那么一个工件程序段的数据转换时

间 $t=\Delta t_1+\Delta t_2+\Delta t_3+\Delta t_4$。如果以顺序方式处理每个工件程序段，即第一个工件程序段处理完以后再处理第二个程序段，以此类推，这种顺序处理方式的结果将导致在两个程序段的输出之间存在时间间隔。这种时间间隔反映在电动机上就是电动机的时转时停，这种情况在加工工艺上是绝对不允许的。消除这种间隔的方法是使用流水处理技术。

流水处理技术的关键是时间重叠，即在一段时间间隔内不是处理一个子程序，而是处理两个或更多的子程序。经过流水处理后从时间 Δt_4 开始，每个程序段的输出之间不再有间隔，从而保证了电动机转动和刀具移动的连续性。流水处理要求每个处理子程序的运算时间相等，而实际上 CNC 装置中每个子程序所需处理的时间都是不同的，解决的办法是取最长的子程序处理时间为流水处理时间间隔。这样在处理时间较短的子程序时当处理完成之后就进入等待状态。

在单 CPU 的 CNC 装置中，从宏观上看流水处理的时间是重叠的，即在一段时间内 CPU 处理多个子程序。而实际上，各子程序是分时占用 CPU 的时间。

（3）并行处理中的信息交换和同步　在 CNC 装置中信息交换主要通过各种缓冲存储区来实现。图 5-8 所示为在自动加工方式中 CNC 装置通过缓冲区交换信息的情况。

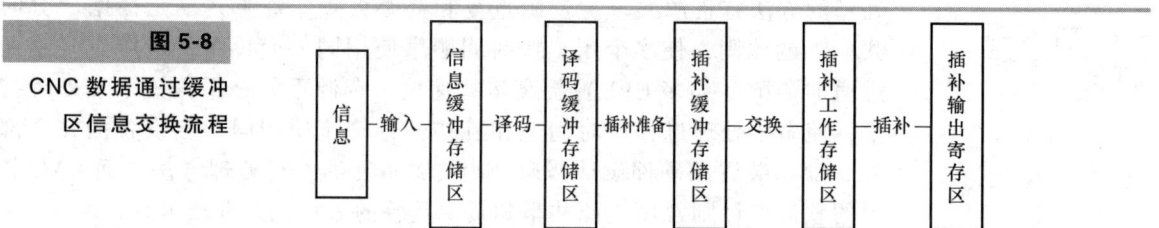

图 5-8　CNC 数据通过缓冲区信息交换流程

图 5-8 中工件程序通过输入程序的处理先存入信息缓冲存储区，这是一个有 128 字节的循环队列。插补准备程序先从信息缓冲存储区中把一个程序段的数据读入译码缓冲存储区，然后对其进行译码、刀具补偿计算和速度处理，并将结果放在插补缓冲存储区，插补程序每次初始执行一个程序段的插补运算时，把插补缓冲存储区的内容读入插补工作存储区，然后用插补工作存储区中的数据进行插补计算，并将结果送到插补输出寄存区。

（4）实时中断处理　CNC 装置软件结构的另一个特点是实时中断处理。CNC 装置的多任务性和实时性决定了中断成为整个装置必不可少的组成部分。CNC 装置的中断管理主要靠硬件完成，而其中中断结构决定了 CNC 装置软件的结构。

2. CNC 装置的中断类型

（1）外部中断　主要有外部监控中断（如紧急停止等）以及键盘和操作面板输入中断。外部监控中断的实时性要求很高，通常将它们放在较高的优先级上；而键盘和操作面板输入中断则放在较低的中断优先级上。

（2）内部定时中断　该中断包括插补周期定时中断和位置采样定时

中断，在有些系统中，这两种定时中断合二为一。但在处理时，总是先处理位置控制，然后处理插补运算。

（3）硬件故障中断　它是 CNC 装置中各种硬件故障检测装置发出的中断，如存储器出错、定时器出错、插补计算超时等。

（4）程序性中断　它是程序中出现的各种异常情况的报警中断，如各种溢出、除零等。

3．CNC 装置中断结构模式

（1）中断型结构模式　这种模式的特点是除了初始化程序之外，整个系统软件的各种任务模式分别安排在不同级别的中断服务程序中，整个软件就是一个大的中断系统。其管理的功能主要通过各级中断服务程序之间的相互通信来解决。

（2）前后台型结构模式　这种模式的特点是前台程序是一个中断服务程序，完成全部实时功能（如插补和位置控制）。后台程序（背景程序）是一个循环程序，它包括管理软件和插补准备程序。后台程序运行时实时中断程序不断插入，与后台程序相互配合，共同完成工件加工任务。

思考与练习题

5-1　计算机数控系统的定义是怎样的？定义中包含哪几层含义？

5-2　CNC 控制系统的主要特点是什么？它的主要控制任务有哪些？

5-3　CNC 装置的主要功能有哪些？

5-4　单 CPU 结构和多 CPU 结构各有何特点？

5-5　计算机数控系统由哪些部分组成？试用框图来说明各部分的组成与功能。

5-6　计算机数控系统的工作流程分几步？各部分的功能是什么？

5-7　常规数控系统的硬件由哪几部分组成？

5-8　常规的 CNC 系统软件有哪几种结构模式？

5-9　什么是常规与开放式的 CNC？

5-10　数控机床常用的输入方法有哪几种？各有何特点？

5-11　开放式结构数控系统的主要特点是什么？

5-12　试用框图来分析开放式 CNC 软件结构的组成与优缺点。

第6章

数控机床伺服系统

本章提要

◎ 内容提要：
本章首先概述了伺服系统的组成、分类和性能要求；然后分别介绍了开环、闭环进给伺服系统的速度及位置控制原理与实现技术，阐述了用于闭环伺服控制的位置检测装置；最后介绍了主轴伺服系统及控制技术。

通过本章的学习，能够掌握数控机床伺服系统的结构组成及其调控技术，具备选配和构建伺服系统及检测装置的能力。

◎ 本章重点：
1）开环进给伺服系统。
2）闭环进给伺服系统。
3）位置检测装置。

◎ 6.1 概述

数控机床伺服系统是指对机床运动部件位置、速度和加速度等进行控制的自动控制系统，是连接数控装置和机床本体的关键环节。数控机床伺服系统接收数控装置输出的控制指令信号，经过一系列信号变换、功率放大，由控制电动机将其转化成数控机床各运动轴所要求的运动；如果说数控装置是数控机床的"大脑"，是发布"命令"的指挥机构，那么伺服系统便是数控机床的"四肢"，是一种"执行机构"。伺服系统的性能直接关系到数控机床的静态和动态特性、工作精度、负载能力、响应快慢和稳定性等。研究开发高性能伺服系统，一直是现代数控机床的关键技术。

6.1.1 伺服系统的组成

数控机床伺服系统一般由四部分组成：驱动控制器、伺服电动机（M）、数控机床机械装置和检测反馈装置，如图6-1所示。当数控系统发出控制指令信号后，驱动控制器先把数控系统的控制指令值和检测反馈装置的反馈值进行比较，得到指令和反馈信号的偏差值，通过偏差数据调节控制量的大小；再根据控制量的大小将供电系统输入的电能转化为

拓展内容

中国创造：
外骨骼机器人

伺服电动机所需的电能，对伺服电动机输出转矩进行调节。驱动控制器由位置调节单元、速度调节单元、电流调节单元和功率驱动装置组成。位置调节单元对位置数据进行处理，并将处理结果作为速度调节单元的输入信号；速度调节单元根据位置调节环节的处理结果和实际反馈的速度数据，计算得到伺服电动机的输出转矩值，并输送给电流调节单元；电流调节单元和功率驱动装置一起控制电动机输出要求的转矩。功率驱动装置由驱动信号产生电路和功率放大器等构成。作为系统的主回路，功率驱动装置一方面按控制量的大小将电网中的电能作用到电动机上，调节电动机输出转矩的大小；另一方面按电动机的要求把输入电能转换为电动机所需的交流电或直流电，电动机按供电电流大小和形式拖动机械运转。

检测反馈装置用于检测机械装置的实际运行位置，在全闭环伺服系统中，检测装置安装在工作台上，直接检测工作台的位置；在半闭环伺服系统中，将检测装置装在传动链的旋转部位，它所检测的不是工作台的实际位置，而是与工作台位置有关的伺服电动机旋转轴的转角；在开环系统中，插补脉冲经功率放大后直接控制步进电动机，在步进电动机轴上或工作台上没有位置检测装置，因而，就没有反馈环节。

伺服系统一般具有三种控制模式，对应可构成三个控制环路，如图 6-1 所示，外环是位置环，中环是速度环，内环是电流环。位置环由位置调节控制单元、位置检测和反馈控制部分组成；速度环由速度比较调节器、速度检测反馈装置组成；电流环由电流调节器、电流检测反馈装置组成。

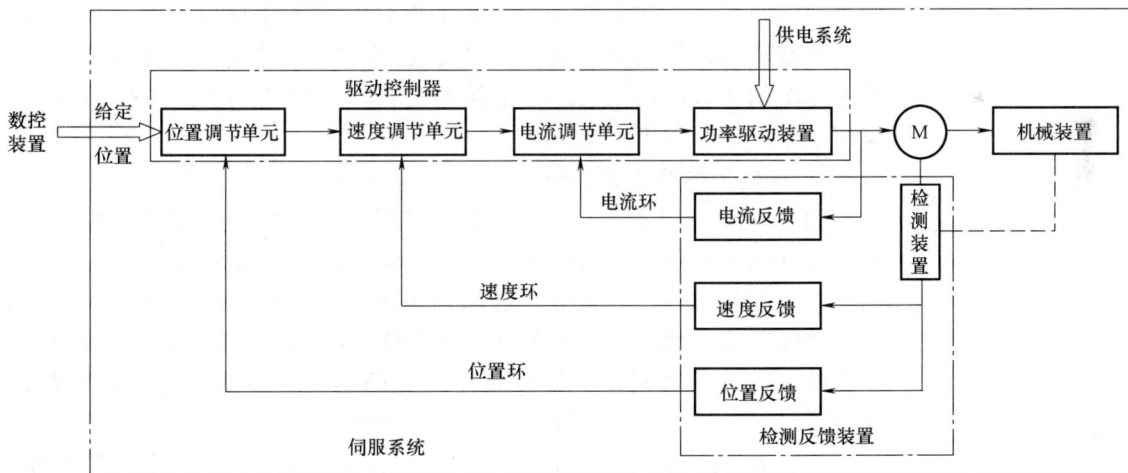

图 6-1 伺服系统结构

6.1.2 伺服系统的分类

图 6-1 中的具体内容变化多样，其中任何部分的变化都可构成不同种类的伺服系统。数控机床伺服系统种类有很多，可按其控制原理、驱动元件、被控对象、反馈比较控制方式等进行分类，常采用的分类方法有以下几种。

1. 按控制原理分类

（1）开环伺服系统　开环伺服系统没有位置检测装置，只有从指令到输出的前向通道，广泛采用步进电动机作为驱动元件。在开环伺服系统中，数控系统发出指令脉冲经过驱动电路变换放大，传给步进电动机。步进电动机每接收一个指令脉冲，就旋转一个脉冲角度，再通过齿轮副和滚珠丝杠螺母副带动机床工作台移动。步进电动机的转速和转过的角度取决于指令脉冲的频率和数目。由于缺少检测反馈环节，其精度取决于步进电动机的步距精度和工作频率以及传动机构的传动精度，难以实现高精度加工。但它结构简单，成本较低，调试维修方便，适用于对精度、速度要求不十分高的经济型、中小型数控机床。

（2）全闭环伺服系统　全闭环伺服系统由比较环节、驱动电路、伺服电动机、检测反馈单元等组成。安装在工作台上的位置检测装置，将工作台的实际位移量测出，经反馈线路与指令信号进行比较，将其差值经伺服放大，控制伺服电动机带动工作台移动，直至差值消除。该系统的精度主要取决于反馈单元的精度，消除了放大和传动部分的误差、间隙误差等的直接影响。但系统较为复杂，调试和维修较困难，对检测元件要求较高，且要有一定的保护措施，成本高，适用于高端、精密数控机床。

（3）半闭环伺服系统　半闭环伺服系统与闭环伺服系统的不同之处在于，半闭环系统中的检测元件不是直接安装在工作台上，而是装在传动链的中间部位，它所检测的不是工作台的实际位移量，而是与位移量有关的旋转轴的转角量。由于工作台位移没有完全包含在控制回路中，精度比全闭环系统差，但系统结构相对简单，便于调整。这种系统广泛应用于中高端数控机床上。

2. 按使用的驱动元件分类

（1）电液伺服系统　电液伺服系统的执行元件为电液脉冲马达或电液伺服马达，其前一级为电气元件，驱动元件为液动机或液压缸。电液伺服系统在低速下可得到很高的输出力矩，刚性好，时间常数小，反应快且速度平稳。然而，液压系统需要油箱、油管等供油系统，体积较大，并有噪声、漏油等问题。数控机床发展的初期，多采用电液伺服系统，从 20 世纪 70 年代起逐步被电气伺服系统代替。

（2）电气伺服系统　电气伺服系统的执行元件为伺服电动机，驱动单元为电力电子器件，操作维护方便，可靠性高。现代数控机床均采用电气伺服系统。

3. 按被控对象分类

（1）进给伺服系统　进给伺服系统用于控制机床各坐标轴的切削进给运动，具有定位和轮廓跟踪功能。它一般包括电流控制环、速度控制环和位置控制环，在数控机床中控制要求最高。

（2）主轴伺服系统　主轴伺服系统用于控制机床主轴的旋转运动，为机床主轴提供驱动功率和所需切削力。一般的主轴控制只是一个速度控制系统，主要关心主轴系统能否提供足够的功率、足够的恒功率和速度调节范围，但具有 C 轴控制功能的主轴伺服系统与进给伺服系统一样，为一般概念的位置伺服控制系统。

4. 按反馈比较控制方式分类

（1）数字-脉冲比较伺服系统　数字-脉冲比较伺服系统是闭环伺服系统中的一种控制方式。它是将数控装置发出的数字（或脉冲）指令信号与检测装置测得的以数字（或脉冲）形式表示的反馈信号直接进行比较，产生位置偏差，实现闭环控制。数字-脉冲比较伺服系统结构简单，容易实现，整机工作稳定，应用较为普遍。

（2）相位比较伺服系统　该伺服系统中，位置检测装置采用相位工作方式，指令信号与反馈信号都变成某个载波的相位，通过两者相位的比较，获得实际位置与指令位置的偏差，实现闭环控制。

（3）幅值比较伺服系统　幅值比较伺服系统是以位置检测信号的幅值大小来反映机械位移量的大小，并以此作为位置反馈信号与指令信号进行比较，构成闭环控制系统。

（4）全数字控制伺服系统　随着微电子技术、计算机技术和伺服控制技术的发展，数控机床的伺服系统已开始采用高速、高精度的全数字控制伺服系统。即由位置、速度和电流构成的三环反馈控制全部实现数字化，使伺服控制技术从模拟方式、混合方式走向全数字化方式。全数字控制伺服系统采用了许多新的控制技术和改进伺服性能的措施，使控制精度和品质大大提高，灵活性高，柔性好。

6.1.3　数控机床对伺服系统的要求

1. 数控机床对进给伺服系统的要求

（1）调速范围要宽，低速能输出大转矩　调速范围是指机械装置要求电动机能提供的最高进给速度与最低进给速度的比值。由于加工所用刀具、被加工零件材质以及零件加工要求的变化范围很广，为了最大限度地提高机床的加工质量，要求进给速度能在很大的范围内变化。调速范围一般要大于 1：10000，数控机床调速范围一般为 1：24000。另外，在较低速度进行切削时，要求伺服系统能输出较大的转矩，以防止出现低速爬行现象。

（2）精度要高　精度指伺服系统的输出量跟随输入量的精确程度，常用的精度指标有定位精度、重复定位精度和轮廓跟踪精度。位置伺服系统的定位精度一般要求达到 $1\mu m$，甚至 $0.1\mu m$。一般伺服系统分辨率越高，机床的精度越高。

（3）快速响应且无超调　快速响应是伺服系统动态品质的重要指标，反映了系统快速响应输入的能力。为保证轮廓加工精度和表面质量，要求伺服系统跟踪指令信号的响应要快。这一方面要求过渡过程时间短，一般要在 200ms 以内，甚至小于几十毫秒；另一方面要求超调量小。这两方面的要求往往是矛盾的，实际应用中要按加工工艺要求采取一定措施，合理选择。

（4）稳定性要好，可靠性要高　伺服系统要具有较强的抗干扰能力，以保证进给速度均匀、平稳。系统的可靠性常用发生故障的平均时间间隔，即平均无故障时间来衡量，时间越长可靠性越好。

此外，对进给伺服系统还要求有较强的过载能力，有足够的传动刚性，电动机的惯量能与移动部件的惯量相匹配，能够频繁起停、可逆运行。

2. 数控机床对主轴伺服系统的要求

（1）足够的输出功率 要求主轴在整个调速范围内均能提供所需的切削功率，并尽可能地提供主轴电动机最大功率。数控机床的主轴负载高速时近似于恒功率，即当机床的主轴转速高时，输出转矩较小；转速低时，输出转矩大。这就要求主轴驱动装置也要具有恒功率的性质，并在整个范围内均能提供切削所需功率，即恒功率范围要宽。

（2）调速范围要宽 一般要求主轴驱动装置能在电动机额定转速以下有 1：（100~1000）的恒转矩调速范围，在额定转速以上有 1：10 以上的恒功率调速范围。数控机床的调速是依指令自动进行的，要求能在较宽的转速范围内进行无级调速。

（3）同步、定位准停功能 为使数控车床具有螺纹切削等功能，要求主轴能与进给运动实行同步控制；在加工中心上，为满足自动换刀需求，还要求主轴具有高精度的准停功能。

此外，主轴驱动还要求控制精度高、响应速度快，具有四象限驱动、位置控制能力。

◉ 6.2 开环进给伺服系统

开环进给伺服系统无位置检测反馈环节，其驱动元件常采用步进电动机，由数控装置发出指令脉冲信号，经过环形分配器、功率放大器、步进电动机、减速装置、滚珠丝杠螺母副转换成工作台的移动，如图 6-2 所示。

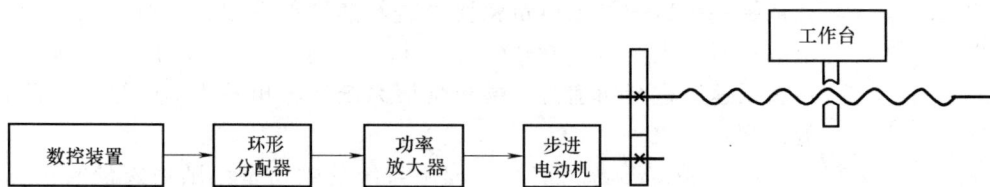

图 6-2   开环伺服系统结构

6.2.1 步进电动机

1. 步进电动机的类型

步进电动机是一种将电脉冲信号变换成相应的角位移或直线位移的机电执行元件。步进电动机种类众多，根据不同的分类方式，步进电动机的相应类型见表 6-1。

2. 步进电动机的结构

图 6-3 所示为一常用的径向三相反应式旋转步进电动机结构，它主

分类方式	具 体 类 型
转矩产生原理	反应式(磁阻式)、永磁式、永磁感应式(混合式)
输出力矩大小	1)伺服式:只能驱动较小负载,一般与液压转矩放大器配用,才能驱动机床工作台等较大负载 2)功率式:可以直接驱动机床工作台等较大负载
相数	三相、四相、五相、六相
各相绕组分布	1)径向分相式:电动机各相按圆周依次排列 2)轴向分相式:电动机各相按轴向依次排列
运动方式	旋转运动式、直线运动式、平面运动式、滚切运动式
定子数	单定子式、双定子式、三定子式、多定子式

表 6-1
步进电动机的相应类型

要由定子和转子构成,其中定子又由定子铁心和定子(励磁)绕组构成。定子铁心由电工硅钢片叠压而成,定子绕组是绕置在定子铁心 6 个均匀分布的齿上的线圈,在直径方向上相对的两个齿上的线圈串联在一起,构成一相控制绕组。图 6-3 所示步进电动机可构成 A、B、C 三相控制绕组,故称为三相步进电动机。若任一相绕组通电,便形成一组定子磁极,如图 6-3 所示的 NS 极。定子的每个磁极正对转子的圆弧面上都均匀分布着 5 个小齿,呈梳状排列,齿槽等宽,齿间夹角为 9°。转子上没有绕组,只有均匀分布的 40 个小齿,其大小和间距与定子完全相同。另外,三相定子磁极上的小齿在空间位置上依次错开 1/3 齿距,如图 6-4a 所示。当 A 相磁极上的小齿与转子上的小齿对齐时,B 相磁极上的小齿刚好超前(或滞后)转子齿 1/3 齿距角,即 3°;C 相磁极上的小齿超前(或滞后)转子齿 2/3 齿距角。步进电动机每走一步所转过的角度称为步距角,其大小等于错齿的角度。错齿角度的大小取决于转子上的齿数和磁极数;转子上的齿数和磁极数越多,步距角越小,步进电动机的位置精度越高,其结构也越复杂。

3. 步进电动机的工作原理

步进电动机虽然类型众多,但工作原理相似,都是基于定子产生的电磁力吸引转子偏转而进行转矩输出的。下面以图 6-3 所示的径向三相反应式旋转步进电动机为例,来说明步进电动机的工作原理。

当 A 相绕组首先通电时,在电磁力作用下,转子上的齿与定子 AA′ 上的齿对齐,即如图 6-4a 所示情形;若 A 相断电,B 相通电,受磁力作用,转子上的齿与定子 BB′ 上的齿对齐,即如图 6-4b 所示情形,转子沿

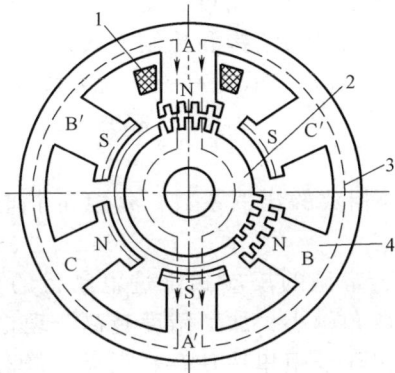

图 6-3

径向三相反应式旋转步进电动机结构
1—定子绕组
2—转子铁心(一周有齿)
3—A 相磁通 Φ_A
4—定子铁心

图 6-4

步进电动机的齿距角
及工作原理

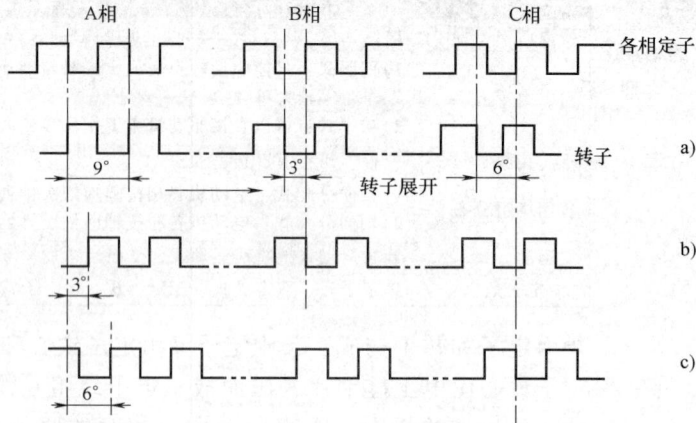

顺时针方向转过 3°；若 B 相断电，C 相通电，转子上的齿又与定子 CC′ 上的齿对齐，即如图 6-4c 所示情形，转子又转过 3°。若控制线路不停地按 A→B→C→A→……的顺序控制步进电动机绕组的通断电，步进电动机的转子便不停地沿顺时针方向转动；若通电顺序改为 A→C→B→A→……，则步进电动机的转子将沿逆时针方向转动。这种通电方式称为三相单三拍，"单"是指每次只有一相绕组通电，"三拍"是指每三次换接为一个循环。

三相单三拍通电方式，由于每次只有一相绕组通电，在切换瞬间将失去自锁转矩，容易失步；另外，只有一相绕组通电，易在平衡位置附近产生振荡，稳定性不好。另一种通电方式为三相双三拍，即通电顺序按 AB→BC→CA→AB→……（转子沿顺时针方向转动）或 AC→CB→BA→AC→……（转子沿逆时针方向转动）进行，转子处在稳定位置时，其齿不与任何通电相定子的齿对齐，而停在两相定子齿的中间位置，其步距角仍为 3°。因为三相双三拍控制每次都有两相绕组通电，而且切换时总保持一相绕组通电，所以运转比较稳定。如果按 A→AB→B→BC→C→CA→A→……（转子沿顺时针方向转动）或 A→AC→C→CB→B→BA→A→……（转子沿逆时针方向转动）的顺序进行通电，则称为三相六拍。这种控制方式的步距角为 1.5°，因而精度更高，且转换过程中始终保持一相绕组通电，工作稳定，因此大量采用这种控制方式。

4. 步进电动机的主要特性

（1）步距角和静态步距误差　步距角是步进电动机定子绕组通电状态下每改变一次转子转过的角度，是决定开环伺服系统脉冲当量的重要参数，它取决于电动机的结构和控制方式，步距角 α 与定子绕组的相数 m、转子的齿数 z 及通电方式 k 有关，其关系为

$$\alpha = \frac{360°}{mzk} \tag{6-1}$$

式中，k 为拍数与相数的比例系数，m 相 m 拍时，$k=1$，m 相 $2m$ 拍时，$k=2$。

数控机床中，常见的反应式步进电动机的步距角一般为 0.5°~3°。一般情况下，步距角越小，加工精度越高。理论上步距角应该是圆周角 360° 的等分，但实际步距角往往存在误差，静态步距误差指理论步距角

与实际步距角的差值，以分表示，一般在 10′以内。步距误差主要由步进电动机齿距制造误差、定子和转子间气隙不均匀以及各相电磁转矩不均匀等因素造成。步距误差直接影响工件的加工精度和电动机的动态特性。

（2）静态转矩与矩角特性　当步进电动机在某相通电时，转子处于不动状态。这时，在电动机轴上加一个负载转矩，转子就按一定方向转过一个角度 θ，此时转子所受的电磁转矩 M 称为静态转矩，角度 θ 称为失调角。描述 M 和 θ 之间关系的特性称为矩角特性。如图 6-5 所示，该特性上的电磁转矩最大值称为最大静转矩 M_{max}。在一定范围内，外加转矩越大，转子偏离稳定平衡的距离就越远。其中，$\theta = 0$ 的位置是稳定平衡点，$\theta = \pm \alpha / 2$（α 为单拍通电时对应的步距角）的位置是不稳定平衡点；在静态稳定区内，当外加转矩除去时，转子在电磁转矩作用下，仍能回到稳定平衡点位置。

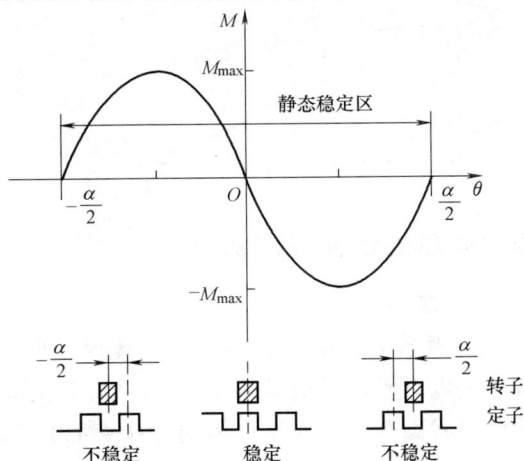

图 6-5
步进电动机矩角特性和静态稳定区

（3）起动频率　起动频率 f_q 指空载时步进电动机由静止状态突然起动，并进入不丢步的正常运行的最高频率。起动时，步进电动机接到的指令脉冲频率应小于起动频率，否则将产生失步。步进电动机带负载（尤其是惯性负载）下的起动频率要比空载起动频率低，并随着负载加大（在允许范围内），起动频率会进一步降低。

（4）连续运行的最高工作频率　步进电动机起动后，保证连续不丢步运行的极限频率 f_{max}，称为最高工作频率。它决定了定子绕组通电状态下最高变化的频率，即决定了步进电动机的最高转速。连续运行最高工作频率通常是起动频率的 4~10 倍。随着步进电动机的运行频率增加，其输出转矩相应下降，因此最高工作频率受所带负载性质和大小的影响，与驱动电源也有很大关系。

（5）加减速特性　加减速特性是描述步进电动机由静止到工作频率和由工作频率到静止的加减速过程中，定子绕组通电状态的变化频率与时间的关系。当要求步进电动机起动到大于起动频率的工作频率时，变化速度必须逐渐上升；同样，从最高工作频率或大于起动频率的工作频率到停止时，变化速度必须逐渐下降。逐渐上升和逐渐下降的加减速时间不能过短，否则会出现失步或超步。一般用加速时间常数 T_a 和减速时

间常数 T_d 来描述步进电动机的升速和降速特性，如图 6-6 所示。

（6）矩频特性与动态转矩   矩频特性是描述步进电动机连续稳定运行时输出转矩 M 与连续运行频率 f 之间的关系。如图 6-7 所示，该特性曲线上每一个频率所对应的转矩称为动态转矩。步进电动机正常运行时，动态转矩随连续运行频率的上升而下降。

图 6-6
步进电动机加减速
特性曲线

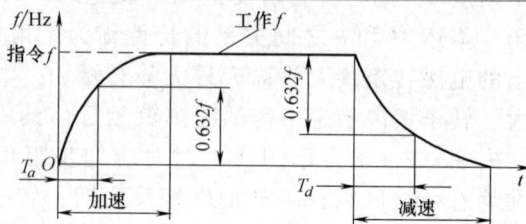

图 6-7
矩频特性曲线

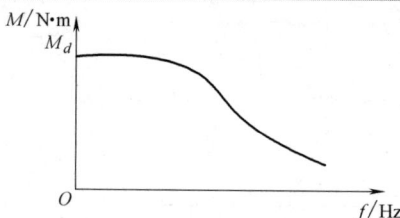

6.2.2 开环进给伺服控制

1. 控制原理

（1）工作台位移量的控制   数控装置发出 N 个进给脉冲，经放大后，转化成步进电动机定子绕组通/断电的电流变化次数 N，使步进电动机定子绕组的通电状态改变了 N 次，因而也就决定了步进电动机的角位移量 ψ：

$$\psi = N\alpha \tag{6-2}$$

对于工作台为直线进给的系统，如图 6-8 所示，角位移量 ψ 经减速齿轮、丝杠螺母副传递后，转变为工作台的直线位移量 L。由图可知，开环进给伺服系统的脉冲当量 δ 为

$$\delta = \frac{\alpha}{360°}ih \tag{6-3}$$

式中，h 为滚珠丝杠导程；i 为齿轮传动比，$i = z_1/z_2$。

图 6-8
步进电动机开环进给
伺服系统

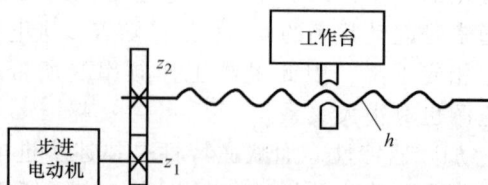

（2）工作台进给速度的控制   系统中进给脉冲频率 f 经驱动放大后，就转化为步进电动机定子绕组通/断电状态变化的频率，因而就决定了步进电动机转子的转速 ω。对于如图 6-8 所示直线进给系统，步进电动机的转速 ω 经减速齿轮、滚珠丝杠螺母副转换后，体现为工作台的直线进给

速度 v，即为

$$v = 60\delta f \tag{6-4}$$

（3）工作台运动方向的控制　改变步进电动机输入脉冲信号的循环顺序，即可改变步进电动机定子绕组中电流的通断循环顺序，从而实现步进电动机的正反转控制，相应工作台的进给运动方向也随之改变。

2. 步进电动机的驱动控制器

通常加到步进电动机定子绕组上的电流脉冲信号，是由步进电动机的驱动控制器给出的，驱动控制器由环形脉冲分配器和功率放大器两部分组成。步进电动机控制电路如图 6-9 所示。

图 6-9

步进电动机控制电路

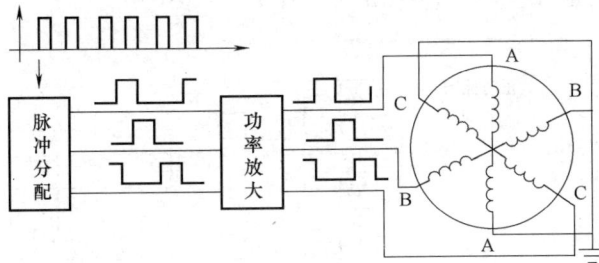

（1）环形脉冲分配器　环形脉冲分配器的主要功能是将数控装置的插补脉冲，按步进电动机控制所要求的规律分配给步进电动机的各相输入端，以控制励磁绕组的通、断电以及运动换向。

步进电动机驱动装置分为两类：一类是其本身包括环形脉冲分配器，称为硬件环形脉冲分配器，数控装置只要发脉冲即可，每一个脉冲即对应电动机转过一个固定的角度；另一类是驱动装置没有环形脉冲分配器，环形分配需由数控装置中的计算机软件来完成，称为软件环形脉冲分配器，由数控装置直接控制步进电动机各相绕组的通、断电。

1）硬件环形脉冲分配器。图 6-10 所示为三相硬件环形脉冲分配驱动与数控装置的连接。环形分配器的输入、输出信号一般均为 TTL 电平，输出 A、B、C 信号变为高电平表示相应的绕组通电，低电平则表示相应的绕组失电；CLK 为数控装置所发脉冲信号，每一个脉冲信号的上升沿或下降沿到来时，输出则改变一次绕组的通电状态；DIR 为数控装置所发方向信号，其电平的高低即对应电动机绕组通电顺序的改变，即步进电动机的正、反转；FULL/HALF 用于控制电动机的整步（对三相步进电动机即为三拍运行）或半步（对三相步进电动机即为六拍运行），一般情况下，根据需要将其接在固定的电平上即可。

图 6-10

三相硬件环形脉冲分配驱动与数控装置的连接

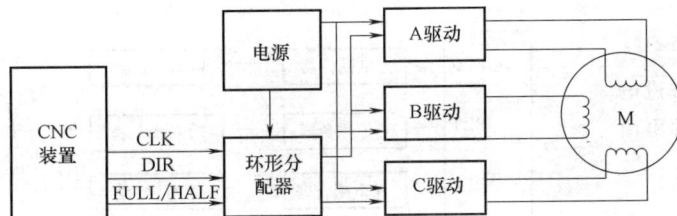

环形脉冲分配器是根据步进电动机的相数和控制方式设计的，可以用门电路及逻辑电路构成。三相六拍环形脉冲分配器的原理线路图如图6-11所示，该电路由与非门和 J-K 触发器构成，指令脉冲加到三个触发器的时钟输入端 C，旋转方向由正、反控制端的状态决定。当正向控制端状态为"1"时，反向控制端状态为"0"，此时正向旋转。初始时，由置"0"信号将三个触发器都置为"0"，由于 A 相接到 $\overline{Q}_3$ 端，故此时 A 相通电，随着指令脉冲的不断到来，各相通电状态不断变化，按照 A→AB→B→BC→C→CA→A→…… 次序通电。步进电动机反向旋转时，由反向控制信号"1"状态控制（此时，正向控制端为"1"），通电次序为 A→AC→C→CB→B→BA→A→……

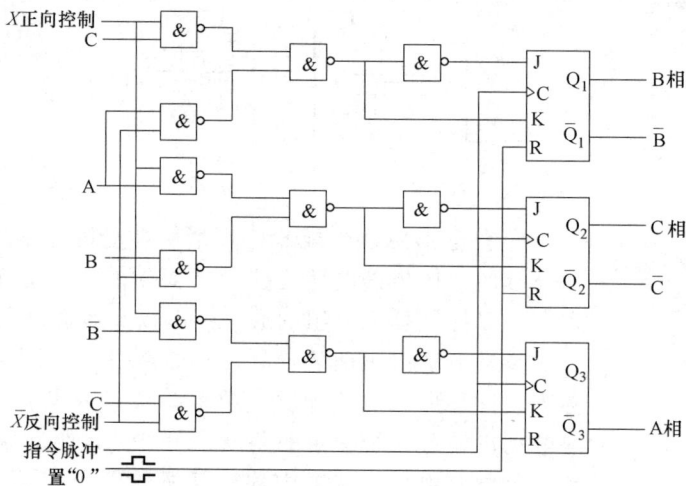

图 6-11

三相六拍环形脉冲分配器的原理线路图

2）软件环形脉冲分配器。在计算机控制的步进电动机驱动系统中，可以采用软件的方法实现环形脉冲分配。软件环形脉冲分配器的设计方法有很多，如查表法、比较法、移位寄存器法等，其中常用的是查表法。

图6-12所示为单片机控制的步进电动机驱动电路框图。P1口的三个引脚经过光电隔离、功率放大后，分别与电动机的 A、B、C 连接。当采用三相六拍方式时，电动机正转的通电次序为 A→AB→B→BC→C→CA→A→……反转的通电次序为 A→AC→C→CB→B→BA→A→……它们的环行分配见表6-2。将表中的数值按顺序存入内存的 EPROM 中，并分别设定表头的地址为 TAB_0，表尾的地址为 TAB_5。计算机的 P1 口如果按从表头开始逐次加1的顺序变化，则电动机正向旋转；如果按从 TAB_5 逐次减1的顺序变化，则电动机反转。

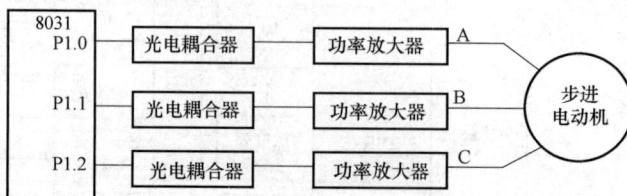

图 6-12

单片机控制的步进电动机驱动电路框图

表 6-2	步序		导电相	工作状态	数值(十六进制)	程序的数据表
计算机的三相六拍 环形分配	正转	反转		CAB		TAB
			A	001	01H	TAB$_0$　DB　01H
			AB	011	03H	TAB$_1$　DB　03H
	↓	↑	B	010	02H	TAB$_2$　DB　02H
			BC	110	06H	TAB$_3$　DB　06H
			C	100	04H	TAB$_4$　DB　04H
			CA	101	05H	TAB$_5$　DB　05H

目前，实用的硬件环形脉冲分配器均由专用集成芯片构成，采用软件进行脉冲分配省去了硬件环形脉冲分配器，虽然增加了软件编程的复杂程度，但系统减少了器件，降低了成本，也提高了可靠性。

（2）功率放大器　功率放大器将环形分配器输出的脉冲信号放大，以具备足够的功率来驱动步进电动机。步进电动机的每一相绕组都有一套功率放大电路，主要由硬件实现。

1）单电压功率放大器。图 6-13a 所示为一种典型的单电压功率放大器电路原理，L 为步进电动机励磁绕组的电感，R_L 为绕组的电阻，R_C 为限流电阻；为了减小回路的时间常数 $L/(R_L+R_C)$，电阻 R_C 并联一电容 C，使回路电流上升沿变陡，提高了步进电动机的高频性能和起动性能。续流二极管 VD 和阻容吸收回路 RC 是功率晶体管 VT 的保护电路，在 VT 由导通到截止瞬间释放电动机电感产生的反电动势。

单电压驱动电路的优点是线路简单；缺点是限流电阻 R_C 消耗能量大，电流脉冲前、后沿不够陡（图 6-13b），虽改善了高频性能，但低频工作时的振荡有所增加，特性变坏。这种电路常用于功率较小且要求不高的场合。

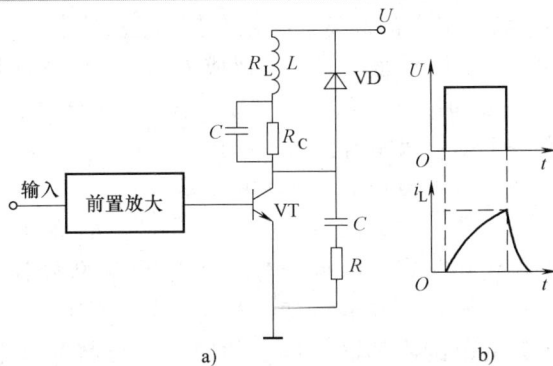

图 6-13

单电压功率放大器
原理图
a）电路原理
b）波形图

2）高低电压功率放大器。高低电压功率放大器是单电压功率放大器的改进型，如图 6-14a 所示。它供给步进电动机绕组两种电压，以改善电动机起动时的电流前沿特性。一种是高电压 U_1，为 80～150V；另一种是低电压 U_2，为 5～20V。在绕组指令脉冲到来时，脉冲的上升沿使 VT$_1$ 和 VT$_2$ 同时导通。由于二极管 VD$_1$ 的作用，使绕组只加上高电压 U_1，绕组的电流很快达到规定值。达到规定值后，VT$_1$ 的输入脉冲先变成下降沿，

使 VT_1 截止，电动机由低电压 U_2 供电，维持规定电流值，直到 VT_2 输入脉冲的下降沿到来，VT_2 截止。下一绕组循环这一过程。

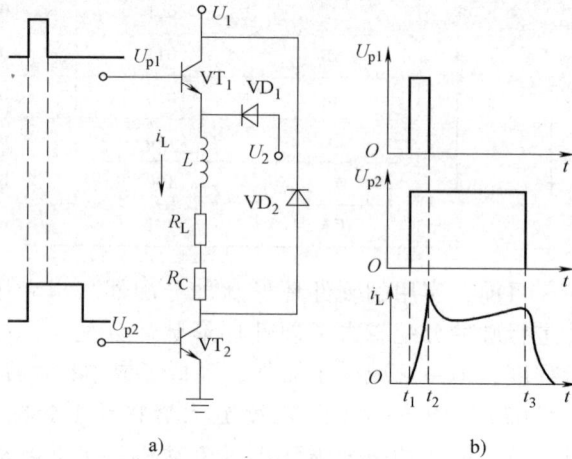

由于采用高压驱动，电流增长快，绕组电流前沿变陡，提高了电动机的工作频率和高频时的转矩；同时由于额定电流由低电压维持，只需阻值较小的限流电阻 R_C，故功耗较低。其缺点是电路较复杂，在高低压衔接处的电流波形顶部有下凹（图 6-14b），将造成高频输出转矩下降并影响电动机运行平稳性。

3）斩波恒流功率放大器。斩波恒流功率放大器是利用斩波方法使电流维持在额定值附近。如图 6-15a 所示，工作时 U_{in} 端输入步进方波信号，当 U_{in} 为 "0" 电平时，与门 A_2 的输出 U_b 为 "0" 电平，功率晶体管 VT 截止，绕组 W 上无电流通过，采样电阻 R_3 上无反馈电压，放大器 A_1 输出高电平；而当 U_{in} 为 "1" 电平时，与门 A_2 的输出 U_b 也是 "1" 电平，功率晶体管 VT 导通，绕组 W 上有电流通过，采样电阻 R_3 上出现反馈电压 U_f，由分压电阻 R_1、R_2 得到的设定电压和反馈电压相减，来决定 A_1 输出电平的高低，再由与门 A_2 来控制 U_{in} 信号是否通过。当 $U_{ref} > U_f$ 时，U_{in} 信号通过与门，形成 U_b 正脉冲，功率晶体管 VT 导通；反之，当 $U_{ref} < U_f$ 时，U_{in} 信号被截止，无 U_b 正脉冲，功率晶体管 VT 截止。这样在一个 U_{in} 脉冲内，功率晶体管 VT 多次通断，使绕组电流在设定值上下变动。各点波形如图 6-15b 所示。

在这种控制方法中，由于采样电阻 R_3 的反馈作用，使绕组上的电流可以稳定在额定值附近，与外加电压 U 的大小无关，是一种恒流驱动方案，对电源要求较低；绕组电流也与步进电动机的转速无关，可保证在很大频率范围内都输出恒定的转矩。与前两种电路相比，该驱动电路虽较复杂，但绕组的脉冲电流边沿较陡；采样电阻 R_3 的阻值较小（一般为 0.2Ω），因此主回路电阻较小，系统的时间常数较小，反应较快，功率小、效率高。这种功放电路在实际中经常采用。

4）调频调压功率放大器。从上述几种驱动电路可看出，为了提高系统的高频响应，可以提高供电电压，加快电流上升前沿，但在低频工作时，步进电动机的振荡加剧，甚至失步。

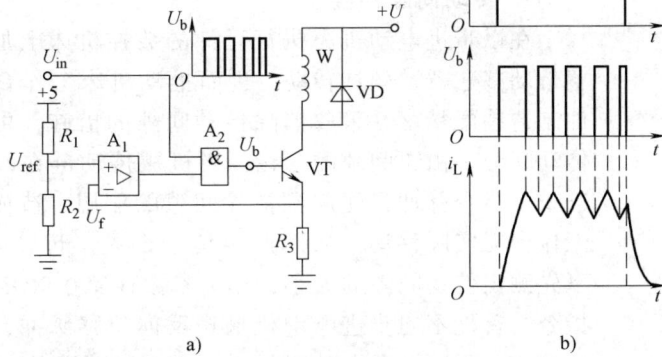

图 6-15
斩波恒流功率放大器
原理图
a）电路原理
b）波形图

　　调频调压驱动是对绕组提供的电压与电动机运行频率之间直接建立联系，即为了减少低频振荡，低频时保证绕组电流上升的前沿较缓慢，使转子在到达新的平衡位置时不产生过冲；而在高频时使绕组中的电流有较陡的前沿，产生足够的绕组电流，提高电动机驱动负载能力。这就要求低频时用较低的电压供电，高频时用较高的电压供电。

　　调频调压控制可由软件配合适当硬件电路实现，如图 6-16 所示。U_{CT} 是开关调压信号，U_{CP} 是步进控制脉冲信号，两者都由 CPU 输出。当 U_{CT} 为负脉冲信号时，VT_1 和 VT_2 导通，电源电压 U_1 作用在电感 L_s 和电动机绕组 L 上，L_s 感应出负电动势，电流逐渐增大，并对电容 C 充电，充电时间由 U_{CT} 的负脉冲宽度 t_{on} 决定。在 U_{CT} 负脉冲过后，VT_1 和 VT_2 截止，L_s 又产生感应电动势，其方向是 U_2 处为正。此时，若 VT_3 导通，该感应电动势便经电动机绕组 $L \to R \to VT_3 \to$ 地 $\to VD_1 \to L_s$ 回路泄放，同时电容 C 也向绕组 L 放电。由此可见，向电动机供电的电压 U_2 取决于 VT_1 和 VT_2 的导通时间，即取决于 U_{CT} 的负脉冲宽度。负脉冲宽度 t_{on} 越大，U_2 越高。因此，根据 U_{CP} 的频率，调整 U_{CP} 负脉冲宽度 t_{on}，便可实现调频调压。

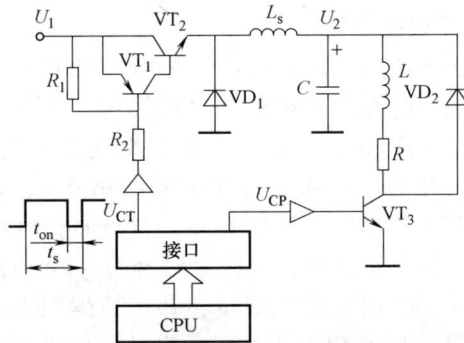

图 6-16
调频调压功率放大器
原理图

6.2.3　提高开环进给伺服系统精度的措施

　　开环进给伺服系统是一个开环系统。在此系统中，机械传动部分的结构及质量、步进电动机的质量和控制电路的性能，均影响系统的工作精度。要提高系统的工作精度，常采用的方法有：传动间隙补偿、螺距误差补偿和细分驱动。

1. 传动间隙补偿

在以步进电动机为执行元件的数控机床上加工工件，是依靠驱动装置带动减速器、丝杠转动，进而推动机床工作台产生位移。提高传动元件制造装配精度并采取消除传动间隙的措施，可以减小但不能完全消除传动间隙。由于间隙的存在，当机械传动链在改变运动方向时，最初的若干个指令脉冲只能起到消除间隙的作用，造成步进电动机的空走，而工作台无实际移动，从而产生传动误差。传动间隙补偿的基本方法为：事先测出传动间隙的大小，作为参数存储在 ROM 中；每接收到反向位移指令，首先不向步进电动机输送反向位移脉冲，而是将间隙值换算为脉冲数 N，驱动步进电动机转动，越过传动间隙，待间隙补偿结束后再按指令脉冲进行动作，其示意如图 6-17 所示。

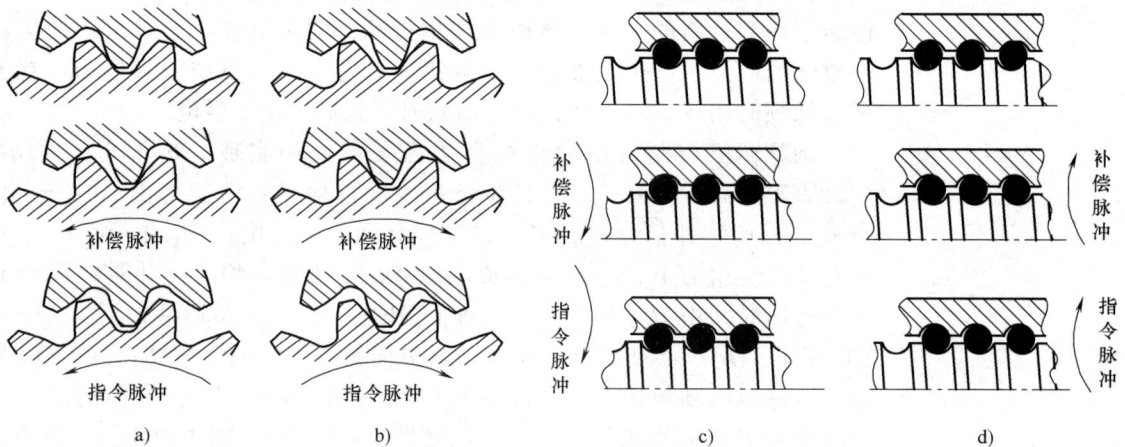

图 6-17　传动间隙补偿示意图

a）齿轮传动逆时针换向　b）齿轮传动顺时针换向　c）丝杠传动从右向左换向
d）丝杠传动从左向右换向

2. 螺距误差补偿

传动链中的滚珠丝杠螺距不同程度地存在着制造误差，在步进式开环伺服系统中，螺距累积误差直接影响工作台的位移精度，可为数控装置提供自动螺距误差补偿功能来解决这个问题。调整设备进给精度时，设置若干个补偿点（通常可达 128～256 个），在每个补偿点处，把工作台的位置误差测量出来（图 6-18），以确定补偿值，作为控制参数输入给数控装置。设备运行时，工作台每经过一个补偿点，数控装置就向规定的方向加入一个设定的补偿量，补偿掉螺距误差，使工作台到达正确的位置。由图 6-18 可以看出补偿前和补偿后工作台的位置误差情况。

3. 细分驱动

未细分控制的步进电动机，对应于一个通电脉冲，转子转过一个步距角。步距角的大小只有两种，即整步工作或半步工作。但在双三拍通电方式下，三相步进电动机是两相同时通电的，转子的齿与定子的齿不对齐，而是停在两相定子齿的中间位置。若两相通以不同大小的电流，那么转子的齿不会停在两齿的中间，而是偏向通电电流较大的那个齿。如果把通向定子的额定电流分成 n 等份，转子以 n 次通电方式最终达到额定电流，使原来的每个脉冲走一个步距角，变成了每次通电走 $1/n$ 个步距角，即在进给速度不变的情况下，使脉冲当量缩小到原来的 $1/n$，从而提高了步进电动机的精度。这种将一个步距角细分成若干步的驱动方法称为细分驱动。

若无细分，定子绕组的电流是由零跃升到额定值的，相应的角位移如图 6-19a 所示；采用细分后，定子绕组的电流要经过若干小步（这里十细分，故走十步）的变化，才能达到额定值，相应的角位移如图 6-19b 所示。

图 6-18

螺距误差补偿原理

a）补偿前误差

b）补偿后误差

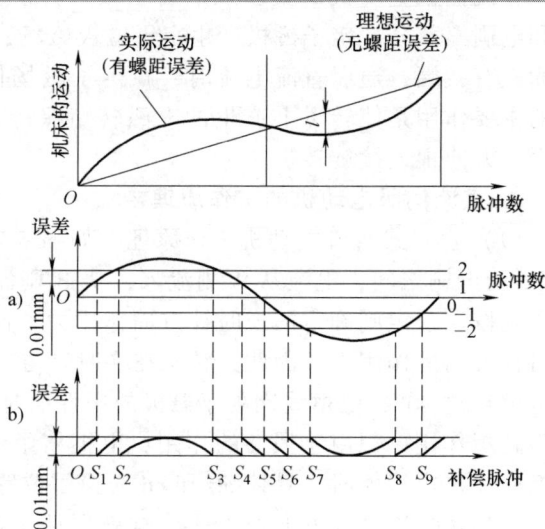

图 6-19

细分前后的角位移比较

a）细分前

b）十步细分后

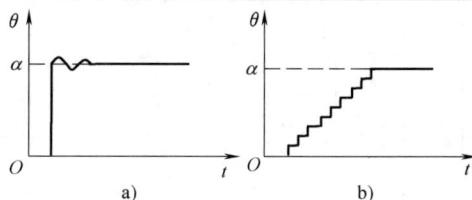

◉ 6.3　闭环进给伺服系统

相比开环伺服系统，闭环伺服系统通过增加检测反馈环节，构成反馈闭环，通过测量误差实现精度补偿。因此，闭环伺服系统具有工作可靠、抗干扰性强，以及精度高等优点，在现代数控机床中普遍采用闭环伺服控制方式。对于闭环进给伺服系统而言，常采用直流伺服电动机和交流伺服电动机作为驱动元件。直流伺服驱动系统具有响应速度快、精度和效率高、调速范围宽、负载能力大、机械特性较硬等优点，从 20 世纪 70 年代开始就在数控机床上获得广泛应用。近年来，随着新型开关功率器件及控制算法的发展，交流伺服控制技术不断提升，控制性能不断提高。交流伺服系统在数控机床中的应用日益普及，已逐步取代直流伺服系统。

6.3.1 直流伺服电动机及速度控制

1. 直流伺服电动机的类型

直流伺服电动机种类有很多，按电枢的结构与形状可分为平滑电枢型、空心电枢型和有槽电枢型等；按定子磁场的产生方式可分为永磁式和他励式两类；按转子转动惯量的大小可分为大惯量、中惯量和小惯量伺服电动机。

2. 直流伺服电动机的结构

直流伺服电动机的类型虽然有很多种，但其结构主要包括定子、转子和电刷三部分。定子磁极产生定子磁极磁场；转子由硅钢片叠压而成，表面嵌有线圈，通以直流电流时，在定子磁场作用下产生电磁转矩；电刷的主要作用是使转子上产生的电磁转矩保持恒定方向，以保证转子能沿固定方向地连续旋转。

3. 直流伺服电动机的工作原理

（1）永磁式直流电动机工作原理　如图 6-20 所示，将直流电压加到 A、B 两电刷之间，电流从 A 刷流入，从 B 刷流出，载流导体 ab 在磁场中受到按左手定则确定的逆时针方向作用力，同理，载流导体 cd 也受到逆时针方向的作用力。因此，转子在逆时针方向的电磁转矩下旋转起来。当电枢转过 90°，电枢线圈处于磁极的中性面时，电刷与换向片断开，无电磁转矩作用；但由于惯性的作用，电枢将继续转动一个角度，当电刷与换向片再次接触时，导体 ab 和 cd 交换了位置（以中性面上下分），导体 ab 和 cd 中的电流方向改变了，这就保证了电枢受到的电磁转矩方向不变，因而电枢可以连续转动。

图 6-20

永磁式直流电动机结构原理

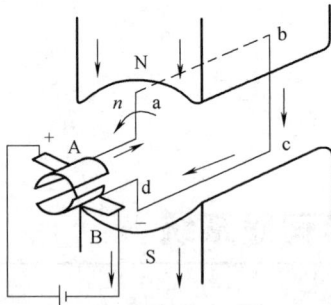

（2）他励式直流电动机工作原理　他励式直流电动机结构如图 6-21a 所示，在定子上有励磁绕组和补偿绕组，转子绕组通过电刷供电。由于转子磁场和定子磁场始终正交，因而产生转矩，使转子旋转。如图 6-21b 所示，定子励磁电流 i_f 产生定子磁动势 F_s，转子电枢电流 i_a 产生转子磁动势 F_r，F_s 和 F_r 垂直正交，补偿绕组与电枢绕组串联，电流 i_a 又产生补偿磁动势 F_c，F_c 与 F_r 方向相反，它的作用是抵消电枢磁场对定子磁场的扭曲，使电动机具有良好的调速特性。

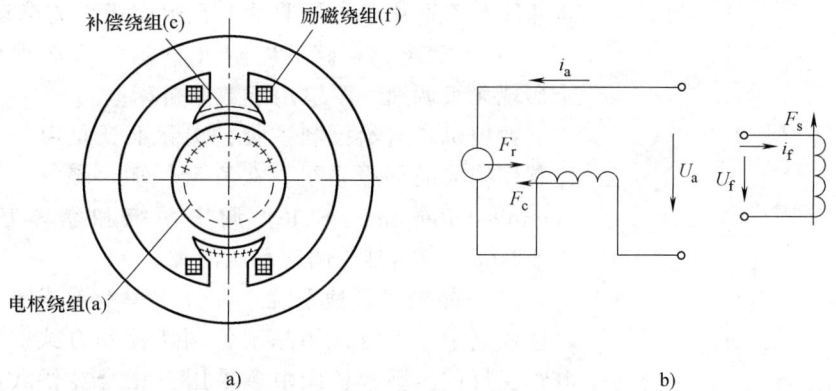

图 6-21

他励式直流电动机
结构原理

a）结构图　b）原理图

就原理而言，一台普通的直流电动机也可认为就是一台直流伺服电动机。因为，当一台直流电动机加以恒定励磁时，若电枢（多相线圈）不加电压，则电动机不会旋转；若外加某一电枢电压，则电动机将以某一转速旋转。如图 6-22a 所示，改变电枢两端的电压，即可改变电动机转速，这种控制称为电枢控制。如图 6-22b 所示，当电枢加以恒定电流改变励磁电压时，同样可改变电动机转速，这种控制称为磁场控制。直流伺服电动机一般都采用电枢控制。

图 6-22

直流伺服电动机的
控制原理

a）电枢控制

b）磁场控制

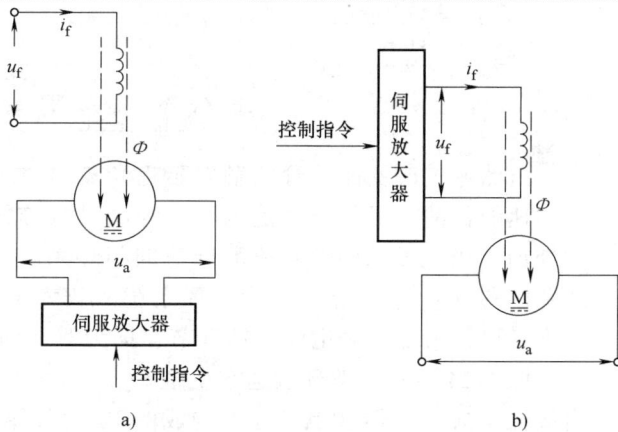

4. 直流伺服电动机速度控制

直流电动机的机械特性为

$$n = \frac{U_a}{C_e \Phi} - \frac{R_a}{C_e C_m \Phi^2} M \tag{6-5}$$

式中，n 为电动机转速（r/min）；U_a 为电枢外加电压（V）；C_e 为反电动势常数；Φ 为电动机磁通量（Wb）；R_a 为电枢电阻（Ω）；C_m 为转矩常数；M 为电磁转矩。

由机械特性方程式可知，直流电动机的调速有三种方法。

1）改变电枢外加电压 U_a。这一方法可得到调速范围较宽的恒转矩特性，机械特性好，适用于主轴驱动的低速段和进给驱动，如图 6-22a 所示的电枢控制。

2）改变磁通量 Φ。这一方法可得到恒功率特性，适用于主轴驱动的高速段，不适用于进给驱动，且永磁式直流电动机的 Φ 是不可变的。

3）改变电枢电路的电阻 R_a。这一方法得到的机械特性较软，且不能实现无级调速，不适用于数控机床。

数控机床进给控制系统，实际上就是由一个调速系统外加一个位置控制环构成的伺服系统。在直流伺服系统中，常用的有晶闸管（Silicon Controlled Rectifier，SCR）调速系统和晶体管脉宽调制（Pulse Width Modulation，PWM）调速系统两类。

（1）晶闸管调速系统　在大功率及要求不是很高的直流伺服电动机调速控制中，广泛采用晶闸管调速控制方式。用晶闸管可构成多种整流电路，目前，数控机床中多采用三相全控桥式整流电路作为直流速度控制单元的主电路。图 6-23 所示为二组三相全控桥式晶闸管调速系统主电路，其有两组正负对接的晶闸管，一组用于提供正向电压，供电动机正转；另一组提供反向电压，供电动机反转。通过对 12 个晶闸管触发延迟角的控制，达到控制电动机电枢电压，从而对电动机进行调速。

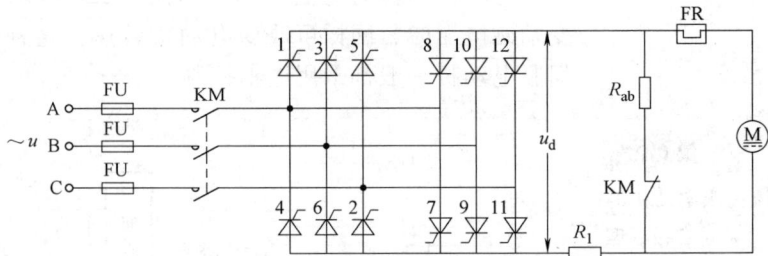

图 6-23

二组三相全控桥式晶闸管调速系统主电路

虽然通过改变晶闸管的触发延迟角就可调整电动机的电枢电压，达到调速的目的，但其调速范围小。为满足数控机床调速范围的要求并抑制外加干扰，可采用带有速度反馈的闭环系统，闭环调速范围为开环调速范围的 $(1+k_s)$ 倍（k_s 为开环系统的放大倍数）；为增加调速特性的硬度，可再增加一个电流反馈环节，即为双环调速系统。

图 6-24 所示为双环调速系统框图，其速度调节器和电流调节器均是由线性集成放大器和阻容元件构成的 PI 调节器。U_r 是速度环的给定值，是来自数控系统位置控制单元的运算结果并经 D/A 转换后的模拟量参

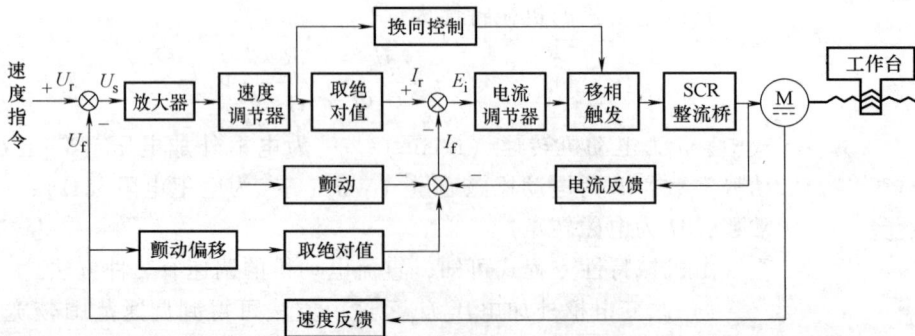

图 6-24　双环调速系统框图

考值，一般为–10～+10V 直流电压。速度反馈元件可采用测速发电机或脉冲编码器，并直接安装在电机的轴上。测速发电机测量的电压 U_f 可以直接反馈回来与 U_r 进行比较；而脉冲编码器发出的脉冲频率要经过频率/电压变换，转变为电压的模拟量值，再与 U_r 进行比较。I_r 来自速度调节器的输出，为电流环的输入值。I_f 为电流的反馈值，检测的是电动机电枢电路的电流。

双环调速系统中，速度环起主导作用，其调速过程如下：当速度指令信号 U_r 增大时，U_s 增大，速度调节器的输出加大，I_r 也随之加大，从而使电流调节器的输出也加大，使脉冲触发器的脉冲前移，即晶闸管的触发延迟角前移，导通角增大，晶闸管整流桥输出的直流电压增大，直流电动机 M 的转速上升。当电动机转速上升到 U_f（$= U_r$）时，调节过程结束，系统达到稳态运行状态。当系统受到外界干扰时，如负载增加，转速下降，U_f 减小，U_s 增大，经过上述同样的调节过程可使转速回升到原始稳定值，实现转速的无静差。

电流环的作用主要是在起动和堵转时限制最大电枢电流，另外，当扰动发生在内环之中时，如电网电压下降时，整流器输出电压随之降低，在电动机转速由于惯性未来得及变化之前，首先引起回路电流减小，反馈电流 I_f 减小，E_i 随之增加，电流调节器输出增加，使晶闸管的触发延迟角前移，晶闸管整流桥的输出电压回升。当 I_f 又回升到原始值时，调节过程结束，实现电流的无静差。

（2）晶体管脉宽调制（PWM）调速系统

1）PWM 系统的组成及工作原理　图 6-25 所示为 PWM 调速系统组成框图。该系统由控制部分和主回路组成，控制部分包括速度调节器、电流调节器、脉宽调制器（调制信号发生器、比较放大器）和基极驱动电路等；主回路包括功率整流电路和晶体管开关功率放大器等。控制部分的速度调节器和电流调节器与晶闸管调速系统一样，可采用双闭环控制；与晶闸管调速系统不同的只有脉宽调制器和开关功率放大器部分，这两部分是 PWM 调速系统的核心。

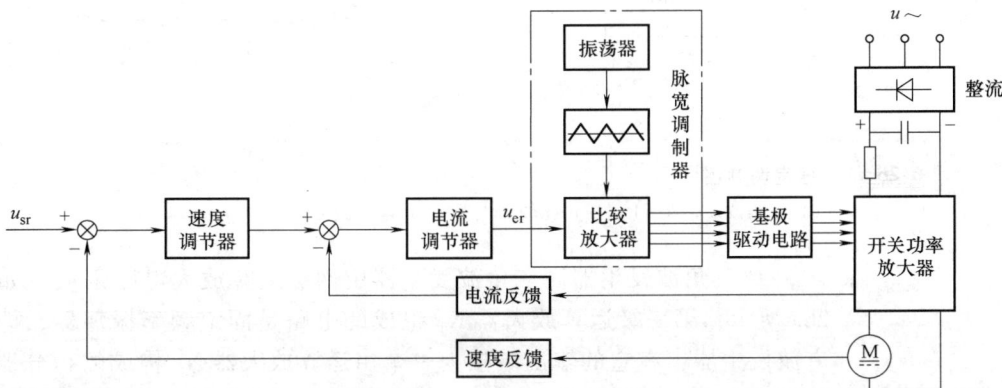

图 6-25　**PWM 调速系统组成框图**

2）脉宽调制器。脉宽调制器的作用是使电流调节器输出的直流电压 u_{er}（按给定的指令变化）与调制信号发生器产生的固定频率的调制信号叠加，然后利用线性组件产生周期固定、宽度可调的脉冲电压。这一脉冲电压经基极驱动回路放大后加到开关功率放大器晶体管的基极，控制其开关周期及导通的持续时间。脉宽调制器的种类很多，但从结构上看，主要由两部分组成，即调制信号发生器和比较放大器。而调制信号发生器大多采用三角波发生器或锯齿波发生器。下面介绍一种用三角波作为调制信号的脉宽调制器，如图6-26所示。

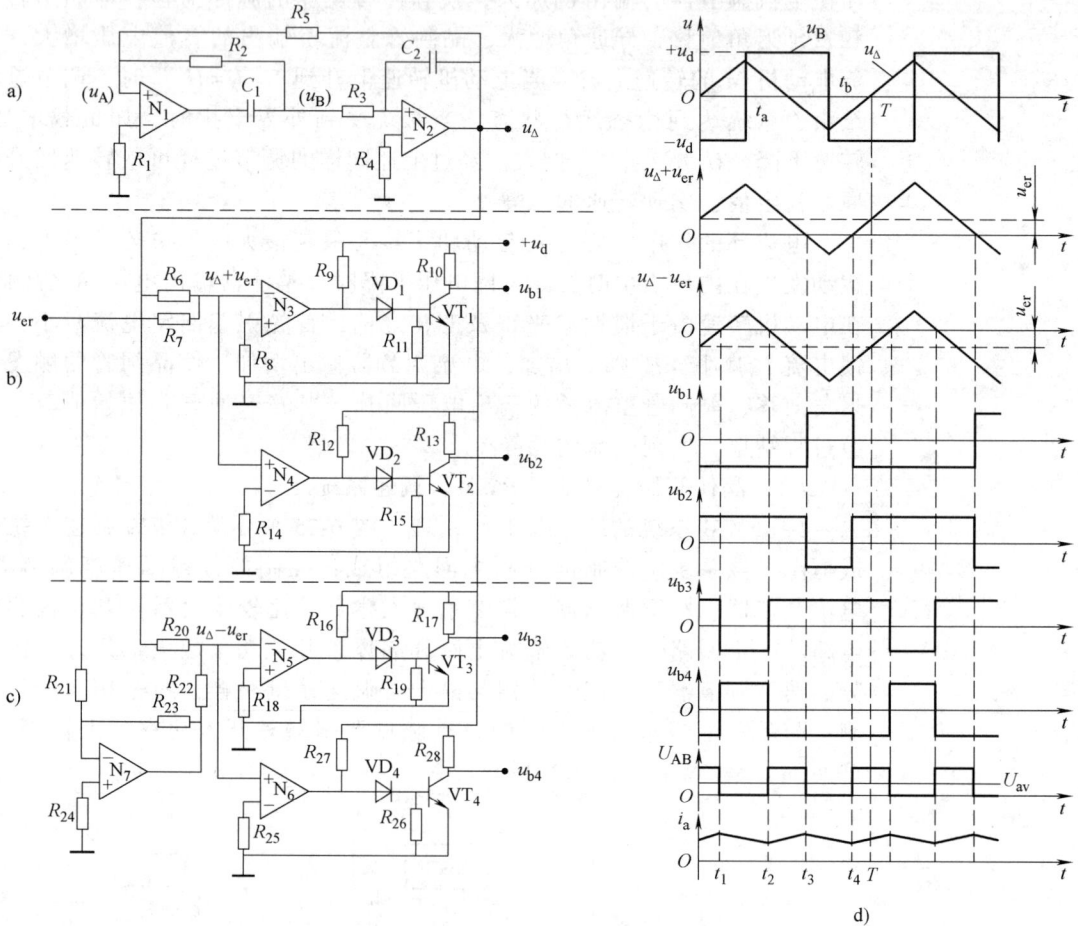

图 6-26　脉宽调制器

a）三角波发生器　b）、c）比较放大器　d）电路波形图

① 三角波发生器。三角波发生器由两级运算放大电路组成。如图6-26a所示，第一级运算放大器 N_1 组成的电路是固定频率振荡器，即自激方波发生器，在它的输出端接上一个由运算放大器 N_2 构成的积分器。三角波发生器的工作过程如下：如图6-26d所示，设在电源接通瞬间 $t=0$，N_1 的输出电压 u_B 为 $-u_d$（运算放大器电源电压），被送到 N_2 的反向输入端，由 N_2 组成的积分器的输出电压 u_Δ 按线性比例关系逐渐上升，同时

u_Δ 又被反馈到 N_1 的输入端，与 u_B（u_B 通过 R_2 正反馈到 N_1 的输入端）进行比较，设在 $t=t_a$ 时 u_A 略大于零，N_1 立即翻转，由于正反馈的作用，瞬间到达最大值，即 $u_B = +u_d$，而 $u_\Delta = (R_5/R_2)u_d$。随后，由于 N_2 输入端为 $+u_d$，经积分，N_2 的输出电压 u_Δ 线性下降。当 $t=t_b$ 时，u_A 略小于零，N_1 再次翻转为原来状态 $-u_d$，即 $u_B = -u_d$，而 $u_\Delta = -(R_5/R_2)u_d$。如此周而复始，形成自激振荡，于是，在 N_2 的输出端得到一串频率固定的三角波电压。

② 比较放大器。图 6-26b、c 所示为比较放大器，三角波发生器输出的三角波 u_Δ 与电流调节器输出的控制电压 u_{er} 比较后，将 $u_\Delta + u_{er}$ 送入 N_3、N_4 的输入端，若 $u_{er}>0$，如图 6-26d 所示，则 N_3、N_4 的输入信号 $u_\Delta + u_{er}$ 正值宽、负值窄。由于 N_3 的反相作用，因此 N_3 输出的电压负脉冲宽、正脉冲窄；而 N_4 没有反相作用，因此其输出的电压正脉冲宽、负脉冲窄。N_3、N_4 的输出电压经一级放大后，输出 u_{b1}、u_{b2}。另外，运算放大器 N_7 构成反相器，使 N_5、N_6 的输入信号为 $u_\Delta - u_{er}$，经运算放大器 N_5、N_6 和一级放大后，分别输出 u_{b3}、u_{b4}。将输出信号 u_{b1}、u_{b2}、u_{b3}、u_{b4} 分别加到如图 6-27 所示的功率放大器的四个大功率晶体管的基极上。

3）开关功率放大器。主回路的开关功率放大器晶体管工作在开关状态。根据输出电压（加于电动机电枢上）波形，开关功率放大器可分为单极性输出、双极性输出和有限单极性输出三种工作方式；根据大功率晶体管使用的数目及布局，开关功率放大器又有 T 型和 H 型之别。图 6-27 所示为 H 型开关功率放大电路，下面分析将图 6-26 中脉宽调制信号 u_{b1}、u_{b2}、u_{b3}、u_{b4} 分别加到其四个大功率晶体管基极上的工作原理。

图 6-27

H 型开关功率放大电路

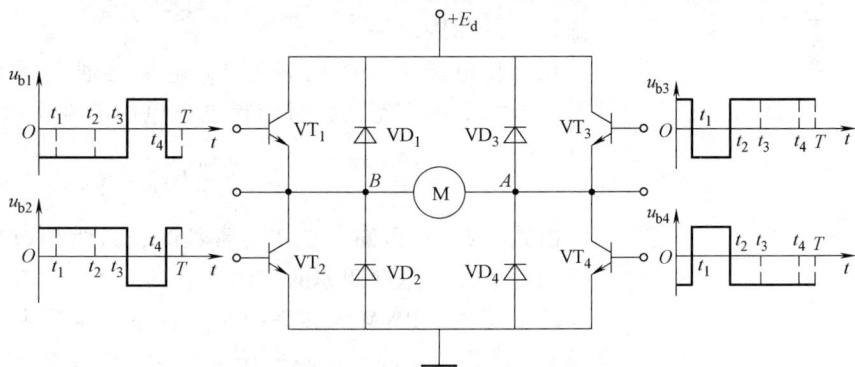

如图 6-26 所示，将正的速度误差信号 $+u_{er}$ 送到脉宽调制器与三角调制波相"与"后，分别产生脉冲信号 u_{b1}、u_{b2}、u_{b3}、u_{b4}，且有 $u_{b1} = -u_{b2}$，$u_{b3} = -u_{b4}$。将 u_{b1}、u_{b2}、u_{b3}、u_{b4} 分别施加在大功率晶体管 VT_1、VT_2、VT_3 和 VT_4 的基极上，控制其开关。在 $0 \leqslant t < t_1$ 时，u_{b1} 和 u_{b4} 电压同时为负，u_{b2} 和 u_{b3} 电压同时为正，VT_3 和 VT_2 饱和导通，加在电枢上电压 $U_{AB} = +E_d$（忽略 VT_3 和 VT_2 上的饱和压降），电枢电流 i_a 沿 $+E_d \rightarrow VT_3 \rightarrow$ 电动机电枢 $\rightarrow VT_2$ 流回至电源负极。在 $t_1 \leqslant t < t_2$ 时，u_{b1} 和 u_{b3} 电压同时为负，VT_1 和 VT_3 截止，电源 $+E_d$ 被切断，加在电枢上电压 $U_{AB} = 0$；而此时 u_{b2} 电压为正，由于电枢电感的作用，电流 i_a 经 VT_2 和 VT_4 继续

流通。在 $t_2 \leqslant t < t_3$ 时，u_{b1} 和 u_{b4} 电压又同时为负，u_{b2} 和 u_{b3} 电压又同时为正，电枢电压 $U_{AB} = +E_d$，电流 i_a 又沿 $+E_d \rightarrow VT_3 \rightarrow$ 电动机电枢 $\rightarrow VT_2$ 流回至电源。在 $t_3 \leqslant t < t_4$ 时，u_{b2} 和 u_{b4} 电压同时为负，VT_2 和 VT_4 截止，电源再次被切断，电枢电压 $U_{AB} = 0$；但因 u_{b3} 电压为正及电枢电感的作用，电流 i_a 经 VT_3 和 VT_1 继续流通。在 $t_4 \leqslant t < T$ 时，u_{b1} 和 u_{b4} 电压又同时为负，u_{b2} 和 u_{b3} 电压又同时为正，电枢电压 $U_{AB} = +E_d$，电流 i_a 又沿 $+E_d \rightarrow VT_3 \rightarrow$ 电动机电枢 $\rightarrow VT_2$ 流回至电源。如此周而复始，不断循环。电枢电压 U_{AB} 和电枢电流 i_a 波形图如图 6-26d 所示。由图可知，主回路输出电压 U_{AB} 是在 0 和 $+E_d$ 之间变化的脉冲电压，即电枢电压 U_{AB} 的极性不变，因此称为单极性工作方式。

当控制电压为负时，即 $u_{er} < 0$，经分析可知，图 6-26 的脉宽调制器中 VT_1、VT_2、VT_3、VT_4 输出波形分别为 u_{b3}、u_{b4}、u_{b1}、u_{b2}，电源 $+E_d$ 将通过 VT_1 和 VT_4 向电动机电枢供电，U_{AB} 是在 0 和 $-E_d$ 之间变化的脉冲电压，电动机反转。当 $u_{er} = 0$ 时，图 6-26 中 N_3、N_4、N_5、N_6 的输入三角波是对称的，它们输出的电压波形为正负半波脉宽相等，且 $u_{b1} = -u_{b2} = u_{b3} = -u_{b4}$，经分析得 $U_{AB} = 0$，电动机停转。从波形图可以看出，当 VT_1 导通时 VT_2 截止，VT_3 导通时 VT_4 截止，反之亦然。为不致造成 VT_1 和 VT_2、VT_3 和 VT_4 同时导通而烧毁晶体管（尤其在 $u_{er} = 0$ 时），在电路设计时要保证上述两对晶体管先截止后导通，而这中间的时间应大于晶体管的关断时间。

从上述电路工作过程的分析中可以发现，开关功率放大器输出电压的频率比每个晶体管开关频率高一倍，从而弥补了大功率晶体管开关频率不能做得很高的缺陷，改善了电枢电流的连续性，这也是此种电路被广泛采用的原因之一。

设输出电压 U_{AB} 的周期为 T，电枢接通电源的脉冲宽度之和为 t_{on}，并设 $\gamma = t_{on}/T$ 为占空比，可求得电枢电压的平均值。

$$U_{av} = \frac{t_{on}}{T} U_{AB} = \gamma U_{AB} \tag{6-6}$$

由式（6-6）可知，在 T 为常数时，人为地改变 t_{on} 以改变占空比 γ，即可改变 U_{AB}，达到调速的目的。

综上所述，PWM 调速系统中，输出电压是由三角载波调制直流控制电压 u_{er} 得到的。调节控制电压 u_{er} 的大小（如变大），即可调节电枢两端的电压 U_{AB} 波形（脉宽变宽，γ 增大），从而调节了电枢电压的平均值 U_{av}（增大），达到调速的目的（电动机转速变高）；连续调节 u_{er} 以连续地改变脉冲宽度，即可实现直流电动机的无级调速。另外，调节控制电压 u_{er} 的正负可以调节 U_{AB} 及 U_{av} 的正负，从而控制电动机的转向。

6.3.2　交流伺服电动机及速度控制

1. 交流伺服电动机的类型

数控机床用交流伺服电动机一般有两种：永磁式交流伺服电动机和感应式交流伺服电动机。永磁式交流伺服电动机相当于交流同步电动机，常用于进给伺服系统；感应式交流伺服电动机相当于交流感应异步电动机，常用于主轴伺服系统。

2. 永磁式交流伺服电动机的结构与工作原理

图 6-28 所示为永磁式交流伺服电动机结构，主要由定子、转子和检测元件三部分组成。定子具有齿槽，内有三相绕组，形状与普通交流电动机的定子相同；转子由多块永磁体和冲片组成，磁场波形为正弦波；检测元件（脉冲编码器或旋转变压器）安装在电动机轴上，其作用是检测转子磁场相对于定子绕组的位置。

永磁式交流伺服电动机的工作原理：如图 6-29 所示，定子三相绕组接上电源后，产生一个旋转磁场，该旋转磁场以同步转速 n_0 旋转。根据磁极的同性相吸、异性相斥原理，定子旋转磁场与转子的永久磁铁磁极相互吸引，并带着转子以同步转速 n_0 一起旋转。当转子轴上加有负载转矩后，将造成定子磁场轴线与转子磁极轴线不一致（不重合），相差一个 θ 角。负载转矩发生变化时，θ 角也跟着变化，但只要不超过一定限度，转子始终跟着定子的旋转磁场以同步转速 n_0 旋转。转子转速 n（r/min）为

$$n = n_0 = \frac{60f}{p} \tag{6-7}$$

式中，f 为交流电源频率（Hz）；p 为转子磁极对数。

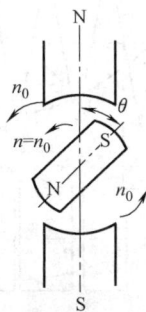

图 6-28

永磁式交流伺服
电动机结构示意图
1—定子　2—转子
3—压板
4—定子三相绕组
5—脉冲编码器
6—接线盒

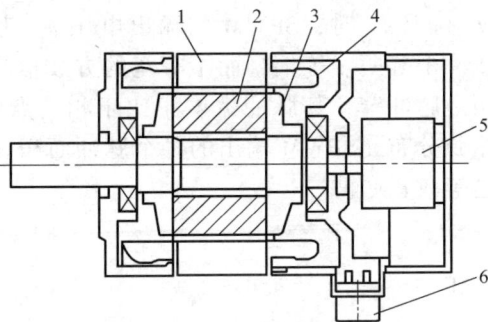

图 6-29

永磁式交流伺服
机工作原理图

3. 交流伺服电动机速度控制

（1）交流伺服电动机调速原理　根据交流电动机的工作原理可知，当交流电动机定子三相绕组通三相交流电源时，同步型交流伺服电动机的转速 $n = n_0 = 60f/p$；异步型交流伺服电动机的转速 $n = (60f/p)(1-s) =$

$n_0(1-s)$。可见，要改变电动机转速可采用以下三种方法。

1）改变磁极对数 p。这是一种有级的调速方法，通过对定子绕组接线的切换以改变磁极对数来实现的，难以实现无级调速。

2）改变转差率 s。这种方法只适用于异步型交流电动机的调速，包括调压调速和电磁调速。该调速方法机械特性软、效率低、功耗大。

3）变频调速。通过改变电动机电源频率 f 来改变电动机的转速，可实现无级调速，效率和功率因数都很高，调速范围宽、精度高。

（2）正弦波脉宽调制（Sinusoidal PWM，SPWM）变频调速　SPWM变频调速是 PWM 调速方法的一种，适用于永磁式交流伺服电动机和感应式交流伺服电动机。SPWM 采用正弦规律脉宽调制原理，具有输入功率因数高和输出波形好的优点，是一种最基本、应用最广泛的调制方法。

SPWM 属于交-直-交变频调速方式，该方式是先将电源输入到整流器，经整流后变为直流，再经电容或电感或由两者组合的电路滤波后供给逆变器（直流变交流），输出三相频率和电压均可调整的等效于正弦波的脉宽调制波（SPWM 波），以驱动交流伺服电动机运转。

1）SPWM 原理。在交流 SPWM 系统中，输出电压是由三角载波调制正弦电压得到的。图 6-30 给出使用双极性调制法形成调制波的过程。u_Δ 为三角载波信号，其幅值为 U_Δ，频率为 f_Δ；u_s 为一相（如 U 相）正弦控制波，其幅值为 U_s，频率为 f_s。三角波与正弦波的频率比称为载波比，通常为（15~168）∶1，甚至更高。图中数字位置是这两种波形的交点，当 u_s 高于 u_Δ 时，SPWM 的输出电压 u_m 为高电平，否则为低电平。这样形成一个等距、等幅，而不等宽的方波信号 u_m，它的规律是中间脉冲宽而两边脉冲窄，其脉冲宽度正比于相交点的正弦控制波的幅值，基本上按正弦分布。SPWM 输出的各个脉冲面积和与正弦波下面积成比例，其基波是等效正弦波。

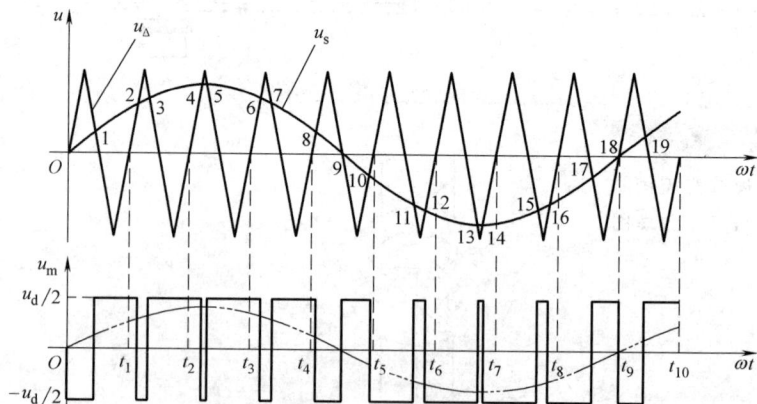

SPWM 波形可用计算机技术或专门集成电路芯片产生，也可采用正弦波控制、三角波（载波）调制的模拟电路元器件来实现，调制电路如图 6-31 所示。首先由模拟元器件构成的三角波和正弦波发生器分别产生三角波信号 u_Δ 和正弦波信号 u_s，然后送入电压比较器，产生 SPWM 的矩

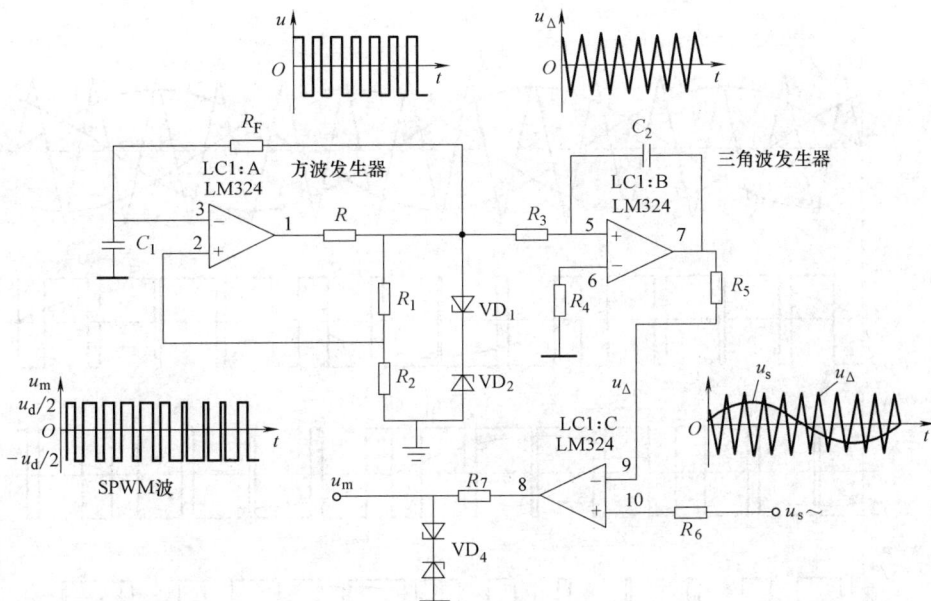

图 6-31　**双极性 SPWM 波形产生原理**（一相）

形脉冲。

　　要获得三相 SPWM 波形，可利用如图 6-32 所示的三相 SPWM 控制电路。三个互成 120°相位角的正弦控制电压 u_{sU}、u_{sV}、u_{sW}（由三个电压频率变换器产生）分别与同一三角波 u_Δ 比较，且三角波频率为正弦波频率三倍的整数倍，可获得三路互成 120°相位角的 SPWM 波 u_{mU}、u_{mV}、u_{mW}，如图 6-33a~d 所示。用这个输出方波脉冲信号及它们取反后的脉冲信号 $\overline{u}_{mU}$、$\overline{u}_{mV}$、$\overline{u}_{mW}$，经功率放大后，驱动电动机工作。u_{sU}、u_{sV}、u_{sW} 的幅值和频率都是可调的，可通过改变其幅值和频率来实现变频调速的目的。

图 6-32

三相 SPWM 控制电路
原理图

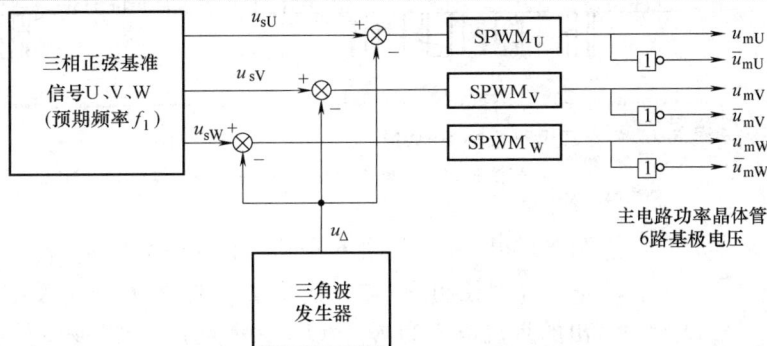

　　2）SPWM 变频器的功率放大电路。SPWM 波经功率放大后才能驱动电动机。图 6-34 所示为双极性 SPWM 通用型功率放大电路，图左侧是桥式整流电路，将工频（50Hz）交流电整流成直流电；电容器 C_d 滤平全波整流后的电压波纹，当负载变化时，使直流电压保持平稳；图右侧是逆变器，用 $VT_1 \sim VT_6$ 六个大功率开关晶体管把直流电变成脉宽按正弦规律变化的等效正弦交流电，用来驱动交流伺服电动机，U、V、W 是逆变

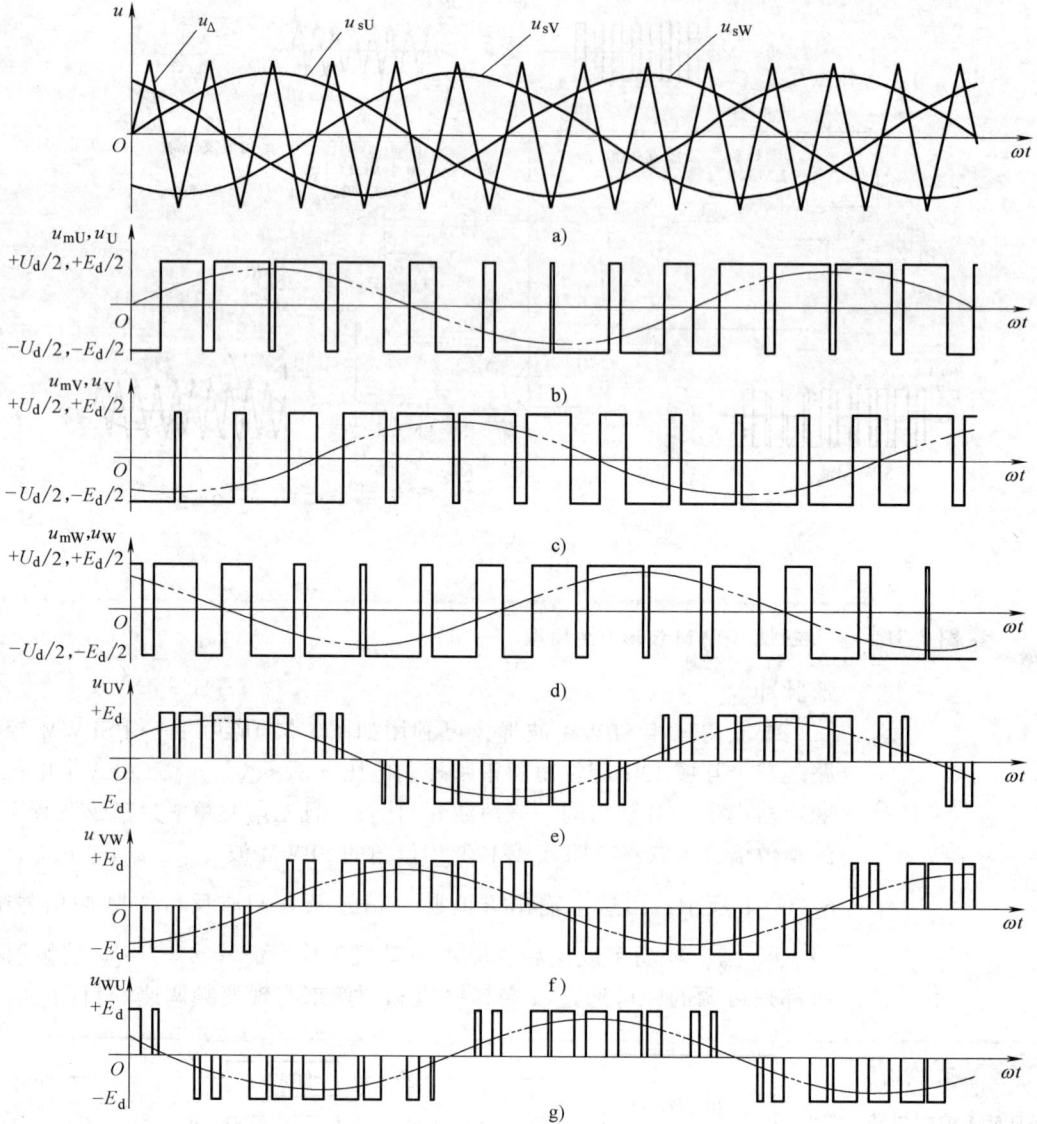

图 6-33   **三相双极性 SPWM**

　　a) 正弦控制波和三角调制波   b)、c)、d) 输出 SPWM 波及相电压   e)、f)、g) 输出 SPWM 线电压

　　桥的输出端。由图 6-32 输出的 SPWM 波 u_{mU}、$\overline{u}_{mW}$、u_{mV}、$\overline{u}_{mU}$、u_{mW}、$\overline{u}_{mV}$ 分别控制图 6-34 中 $VT_1 \sim VT_6$ 的基极。设图 6-34 中经三相整流器输出的直流电压为 E_d。以 U 相为例，当逆变管输入电压 u_{mU} 为正半周时，VT_1 工作于脉宽调制状态，VT_4 截止，U 相绕组的相电压为 $+E_d/2$（忽略 VT_1 上的饱和压降）；当 u_{mU} 为负半周时，VT_4 工作于脉宽调制状态，VT_1 截止，U 相绕组的相电压为 $-E_d/2$。当 u_{mU} 在正半周与负半周间切换时，为不致造成 VT_1 和 VT_4 同时导通而烧毁晶体管，电路设计时要保证这对晶体管先截止后导通，这中间的时间应大于晶体管的关断时间；期间，电动机绕组中的反电动势通过 VD_{10} 或 VD_7 续流二极管释放，且该相

绕组承受 $-E_d/2$ 或 $+E_d/2$ 电压（忽略二极管上的压降），从而实现双极性 SPWM 调制特性。V 相和 W 相同理。U、V、W 三相上的相电压波形 u_U、u_V、u_W 与逆变管的控制信号 u_{sU}、u_{sV}、u_{sW} 波形一致，仅电压幅值不同，如图 6-33b、c、d 所示。由相电压合成为线电压，如 $u_{UV} = u_U - u_V$，可得逆变器输出线电压脉冲系列，如图 6-33e、f、g 所示，其脉冲幅值为 $\pm E_d$。功放输出端（右侧）接在电动机上，由于电动机绕组电感的滤波作用，其电流变成正弦波，三相输出电压相位上相差 $120°$。

图 6-34

**双极性 SPWM 通用型
功率放大电路**

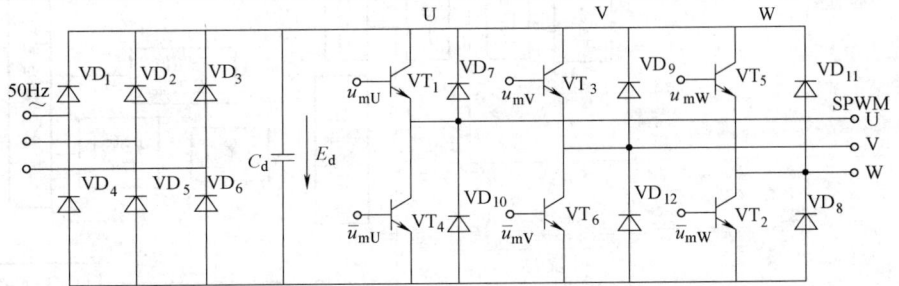

逆变器输出端相电压为具有控制波（正弦波）的频率且有某种谐波畸变的调制波形，其基波幅值为

$$U_{sm} = \frac{E_d}{2} \frac{U_s}{U_\Delta} = \frac{E_d}{2}M \tag{6-8}$$

式中，E_d 为整流器输出的直流电压；U_s 为正弦控制电压的峰值；U_Δ 为三角载波的峰值电压；M 为调制系数（$M = U_s/U_\Delta$）。

由此可见，只要改变调制系数 M（$0 < M < 1$），即保持 U_Δ 不变，调节正弦控制波（u_{sU}、u_{sV}、u_{sW}）幅值 U_s（如增大），逆变器保持输出的矩形脉冲电压幅值不变，但改变了各段脉冲宽度（变宽），从而改变了占空比（增大），输出基波的幅值得到改变（增大），因此改变了平均电压（增大），达到变速目的（增速）；另外，只要改变正弦控制波的频率 f_s，就可改变输出基波的频率 f_{sm}（$f_{sm} = f_s$）。因此，可在逆变器中实现调频和调压的双重任务，以满足电动机恒转矩控制的需要。而且，随着载波比 f_Δ/f_s 的升高，输出的谐波分量就不断减小，即输出的正弦性也越来越好。但受功率变换电路的限制，载波比不能取得太高，如用晶闸管做开关元件时，载波频率一般可做到数百赫兹，而用大功率晶体管时可达 $2 \sim 3kHz$。改变三角载波的频率 f_Δ，可以改变输出脉宽的周期。改变图 6-34 中任意两组（VT_1 和 VT_4、VT_2 和 VT_5、VT_3 和 VT_6）大功率开关晶体管开闭的顺序，即可改变逆变相序，从而改变电动机转向。

3）SPWM 变频调速系统。图 6-35 所示为 SPWM 变频调速系统组成框图。由频率（速度）给定器给定信号，用以控制频率、电压及正反转。平稳起动回路起动加、减速时间可随机械负载情况设定，以达到软起动的目的。函数发生器在输出低频信号时保持电动机气隙磁通一定，补偿定子电压降的影响。电压频率变换器将电压转换成频率，经分频器、环形计数器产生方波和经三角波发生器产生的三角波一并送入调制回路。由电压调节器和电压检测器构成闭环控制。电压调节器产生频率与幅度可调的控制正弦波，送入调制回路，在调制回路中进行 PWM 变换，产生三相的脉冲宽度调制信号；从基极回路中输出信号至功率晶体管基极，即对 SPWM 的主回路进行控制，实现对永磁式交流伺服电动机的变频调速。电流检测器用于过载保护。

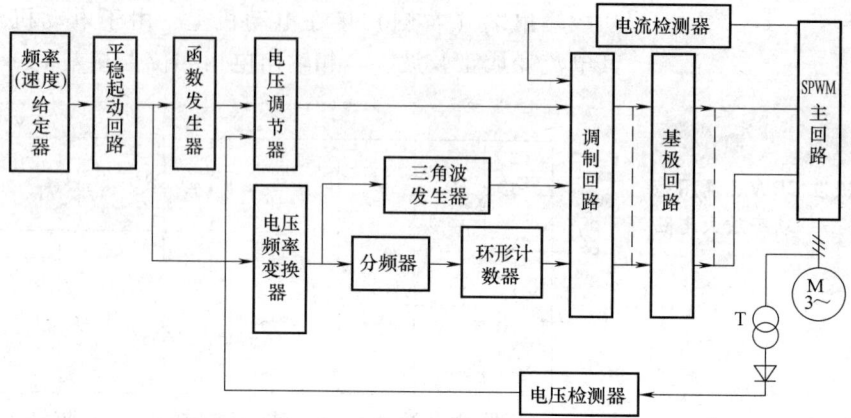

（3）矢量变换控制调速　直流电动机能获得优异的调速性能是因为电动机与电磁转矩有关的两个变量，每极磁通 Φ 和电枢电流 I_d 是相互完全独立的，当补偿绕组补偿了电枢对磁场的扭曲作用时，由直流电动机电磁转矩表达式可知，只要分别控制励磁电流和电枢电流就可以线性地控制转矩和转速。然而交流电动机大不一样，其转子和定子之间存在着强烈的耦合关系，不能像直流电动机一样具有可独立控制的变量。

由交流伺服电动机电磁转矩表达式可以看出，交流电动机的两个变量不再相互独立，而且其输入的定子电压和电流均是随时间交变的矢量，磁通是空间交变矢量，从控制角度分析，交流电动机是一个高阶、非线性、强耦合的多变量控制系统，其数学模型由电压转矩方程、磁链矩阵方程、转矩方程和运动方程构成。矢量变换控制调速系统可应用处理多变量系统的现代控制理论、坐标变换及反变换，建立交流电动机的等效模型，通过对该模型的控制，实现对交流电动机的控制，并得到与直流电动机相近的良好控制性能。

由于三相永磁电动机的快速发展，很多场合都采用矢量法实现永磁同步电动机调速控制，并形成交流伺服系统的一种主要控制形式。为了突出永磁电动机的本质，简化运算，便于推导，现对永磁电动机做如下假设：①忽略磁路饱和、磁滞和涡流的影响，假定磁路是线性的；②所有磁密波和磁动势波在空间都是按正弦分布的，忽略磁场高次谐波分量；③转子结构对直轴和交轴都是对称的。

如图 6-36 所示，三相定子绕组 U、V、W 在空间上相差 120°，dqO 为固结在转子上的坐标系，与转子一起旋转，d 轴称为直轴，q 轴称为交轴。在轴系变换过程中要求功率不变，也就是变换前后电动机中各种功率和电磁转矩应与原轴系相同，根据这个原则可把三相坐标轴 a、b、c 上的电流、电压、磁通密度等变换到 dqO 坐标系上去，应该注意的是这些物理量既是时间变量，又是空间变量，同时这些矢量又是旋转相量。

对电枢电压瞬时值 u_a、u_b、u_c 及电枢电流瞬时值 i_a、i_b、i_c 进行旋转变换，可得到在 dqO 坐标系上的电枢电压瞬时值 u_d、u_q 和电枢电流瞬时值 i_d、i_q。

图 6-36

三相永磁交流同步电动机的轴间关系

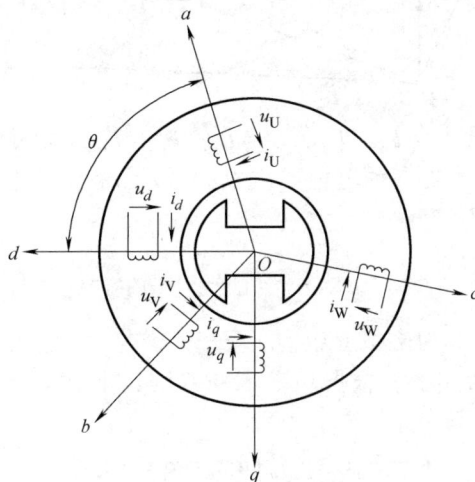

$$\begin{pmatrix} \boldsymbol{u}_d \\ \boldsymbol{u}_q \end{pmatrix} = \sqrt{\frac{2}{3}} \begin{pmatrix} \cos\theta & \cos\left(\theta-\frac{2}{3}\pi\right) & \cos\left(\theta+\frac{2}{3}\pi\right) \\ \sin\theta & \sin\left(\theta-\frac{2}{3}\pi\right) & \sin\left(\theta+\frac{2}{3}\pi\right) \end{pmatrix} \begin{pmatrix} \boldsymbol{u}_a \\ \boldsymbol{u}_b \\ \boldsymbol{u}_c \end{pmatrix} \tag{6-9}$$

$$\begin{pmatrix} \boldsymbol{i}_d \\ \boldsymbol{i}_q \end{pmatrix} = \sqrt{\frac{2}{3}} \begin{pmatrix} \cos\theta & \cos\left(\theta-\frac{2}{3}\pi\right) & \cos\left(\theta+\frac{2}{3}\pi\right) \\ \sin\theta & \sin\left(\theta-\frac{2}{3}\pi\right) & \sin\left(\theta+\frac{2}{3}\pi\right) \end{pmatrix} \begin{pmatrix} \boldsymbol{i}_a \\ \boldsymbol{i}_{b'} \\ \boldsymbol{i}_c \end{pmatrix} \tag{6-10}$$

式中，θ 为 U 相绕组轴线对 d 轴的电角度。

在随转子旋转的 dqO 坐标系中，可得三相永磁同步电动机的电压平衡方程式为

$$\boldsymbol{u}_q = R_q \boldsymbol{i}_q + D\boldsymbol{\psi}_q + \omega_1 \boldsymbol{\psi}_d \tag{6-11}$$

$$\boldsymbol{u}_d = R_q \boldsymbol{i}_q + D\boldsymbol{\psi}_q - \omega_1 \boldsymbol{\psi}_d \tag{6-12}$$

式中，$\boldsymbol{\psi}_q = L_q \boldsymbol{i}_q$、$\boldsymbol{\psi}_d = L_d \boldsymbol{i}_d + \boldsymbol{\psi}_f$；$R_q$ 为折算到 dqO 坐标系上的等效阻值；ω_1 为 dqO 坐标系的旋转角频率；L_d 为直轴同步电感；L_q 为交轴同步电感；$\boldsymbol{\psi}_f$ 为永久磁铁对应转子的磁链；D 为微分算子 $\mathrm{d}/\mathrm{d}t$。

如图 6-37 所示的电动机矢量图，交轴电压由三部分平衡，第一部分是 $R_q \boldsymbol{i}_q$，三相等效绕组的电阻压降；第二部分是交轴磁通对交轴的变化率，也即在交轴绕组中产生的感应电动势；第三部分是交轴绕组在旋转的直轴磁通作用下产生的旋转电动势。直轴情况的分析与交轴相类似。

交轴的磁通是交轴电流自己产生的，而直轴的磁通不仅是由直轴电流产生的，还与转子上永久磁铁的磁通有关。交轴磁链对交轴绕组产生的电动势实际上就是自感电动势，自感电动势只有磁通变化时才会产生。而直轴对交轴的绕组没有互感电动势，这是因为交轴与直轴是垂直的。但是因为直轴旋转，所以可在交轴绕组中产生旋转电动势。

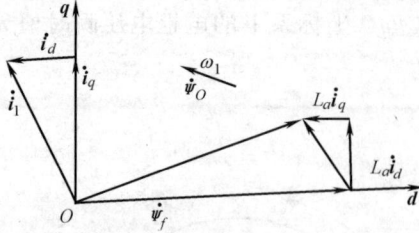

图 6-37

三相永磁交流同步
电动机矢量图

现假设 $L_d = L_{ad} + L_\sigma$、$L_q = L_{aq} + L_\sigma$，L_σ 是定子绕组的直轴、交轴的漏磁电感，L_{ad} 是直轴电枢反应电感，L_{aq} 是交轴电枢反应电感。输出的电磁转矩为

$$T_m = \frac{3}{2} p \left[\boldsymbol{\psi}_f \boldsymbol{i}_q + (L_d - L_q) \boldsymbol{i}_d \boldsymbol{i}_q \right] \tag{6-13}$$

式中，p 为磁极对数。

事实上，根据功率不变原则，永磁交流同步电动机输入的总瞬时功率为

$$\begin{aligned}
\boldsymbol{P}_1 &= \boldsymbol{u}_a \boldsymbol{i}_a + \boldsymbol{u}_b \boldsymbol{i}_b + \boldsymbol{u}_c \boldsymbol{i}_c = \boldsymbol{u}_d \boldsymbol{i}_d + \boldsymbol{u}_q \boldsymbol{i}_q \\
&= (R_q \boldsymbol{i}_d + p \boldsymbol{\psi}_d - \omega \boldsymbol{\psi}_q) \boldsymbol{i}_d + (R_q \boldsymbol{i}_q + p \boldsymbol{\psi}_q + \omega \boldsymbol{\psi}_d) \boldsymbol{i}_q \\
&= (\boldsymbol{i}_d p \boldsymbol{\psi}_d + \boldsymbol{i}_q p \boldsymbol{\psi}_q) + (\boldsymbol{\psi}_d \boldsymbol{i}_q - \boldsymbol{\psi}_q \boldsymbol{i}_d) \omega + R_q (\boldsymbol{i}_d^2 + \boldsymbol{i}_q^2)
\end{aligned} \tag{6-14}$$

现求出一个周期内的平均功率，也就是通过气隙磁场传输到转子上的电磁功率为

$$P = \frac{3}{2} (\boldsymbol{\psi}_d \boldsymbol{i}_q - \boldsymbol{\psi}_q \boldsymbol{i}_d) \omega = \frac{3}{2} (\boldsymbol{\psi}_d \boldsymbol{i}_q - \boldsymbol{\psi}_q \boldsymbol{i}_d) p \boldsymbol{\omega}_m \tag{6-15}$$

式中，ω 为电气角速度；$\boldsymbol{\omega}_m$ 为转子角速度。

再考虑到三相永磁同步电动机驱动负载 T_L 时的方程式为

$$T_m = \boldsymbol{T}_L + B \boldsymbol{\omega}_m + J \frac{\mathrm{d} \boldsymbol{\omega}_m}{\mathrm{d}t} \tag{6-16}$$

式中，B 为黏滞摩擦系数；J 为转子上的总转动惯量。

因此，永磁同步电动机的状态方程为

$$p \begin{pmatrix} \boldsymbol{i}_d \\ \boldsymbol{i}_q \\ \boldsymbol{\omega}_m \end{pmatrix} = \begin{pmatrix} -R_a/L_a & p\boldsymbol{\omega}_m & 0 \\ -p\boldsymbol{\omega}_m & -R_a/L_q & p\boldsymbol{\psi}_f/L_q \\ 0 & \frac{3}{2}p\boldsymbol{\psi}_f/J & -B/J \end{pmatrix} \begin{pmatrix} \boldsymbol{i}_d \\ \boldsymbol{i}_q \\ \boldsymbol{\omega}_m \end{pmatrix} + \begin{pmatrix} u_d/L_d \\ u_q/L_q \\ -\boldsymbol{T}_L/J \end{pmatrix} \tag{6-17}$$

通过上述的变换过程，可模拟直流电动机求出交流电动机与之对应的励磁电流 i_d 与电枢电流 i_q，分别对 i_d 和 i_q 加以控制，就能够使交流电动机具有与直流电动机近似的优良特性。式（6-17）中，还存在有 $\boldsymbol{\omega}_m$ 和 dqO 坐标系中 $i_d i_q$ 乘积的耦合关系，还不能实现完全的线性控制，因此要获得更好的控制性能还需对式（6-17）进一步进行解耦，关于矢量变换、矢量控制的详细内容可参考相关文献书目。

6.3.3　直线电动机伺服系统

传统的数控机床进给系统主要采用"旋转伺服电动机 + 滚珠丝杠"

的结构型式，在这种进给系统中，电动机输出的旋转运动要经过联轴器、滚珠丝杠、滚动螺母等一系列中间传动和变换环节以及相应的支撑，才转换为被控对象的直线运动。由于中间存在着运动形式变换环节，高速运行时，滚珠丝杠的刚度、惯性、加速度等动态性能已远不能满足要求，基于此，人们开始研究新型的进给系统，直线电动机进给系统便应运而生。用直线电动机直接驱动机床工作台，取消了驱动电动机和工作台之间的一切中间传动环节，形成所谓的"直接驱动"或"零传动"，从而克服了传统驱动方式的传动环节带来的问题，显著提高了机床的动态灵敏度、加工精度和可靠性。

1. 直线电动机的类型和结构

直线电动机可以分为步进直线电动机、直流直线电动机和交流直线电动机，用于机床进给驱动的一般是交流直线电动机，在励磁方式上，交流直线电动机又可分为感应异步式和永磁同步式两种；从其结构型式来讲，直线电动机有平板型和圆筒型；从其运动部件来讲，又有动圈式和动铁式等。除了沿直线运动外，还有沿圆周运动的直线电动机，称为"环行转矩直线电动机"，也具有"零传动"特性，可取代目前数控机床领域中最常用的蜗杆蜗轮副和弧齿锥齿轮副等机构。

直线电动机是指可以直接产生直线运动的电动机，从原理上讲，直线电动机相当于把旋转电动机沿径向剖开，并将定子、转子圆周展开成平面后再进行一些演变而成的。图 6-38 所示为感应异步式直线电动机的演变过程，图 6-39 所示为永磁同步式直线电动机的演变过程。这样就得到了由旋转电动机演变而来的最原始的直线电动机，其中，由原来旋转电动机定子演变而来的一侧称为初级，由转子演变而来的一侧称为次级。

图 6-38

感应异步式直线
电动机的演变过程
a）旋转电动机
b）扁平形直线电动机

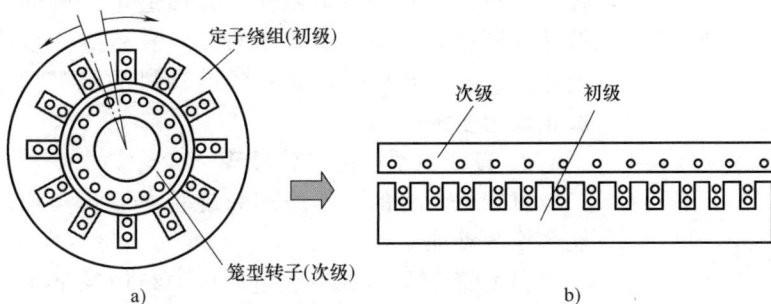

由旋转电动机演变而来的直线电动机的初级与次级长度相等，由于直线电动机的初级和次级都存在边端，在做相对运动时，初级与次级之间互相耦合的部分将不断变化，不能按规律运动。为使其正常运行，需要保证在所需的行程范围内，初级与次级之间的耦合保持不变，因此实际应用时，初级和次级长度不能做成完全相等，而应该做成初、次级长短不等的结构。因而，直线电动机有短初级和短次级两种型式，如图 6-40 所示。短初级在制造成本和运行费用上均比短次级低得多，因此除特殊场合外，一般均采用短初级结构，且定件和动件正好与旋转电动机相反。另外，直线电动机还有单边型和双边型两种结构，图 6-40 所示为单边型直线电动机；如果在单边型直线电动机的次级两侧均布置对称的初级，就是双边型直线电动机。

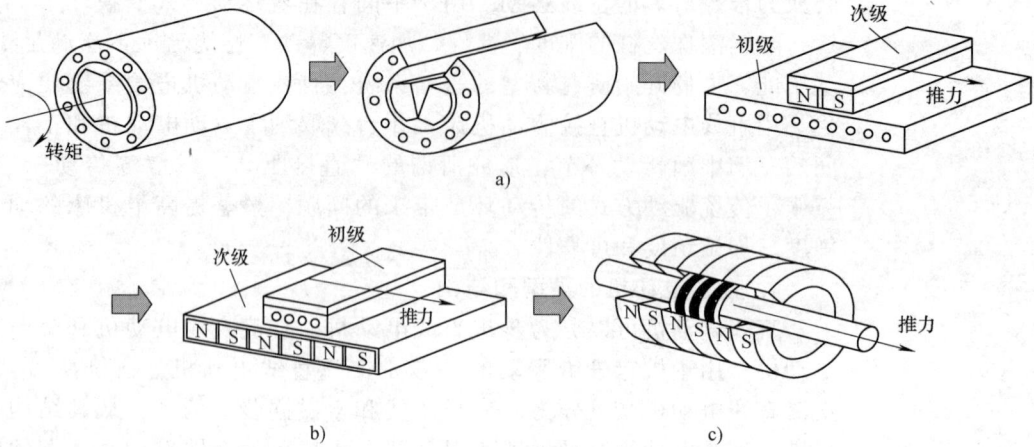

图 6-39 永磁同步式直线电动机的演变过程
a) 旋转电动机　b) 扁平形直线电动机　c) 圆筒形直线电动机

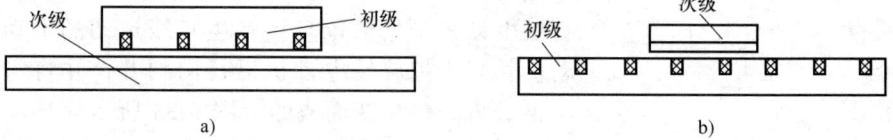

图 6-40

单边型直线电动机
a) 短初级
b) 短次级

永磁同步式直线电动机需在机床上铺设一块强永久磁钢，给机床的装配、使用和维护带来不便，而感应异步式直线电动机在不通电时没有磁性，因此没有上述缺点；但感应异步式直线电动机在单位面积的推力、效率、可控性和进给平稳性等方面逊于永磁同步式直线电动机，特别是散热问题难以解决。近些年来，随着感应异步式直线电动机的性能不断改进，已接近永磁同步式直线电动机的水平，感应异步式直线电动机发展正成为主流方向。

2. 直线电动机的工作原理

直线电动机的工作原理和旋转电动机类似，也是利用电磁感应将电能转换为动能。

（1）感应异步式直线电动机的结构及工作原理　如图 6-41 所示，含铁心的多相通电绕组（电动机的初级）安装在机床工作台（溜板）的下部，是直线电动机的动件；在床身导轨之间安装不通电的绕组，每个绕组中的每一匝都是短路的，相当于交流感应回转电动机鼠笼的展开，是直线电动机的定件。

当多相交流电通入多相对称绕组时，也会在电动机初、次级间的气隙中产生磁场，依靠磁力，推动着动件（机床工作台）做快速直线运动。如果不考虑端部效应，磁场在直线方向呈正弦分布，只是这个磁场的磁感应强度 B 按通电的相序顺序做直线移动（图 6-42），而不是旋转，因此称为行波磁场。显然行波的移动速度与旋转磁场在定子内圆表面的线速度是一样的，这个速度称为同步线速，用 v_s 表示，且

$$v_s = 2f\tau \tag{6-18}$$

式中，τ 为极距；f 为电源频率（Hz）。

图 6-41

短初级直流电动机
进给单元

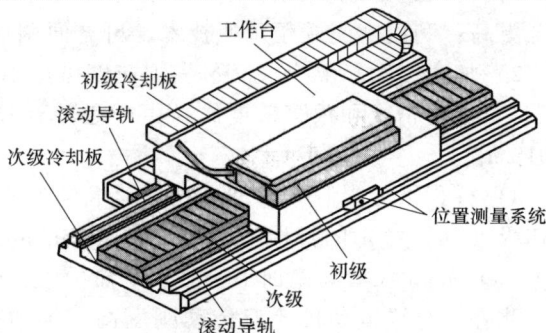

图 6-41　短初级直流电动机进给单元

图 6-42

短初级感应异步式
直线电动机工作原理

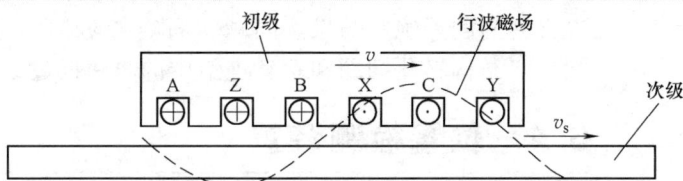

图 6-42　短初级感应异步式直线电动机工作原理

在行波磁场的切割下，次级导条产生感应电动势并产生电流，所有导条的电流和气隙磁场相互作用，产生电磁推力 F，由于次级是固定的，初级就沿行波磁场运动的方向做直线运动。

直线异步电动机的推力公式与三相异步电动机的转矩公式相类似，即

$$F = KpI_2\varPhi_m\cos\varphi_2 \tag{6-19}$$

式中，K 为电动机结构常数；p 为初级磁极对数；I_2 为次级电流；$\varPhi_m$ 为初级一对磁极的磁通量的幅值；$\cos\varphi_2$ 为次级功率因数。

在 F 推力作用下，初级运动速度 v 应小于同步速度 v_s，则滑差率 s 为

$$s = \frac{v_s - v}{v_s} \tag{6-20}$$

则初级运动速度为

$$v = v_s(1-s) = 2f\tau(1-s) \tag{6-21}$$

改变直线异步电动机初级绕组的通电相序，就可改变电动机运动的方向，从而可使电动机做往复运动。

（2）永磁同步式直线电动机的工作原理　短初级永磁同步式直线电动机进给单元与短初级感应异步式直线电动机相似，不同点仅在于其定子不是短路的不通电绕组，而是铺设在机床导轨之间的一块强永久磁钢。多相交流电通入绕组时，产生行波磁场，其速度也称为同步线速 v_s，行波磁场与定子永久磁钢的磁场相互作用，推动动件做直线运动。

永磁同步式直线电动机动件的运行速度 v 和行波磁场速度 v_s 大小和方向都相同，即

$$v = v_s = 2f\tau \tag{6-22}$$

3. 直线电动机的特点

直线电动机将机械结构简单化、电气控制复杂化，符合现代机电技

术的发展趋势，适用于高速加工、超高速加工、超精密机床。直线电动机用于机床进给系统具有以下优点：

1）提高进给速度，且调速方便。最大进给速度可达 90~180m/min，甚至更高；利用交流变频调速技术，可方便调节直线电动机速度。

2）加速度大，响应快。最大加速度可达 $10g$。

3）定位精度和跟踪精度高。由于是闭环控制，定位精度高达 0.1~0.01μm。

4）行程不受限制。通过直线电动机次级的逐段连续铺设，可无限延长初级（工作台）的行程长度。如美国 Cincinnati Milacron 公司生产的一台 Hyper Mach 大型高速加工中心，X 轴行程长达 46m。

此外，直线电动机还有传动刚度高、推力平稳、组合灵活、易于维护、噪声小、工作安全可靠、寿命长等优点；但是，还应重视并妥善解决下列问题：绝热与散热问题、隔磁与防护问题、负载干扰与系统控制问题、结构轻化问题和垂直进给中的自重问题。

◉ 6.4　位置检测装置

检测装置是闭环伺服系统的重要组成部分，它的作用是检测位移和速度，发送反馈信号，构成闭环控制。大量事实证明，对于设计完善的高精度数控机床，它的加工精度和定位精度将主要取决于检测装置。因此，精密检测装置是高精度数控机床的重要保证。

通常，检测装置的检测精度为 0.001~0.01mm/m，分辨力为 0.001~0.01mm/m，能满足机床工作台以 1~10m/min 的速度移动。不同类型的数控机床，对检测装置的精度和适应的速度要求是不同的，一般情况，大型机床以满足速度要求为主，中小型以及高精度机床以满足精度要求为主，测量系统的分辨率应比加工精度高出一个数量级。表 6-3 是目前在数控机床上经常使用的检测装置。随着数字技术的发展，越来越多的数控机床采用数字式检测装置，本节将着重对数字式检测装置加以介绍。

表 6-3

数控机床上的检测装置

类型	数字式		模拟式	
	增量式	绝对式	增量式	绝对式
回转型	增量式脉冲编码器、圆光栅	绝对式编码器	旋转变压器、圆感应同步器、圆形磁栅、磁盘	多极旋转变压器
直线型	直光栅、激光干涉仪	编码尺、多通道透射光栅	直线感应同步器、磁栅、容栅	绝对值式磁尺、多重式直线感应同步器

6.4.1　编码器

编码器是一种旋转式测量元件，通常装在被测轴上，随被测轴一起转动，可将被测轴的角位移转换成脉冲增量或绝对式的数字码，在数控机床上通常与驱动电动机同轴连接。

1．增量式编码器

增量式编码器分为接触式、光电式和电磁式三种，光电式编码器的精度和可靠性优于其他两种，因此数控机床上大多采用增量式光电编码器。增量式光电编码器的结构如图 6-43 所示，由光源、转盘（动光栅）、遮光板（定光栅）和光敏元件组成。增量式编码器的特点是每产生一个输出脉冲信号就对应一个增量位移角，但不能通过输出脉冲区别是哪一个增量位移角，即无法区别是在哪个位置上的增量，编码器能产生与轴角位移增量等值的电脉冲。这种编码器的作用是提供一种对连续轴角位移量离散化或增量化及角位移化（角速度）的传感方法，不能直接检测出轴的绝对角度。

图 6-43

增量式光电编码器
的结构

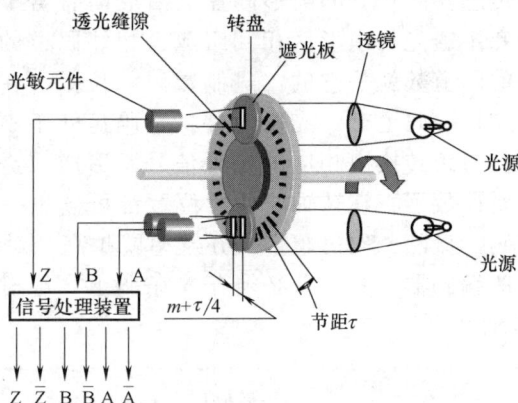

在增量式光电编码器的转动圆盘上刻有均匀的透光缝隙，相邻两个透光缝隙之间代表一个增量周期。遮光板上刻有与转盘相应的透光缝隙，用来通过或阻挡光源与位于遮光板后面光敏元件之间的光线，节距和转动圆盘上的节距相等，并且两组透光缝隙错开 1/4 节距，使得光电检测器件输出的信号在相位上相差 90°，即两路输出信号正交。同时，在增量式光电编码器中还备有用作参考零位的标志脉冲或指示脉冲。因此，在转动圆盘和遮光板相同半径的对应位置上刻有一道透光缝隙。标志脉冲通常与数据通道有着特定的关系，用来指示机械位置或对累计量清零。

增量式光电编码器的信号输出有正弦波（电流或电压）、方波、集电极开路、推拉式等多种形式，其工作方式主要为三相脉冲输出，直接利用光电转换原理输出三组方波脉冲，即 A 组、B 组和 Z 组脉冲，分别定义为 A、B 和 Z 相，A 组和 B 组脉冲相位差为 90°。盘上还有一个窄缝，旋转一周，只产生一个单独的脉冲，这组脉冲即为 Z 组脉冲。A 组和 B 组脉冲用来确定所测对象的正反转并计算角度，Z 组脉冲用于基准点定位。图 6-44 绘出了增量式光电编码器的 A 相、B 相脉冲的相位，用 A 相超前（或滞后）B 相来判别轴的旋转方向，正反方向的具体定义根据实际产品确定；根据转过的脉冲数目，可以计算得到角位置。

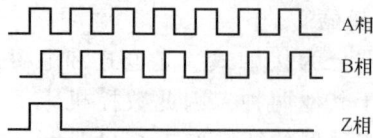

图 6-44
增量式光电编码器的
脉冲输出

2. 绝对式编码器

增量式光电编码器易受外界的干扰而产生计数错误，并且在停电或故障停车后无法找到事故前执行部件的正确位置。采用绝对式光电编码器可以避免上述缺点。绝对式光电编码器的基本原理及组成部件与增量式光电编码器基本相同，也是由光源、码盘、检测光栅、光电检测器件和转换电路组成的。与增量式光电编码器不同的是，绝对式光电编码器用不同的数码来分别指示每个不同的增量位置，它是一种直接输出数字量的传感器。在它的圆形码盘上沿径向有若干同心码道，每条码道上由透光和不透光的扇形区相间组成，相邻码道的扇区数目是双倍关系，码盘上的码道数就是它的二进制数码的位数，在码盘的一侧是光源，另一侧对应每一码道有一光敏元件；当码盘处于不同位置时，各光敏元件根据受光与否转换出相应的电平信号，形成二进制数。这种编码器的特点是不要计数器，在转轴的任意位置都可读出一个固定的与位置相对应的数字码。显然，码道越多，分辨率就越高，对于一个具有 N 位二进制分辨率的编码器，其码盘必须有 N 条码道。绝对式光电编码器结构如图 6-45 所示。

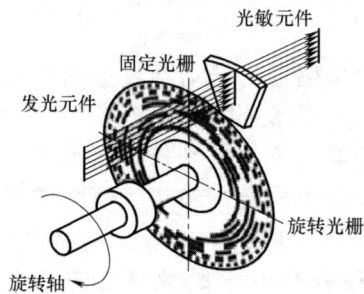

图 6-45
绝对式光电编码器
结构

绝对式光电编码器的码盘按照其所用的码制可以分为二进制码、循环码（格雷码）、十进制码、六十进制码（度、分、秒进制）码盘等。四位二元码盘（二进制、格雷码）如图 6-46 所示，图中黑、白色分别表示透光、不透光区域。

图 6-46a 是一个四位二进制码盘，它的最里圈码道为第一码道，半圈透光半圈不透光，对应于最高位 C_1；最外圈码道为第 n 码道，共分成 2^n 个亮暗间隔，对应于最低位 C_n，n 位二元码盘最小分辨力为

$$\theta_1 = 360°/2^n \qquad (6-23)$$

码盘转角 α 与转换出的二进制数码 $C_1 C_2 \cdots\cdots C_n$ 及十进制数 N 的对应关系为

$$\alpha = 360° \sum_{i=1}^{n} C_i \cdot 2^{-i} = N\theta_1 \qquad (6-24)$$

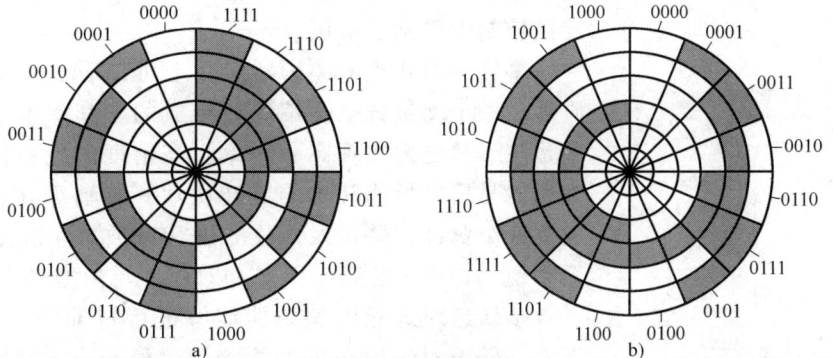

图 6-46

四位二元码盘

a) 四位二进制码盘
b) 四位循环码盘

　　二进制码盘的缺点是：每个码道的黑白分界线总有一半与相邻内圈码道的黑白分界线是对齐的，这样就会因黑白分界线刻画不精确造成粗误差。采用其他的进制编码时也存在类似的问题。图 6-47 是一个四位二进制码盘展开图，图中 aa 为最高位码道黑白分界线的理想位置，它与其他三位码道的黑白分界线正好对齐，当码盘转动，光束扫过这一区域时，输出数码从 0111 变为 1000 不会出现错误。如果 C_1 道黑白分界线刻偏到 $a'a'$，当码盘转动时，输出数码就会从 0111 变为 1111 再变到 1000，中途出现了错误数码 1111。反之 C_1 道黑白分界线刻偏到 $a''a''$，当码盘转动时，输出数码就会从 0111 变为 0000 再变到 1000，中途出现了错误数码 0000。为了消除这种粗误差，可以采用循环码盘（格雷码盘）。

图 6-47

四位二进制码盘
展开图

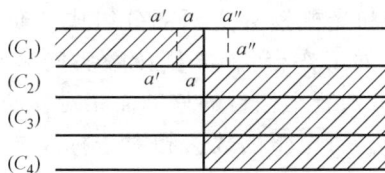

　　图 6-46b 是一个四位循环码盘，它与二进制码盘相同的是，码道数也等于数码位数，因此最小分辨力也由式（6-23）求得，最内圈也是半圈透光半圈不透光，对应 R_1 位，最外圈是第 n 码道对应 R_n 位。与二进制码盘不同的是，第二码道也是一半透光一半不透光，第 i 码道分为 2^{i-1} 个黑白间隔，第 i 码道的黑白分界线与第 $i-1$ 码道的黑白分界线错开 $360°/2^i$。循环码盘转到相邻区域时，编码中只有一位发生变化。只要适当限制各码道的制作误差和安装误差，就不会产生粗误差。由于这一原因，使得循环码盘获得广泛的应用。

　　现有的绝对式光电编码器多为单转式，它所能测量轴角的范围是 0°～360°，不具有多转检测能力，测量角位移的范围只限于 360° 以内，因而不适应多转数运动控制中检测绝对位置的要求。传统的绝对式光电编码器的另一个缺点是，把位置绝对信号进行并行传输，虽然可以提高工作速度，但引线增多，也不便于在数控机床上应用。因此，要想在交流伺服电动机中真正实现绝对定位控制，就必须解决上面所提到的那些问题，并且要满足高精度与小型化的要求。

　　为了克服单转绝对式光电编码器所存在的问题，适应多转数运动控制位置检测的需要，目前，已经开发出了多转绝对式光电编码器，并在定位控制中得到了应用。

多转绝对式光电编码器实际上可以看成是由一个单转绝对式光电编码器和一个增量式磁性编码器组成的。其中单转绝对式光电编码器的任务是在一转之内实现高分辨率、高精度的绝对位置检测。而增量式磁性编码器是用来检测转轴的旋转次数，转轴每旋转一周，磁增量编码器就发生一个脉冲，并送入计数器进行计数。实际上，对于增量式磁性编码器来说，在这里它每一个脉冲对应于转角增量为360°。

多转绝对式光电编码器能够进行转轴旋转次数的检测与信息记忆，以及一转内对绝对角度的检测、信号修正、数据处理、信号传输，具有很强的灵活性。其功能强大，用途更为广泛。采用专用的计算机和大规模集成电路进行信号处理，使这种编码器实现了小型化。

6.4.2 光栅

在高精度的数控机床上，目前大量使用光栅作为检测反馈元件，利用光的透射和反射现象实现运动位置检测。常见的检测用光栅有圆光栅和长光栅，圆光栅用于角位移的检测，长光栅用于直线位移的检测。光栅的检测精度较高，可达 1μm 以上。

1. 光栅的构造

检测用计量光栅是利用光的透射和反射现象制成的光电检测元件，主要由标尺光栅和光栅读数头两部分组成。通常，标尺光栅固定在机床的活动部件上（如工作台），光栅读数头安装在机床的固定部件上（如机床底座），两者随着工作台的移动而相对移动。在光栅读数头中，安装着一个指示光栅，当光栅读数头相对于标尺光栅移动时，指示光栅便在标尺光栅上移动。

标尺光栅和指示光栅构成了光栅尺，它是通过真空镀膜的方法或照相腐蚀法在透明玻璃表面上或长条形金属镜面上，刻上均匀密集的线纹。对于长光栅，这些线纹相互平行，各线纹之间距离相等，此距离称为栅距。对于圆光栅，这些线纹是等栅距角的向心条纹。栅距和栅距角是决定光栅光学性质的基本参数。常见的长光栅的线纹密度为 25 条/mm、50 条/mm、100 条/mm、125 条/mm、250 条/mm。对于圆光栅，若直径为 70mm，则一周内刻线为 100~768 条；若直径为 110mm，则一周内刻线达 600~1024 条，甚至更高。同一个光栅元件，其标尺光栅和指示光栅的线纹密度必须相同。

光栅读数头又称为光电转换器，由光源、透镜、指示光栅、光敏元件和驱动电路组成，如图 6-48 所示。读数头的光源一般采用白炽灯泡。白炽灯泡发出的辐射光线，经过透镜后变成平行光束，照射在光栅尺上。光敏元件是一种将光强信号转换为电信号的光电转换元件，它接收透过光栅尺的光强信号，并将其转换成与之成比例的电压信号。由于光敏元件产生的电压信号一般比较微弱，在长距离传送时很容易被各种干扰信号所淹没、覆盖，造成传送失真。为了保证光敏元件输出的信号在传送中不失真，应首先将该电压信号进行功率和电压放大，然后再进行传送。驱动电路就是对光敏元件输出信号进行功率和电压放大的电路。

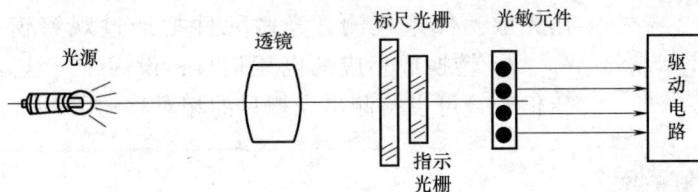

图 6-48

光栅读数头

2. 工作原理

常见光栅的工作原理都是根据物理上莫尔条纹的形成原理进行工作的。如图 6-49 所示，当使指示光栅上的线纹与标尺光栅上的线纹成一角度 θ 来放置两光栅尺时，必然会造成两光栅尺上的线纹互相交叉。在光源的照射下，交叉点近旁的小区域内由于黑色线纹重叠，因而遮光面积最小，挡光效应最弱，光的累积作用使得这个区域出现亮带。相反，距交叉点较远的区域，因两光栅尺不透明的黑色线纹的重叠部分变得越来越少，不透明区域面积逐渐变大，即遮光面积逐渐变大，使得挡光效应变强，只有较少的光线能通过这个区域透过光栅，使这个区域出现暗带。这些与光栅线纹几乎垂直，相间出现的亮、暗带就是莫尔条纹。莫尔条纹具有以下性质：

1）当用平行光束照射光栅时，透过莫尔条纹的光强度分布近似于余弦函数。

2）若用 W 表示莫尔条纹的宽度，d 表示光栅的栅距，θ 表示两光栅尺线纹的夹角，则它们之间的几何关系为

$$W = d/\sin\theta \tag{6-25}$$

当 θ 角很小时，取 $\sin\theta \approx \theta$，式（6-25）可近似写成

$$W = d/\theta \tag{6-26}$$

若取 $d = 0.01\text{mm}$，$\theta = 0.01\text{rad}$，则由式（6-26）可得 $W = 1\text{mm}$。这说明，无需复杂的光学系统和电子系统，利用光的干涉现象，就能把光栅的栅距转换成放大 100 倍的莫尔条纹的宽度。这种放大作用是光栅的一个重要特点。

3）莫尔条纹是由若干条光栅线纹共同干涉形成的，因此莫尔条纹对光栅个别线纹之间的栅距误差具有平均效应，能消除光栅栅距不均匀所造成的影响。

4）莫尔条纹的移动与两光栅尺之间的相对移动相对应。两光栅尺相对移动一个栅距 d，莫尔条纹便相应移动一个莫尔条纹宽度 W，其方向与两光栅尺相对移动的方向垂直，且当两光栅尺相对移动的方向改变时，莫尔条纹移动的方向也随之改变。

3. 辨向和细分

根据上述莫尔条纹的特性，假如在莫尔条纹移动的方向上开 4 个观察窗口 A、B、C、D，且使这 4 个窗口两两相距 1/4 莫尔条纹宽度，即 $W/4$。由上述讨论可知，当两光栅尺相对移动时，莫尔条纹随之移动，

从 4 个观察窗口 A、B、C、D 可以得到 4 个在相位上依次超前或滞后（取决于两光栅尺相对移动的方向）1/4 周期（即 $\pi/2$）的近似于余弦函数的光强度变化过程，用 L_A、L_B、L_C、L_D 表示，如图 6-49b 所示。若采用光敏元件来检测，光敏元件把透过观察窗口的光强度变化 L_A、L_B、L_C、L_D 转换成相应的电压信号，设为 V_A、V_B、V_C、V_D。根据这 4 个电压信号，可以检测出光栅尺的相对移动。

图 6-49

光栅工作原理

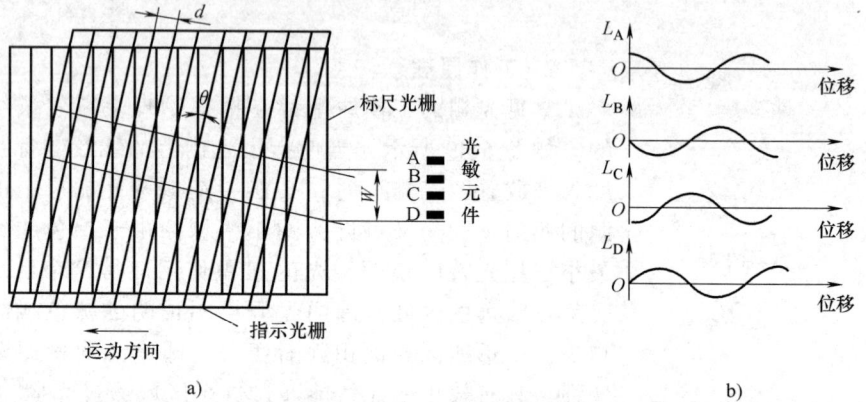

a)   b)

（1）位移大小的检测 由于莫尔条纹的移动与两光栅尺之间的相对移动是相对应的，故通过检测 V_A、V_B、V_C、V_D 这 4 个电压信号的变化情况，便可相应地检测出两光栅尺之间的相对移动。V_A、V_B、V_C、V_D 每变化一个周期，即莫尔条纹每变化一个周期，表明两光栅尺相对移动了一个栅距的距离；若两光栅尺之间的相对移动不到一个栅距，因 V_A、V_B、V_C、V_D 是余弦函数，故根据 V_A、V_B、V_C、V_D 也可以计算出其相对移动的距离。

（2）位移方向的检测 在图 6-49a 中，若标尺光栅固定不动，指示光栅沿正方向移动，这时，莫尔条纹相应地沿向下的方向移动，透过观察窗口 A 和 B，光敏元件检测到的光强度变化过程 L_A 和 L_B 及输出的相应的电压信号 V_A 和 V_B 如图 6-50a 所示，在这种情况下，V_A 滞后 V_B 的相位为 $\pi/2$；反之，若标尺光栅固定不动，指示光栅沿负方向移动，这时，莫尔条纹则相应地沿向上的方向移动，透过观察窗口 A 和 B，光敏元件检测到的光强度变化过程 L_A 和 L_B 及输出的相应的电压信号 V_A 和 V_B 如

图 6-50

光栅的位移方向检测原理

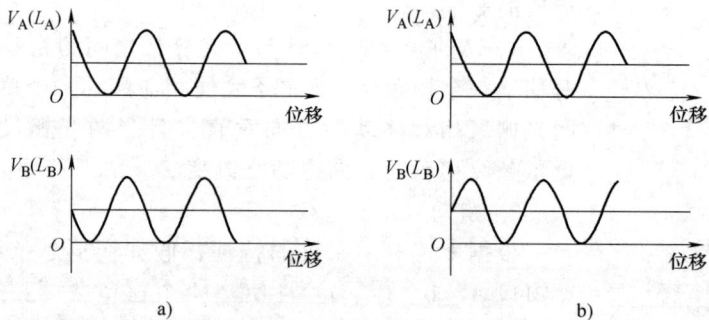

a)   b)

图 6-50b 所示，在这种情况下，V_A 超前 V_B 的相位为 $\pi/2$。因此，根据 V_A 和 V_B 两信号相互间的超前和滞后关系，便可确定出两光栅尺之间的相对移动方向。

（3）速度的检测　两光栅尺的相对移动速度决定着莫尔条纹的移动速度，即决定着透过观察窗口的光强度的频率。因此，通过检测 V_A、V_B、V_C、V_D 的变化频率就可以推断出两光栅尺的相对移动速度。

⊙ 6.5　闭环伺服系统的位置控制

伺服系统位置控制的任务是准确控制数控机床坐标轴的位置，位置控制精度很大程度上决定了数控机床的加工精度。为实现伺服系统位置的精确控制，伺服系统需对系统的三个控制回路（位置控制环、速度控制环和电流控制环）进行调控。本书重点讲述对位置控制回路的调控，有关速度控制回路和电流控制回路调控的相关内容请参考有关文献书目。

6.5.1　位置控制回路

数控装置上位置控制回路的结构框图如图 6-51 所示，以单轴（X 轴）控制为例，连接在电动机轴上的光电脉冲编码器或安装在工作台上的直光栅作为反馈元件，光电脉冲编码器或光栅反馈输出的均匀脉冲信号通过计数器的计数反映出工作台的位置。位置闭环控制程序和插补程序一样，都在中断服务程序中实现。

图 6-51

数控装置上位置控制回路的结构框图

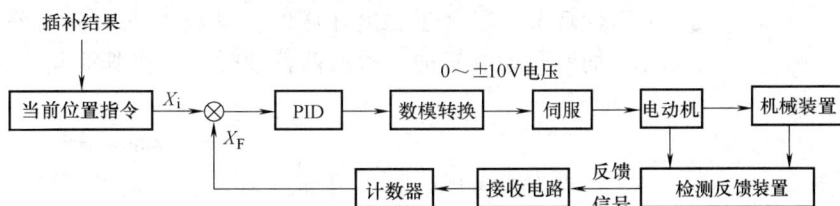

位置控制程序定期执行一次，当运行停止时，插补停止，插补输出的位置增量为零，此时位置控制回路输出的模拟电压为 0；当进给轴需要运动时，插补程序开始运行，插补输出的增量不为零，此时数控装置中的位置控制程序将指令位置和反馈位置进行比较，对其差值进行一定调控（PID），将调控结果，经由数模转换装置转换为一定的模拟电压输出至伺服速度控制环，控制电动机带动工作台向减小误差的方向移动，直至指令值与反馈值相等，工作台停止运动。

需要指出的是，这种闭环控制当电动机停止运动时，位置控制环仍然处于工作状态，实质上是一种动态定位。无论何种干扰（电网电压波动、伺服装置漂移、负载力矩扰动等）使得工作台位置产生偏移，位置闭环控制立即输出一定的电压给伺服装置，驱动电动机维持原来的指令位置。实际上，由于各种扰动存在，电动机在停止运动时，在定位位置上始终存在着修正动作，靠电动机电磁转矩维持定位。

6.5.2 位置控制特性分析

1. 位置控制回路的数学模型

根据前述位置控制的基本原理，可以画出位置控制回路的数学模型，如图 6-52 所示。

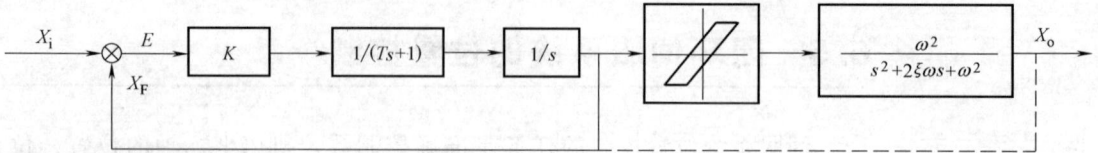

位置控制系统数学模型

如图 6-52 所示，当采用实线处反馈的数据时，系统构成半闭环控制结构；当采用虚线处反馈的数据时，系统构成全闭环控制结构。图中 E 为跟随误差，是指令位置 X_i 与实际反馈位置 X_F 的差值，对于位置环调控而言常采用比例控制方式，K 为包含比例调控系数在内的整个系统的开环增益系数，主要由四部分构成：可调的比例控制系数、D/A 装置数模转换系数、伺服装置放大倍数和传感器位置转换系数。开环增益系数是决定整个控制回路控制品质的重要参数，在机床设计制造过程中需要考虑该参数，当设备设计、选型、装配完成后，其由与设备有关的系数确定，调整比例控制系数是调整开环增益系数唯一的方式。

对于图 6-52 所示位置控制系统，常将伺服驱动装置简化成一个一阶惯性环节，以便于突出开环增益系数 K 和时间常数 T 的作用。当需要考虑伺服驱动装置的二阶振荡特性时，可将其简化为二阶振荡环节

$$F(s) = \frac{\omega^2}{s^2 + 2\xi\omega s + \omega^2} \qquad (6-27)$$

当需要考虑计算机内部数模转换装置以及驱动的死区特性时，可以使用

$$F(s) = \frac{1}{Ts+1}e^{-\tau s} \qquad (6-28)$$

或

$$F(s) = \frac{\omega^2}{s^2 + 2\xi\omega s + \omega^2}e^{-\tau s} \qquad (6-29)$$

式中，T 为一阶系统的时间常数；ω、ξ 分别为二阶系统的阻尼比和无阻尼自振角频率（固有频率）；τ 为延迟时间。伺服控制系统是一个复杂的三闭环控制系统，当进行位置闭环特性分析时，对其进行必要的简化是必不可少的，这样才能突出关键参数的作用，在工程中应用较为广泛。

图 6-52 中积分环节 $1/s$ 描述了伺服驱动输出的速度量经位置反馈计数转换为位置量的过程，间隙非线性环节描述了机械传动反向间隙对整个系统的影响。最后一个环节描述了机械传动机构的动力学模型，如图 6-53 所示，传动结构承受的外力有电动机的输出转矩 M_m 以及等效至电

动机输出轴端的负载力转矩 M_1（包括摩擦力矩、切削力矩等）。设 k_1 为等效轴传输扭转刚度，J_1 为等效至电动机轴端的转动惯量，B_1 为黏性阻尼系数，θ_m 和 θ_1 为输入与输出角度。根据转矩平衡方程可得

$$M_m - M_1 = J_1 \frac{d^2\theta_1}{dt^2} + B_1 \frac{d\theta_1}{dt} \tag{6-30}$$

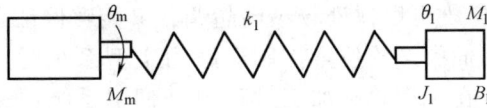

图 6-53

机械传动系统动力学模型

根据弹性变形方程

$$M_m - M_1 = k_1(\theta_m - \theta_1) \tag{6-31}$$

由式（6-30）和式（6-31），通过拉普拉斯变换并忽略外部扰动的影响，机械传动系统动力学模型的传递函数为

$$G(s) = \frac{\theta_1(s)}{\theta_m(s)} = \frac{k_1}{J_1 s^2 + B_1 s + k_1} \tag{6-32}$$

令 $\omega = \sqrt{k_1/J_1}$，$\xi = B_1/(2\sqrt{J_1/k_1})$，则同样可以将机械传动系统转换为二阶振荡系统的形式

$$G(s) = \frac{\omega^2}{s^2 + 2\xi\omega s + \omega^2} \tag{6-33}$$

考虑到现代数控系统位置控制采样周期很短（毫秒级），常可将其转换为连续系统进行分析，随着数控系统硬件电路技术水平的提升，可将信号传递延迟、数值化死区控制在很小的范围内，同样机械系统刚性越来越好，因此本书在进行位置控制系统性能分析时，忽略死区特性和机械刚度的影响。对图 6-52 所示的系统进一步简化，结果如图 6-54 所示。

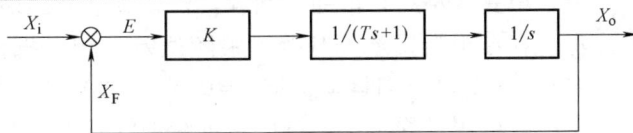

图 6-54

位置控制系统数学模型（简化后）

2. 位置控制系统误差分析

由图 6-54 可以看出，简化的位置控制系统数学模型的开环传递函数为

$$G_k(s) = \frac{K}{s(Ts+1)} \tag{6-34}$$

由控制工程基础的相关内容可知，对应的系统为典型的 I 型系统，系统不存在稳态位置定位误差，位置闭环控制回路的传递函数为

$$G_b(s) = \frac{1}{\frac{T}{K}s^2 + \frac{1}{K}s + 1} \tag{6-35}$$

系统的阻尼比和无阻尼自振角频率分别为 $\xi = \sqrt{1/KT}/2$，$\omega = \sqrt{K/T}$。伺服系统的时间常数 T 和增益系数 K 是影响位置闭环控制性能的重要参数，K、T 的取值会对位置响应曲线的特性产生重要的影响。要想取得较

高的位置环增益（较高的增益系数会明显减小跟随误差，减小过渡过程时间），要求伺服驱动系统的时间常数必须较小，即要求伺服驱动系统的快速响应性能要好，否则会产生较大的超调，超调在数控机床上意味着过切，这是要尽量避免的。如果伺服驱动系统的快速响应性能较好，但没能设置较好的开环增益系数，整个伺服控制系统的瞬态响应性能并不能得到很好的改善。要求 K、T 的取值要满足一定的范围，通常 $KT = 0.2 \sim 0.3$，这样既可以保证较小的超调，又能够保证良好的快速响应性能。

考虑伺服系统位置控制环路为 I 型系统时，根据控制工程基础的相关内容，在线性轮廓加工过程中（伺服系统恒速运行过程中）存在一恒定跟随误差，针对恒速运动轴，伺服系统的输入信号相当于一个斜坡位置输入，考虑为单位斜坡的情况，稳态位置误差 $e(\infty) = 1/K$。当某一伺服轴以进给速度 v 做恒速运动时，伺服系统输入和输出之间始终存在一恒定跟随误差 v/K。

3. 位置控制回路控制性能对机床轮廓加工性能的影响分析

受变化负载和外界扰动因素的影响，伺服控制系统不可避免地存在位置跟随误差，单轴伺服控制的性能对轮廓加工的误差会产生重要的影响，本书将以直线和圆弧轮廓加工为例，分析伺服控制误差对轮廓加工精度的影响。

（1）直线轮廓加工误差分析　当数控机床进行平面直线轮廓联动加工时，联动的两轴（以 X、Y 轴为例）可近似看作进行恒速运动，如图 6-55 所示，假设 X、Y 轴的速度分别为 v_X、v_Y，则由前述内容可知 X、Y 轴的跟随误差 $E_X = v_X/K_X$、$E_Y = v_Y/K_Y$。如图 6-56 所示，由几何关系可推得轮廓误差 E 与跟随误差 E_X、E_Y 之间的关系，即

$$E = \frac{v\sin 2\theta}{2}\left(\frac{1}{E_Y} - \frac{1}{E_X}\right) \tag{6-36}$$

由式（6-36）可知，当 X、Y 两轴位置环增益相同，即 $E_X = E_Y$ 时，尽管存在跟随误差，但由于跟随误差的相互抵消作用，轮廓误差 $E = 0$。当沿 X、Y 轴方向运动，即 $\theta = 0°$ 或 $\theta = 90°$ 时，也不存在轮廓误差。实际上，在应用过程中由于机床各进给轴的各项参数差异，很难保证 E_X、E_Y 相等，要保证轮廓误差尽可能的小，就要尽可能地使得增益参数足够大。

图 6-55

直线轮廓加工示意图

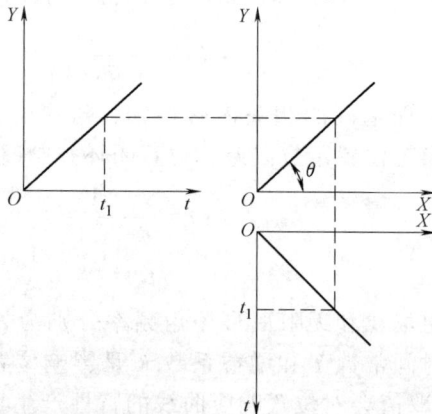

图 6-56

直线轮廓加工轮廓
误差与跟随误差
之间的关系

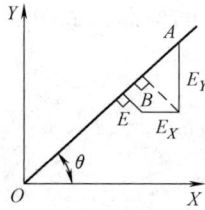

图 6-56

直线轮廓加工轮廓
误差与跟随误差
之间的关系

由式（6-36）同样可以看出，进给速度 v 也是影响轮廓误差的重要因素，进给速度越大，轮廓误差也越大。另外需要注意的是，这里仅讨论恒速稳定运行时的稳态误差，过高的增益会对起始和终止瞬态过程产生不利的影响，这里就不再过多讨论。

（2）圆弧轮廓加工误差分析　图 6-57 所示为圆弧轮廓加工轮廓误差与跟随误差之间的关系，只考虑进给运动对加工误差的影响，图中：R 为理想的圆弧轨迹半径；ε 为圆弧加工轮廓误差；v 为切削进给速度；δ_X、δ_Y 为 X、Y 轴跟随误差；δ_v 为合成的跟随误差；α 为 δ_v 与 δ_Y 的夹角；φ 为 OB 与 X 轴的夹角。由图示几何关系可知：$v_X = v\sin\varphi$、$v_Y = v\cos\varphi$，对于增益系数分别为 K_X、K_Y 的两轴，根据前述进给速度和跟随误差之间的关系可得 $\delta_X = v_X/K_X = v\sin\varphi/K_X$、$\delta_Y = v_Y/K_Y = v\cos\varphi/K_Y$。再由图示几何关系，利用三角形余弦定理，并通过简化，最终可得轮廓误差为

$$\varepsilon = \frac{v^2\left[(\sin\varphi/K_X)^2 + (\cos\varphi/K_Y)^2\right]}{2R} + \frac{v\sin2\varphi}{2}\left(\frac{1}{K_X} - \frac{1}{K_Y}\right) \qquad (6\text{-}37)$$

由式（6-37）可知，当 X、Y 轴增益系数 K_X、K_Y 相等，且等于一定值 K 时，式（6-37）可简化为 $\varepsilon = v^2/(2RK)$。当两轴增益系数相等时，所加工圆弧的轮廓误差为一恒定值，实际加工的轮廓仍然为圆弧轮廓，与角度 φ 无关，误差的大小取决于进给速度的大小、圆弧半径的大小以及位置环增益系数的大小，与速度的二次方成正比，与半径和增益系数成反比，因此提高位置环增益系数对减小圆弧轮廓误差很重要。

图 6-57

圆弧轮廓加工轮廓
误差与跟随误差
之间的关系

图 6-57

圆弧轮廓加工轮廓
误差与跟随误差
之间的关系

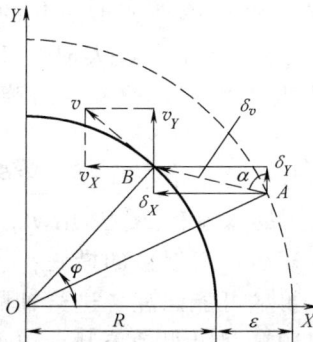

当 X、Y 轴增益系数 K_X、K_Y 不相等时，轮廓误差 ε 随角度 φ 发生变化，所加工圆弧不再是一圆弧，具有一定的形状误差。当 K_X、K_Y 调整到较好的水平时，可忽略式（6-37）中第一项的影响，误差的大小与 $\sin2\varphi$

成正比，当 $\varphi = 45°$ 或 $\varphi = 135°$ 时，轮廓误差值最大，此时所加工轮廓变成长轴和短轴分别位于 $45°$ 或 $135°$ 的椭圆，如图 6-58 所示。

图 6-58

当增益参数不匹配
时的圆弧加工轮廓
示意图

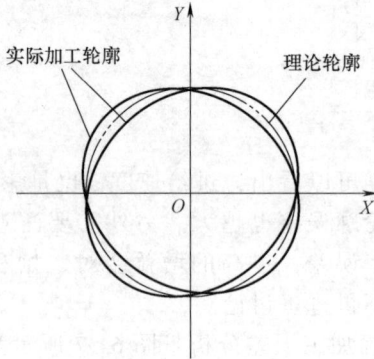

6.5.3　伺服控制系统误差补偿

数控机床在加工时，指令的输入、译码、计算以及电动机的运动控制都是由数控系统统一控制完成的，整个过程是自动进行的，避免了人为因素带来的误差，但由于外界扰动因素的影响，如果欲使数控机床达到很高的精度，就需要数控系统提供各种补偿功能，以便对数控机床加工过程中存在的一些误差进行自动的补偿，提高工件加工精度。

数控机床上工件加工误差的来源非常复杂，主要有机械结构的制造、装配、传动误差以及伺服系统的控制误差。机械结构引起的误差主要包括：①传动装置反向间隙误差，如在进给传动链中，齿轮传动、滚珠丝杠螺母副传动均存在反向间隙，这种反向间隙会造成在工作台反向运动时，电动机运动而工作台不动的现象，从而导致数控加工误差。对于这种误差，可通过控制伺服电动机在进给轴反向运动时多走一段距离的方式进行补偿；②丝杠螺距误差，丝杠螺母副是数控机床中常用的部件，数控机床的加工精度很大程度上受滚珠丝杠精度的影响，尽管采用了高精度的滚珠丝杠，但误差依然存在，要想消除丝杠制造精度对运动控制精度的影响，必须采用螺距误差补偿的方式，利用数控系统对误差进行补偿与修正；③传动结构弹性变形引起的误差，由于机械传动系统的刚度有限，当切削力、摩擦力过大时会引起传动链的弹性变形，形成弹性间隙，因此需要采用一定的方式对弹性变形引起的误差进行补偿。

伺服系统的控制误差主要是由于伺服系统的控制特性引起的运动误差，减小该类误差可采用的措施有：①选用动态特性好的伺服驱动装置；②尽可能地采用一些可减小负载惯量的措施；③在条件允许的情况下尽可能地提高开环增益；④尽可能匹配各进给轴的开环增益系数。类似于机械传动系统的刚性问题，伺服驱动控制系统也有控制刚性问题，用伺服刚度来描述伺服系统的刚性，定义为外部力负载与该力负载作用下位置控制环产生的位置误差的比值，伺服刚度越高，系统抗外界扰动的能力就越强，外部力负载对位置控制精度的影响也就越小，因此有必要采取一定措施来提高伺服系统的控制刚度。

◎ 6.6　主轴伺服系统

数控机床主轴主要用于提供各类工件加工所需的转矩和转速，电动机只是运行在速度控制回路下，因此只需完成主轴调速及正反转功能；但当要求机床有螺纹加工、准停和恒线速加工等功能时，对主轴也提出了相应的位置控制要求，此时主轴需要运行在 C 轴模式下，需要实现主轴旋转位置控制和进给驱动设备的插补。

6.6.1　对主轴伺服系统的要求

为满足现代数控机床自动运行的要求，机床主轴系统除了满足传统机床的驱动要求外，现代数控机床对主轴传动系统提出了更高的要求，具体见表 6-4。

	要　　求	说　　明
表 6-4 现代数控机床对 主轴系统的要求	自动变速	自动运行工作过程中可通过编程实现转速自动切换，切换过程精细，且是无级调速
	大的调速范围	由于零件的结构型式、材料、切削用刀具以及加工要求的差异，若要保证数控机床始终保持最优的工作状态，则主轴系统必须能够在一个大的转速范围内进行调速，既能满足高速加工要求，又能满足低速进给要求
	调速时间短	要求主轴能够实现自动加减速控制，并且加减速时间要短
	驱动功率高	为了充分利用现代刀具的性能，要保证机床主轴能够持续输出高功率
	低速高转矩	在低速范围内尽可能输出高转矩
	结构小、重量轻、发热量低	保持较小的结构尺寸和质量，保证加减速性能。发热量低可减小热量对加工精度的影响

为满足现代数控机床对主轴系统的要求，主轴伺服经历了从普通三相异步电动机驱动到直流主轴传动，再到交流主轴驱动的发展过程。当前，数控机床向高速度、高精度方向发展，电主轴应运而生，在今后一个时期内，电主轴将是数控机床主轴驱动系统的一个发展方向。

6.6.2　直流主轴伺服系统

一般要求主轴电动机的输出功率要大，因此在主轴伺服系统中不采用永磁式直流伺服电动机，而采用他励式。直流主轴电动机结构（图 6-59）与普通直流电动机相同，也是由定子和转子两大部分组成的。转子由电枢绕组和换向器组成，定子由主磁极和换向极组成，有的主轴电动机在主磁极上不但有主磁极绕组，还带有补偿绕组。为改善换向性能，在主轴电动机结构上都有换向极；为缩小体积，改善冷却效果，采用了轴向强迫通风冷却或热管冷却，在电动机轴尾部一般都同轴安装有速度反馈元件。

图 6-59

直流主轴电动机结构

1—换向器 2—绕组
3—主磁极 4—转子
5—定子

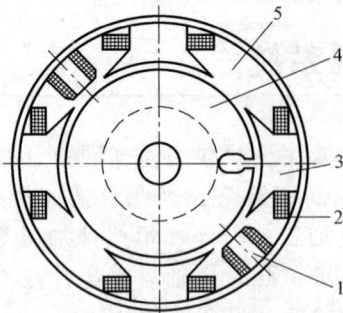

直流主轴伺服系统一般没有位置控制环节，它只进行速度调控，如图 6-60 所示，直流主轴伺服系统是由速度环和电流环构成的双环调速（框图下半部）控制系统，类似于直流进给伺服系统，以控制直流主轴电动机的电枢电压来进行恒转矩调速。控制系统的主电路采用反并联可逆整流电路。直流伺服系统有晶闸管调速和 PWM 调速两种形式。由于主轴电动机功率较大，而晶闸管直流调速在大功率应用方面具有优势，因而常用晶闸管直流调速方法。

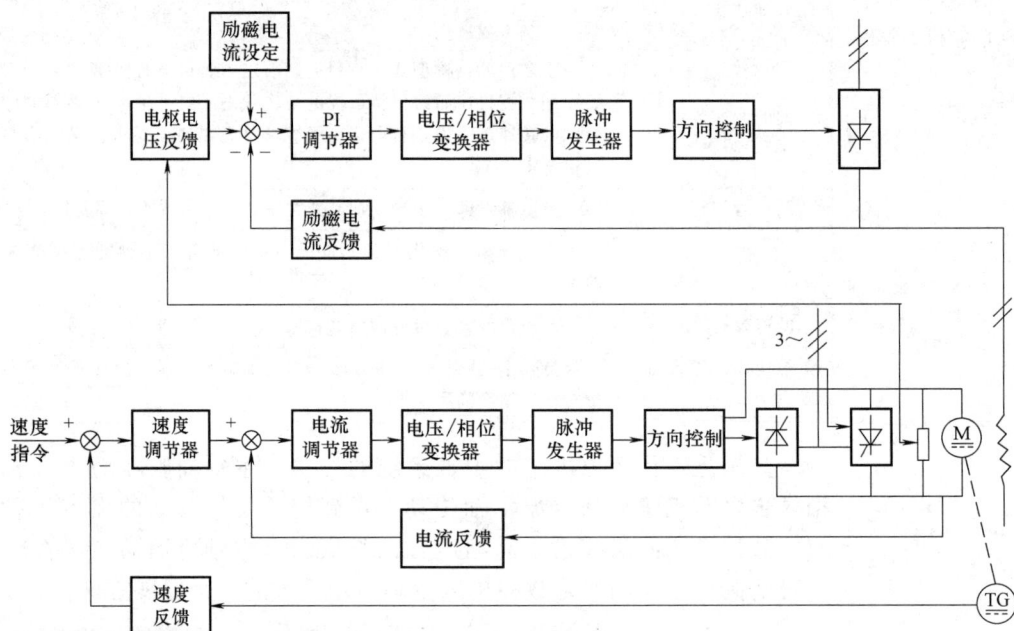

图 6-60 **直流主轴电动机速度控制单元原理框图**

由式（6-5）所描述的直流电动机的机械特性公式可以看出，在额定转速以下，若要把速度继续往下调，可以减小电枢外加电压 U_a 来获得一组平行、线性的机械特性，即恒转矩调速；但在额定转速以上时，若要把速度继续往上调，不能让 U_a 超过额定电压，以免烧毁电枢绕组，只能让磁通量 Φ 减小，即弱磁调速。在弱磁调速中，调整磁通 Φ 即是调整励磁电流，随着 Φ 的减小，转速的上升，电磁转矩 M 减小，因而称为恒功率调速。恒功率调速是直流主轴调速的一部分，它是通过控制励磁电路的励磁电流的大小来实现的。如图 6-60 所示，上半部分为励磁控制电路，主轴电动机为励磁式电动机，励磁绕组需由另一个直流电源供电。由励磁电流设定电路、电枢电压反馈电路及励磁电流反馈电路三者的输出信号，经比较后输入给 PI 调节器，根据调节器输出电压的大小，经电压/相位变换器（晶闸管触发电路）来决定晶闸管门极的触发脉冲的相位，以控制加到励磁绕组端的电压大小，从而控制励磁绕组的电流大小，完成恒功率控制的调速。

6.6.3 交流主轴伺服系统

交流伺服电动机一般分为永磁式和感应式两种。交流进给伺服电动机大多采用前者，而交流主轴伺服电动机一般采用后者。这是因为数控机床主轴伺服系统不必像进给伺服系统那样，需要如此高的动态性能和调速范围。感应式交流伺服电动机结构简单、便宜、可靠，配上矢量变换控制的主轴驱动装置，完全可以满足数控机床主轴驱动的要求。主轴驱动交流伺服化是当今的发展趋势。

数控机床用交流主轴电动机多是基于交流感应伺服电动机的结构型式专门设计的，为了增加输出功率，缩小电动机的体积，采用定子铁心在空气中直接冷却的方法，没有机壳，而且在定子铁心上有轴向孔，以利于通风等，因此电动机外形多呈多边形而不是常见的圆形。图 6-61 所示为交流主轴电动机与普通感应式电动机的结构比较。交流主轴电动机的转子多为带斜槽的铸铝结构，与一般笼型感应电动机相同。在电动机轴尾部同轴安装检测用脉冲发生器或脉冲编码器。

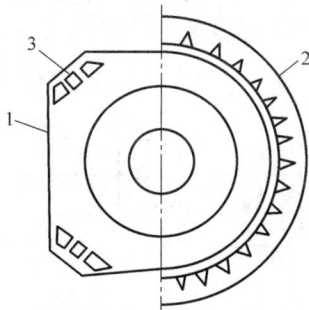

图 6-61

交流主轴电动机与普通感应式电动机的结构比较
1—交流主轴电动机
2—普通感应式电动机
3—冷却通风孔

感应式交流主轴伺服电动机的工作原理与普通异步电动机相同，在电动机定子的三相绕组中通以有相位差的交流电时，就会产生一个转速为 n_0 的旋转磁场，这个磁场切割转子中的导体，导体感应电流与定子磁场相作用产生电磁转矩，从而推动转子以转速 n 旋转。电动机转速与磁场转速是异步的，电动机的转速 n（r/min）为

$$n = \left(\frac{60f}{p}\right)(1-s) = n_0(1-s) \tag{6-38}$$

式中，f 为电源交流频率（Hz）；p 为转子磁极对数；s 为转差率。

为满足数控机床切削加工的特殊要求，出现了一些新型主轴电动机，如输出转换型交流主轴电动机、液体冷却主轴电动机和内装式主轴电动机（电主轴）等。

1. 交流主轴电动机速度控制

交流电动机调速方法有多种，如变频调速（U/f调速）、矢量控制调速及直接转矩控制调速。这里只介绍异步电动机矢量控制调速，该方法也可应用于永磁式交流同步伺服电动机驱动系统。

矢量控制是根据异步电动机的动态数学模型，利用坐标变换的方法将电动机的定子电流分解成磁场分量电流和转矩分量电流，模拟直流电动机的控制方式，对电动机的磁场和转矩分别进行控制，使异步电动机的静态特性和动态特性接近于直流电动机。

图 6-62 所示为矢量变换控制原理。图中带"$*$"标记的量表示控制值，不带"$*$"标记的量表示实际测量值。它类似于直流电动机的双闭环调速系统，ASR 为速度调节器，它的输出相当于直流电动机电枢电流的 i_q^* 信号；AMR 为磁通调节器，它输出 i_d^* 信号。这两个信号经坐标变换器 K/P 合成为定子电流幅值给定信号 i_1^* 和相位给定信号 θ_1^*，前者经电流调节器 ACR 控制变频器电流幅值，后者用于控制逆变器各相的导通。而实际的三相电流经 2/3 相变换器和矢量旋转变换器 V/R 后得到等效电流 i_d 和 i_q，然后再经坐标变换器得到定子电流幅值的反馈信号 i_1。逆变器的频率控制都采用转差控制方式，由 i_q^* 和 Φ_m 信号经运算可得到转差角速度 ω_s，与实际角速度 ω 相加之后，得到同步角速度 ω_0，再经积分器得到磁通同步旋转角 θ_0，然后再与电流相位 θ_1^* 相加，以便及时而准确地控制电流波形，从而得到良好的动态性能。为了控制气隙磁通，理论上讲，可以在电动机轴上安装磁通传感器来直接检测气隙磁通，但这种方法不易实现，且在检测信号中干扰信号较大，因此一般都采用间接磁通控制。

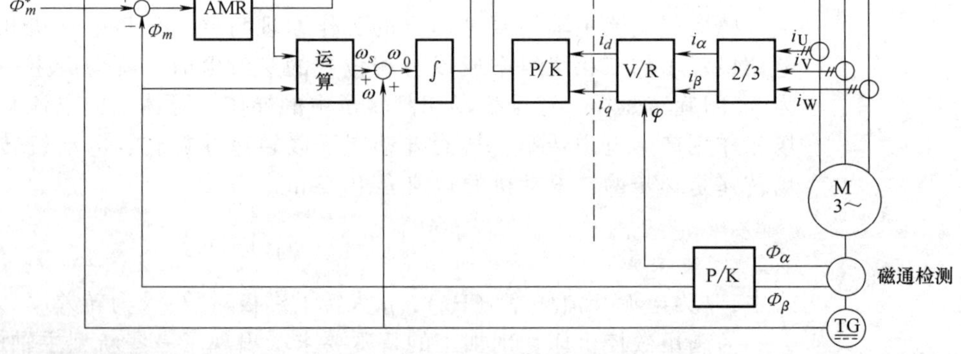

图 6-62　矢量变换控制原理

2. 主轴位置控制

当使用机床进行螺纹加工，或要求机床主轴能够实现精确角度定位时，只进行速度控制是无法满足要求的，需要同时对主轴旋转的角位置进行准确控制。当进行主轴位置控制时，主轴的控制过程与 C 轴控制过程的模式一致，需要以插补的方式实现主轴位置调控。在进行主轴位置控制时，主轴就是一个通用的伺服轴，通用伺服轴的控制方法均可以用于主轴控制，但需要注意的是进行速度控制与位置控制的过程切换。

6.6.4　高速电主轴

随着数控技术的发展，以高切削速度、高进给速度、高加工精度为主要特征的高速加工技术成功应用于加工制造过程，产生了巨大的经济效益。高速加工技术应用于性能优良的高档数控机床，高速主轴系统是数控机床的核心功能部件，电主轴是高速主轴系统的主要型式，是高速主轴系统主要的发展方向。

1. 电主轴的结构特点

传统的主轴系统按照传动类型来分可分为带传动主轴、齿轮传动主轴、直接驱动主轴和内置电动机驱动主轴。内置电动机驱动主轴也称为电主轴，将电动机集成在主轴的前后轴承之间，电动机可以是同步电动机也可以是异步电动机，如图 6-63 所示。这种驱动方式可以有效地减少振动和噪声，轻松实现上万转每分钟的工作转速，电主轴的应用使得机床结构更为紧凑。

图 6-63

高速电主轴结构

电主轴是一种智能型功能部件，采用无壳电动机，将带有冷却套的电动机定子装配在主轴单元的壳体内，转子和机床主轴的旋转部件做成一体，主轴的变速范围完全由变频交流电动机控制，使得变频电动机和机床主轴合二为一。电主轴相比传统的主轴系统，具有结构紧凑、重量轻、惯性小、振动小、噪声低以及响应快等优点，它不但转速高、功率大，还具有一系列控制机床主轴温升与振动的功能，可以确保其高速运转的可靠性和安全性。采用电主轴可以取消带轮传动和齿轮传动，简化机床的结构，易于实现主轴定位控制。电主轴是数控机床高速主轴单元中的一种理想结构，电主轴的出现使得高速加工技术发展过程中的一些问题迎刃而解，在高速加工时，采用电主轴是最佳且唯一的选择。

目前，电主轴在国内外的应用涵盖了磨削、铣削、车削、钻削、木工、离心、旋碾和试验机等领域，数控机床用电主轴主要有磨削用电主轴、铣削用电主轴、车削用电主轴和钻削用电主轴。随着材料科学技术的进步，越来越多的新型材料应用到机床主轴-轴承系统中，电主轴的型式也越来越丰富。

2. 电主轴的伺服控制

对于电主轴来说，其本质就是一台内置电动机，常用的电动机有永磁同步电动机和交流异步感应电动机。感应电动机的优点主要有极限转速高、价格比较便宜、维修方便、技术比较成熟、对控制系统的要求比较低。因此，目前高速电主轴的主轴电动机较多采用感应电动机。永磁电动机的优势在于：转子没有损耗，具有更高的效率；电动机体积小；由于转子磁钢产生气隙磁密，功率因数较高；在同样输出功率下，所需整流器和逆变器的容量较小；有较小的转动惯量，快速响应能力好。与永磁电动机相比，感应电动机的转子电流产生的磁通的大小是不固定的，而且也不和定子产生的磁场正交，因为它是由励磁磁通感应而产生的，所以感应电动机的矢量控制比较复杂。而永磁电动机的励磁磁通大小不变，且与电枢电流有着固定的相位关系，因而控制比较简单。

永磁电动机伺服系统的性能要求高，应具有足够大的力矩输出，良好的位置控制能力，比较宽的调速范围，能够频繁起动、制动以及正反转切换，具有在全速范围内平稳运行的能力，良好的动态响应能力，以及较高的加减速能力。永磁电动机的综合性能高于感应电动机，其较小的发热量能够很好地改善电主轴的热态特性，大大减小电主轴热变形，从而提高高速机床的加工精度。

由于电主轴本质上还是交流电动机，对于电主轴的伺服控制和交流异步、同步电动机的伺服控制原理相同，同样地应用于电主轴伺服驱动的技术也有变频调速控制、矢量控制和直接转矩控制等方式，具体可参考前述交流伺服电动机伺服控制的相关内容。与普通交流伺服电动机不同的是，由于电主轴通常运行在高速状态，运行过程中产生的振动和噪声不容忽视，振动和噪声源包括电磁振动和机械振动，电磁噪声是由电磁振动产生的。电主轴电磁振动主要由作用于电动机铁心的电磁力激发的，即电动机运行时，定子励磁绕组形成磁场，气隙内除基波磁场外还存在一系列谐波磁场，各种谐波磁场的相互作用产生切向力及切向电磁力矩，同时还产生随时间和空间变化的径向力，每个径向力波都分别作用在定子、转子的铁心上，使定子铁心、机座和转子出现随时间周期性变化的径向变形，即产生电磁振动，电磁振动对电主轴的动态性能有着重要影响，会直接影响其工作精度和主要性能指标，并产生噪声，因此相比普通交流伺服电动机的控制问题，电主轴还存在着振动控制的有关内容，这里就不过多讲述，可参阅有关文献著作。

思考与练习题

6-1 试对开环、半闭环、全闭环伺服系统进行综合比较，说明它们的结构特点和应用场合。

6-2　伺服系统由哪些部分组成？数控机床对伺服系统的要求有哪些？

6-3　简述反应式步进电动机的工作原理，并说明开环步进伺服系统是如何进行移动部件的位移、速度和方向控制的。

6-4　什么是步距角？反应式步进电动机的步距角与哪些因素有关？步距角与脉冲当量之间的关系是什么？

6-5　若数控机床的脉冲当量 $\delta = 0.05$mm，快进时步进电动机的工作频率 $f = 2500$Hz，试计算快速进给速度 v。

6-6　步进电动机的环形脉冲分配器和功率放大器分别有哪些型式？各自有何特点？

6-7　提高步进伺服系统精度的措施有哪些？分别说明它们的工作原理。

6-8　直流伺服电动机有哪几种类型？试说明它们的工作原理。

6-9　直流伺服电动机的调速方法有哪些？试说明它们的实现原理。数控直流伺服系统主要采用哪种调速方法？

6-10　直流进给伺服系统的 PWM 和晶闸管调速原理分别是什么？试比较它们的优缺点。

6-11　交流伺服电动机有哪几种？试说明永磁式交流伺服电动机的工作原理。

6-12　交流伺服电动机的调速方法有哪些？试说明它们的实现原理。数控交流伺服系统主要采用哪种调速方法？

6-13　在交流伺服电动机变频调速中，为什么要将电源电压和频率同时调整？

6-14　简述 SPWM 调速原理，分析 SPWM 变频器的功率放大电路和 SPWM 变频调速系统工作原理。

6-15　试说明直线电动机的类型、结构和工作原理，直线电动机有何特点？

6-16　简述编码器和光栅的工作原理。

6-17　实现伺服系统精确位置控制需要调控的变量有哪些？需要控制哪些回路？

6-18　实现伺服系统精确位置控制可用的控制算法有哪些？

6-19　对比直流进给伺服系统和直流主轴伺服系统的调速原理，试分析控制原理的异同。

6-20　对比交流进给伺服系统和交流主轴伺服系统的调速原理，试分析控制原理的异同。

6-21　试说明主轴交流伺服系统的矢量控制调速基本思想，并分析矢量变换控制原理。

6-22　试分析电主轴的特点以及其伺服控制实现方法。

第7章

数控机床机械结构

◎ 内容提要:

本章首先概述了数控机床的机械本体及特点,再分别介绍了数控机床的主传动装置、进给传动装置、导轨与回转工作台、自动换刀装置、辅助装置的结构及工作原理。与普通机床相比,数控机床具有独特的机械结构,能够实现高精度、高效率的机械加工。

通过本章的学习,具备数控机床机械本体的选型及设计能力。

◎ 本章重点:

1) 数控机床的主传动装置。
2) 数控机床的进给传动装置。
3) 数控机床的导轨与回转工作台。
4) 数控车床的自动转位刀架。

◎ 7.1 概述

数控机床是一种典型的机电一体化产品,是机械与电子技术相结合的产物。数控机床机械结构一般由以下几部分组成。

(1) 主传动系统 包括动力源、传动件及主运动执行件(主轴)等。主传动系统的作用是将驱动装置的运动及动力传给执行件,实现主切削运动。

(2) 进给传动系统 包括动力源、传动件及进给运动执行件(工作台、刀架)等。进给传动系统的作用是将伺服驱动装置的运动和动力传给执行件,实现进给运动。

(3) 基础支承件 包括床身、立柱、导轨、工作台等。基础支承件的作用是支承机床的各主要部件,并使它们在静止或运动中保持相对正确的位置。

(4) 辅助装置 包括自动换刀装置、液压气动系统、润滑冷却装置等。

数控机床是高精度、高效率的自动化机床,几乎在任何方面均要求比普通机床设计得更为完善,制造得更为精密。数控机床的结构设计已形成自己的独立体系,其主要结构特点如下:

拓展内容

中国创造:
笔头创新之路

1) 静、动刚度高。机床刚度是指在切削力和其他力的作用下，抵抗变形的能力。数控机床要在高速和重负荷条件下工作，机床床身、底座、立柱、工作台、刀架等支承件的变形，都会直接或间接地引起刀具和工件之间的相对位移，从而引起工件的加工误差。因此，这些支承件均应具有很高的静刚度和动刚度。为了做到这一点，数控机床在设计上采取的措施有：合理选择结构型式、合理安排结构布局、采用补偿变形措施和合理选用材料。

2) 抗振性好。机床工作时可能产生两种形态的振动：强迫振动和自激振动。机床的抗振性是指抵抗这两种振动的能力。数控机床在高速重切削情况下应无振动，以保证加工工件的高精度和高的表面质量，特别要注意的是避免切削时的自激振动，因此对数控机床的动态特性提出了更高的要求。

3) 热稳定性好。数控机床的热变形是影响加工精度的重要因素。引起机床热变形的热源主要是机床的内部热源，如电动机发热、摩擦热和切削热等。热变形主要是由于热源分布不均、各处零部件的质量不均形成各部位的温升不一致，从而产生不均匀的热膨胀变形，以致影响刀具与工件的正确相对位置，影响加工精度。

机床的热稳定性好是多方面综合的结果，包括：机床的温升小；产生温升后，使温升对机床的变形影响小；机床产生热变形时，使热变形对精度的影响较小。提高机床热稳定性的措施主要有：减少机床内部热源和发热量、改善散热和隔热条件、设计合理的机床结构和布局。

4) 灵敏度高。数控机床通过数字信息来控制刀具与工件的相对运动，它要求在相当大的进给速度范围内都能达到较高的精度，因而运动部件应具有较高的灵敏度。导轨部件通常用滚动导轨、塑料导轨、静压导轨等，以减少摩擦力，使其在低速运动时无爬行现象。工作台、刀架等部件的移动由交流或直流伺服电动机驱动，经滚珠丝杠传动，减小了进给系统所需的驱动转矩，提高了定位精度和运动平稳性。

5) 自动化程度高、操作方便。为了提高数控机床的生产率，必须最大限度地压缩辅助时间。许多数控机床采用了多主轴、多刀架以及带刀库的自动换刀装置等，以缩短换刀时间。对于多工序的自动换刀数控机床，除了缩短换刀时间之外，还大幅度地压缩了多次装卸工件的时间。几乎所有的数控机床都具备快速运动的功能，使空程时间缩短。

数控机床是一种自动化程度很高的加工设备，在机床的操作性方面充分注意了机床各部分运动的互锁能力，以防止事故的发生。同时，最大限度地改善了操作者的观察、操作和维护条件，设有急停装置，避免发生意外事故。此外，数控机床上还留有最便于装卸的工件装夹位置。对于切屑量较大的数控机床，其床身结构可设计成有利于排屑的结构，或者设有自动工件分离和排屑装置。

◎ 7.2　数控机床的主传动装置

主传动系统是用来实现机床主运动的，它将主电动机的原动力变成可供主轴上刀具切削加工的切削力矩和切削速度。为适应各种不同的加工及各种不同的加工方法，数控机床的主传动系统应具有较大的调速范围，以保证加工时能选用合理的切削用量，同时主传动系统还需要有较高的精度及刚度，并尽可能降低噪声，从而获得最佳的生产率、加工精度和表面质量。

7.2.1　主传动配置方式

数控机床主传动系统多采用交流主轴电动机和直流主轴电动机无级调速系统。为扩大调速范围，适应低速大转矩的要求，也经常应用齿轮有级调速和电动机无级调速相结合的调速方式。数控机床主传动方式主要有五种配置方式，如图 7-1 所示。

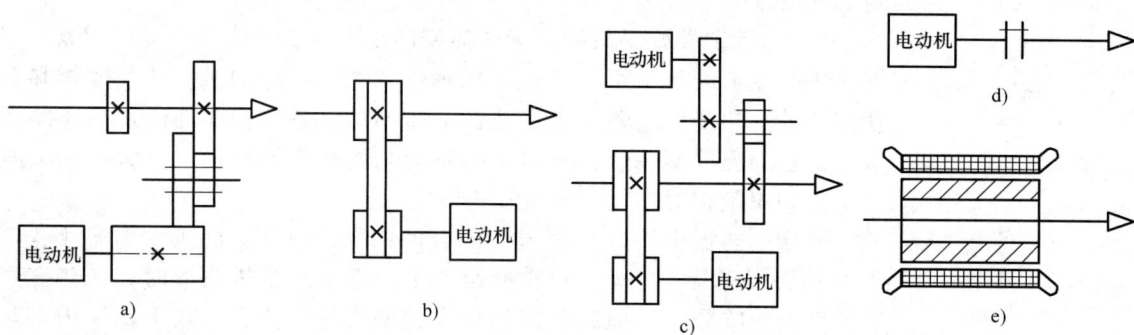

图 7-1　主传动配置方式
a）带有变速齿轮的主传动　b）通过带传动的主传动　c）用两台电动机分别传动
d）由主轴电动机直接驱动　e）电主轴传动

（1）带有变速齿轮的主传动　这是大、中型数控机床采用较多的一种变速方式，如图 7-1a 所示。通过少数几对齿轮降速，扩大输出转矩，以满足主轴低速时对输出转矩特性的要求。数控机床在交流或直流电动机无级变速的基础上配以齿轮变速，使之成为分段无级变速。滑移齿轮的移位大都采用液压拨叉或电磁离合器带动齿轮来实现。

（2）通过带传动的主传动　如图 7-1b 所示，主要应用在转速较高、变速范围不大的数控机床。电动机本身的调速就能够满足要求，不用齿轮变速，可以避免齿轮传动引起的振动与噪声，适用于高速、低转矩特性要求主轴。这里常用 V 带或同步带。

（3）用两台电动机分别传动　如图 7-1c 所示，这是上述两种传动方式的混合传动，具有上述两种性能。两个电动机不能同时工作，高速时电动机通过带轮直接驱动主轴旋转；低速时，另一台电动机通过两级齿轮传动驱动主轴旋转，齿轮起到降速和扩大变速范围的目的。这样增大了恒功率区，克服了低速时转矩不够且电动机功率不能充分利用的缺陷，但增加了机床成本。

（4）由主轴电动机直接驱动　如图 7-1d 所示，电动机轴与主轴用联轴器同轴联接。用伺服电动机的无级调速直接驱动主轴旋转，这种主传动方式简化了主轴箱和主轴结构，有效地提高了主轴组件的刚度；但主轴输出转矩小，电动机发热对主轴影响较大。

（5）电主轴传动 近年来出现了一种内装电动机主轴，其主轴与电动机转子合为一体，如图 7-1e 所示。其优点是主轴组件结构紧凑、重量轻、惯量小，可提高起动、停止的响应特性，并利于控制振动和噪声。缺点同样是主轴输出转矩小和主轴热变形的问题。

7.2.2 主轴组件结构

数控机床的主轴组件一般包括主轴、主轴轴承和传动件等。对于加工中心，主轴组件还包括刀具自动夹紧装置、主轴准停装置和主轴孔的切屑清除装置。主轴组件既要满足精加工时精度较高的要求，又要具备粗加工时高效切削的能力。因此在旋转精度、刚度、抗振性和热变形等方面，都有很高的要求。

1. 主轴轴承的配置方式

目前，数控机床主轴轴承的配置方式主要有三种，如图 7-2 所示。

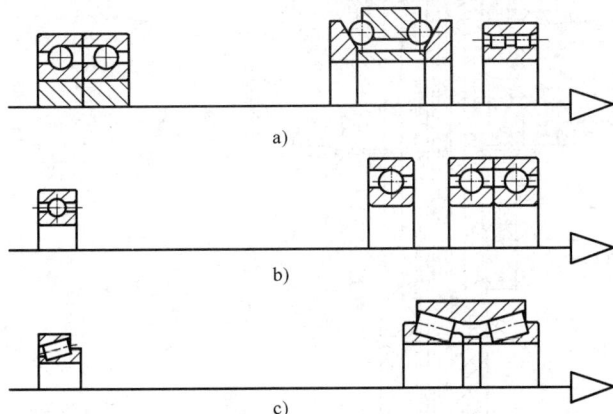

图 7-2

数控机床主轴轴承的配置方式

1）前支承采用双列圆柱滚子轴承和双列 60°角接触球轴承组合，后支承采用成对角接触球轴承（图 7-2a）。这种配置方式使主轴的综合刚度大幅度提高，可以满足强力切削的要求，因此普遍应用于各类数控机床。

2）前支承采用多个高精度角接触球轴承（图 7-2b）。角接触球轴承具有良好的高速性能，主轴最高转速可达 4000r/min，但它的承载能力小，因而适用于高速、轻载和精密的数控机床主轴。在加工中心的主轴中，为了提高承载能力，有时应用 3～4 个角接触球轴承组合的前支承，并用隔套实现预紧。

3）前支承采用双列圆锥滚子轴承，后支承为单列圆锥滚子轴承（图 7-2c）。这种轴承径向和轴向刚度高，能承受重载荷，尤其能承受较强的动载荷，安装与调整性能好。但这种轴承配置限制了主轴的最高转速与精度，因此适用于中等精度、低速与重载的数控机床。

随着材料工业的发展和高速加工的需要，数控机床主轴中有使用陶瓷滚珠轴承的趋势。

2. 刀具自动装卸与切屑清除装置

在带有刀库的数控机床中，主轴组件除具有较高的精度和刚度外，还带有刀具自动装卸装置和主轴孔内的切屑清除装置。

为实现刀具在主轴上的自动装卸，其主轴必须设计有刀具的自动夹紧机构。自动换刀数控立式镗铣床主轴的刀具夹紧机构如图 7-3 所示。

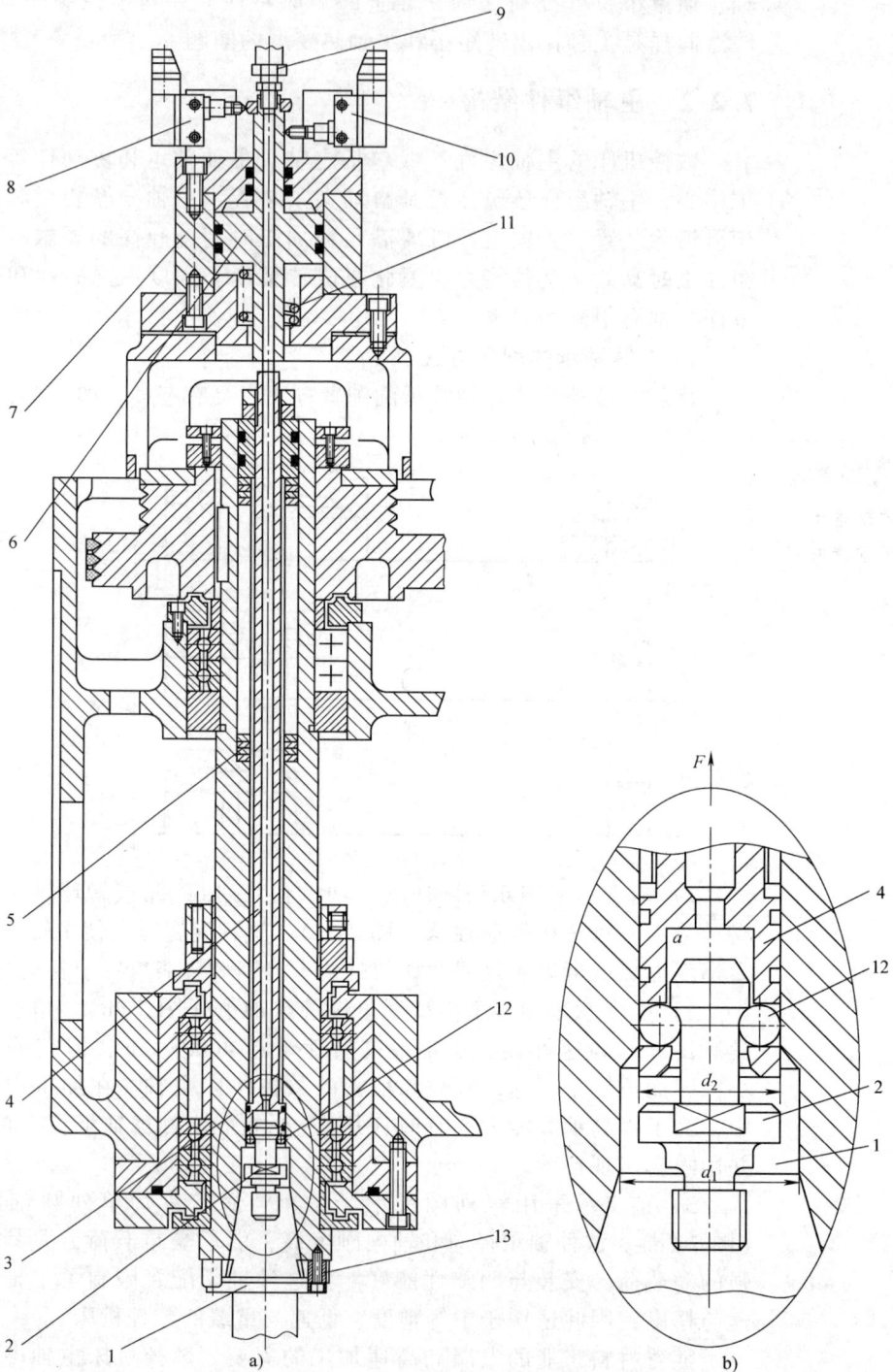

图 7-3　**自动换刀数控立式镗铣床主轴的刀具夹紧机构**（JCS-018）

1—刀夹　2—拉钉　3—主轴　4—拉杆　5—碟形弹簧　6—活塞　7—液压缸
8、10—行程开关　9—压缩空气管接头　11—弹簧　12—钢球　13—端面键

主轴 3 前端有 7∶24 的锥孔，用于装夹锥柄刀具。端面键 13 既做刀具周向定位用，又可通过它传递转矩。该主轴是由拉紧机构拉紧锥柄刀夹尾端的轴颈来实现刀夹的定位与夹紧的。原理如下：夹紧刀夹时，液压缸上腔接通回油，弹簧 11 推动活塞 6 上移，处于图 7-3a 所示位置，拉杆 4 在碟形弹簧 5 的作用下向上移动；由于此时装在拉杆前端径向孔中的钢球 12 进入主轴孔中直径较小的 d_2 处，如图 7-3b 所示，被迫径向收拢而卡进拉钉 2 的环形凹槽内，因而刀杆被拉杆拉紧，依靠摩擦力紧固在主轴上。换刀前需将刀夹松开时，液压油进入液压缸上腔，活塞 6 推动拉杆 4 向下移动，碟形弹簧被压缩；当钢球 12 随拉杆一起下移至进入主轴孔中直径较大的 d_1 处时，它就不再能约束拉钉的头部，紧接着拉杆前端内孔的台肩端面 a 碰到拉钉，把刀夹顶松。此时行程开关 10 发出信号，换刀机械手随即将刀夹取下。与此同时，压缩空气由压缩空气管接头 9 经活塞和拉杆的中心通孔吹入主轴装刀孔内，把切屑或脏物清除干净，以保证刀具的安装精度。机械手把新刀装上主轴后，液压缸 7 接通回油，碟形弹簧又拉紧刀夹。刀夹拉紧后，行程开关 8 发出信号。

自动清除主轴孔中切屑和灰尘是换刀操作中的一个不容忽视的问题。如果在主轴锥孔中掉进了切屑或其他污物，在拉紧刀杆时，主轴锥孔表面和刀杆的锥柄就会被划伤，甚至使刀杆发生偏斜，破坏了刀具的正确定位，影响工件的加工精度，甚至使工件报废。为了保持主轴锥孔的清洁，常用压缩空气吹屑。图 7-3 中活塞 6 的中心钻有压缩空气通道，当活塞向左移动时，压缩空气经拉杆 4 吹出，将主轴锥孔清理干净。喷气头中的喷气小孔要有合理的喷射角度，并均匀分布，以提高吹屑效果。

3. 主轴组件的润滑与密封

良好的润滑效果可以降低轴承的工作温度，延长其使用寿命。密封不仅要防止灰尘、屑末和切削液进入，还要防止润滑油的泄漏。

（1）主轴的润滑　数控机床主轴的转速高，为减少主轴发热，必须改善轴承的润滑方式。润滑的作用是在摩擦副表面形成一层薄油膜，以减少摩擦发热。在数控机床上的润滑一般采用高级油脂封入方式润滑，每加一次油脂可以使用 7~10 年。也可用油气润滑，除在轴承中加入少量润滑油外，还引入压缩空气，使滚动体上包有油膜起到润滑作用，再用空气循环冷却。

（2）主轴的密封　主轴的密封有接触式和非接触式两种。接触式密封主要有油毡圈和耐油橡胶密封圈密封两种。非接触式密封如图 7-4 所示。图 7-4a 是利用轴承盖与轴的间隙密封，在轴承盖的孔内开槽是为了提高密封效果，这种密封用于工作环境比较清洁的油脂润滑处。图 7-4b 是在螺母的外圆上开锯齿形环槽，当油向外流时，靠主轴转动的离心力把油沿斜面甩到端盖的空腔内，油液再流回箱内。图 7-4c 是迷宫式密封的结构，在切屑多、灰尘大的工作环境下可获得可靠的密封效果，这种结构适用于油脂或油液润滑的密封。

4. 机械主轴准停装置

自动换刀时，刀柄上的键槽要对准主轴的端面键；另外，在反镗孔

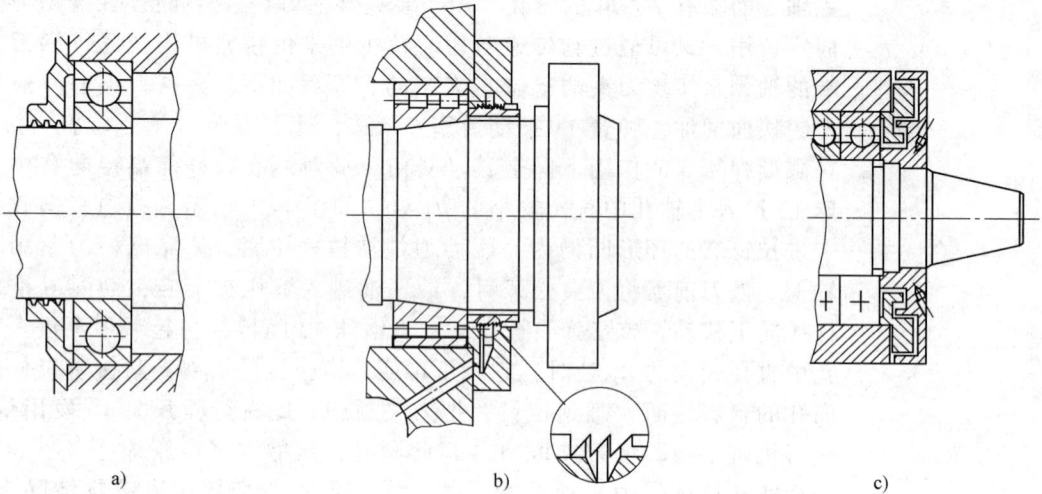

等加工中，刀具要沿刀尖反方向偏移让刀。这就要求主轴具有准确周向定位的功能，即主轴准停功能。该功能可由机械准停或电气准停来实现。机械准停装置定向较可靠、精确，但结构复杂。

图 7-5 所示为机械控制的主轴准停装置。准停装置设在主轴尾端，当主轴需要准停时，数控装置发出降速信号，主轴箱自动改变传动路线，使主轴转速换到低速运转。在时间继电器延时数秒钟后，开始接通无触点开关 4。当凸轮 2 上的感应片对准无触点开关时，发出准停信号，立即切断主电动机电源，脱开与主轴的传动联系，以排除传动系统中大部分旋转零件的惯性对主轴准停的影响，使主轴低速空转。再经过时间继电器的短暂延时，接通液压油，使定位活塞 6 带动定位滚子 5 向上运动，并压紧在凸轮 1 的外表面。当主轴带动凸轮 1 慢速转至其上的 V 形槽，并对准定位滚子 5 时，定位滚子进入槽内，使主轴准确停止。同时限位开关 7 发出信号，表示已完成准停。如果在规定的时间内限位开关 7 未发出完成准停信号，即表示定位滚子 5 没有进入 V 形槽，这时时间继电器发出重新定位信号，并重复上述动作，直到完成准确停止。然后，定位活塞 6 退回到释放位置，行程开关 8 发出相应的信号。

5. 电主轴单元

电主轴是内装式电动机主轴单元。它把机床主传动链的长度缩短为零，实现了机床的"零传动"，具有结构紧凑、机械效率高、可获得极高的回转速度、回转精度高、噪声低、振动小等优点。

（1）电主轴的结构　如图 7-6 所示，电主轴系统把主轴与电动机有机地结合在一起，由无外壳电动机、主轴、轴承、主轴单元壳体、驱动模块和冷却装置等组成。电动机轴是空心轴转子，也就是主轴本身，由前、后轴承支承；电动机的定子通过冷却套安装于主轴单元的壳体中。主轴的变速由主轴驱动模块控制，而主轴单元内的温升由主轴冷却装置限制。在主轴的后端装有测速、测角位移传感器，前端的内锥孔和端面用于安装刀具。

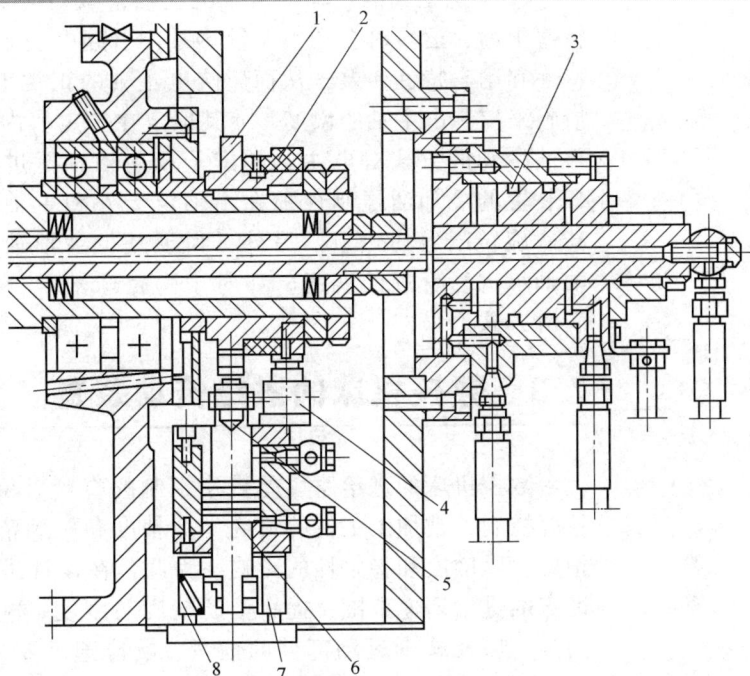

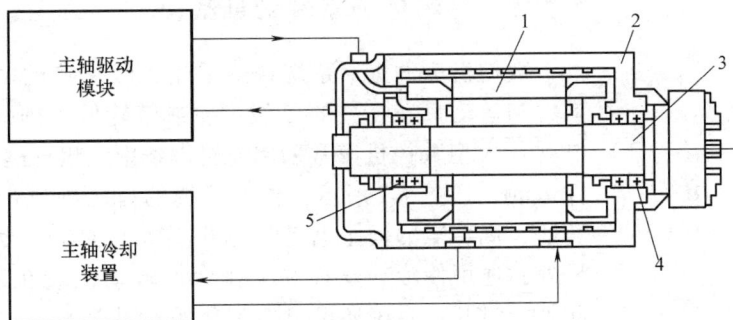

（2）电主轴的轴承　目前电主轴采用的轴承主要有陶瓷球轴承、液体静压轴承和磁悬浮轴承。

陶瓷球轴承是一种应用广泛且经济的轴承，陶瓷滚珠重量轻、硬度高，可大幅度减小轴承离心力和内部载荷，减少磨损，从而提高轴承寿命。

液体静压轴承为非直接接触式轴承，具有磨损小、寿命长、回转精度高、振动小等优点，用于电主轴上，可延长刀具寿命，提高加工质量和加工效率。

磁悬浮轴承依靠多对在圆周上互为 180° 的磁极产生径向吸力（或斥力）而将主轴悬浮在空气中，使轴颈与轴承不接触，径向间隙为 1mm 左右。当承受载荷后，主轴空间位置会产生微小变化，控制装置根据位置传感器检测出的主轴位置变化值改变相应磁极的吸力（或斥力）值，使主轴迅速恢复到原来的位置，从而保证主轴始终绕其惯性轴做高速回转，因此它的高速性能好、精度高，但由于价格昂贵，至今没有得到广泛应用。

（3）电主轴的冷却　由于电主轴将电动机集成于主轴单元中，且其转速很高，运转时会产生大量热量，引起电主轴温升，使电主轴的热态特性和动态特性变差，从而影响电主轴的正常工作。因此必须采取一定措施来控制电主轴的温度，使其恒定在一定值内。目前一般采取强制循环油冷却的方式对电主轴的定子及主轴轴承进行冷却，即将经过油冷却装置的冷却油强制性地在主轴定子外和主轴轴承外循环，带走主轴高速旋转产生的热量。另外，为了减少主轴轴承的发热，还必须对主轴轴承进行合理的润滑。如对于陶瓷球轴承，可采用油雾润滑或油气润滑方式。

◎ 7.3　数控机床的进给传动装置

数控机床的进给系统是数字控制的直接对象，不论是点位控制还是轮廓控制，被加工工件的最终坐标精度和轮廓精度都受进给系统的传动精度、灵敏度和稳定性的影响。为此，在设计进给系统时应充分注意保证宽的进给调速范围、提高传动精度与刚度、减少摩擦阻力、消除传动间隙，以及减少运动部件的惯量、响应速度要快、稳定性好、寿命长、使用维护方便等。

7.3.1　进给传动系统常见结构

数控机床的进给系统普遍采用无级调速的驱动方式。伺服电动机的动力和运动只需经过 1~2 级齿轮或带轮传动副降速，传递给滚珠丝杠螺母副（大型数控机床常采用齿轮齿条副、蜗杆副），驱动工作台等执行部件运动。如图 7-7 所示，传动系统的齿轮副或带轮副的作用主要是将高转速、低转矩的伺服电动机输出转换成低速、大转矩的执行部件输出，另外，还可使滚珠丝杠和工作台的转动惯量在系统中占有较小的比例。此外，对开环系统还可以匹配所需脉冲当量，以保证系统所需的运动精度。滚珠丝杠螺母副（或齿轮齿条副、蜗杆副）的作用是实现旋转运动与直线移动之间的转换。

图 7-7
数控机床进给传动系统
1—伺服电动机
2—定比传动机构
3—执行元件
4—换向机构

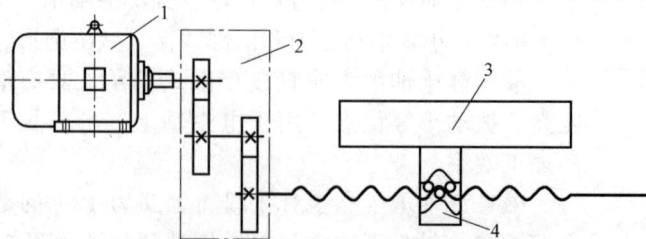

近年来，由于伺服电动机及其控制单元性能的提高，许多数控机床的进给传动系统去掉了降速齿轮副，直接将伺服电动机与滚珠丝杠联接。随着高加、减速度直线电动机的发展，由直线电动机直接驱动进给部件的数控机床也在不断涌现。

7.3.2　齿轮副

在数控机床的进给伺服系统中，常采用机械变速装置将高转速、低转矩的伺服电动机输出转换成低速、大转矩的执行部件输出，其中应用最广的就是齿轮副。设计齿轮副时，应考虑齿轮副的传动级数和速比分配，以及齿轮传动间隙的消除。

1. 齿轮副的传动级数和速比分配

齿轮副的传动级数和速比分配，不仅影响传动件的转动惯量大小，而且影响执行件的传动效率。增加传动级数，可以减小转动惯量，但导致传动装置的结构复杂，降低了传动效率，增大了噪声，同时也加大了传动间隙和摩擦损失，对伺服系统不利。若传动链中齿轮速比按递减原则分配，则传动链的起始端的间隙影响较小，末端的间隙影响较大。

2. 齿轮传动间隙的消除

齿轮在制造中不可能达到理想齿面要求，存在着一定的误差，因此两个啮合着的齿轮总有微量的齿侧间隙。数控机床进给系统经常处于自动换向状态，在开环系统中，齿侧间隙会造成位移值滞后于指令信号，换向时，将丢失指令脉冲而产生反向死区，从而影响加工精度；在闭环系统中，由于有反馈单元，滞后值虽然可得到补偿，但换向时可能造成系统振荡。因此必须采取措施消除齿轮传动中的间隙。

齿轮传动间隙消除方法一般可分为刚性调整法和柔性调整法。刚性调整法是调整后暂时消除了齿侧间隙，但之后产生的齿侧间隙不能自动补偿的调整方法，因此，应严格控制齿轮的齿距公差及齿厚，否则影响传动的灵活性。这种调整方法结构比较简单，具有较好的传动刚度。柔性调整法是调整之后消除了齿侧间隙，而且随后产生的齿侧间隙仍可自动补偿的调整方法。一般通过调整压力弹簧的压力来消除齿侧间隙，并在齿轮的齿厚和齿距有变化的情况下，也能保持无间隙啮合。但这种结构较复杂，轴向尺寸大，传动刚度低，同时，传动平稳性也较差。

（1）直齿圆柱齿轮传动间隙的消除

1）偏心套调整法。如图 7-8 所示，啮合齿轮 2 装在电动机 4 的输出轴上，电动机则装在偏心套 3 上，偏心套又装在减速器箱体的座孔内。啮合齿轮 1 与 2 相互啮合，通过转动偏心套的转角，就能够方便地调整两啮合齿轮间的中心距，从而消除了齿轮副正、反转时的齿侧间隙。这是刚性调整法。

2）轴向垫片调整法。如图 7-9 所示，在加工直齿圆柱齿轮 1 和 2 时，将分度圆柱面制成带有小锥度的圆锥面，使其齿厚在齿轮的轴向稍有变化（其外形类似于插齿刀）。装配时只要改变垫片 3 的厚度，使直齿圆柱齿轮 2 做轴向移动，就能调整两齿轮的轴向相对位置，从而消除了齿侧间隙。但圆锥面的角度不能过大，否则将使啮合条件恶化。这是刚性调整法。

图 7-8

偏心套调整法

1、2—啮合齿轮

3—偏心套 4—电动机

5—减速器箱体

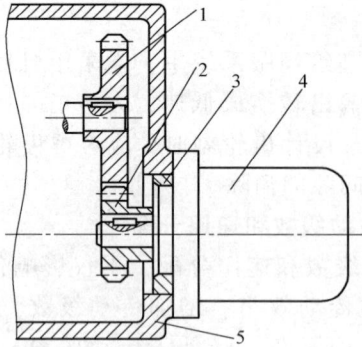

图 7-9

轴向垫片调整法

1、2—直齿圆柱齿轮

3—垫片

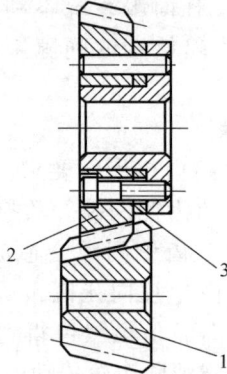

3）双片薄齿轮错齿调整法。如图 7-10 所示，两个齿数相同的薄片齿轮 1 和 2 与另一个宽齿轮相啮合，齿轮 1 空套在齿轮 2 上，可以相对回转。每个齿轮端面分别均匀装有四个螺纹凸耳 3 和 8，齿轮 1 的端面有四个通孔，凸耳 8 可以从中穿过，弹簧 4 分别钩在调节螺钉 7 和凸耳 3 上，通过螺母 5 调节弹簧 4 的拉力，调节完毕用螺母 6 锁紧。弹簧的拉力可以使薄片齿轮错位，即两片薄齿轮的左、右齿面分别与宽齿轮轮齿齿槽的左、右两侧贴紧，从而消除齿侧间隙。这是柔性调整法。

图 7-10

双片薄齿轮错齿
调整法

1、2—齿轮 3、8—凸耳

4—弹簧 5、6—螺母

7—调节螺钉

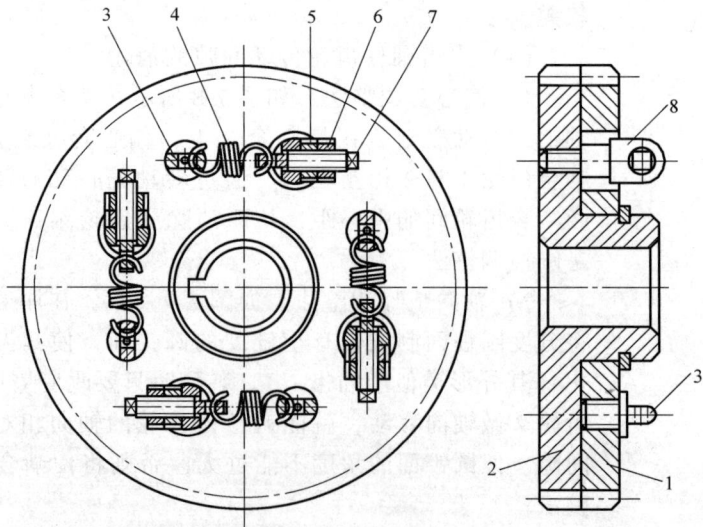

（2）斜齿圆柱齿轮传动间隙的消除

1）轴向垫片错齿调整法。如图 7-11 所示，宽斜齿圆柱齿轮 1 同时与两个相同齿数的薄片斜齿轮 3 和 4 啮合，薄片斜齿轮经平键与轴联接，无相对回转。薄片斜齿轮 3 和 4 间加厚度为 t 的垫片，用螺母拧紧，使两薄片斜齿轮 3 和 4 的螺旋线产生错位，前后两齿面分别与宽齿轮的齿面贴紧而消除间隙。这是刚性调整法。

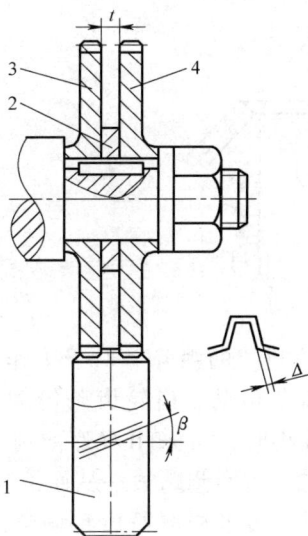

图 7-11

轴向垫片错齿调整法

1—宽斜齿圆柱齿轮
2—垫片
3、4—薄片斜齿轮

2）轴向压簧错齿调整法。如图 7-12 所示，与轴向垫片错齿调整法相似，所不同的是薄片斜齿轮的轴向平移是通过弹簧的弹力来实现的。通过调整螺母 5，即可调整弹簧压力的大小，进而调整薄片斜齿轮 4 轴向平移量的大小，调整方便。这是柔性调整法。

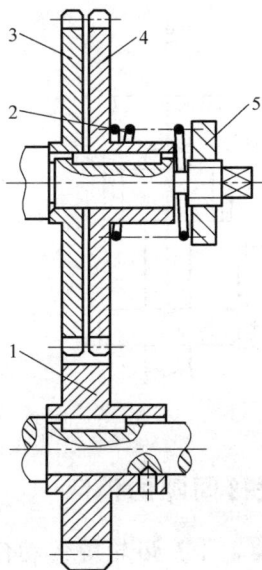

图 7-12

轴向压簧错齿调整法

1—宽斜齿圆柱齿轮
2—弹簧
3、4—薄片斜齿轮
5—螺母

（3）锥齿轮传动间隙的消除　图 7-13 所示为锥齿轮的轴向压簧调整法。锥齿轮 1 和 2 相啮合，在装锥齿轮 1 的传动轴 5 上装有弹簧 3，锥齿轮 1 在弹簧力的作用下可稍做轴向移动，从而消除间隙。弹簧力的大小由螺母 4 调节。这是柔性调整法。

图 7-13

锥齿轮的轴向压簧
调整法
1、2—锥齿轮
3—弹簧　4—螺母
5—传动轴

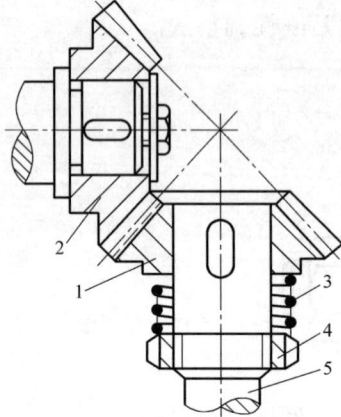

（4）齿轮齿条传动间隙的消除　对于工作行程很大的数控机床，进给运动一般采用齿轮齿条传动。齿轮齿条传动也存在齿侧间隙，同样需要消除。当传动负载较小时，可采用双片薄齿轮错齿调整法，双片薄齿轮分别与齿条齿槽的左、右两侧贴紧，从而消除齿侧间隙。

当传动负载较大时，可采用双厚齿轮调整法，如图 7-14 所示。进给运动由轴 2 输入，通过两对斜齿轮将运动传给轴 1 和轴 3，然后由两个直齿轮 4 和 5 去传动齿条，带动工作台移动。轴 2 上装有两个螺旋线方向相反的斜齿轮，当在轴 2 上施加轴向力 F 时，能使斜齿轮产生微量的轴向移动，则轴 1 和轴 3 便以相反的方向转过微小的角度，使直齿轮 4 和 5 分别与齿条齿槽的左、右侧面贴紧，从而消除间隙。

图 7-14

齿轮齿条的双厚齿轮
调整法
1、2、3—轴
4、5—直齿轮

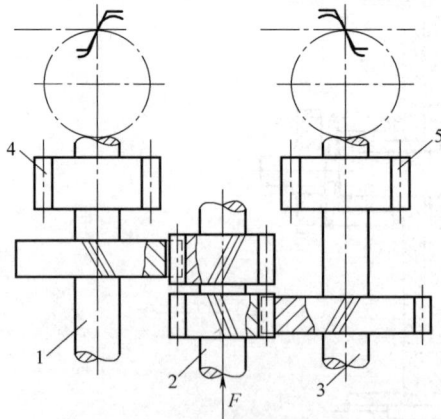

7.3.3　键联接、销联接间隙的消除

数控机床进给传动装置中，齿轮等传动件与轴键的配合间隙，如同齿侧间隙一样，也会影响工件的加工精度，需将其消除。图 7-15 所示为

键联接间隙的消除方法。图 7-15a 为双键联接结构,用紧定螺钉顶紧以消除间隙。图 7-15b 为楔形销联接结构,用螺母拉紧楔形销以消除间隙。

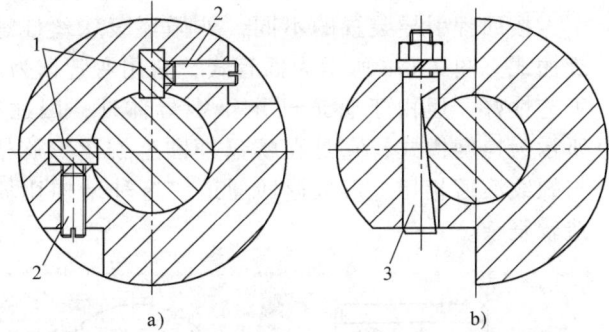

图 7-15

键联接间隙的消除
方法
1—键
2—紧定螺钉
3—楔形销

a)　　　　　　　b)

图 7-16 所示为一种可获得无间隙传动的无键联接结构。5 和 6 是一对互相配研、接触良好的弹簧锥形胀套,拧紧螺钉 2,通过圆环 3 和 4 将它们压紧时,内弹簧锥形胀套 5 的内孔缩小,外弹簧锥形胀套 6 的外圆胀大,依靠摩擦力将传动件 7 和轴 1 联接在一起。根据所需传递的转矩大小,锥形胀套可以是一对或几对。

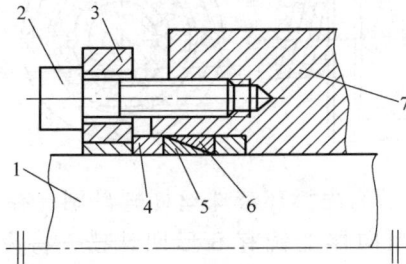

图 7-16

无键联接结构
1—轴　2—螺钉
3、4—圆环
5—内弹簧锥形胀套
6—外弹簧锥形胀套
7—传动件

7.3.4　滚珠丝杠螺母副

滚珠丝杠螺母副是回转运动与直线运动相互转换的新型传动装置,在数控机床上得到了广泛的应用。

滚珠丝杠螺母副的优点是:摩擦系数小,传动效率高,一般 $\eta = 0.92 \sim 0.98$,所需传动转矩小;灵敏度高,传动平稳,不易产生爬行,随动精度和定位精度高;磨损小,寿命长,精度保持性好;可通过预紧和间隙消除措施提高轴间刚度和反向精度;运动具有可逆性,不仅可以将旋转运动变为直线运动,也可将直线运动变为旋转运动。缺点是制造工艺复杂,成本高,在垂直安装时不能自锁,因而必须附加制动机构。

1. 滚珠丝杠螺母副的结构和工作原理

按滚珠的循环方式不同,滚珠丝杠螺母副有外循环和内循环两种结构。滚珠在返回过程中与丝杠脱离接触的为外循环,与丝杠始终接触的为内循环。

图 7-17 所示为外循环滚珠丝杠螺母副。丝杠与螺母上都加工有圆弧形的螺旋槽,将它们对合起来就形成了螺旋滚道,在滚道里装满了滚珠。当丝杠相对于螺母旋转时,丝杠的旋转面经滚珠推动螺母轴向移动,同

时滚珠沿螺旋滚道滚动，使丝杠与螺母间的滑动摩擦转变为滚珠与丝杠、螺母之间的滚动摩擦。滚珠沿螺旋槽在丝杠上滚过数圈后，通过回程引导装置，逐个地又滚回到丝杠与螺母之间，构成一个闭合的回路。

按回程引导装置的不同，外循环滚珠丝杠螺母副又分为插管式和螺旋槽式。图 7-17a 所示为插管式，它用弯管作为返回管道。这种型式结构工艺性好，但由于管道凸出于螺母体外，因此径向尺寸较大。图 7-17b 所示为螺旋槽式，它是在螺母外圆上铣出螺旋槽，槽的两端钻出通孔并与螺纹滚道相切，形成返回通道。这种结构比插管式径向尺寸小，但制造较复杂。

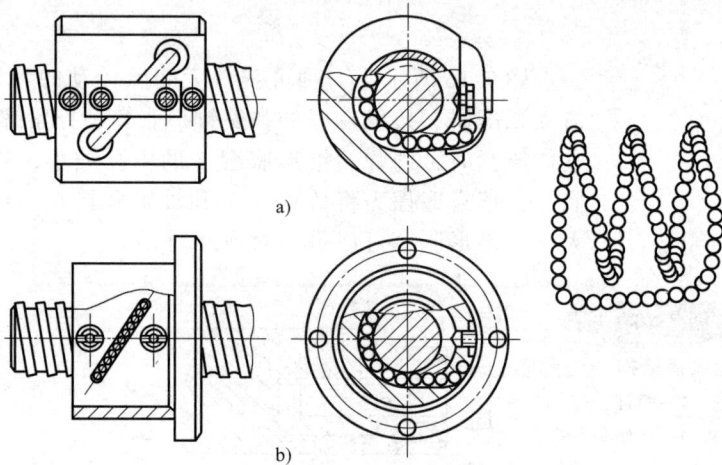

图 7-17

外循环滚珠丝杠
螺母副
a）插管式
b）螺旋槽式

图 7-18 所示为内循环滚珠丝杠螺母副。在螺母的侧孔中装有圆柱凸轮式反向器，反向器上铣有 S 形回珠槽，将相邻两螺纹滚道联接起来。滚珠从螺纹滚道进入反向器，借助反向器迫使滚珠越过丝杠牙顶进入相邻滚道，从而实现循环。其优点是径向尺寸紧凑，刚性好，因返回滚道较短，故摩擦损失小。缺点是反向器加工困难。

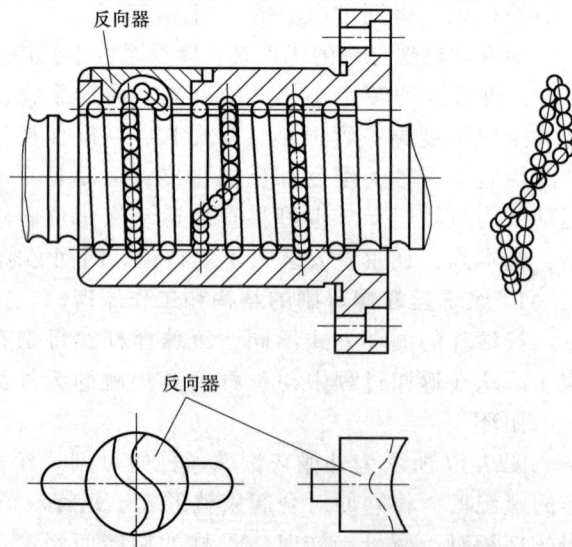

图 7-18

内循环滚珠丝杠
螺母副

2. 滚珠丝杠螺母副轴向间隙的调整与预紧

滚珠丝杠的传动间隙是轴向间隙。为了保证反向传动精度和轴向刚度，必须消除轴向间隙。常采用双螺母结构，利用两个螺母的相对轴向位移，使两个滚珠螺母中的滚珠分别贴紧在螺旋滚道的两个相反的侧面上。应注意预紧力不宜过大，预紧力过大会使空载力矩增加，从而降低传动效率，缩短使用寿命。此外，还要消除丝杠安装部分和驱动部分的间隙。

（1）垫片调隙式　如图 7-19 所示，调整垫片 4 的厚度，使左右两螺母 1、2 产生轴向位移，即可消除轴向间隙并产生预紧力。这种方法结构简单，刚性好，但调整不便，滚道有磨损时不能随时消除间隙和进行预紧，多用于一般精度的传动。

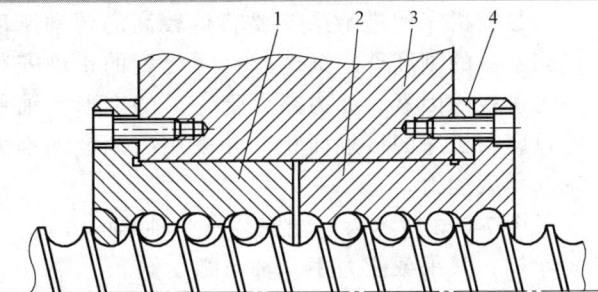

图 7-19

垫片调隙式结构

1、2—螺母
3—螺母座
4—垫片

（2）螺纹调隙式　如图 7-20 所示，左螺母 1 外端有凸缘，右螺母 2 外端没有凸缘而制有螺纹，并用两个螺母 4、5 固定，用平键 3 限制螺母在螺母座内的转动。调整时，只要拧动圆螺母 4 即可消除轴向间隙并产生预紧力，然后用锁紧螺母 5 锁紧。这种调整方法具有结构简单、工作可靠、调整方便的优点，但预紧量不够准确。

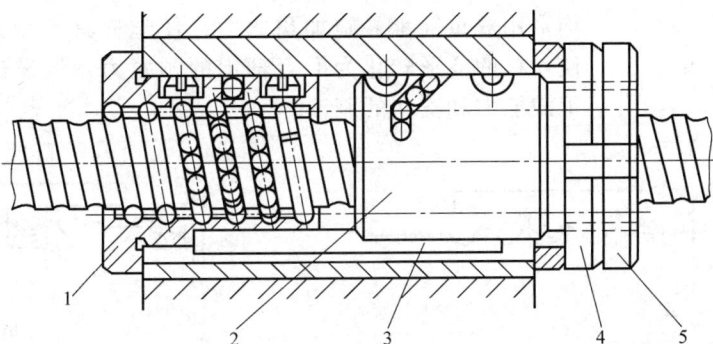

图 7-20

螺纹调隙式结构

1、2—螺母
3—平键
4—圆螺母
5—锁紧螺母

（3）齿差调隙式　如图 7-21 所示，在两个螺母的凸缘上各制有圆柱外齿轮，分别与紧固在套筒两端的内齿圈相啮合，其齿数分别为 z_1 和 z_2，并相差一个齿。调整时，先取下内齿圈，让两个螺母相对于套筒同方向都转动一个齿，然后再插入内齿圈，则两个螺母便产生相对角位移，其轴向相对位移量 $s = \left(\dfrac{1}{z_1} - \dfrac{1}{z_2}\right) P_\mathrm{h}$。当 $z_1 = 80$、$z_2 = 81$、滚珠丝杠的导程 $P_\mathrm{h} = 6\mathrm{mm}$ 时，$s \approx 0.001\mathrm{mm}$。这种调整方法能精确调整预紧量，调整方便、可靠，但结构尺寸较大，多用于高精度的传动。

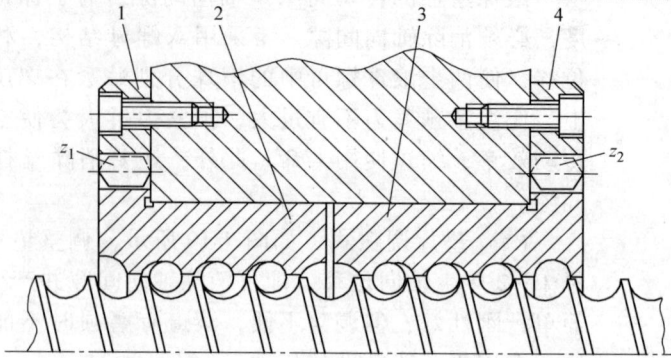

3. 滚珠丝杠的支承方式

数控机床的进给系统要获得较高的传动刚度，除了加强滚珠丝杠螺母副本身的刚度外，滚珠丝杠螺母副的正确安装及支承结构的刚度也是不可忽视的因素。如为减少受力后的变形，轴承座应有加强肋，应增大螺母座与机床的接触面积，并采用高刚度的推力轴承以提高滚珠丝杠的轴向承载能力。

图 7-22a 所示为一端安装推力轴承的方式。这种方式适用于行程小的短丝杠，其承载能力小，轴向刚度低。

图 7-22b 所示为一端安装推力轴承，另一端安装深沟球轴承的方式。这种方式用于丝杠较长的情况，当热变形造成丝杠伸长时，其一端固定，另一端能做微量的轴向浮动。

图 7-22c 所示为两端安装推力轴承的方式。将推力轴承安装在滚珠丝杠的两端，并施加预紧力，可以提高轴向刚度。但这种安装方式对丝杠的热变形较为敏感。

图 7-22d 所示为两端安装推力轴承及深沟球轴承的方式。它的两端均采用双重支承并施加预紧力，使丝杠具有较大的刚度。这种方式还可使丝杠的变形转化为推力轴承的预紧力，但设计时要求提高推力轴承的承载能力和支架的刚度。

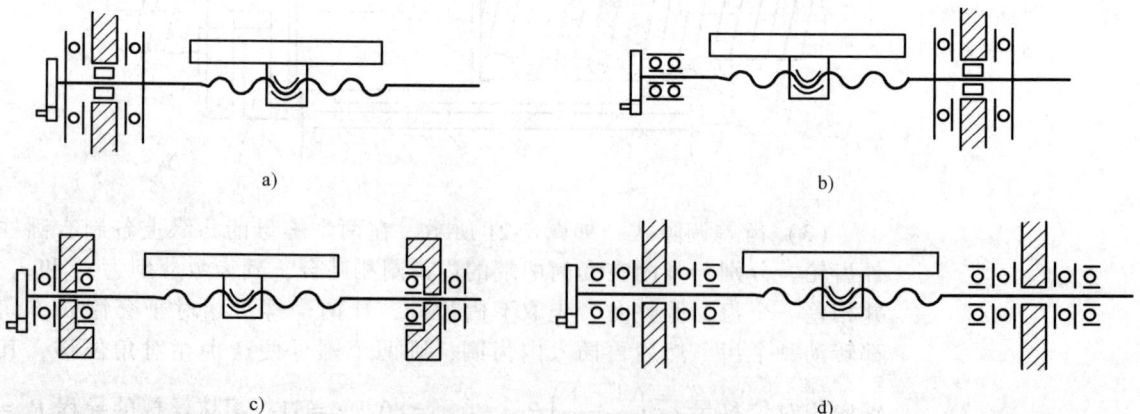

a)   b)   c)   d)

图 7-22 滚珠丝杠在机床上的支承方式

◉ 7.4　数控机床的导轨与回转工作台

7.4.1　导轨

　　基于数控机床的特点，其导轨对导向精度、精度保持性、摩擦特性、运动平稳性和灵敏性都有更高的要求。数控机床导轨在材料和结构上与普通机床的导轨有着显著的不同，总体来讲，可分为滑动导轨、滚动导轨和静压导轨等三大类。

　　1. 滑动导轨

　　滑动导轨具有结构简单、制造方便、刚度好、抗振性高等优点，在数控机床上应用广泛。滑动导轨有三角形、矩形、燕尾形及圆形等多种结构型式，见表 7-1。

表 7-1 滑动导轨的几种常用结构型式

	对称三角形	不对称三角形	矩形	燕尾形	圆形
凸形	45° 45°	15°~30° 90°		55° 55°	
凹形	90°~120°	90° 52°		55° 55°	

　　对于一般的铸钢-铸钢、铸钢-淬火钢的导轨，其静摩擦系数大，动摩擦系数随速度变化而变化，在低速时易产生爬行现象。为了提高导轨的耐磨性，改善摩擦特性，可通过选用合适的导轨材料、热处理方法等。例如，导轨材料可采用优质铸铁、耐磨铸铁或镶淬火钢，热处理方法可采用导轨表面滚压强化、表面淬硬、镀铬、镀钼等方法，以提高耐磨性能。

　　为了进一步减少导轨的磨损和提高运动性能，近年来又出现了新型的塑料滑动导轨。一种为贴塑导轨（图 7-23），是在与床身导轨相配的滑动导轨上粘接上静、动摩擦系数基本相同，耐磨、吸振的塑料软带；还有一种为注塑导轨（图 7-24），是在定、动导轨之间采用注塑的方法制成塑料导轨，这种塑料导轨具有良好的摩擦特性、耐磨性及吸振性，因此目前在数控机床上广泛使用。

　　2. 滚动导轨

　　滚动导轨是在导轨工作面之间安排滚动件，使两导轨面之间形成滚动摩擦。其摩擦系数很小（0.0025~0.005），动、静摩擦系数相差很小，运动轻便灵活，所需功率小，精度好，无爬行，应用广泛。现代数控机床常采用的滚动导轨有滚动导轨块和直线滚动导轨两种。

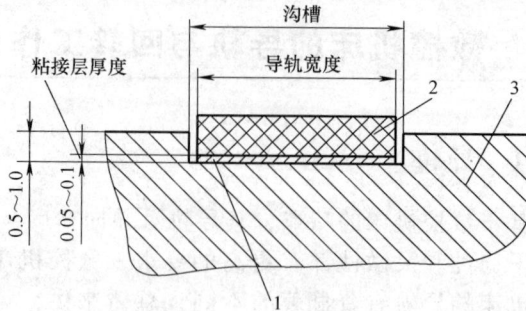

图 7-23

贴塑导轨

1—粘接材料

2—导轨软带

3—滑座

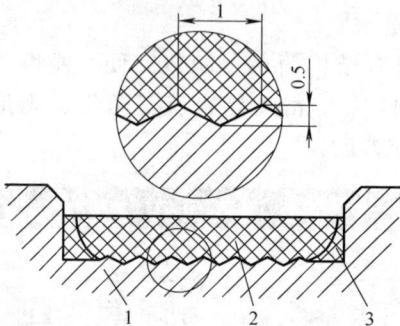

图 7-24

注塑导轨

1—滑座

2—注塑层

3—胶条

（1）滚动导轨块　滚动导轨块是一种以滚动体做循环运动的滚动导轨，其结构如图7-25所示。使用时，滚动导轨块安装在运动部件的导轨面上，每一导轨至少用两块导轨块，其数目与导轨的长度和负载的大小有关，与之相配的导轨多用镶钢淬火导轨。当运动部件移动时，滚柱3在支承部件的导轨面与本体6之间滚动，同时绕本体6循环滚动，滚柱3与运动部件的导轨面不接触，因此运动部件的导轨面不需淬硬磨光。滚动导轨块的特点是刚度高、承载能力大、导轨行程不受限制。

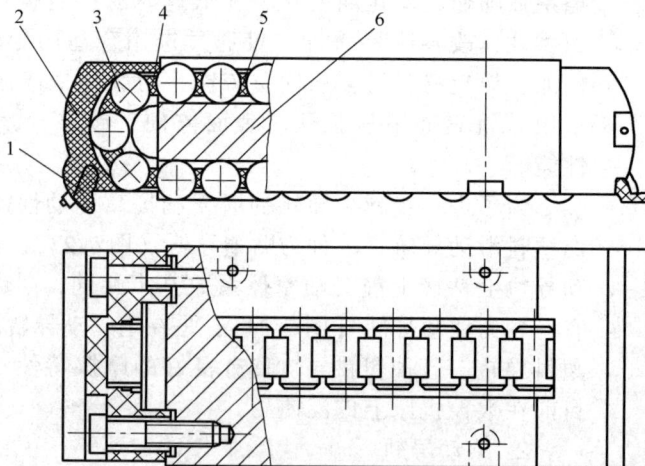

图 7-25

滚动导轨块的结构

1—防护板　2—端盖

3—滚柱　4—导向片

5—保持架　6—本体

（2）直线滚动导轨　直线滚动导轨突出的优点为无间隙，并且能够施加预紧力。单元式直线滚动导轨的结构如图7-26所示，由直线滚动导轨体、滑块、滚珠、保持架、端盖等组成。它由生产厂组装，故称为单元式直线滚动导轨。使用时，导轨固定在不运动的部件上，滑块固定在运动的部件上。当滑块沿导轨体移动时，滚珠在导轨体和滑块之间的圆弧直槽内滚动，并通过端盖内的滚道从工作负荷区到非工作负荷区，然后再滚回工作负荷区，不断循环，从而把导轨体和滑块之间的移动变成滚珠的滚动。

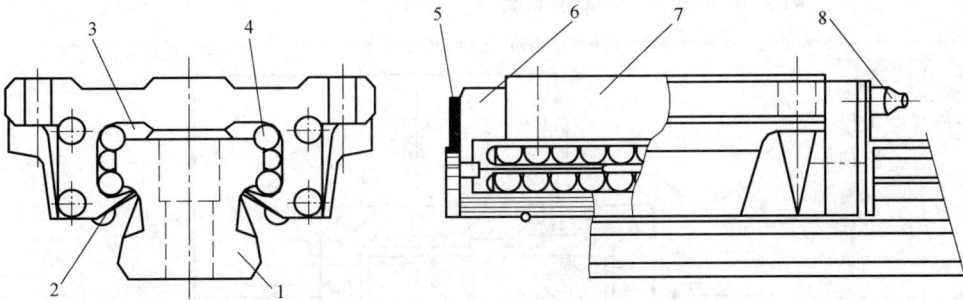

图 7-26　单元式直线滚动导轨的结构

1—导轨体　2—侧面密封垫　3—保持架　4—滚珠　5—端部密封垫　6—端盖　7—滑块
8—润滑油杯

3. 静压导轨

静压导轨是将具有一定压力的油液，经节流器输送到导轨面上的油腔中，形成承载油膜，将相互接触的导轨表面隔开，实现液体摩擦。静压导轨的摩擦系数小（一般为 $0.005\sim0.001$），效率高，能长期保持导轨的导向精度；其承载油膜有良好的吸振性，低速下不易产生爬行，因此在机床上得到日益广泛的应用。静压导轨的缺点是结构复杂，需配置供油系统，且对油的清洁度要求高。一般多用于重型机床。静压导轨有开式和闭式两大类。

（1）开式静压导轨　图 7-27 所示为开式静压导轨工作原理。来自液压泵的液压油，其压力为 p_0，经节流器后压力降至 p_1，进入导轨的各个油腔内，借油腔内的压力将动导轨浮起，使导轨面间以一层厚度为 h_0 的油膜隔开，油腔中的油不断地穿过各油腔的封油间隙流回油箱，压力降为零。当动导轨受到外载 W 作用时，就向下产生一个位移，导轨间隙由 h_0 降为 h（$h<h_0$），使油腔回油阻力增大，油腔中压力也相应增大，变为 p_0（$p_0>p_1$），以平衡负载，使导轨仍在纯液体摩擦下工作。

图 7-27

开式静压导轨工作
原理
1—液压泵
2—溢流阀
3—过滤器
4—节流器
5—运动导轨
6—床身导轨

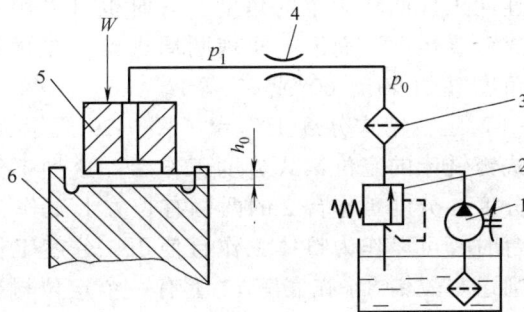

（2）闭式静压导轨　图 7-28 所示为闭式静压导轨工作原理。闭式静压导轨在各方向导轨面上都开有油腔，因此闭式导轨具有承受各方向载荷和颠覆力矩的能力。设油腔各处的压力分别为 p_1、p_2、p_3、p_4、p_5、p_6，当受颠覆力矩 M 作用时，p_1、p_6 处间隙变小，则 p_1、p_6 增大；p_3、p_4 处间隙变大，则 p_3、p_4 减小，这样就形成一个与颠覆力矩反向的力矩，从而使导轨保持平衡。

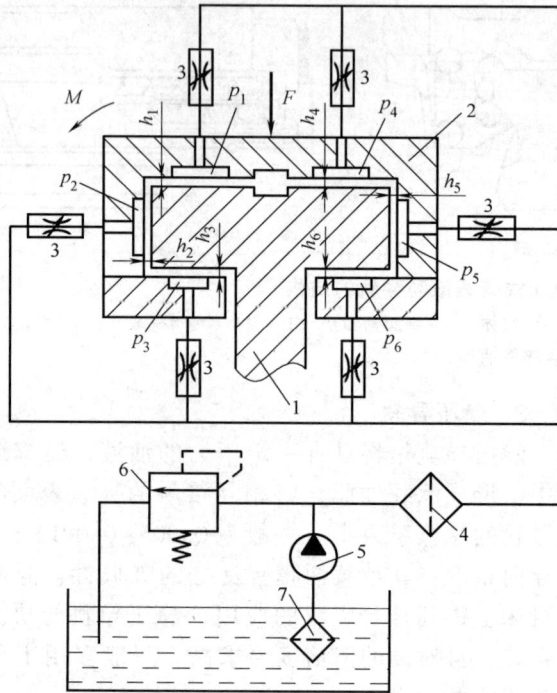

图 7-28

闭式静压导轨工作原理

1—床身
2—导轨
3—节流器
4、7—过滤器
5—液压泵
6—溢流阀

7.4.2　回转工作台

为了扩大工艺范围，数控机床除了沿 X、Y 和 Z 三个坐标轴的直线进给运动外，往往还需要有绕 X、Y 和 Z 轴的圆周进给运动，一般由回转工作台来实现。数控机床常用的回转工作台有分度工作台和数控回转工作台。

1. 分度工作台

数控机床的分度工作台是按照数控装置的指令，在需要分度时，工作台连同工件回转规定的角度，有时也可采用手动分度。分度工作台只能完成分度运动，而不能实现圆周进给，并且其分度运动只限于完成规定的角度（如 90°、60° 或 45° 等）。

（1）定位销式分度工作台　图 7-29 所示为 THK6380 型自动换刀数控卧式镗铣床的定位销式分度工作台。这种工作台依靠定位销和定位孔实现分度。分度工作台 2 的两侧有长方形工作台 11，当不单独使用分度工作台时，可以作为整体工作台使用。分度工作台 2 的底部均匀分布着八个削边定位销 8，在底座 12 上有一个定位衬套 7 及供定位销移动的环形槽。因为定位销之间的分布角度为 45°，所以工作台只能做二、四、八

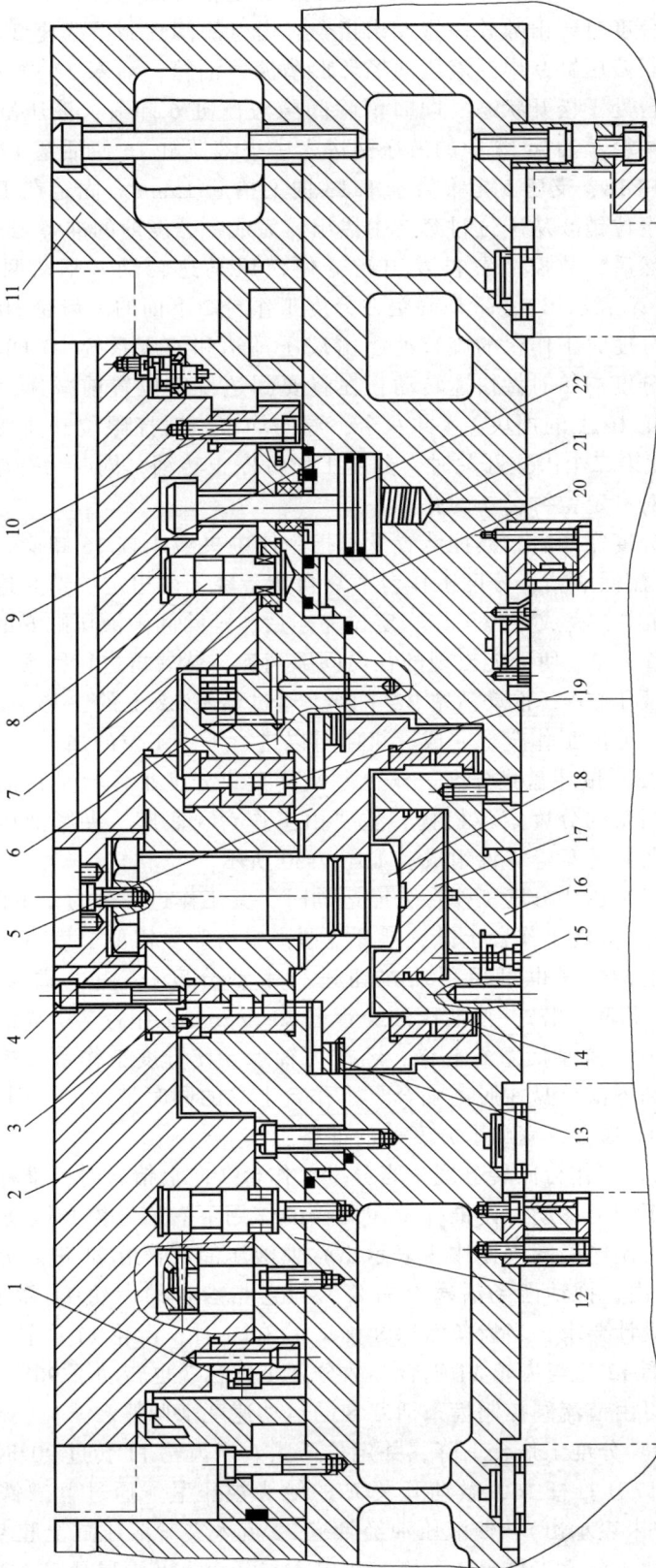

图 7-29　THK6380 型自动换刀数控卧式镗铣床的定位销式分度工作台

1—挡块　2—分度工作台　3—锥套　4—螺钉　5—支座　6—消除间隙液压缸　7—定位衬套　8—削边定位销　9—锁紧液压缸　10—大齿轮
11—长方形工作台　12—底座　13、14、19—轴承　15—油管　16—中央液压缸　17、22—活塞　18—螺柱　20—下底座　21—弹簧等分的分度（定位精度取决于定位销和定位孔的精度，最高可达±5″）。

分度时，由数控装置发出指令，由电磁阀控制下底座 20 上六个均布的锁紧液压缸 9 中的液压油经环形槽流回油箱，活塞 22 被弹簧 21 顶起，工作台处于松开状态。同时消除间隙液压缸 6 卸荷，液压缸中的液压油流回油箱。油管 15 中的液压油进入中央液压缸 16 使活塞 17 上升，并通过螺柱 18、支座 5 把推力轴承 13 向上抬起 15mm。固定在工作台面上的削边定位销 8 从定位衬套 7 中拔出，完成了分度前的准备工作。

然后，数控装置再发出指令使液压马达转动，驱动两对减速齿轮（图中未表示出），带动固定在分度工作台 2 下面的大齿轮 10 转动进行分度。分度时工作台的旋转速度由液压马达和液压系统中的单向节流阀调节，分度初始时做快速转动，在将要到达规定位置前减速，减速信号由大齿轮 10 上的挡块 1（共八个，周向均布）碰撞限位开关发出。当挡块 1 碰撞第二个限位开关时，分度工作台停止转动，同时另一削边定位销 8 正好对准定位衬套 7 的孔。

分度完毕后，数控装置发出指令使中央液压缸 16 卸荷。液压油经油管 15 流回油箱，分度工作台 2 靠自重下降，削边定位销 8 进入定位衬套 7 的孔中，完成定位工作。定位完毕后，消除间隙液压缸 6 的活塞顶住分度工作台 2，使可能出现的径向间隙消除，然后再进行锁紧。液压油进入锁紧液压缸 9，推动活塞 22 下降，通过活塞 22 上的 T 形头压紧工作台。至此，分度工作全部完成，机床可以进行下一工位的加工。

（2）鼠牙盘式分度工作台　鼠牙盘式分度工作台是目前应用较多的一种精密的分度定位机构，主要由工作台、底座、夹紧液压缸、分度液压缸及鼠牙盘等零件组成，如图 7-30 所示。

鼠牙盘式分度工作台分度运动时，其工作过程分为以下四个步骤：

1）分度工作台上升，鼠牙盘脱离啮合。当需要分度时，数控装置发出分度指令（也可用手压按钮进行手动分度）。由电磁铁控制液压阀（图中未表示出），使液压油经管道 23 至分度工作台 7 中央的夹紧液压缸下腔 10，推动活塞 6 上移，经推力轴承 5 使分度工作台 7 抬起，上鼠牙盘 4 和下鼠牙盘 3 脱离啮合。工作台上移的同时带动内齿圈 12 上移并与齿轮 11 啮合，完成了分度前的准备工作。

2）工作台回转分度。当分度工作台 7 向上抬起时，推杆 2 在弹簧的作用下向上移动，使推杆 1 在弹簧的作用下右移。松开微动开关 *D* 的触头，控制电磁阀（图中未表示出）使液压油从管道 21 进入分度液压缸左腔 19 内，推动齿条活塞 8 右移，与它相啮合的齿轮 11 做逆时针转动。根据设计要求，当齿条活塞 8 移动 113mm 时，齿轮 11 回转 90°，因这时内齿圈 12 已与齿轮 11 啮合，故分度工作台 7 也转动了 90°。分度运动的速度可由节流阀控制齿条活塞 8 的运动速度来调整。

3）分度工作台下降，并定位压紧。当齿轮 11 转过 90°时，它上面的挡块 17 压推杆 16，微动开关 *E* 的触头被压紧。通过电磁铁控制液压阀（图中未表示出），使液压油经管道 22 流入夹紧液压缸上腔 9，活塞 6 向下移动，分度工作台 7 下降，于是上鼠牙盘 4 及下鼠牙盘 3 又重新啮合，

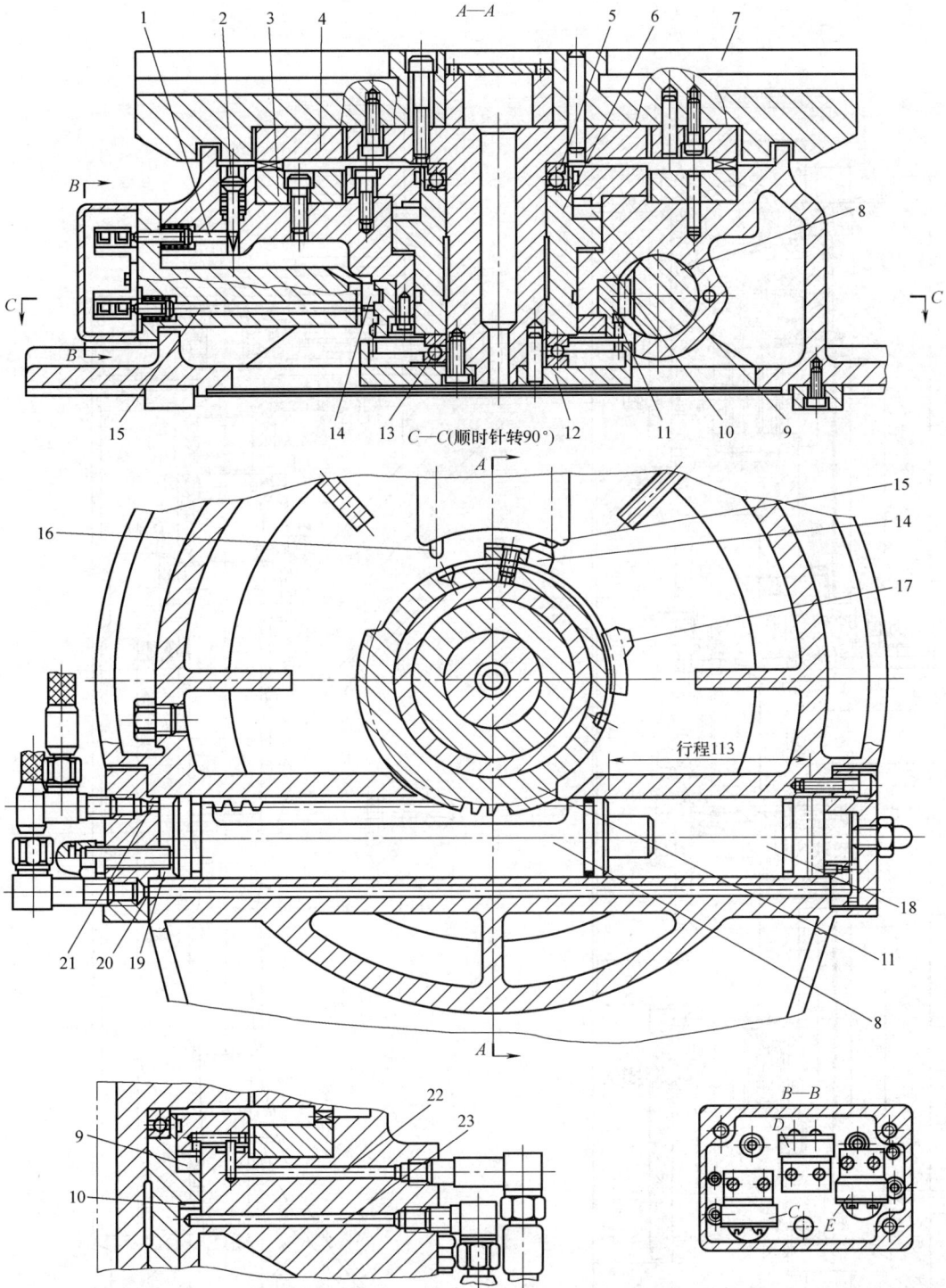

图 7-30　**鼠牙盘式分度工作台**

1、2、15、16—推杆　3—下鼠牙盘　4—上鼠牙盘　5、13—推力轴承　6—活塞
7—分度工作台　8—齿条活塞　9—夹紧液压缸上腔　10—夹紧液压缸下腔　11—齿轮
12—内齿圈　14、17—挡块　18—分度液压缸右腔　19—分度液压缸左腔
20、21—分度液压缸进回油管道　22、23—升降液压缸进回油管道

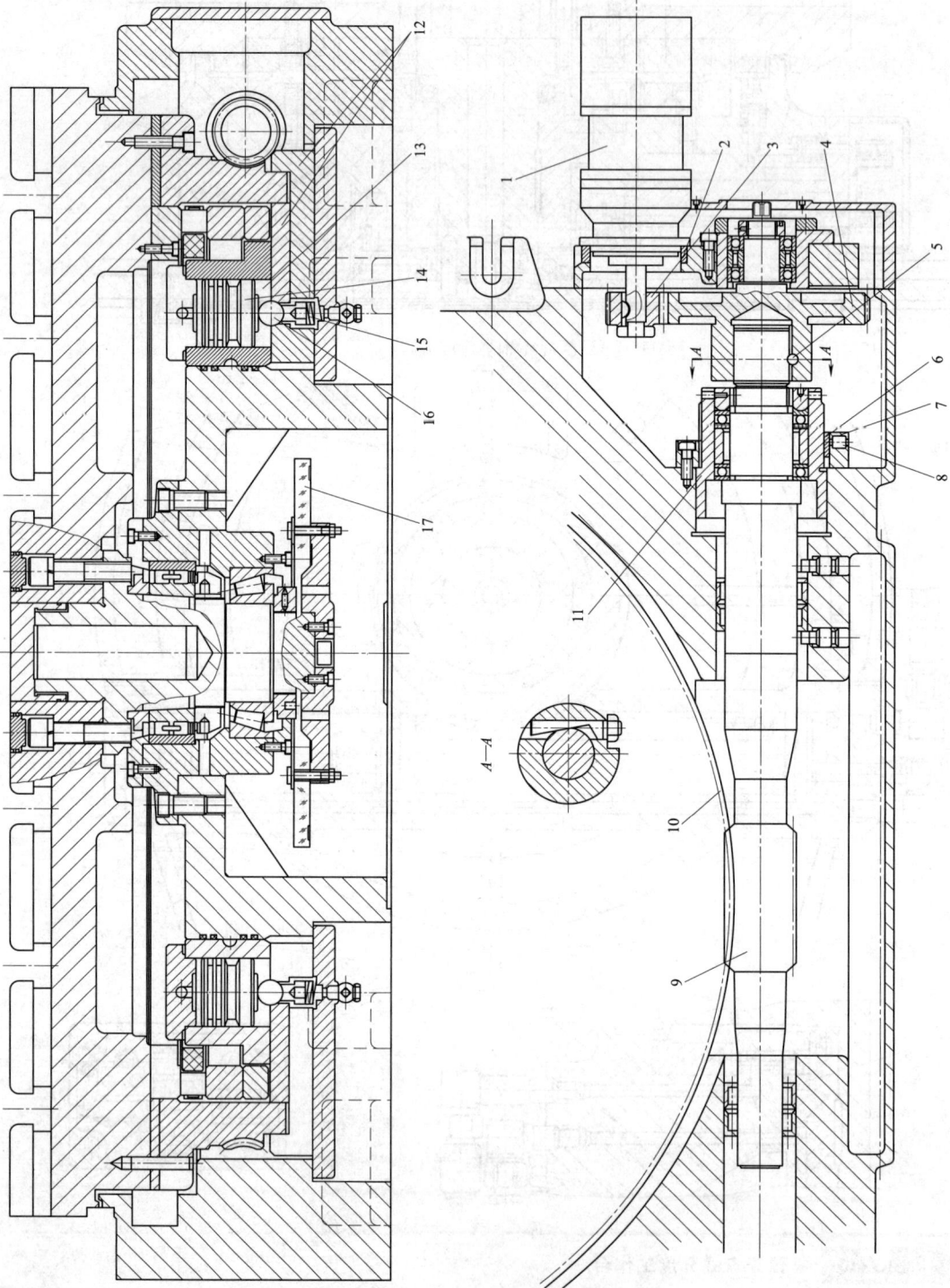

$A{-}A$

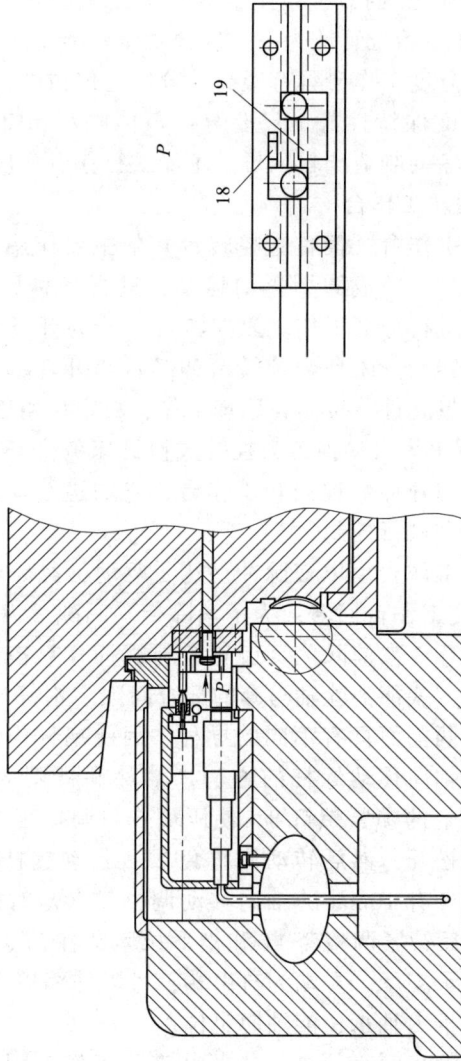

图 7-31　开环数控回转工作台

1—电液脉冲马达　2、4—齿轮　3—偏心环　5—楔形拉紧圆柱销　6—压块　7—螺母　8—锁紧螺钉　9—蜗杆　10—蜗轮　11—调整套　12—夹紧瓦
13—夹紧液压缸　14—活塞　15—弹簧　16—钢球　17—圆光栅　18—撞块　19—感应块

并定位夹紧，分度工作完毕。

4）分度齿条活塞退回。当分度工作台 7 下降时，推杆 2 被压下，推杆 1 左移，微动开关 D 的触头被压下，通过电磁铁控制液压阀，使液压油从管道 20 进入分度液压缸右腔 18，推动齿条活塞 8 左移，使齿轮 11 沿顺时针方向旋转。它上面的挡块 17 离开推杆 16，微动开关 E 的触头被放松。因工作台下降，夹紧后齿轮 11 已与内齿圈 12 脱开，故分度工作台不转动。当齿条活塞 8 向左移动 113mm 时，齿轮 11 就沿顺时针方向转动 90°，齿轮 11 上的挡块 14 压下推杆 15，微动开关 C 的触头又被压紧，齿轮 11 停止在原始位置，为下一次分度做好准备。

鼠牙盘式分度工作台具有很高的分度定位精度，可达±0.4″~±3″，定位刚性好，精度保持性好，只要分度数能除尽鼠牙盘齿数，都能分度。其缺点是鼠牙盘的制造比较困难，不能进行任意角度的分度。

2. 数控回转工作台

数控回转工作台（简称数控转台）的主要作用是根据数控装置发出的指令脉冲信号，完成圆周进给运动，进行各种圆弧加工或曲面加工；另外，也可以进行分度工作。数控转台可分为开环和闭环两种，这里仅介绍开环数控转台。闭环数控转台的结构与开环数控转台相似，但其有转动角度的测量元件，按闭环原理工作，故定位精度更高。

图 7-31 所示为自动换刀数控卧式镗铣床的开环数控回转工作台。这是一种补偿型的开环数控回转工作台，它的进给、分度转位和定位锁紧都由给定的指令进行控制。

数控回转工作台由电液脉冲马达 1 驱动，经齿轮 2 和 4 带动蜗杆 9，通过蜗轮 10 使工作台回转。为了消除传动间隙，齿轮 2 和 4 相啮合的侧隙，是靠偏心环 3 来消除的。齿轮 4 与蜗杆 9 靠楔形拉紧圆柱销 5 来联接，这种联接方式能消除轴与套的配合间隙。蜗杆 9 是双导程渐厚蜗杆，这种蜗杆左右两侧面具有不同的导程，因此蜗杆齿厚从一端向另一端逐渐增厚，可用轴向移动蜗杆的方法来消除蜗杆副的传动间隙。调整时，先松开螺母 7 上的锁紧螺钉 8，使压块 6 与调整套 11 松开，同时将楔形拉紧圆柱销 5 松开，然后转动调整套 11，带动蜗杆 9 做轴向移动。根据设计要求，蜗杆有 10mm 的轴向移动调整量，这时蜗杆副的侧隙可调整 0.2mm。调整后锁紧调整套 11 和楔形拉紧圆柱销 5，蜗杆的左右两端都有双列滚针轴承支承。左端为自由端，可以伸缩以消除温度变化的影响；右端装有双列推力轴承，能轴向定位。

当工作台静止时必须处于锁紧状态。工作台面用沿其圆周方向分布的八个夹紧液压缸 13 进行夹紧。当工作台不回转时，夹紧液压缸 13 的上腔进液压油，使活塞 14 向下运动，通过钢球 16、夹紧瓦 12 将蜗轮夹紧；当工作台需要回转时，数控装置发出指令，使夹紧液压缸 13 上腔的液压油流回油箱。在弹簧 15 的作用下，钢球 16 向上抬起，夹紧瓦 12 松开蜗轮 10，然后由电液脉冲马达 1 通过传动装置，使蜗轮和回转工作台按控制系统的指令做回转运动。

数控回转工作台设有零点，返回零点时分两步完成：首先由安装在蜗轮上的撞块 18 撞击行程开关，使工作台减速；再通过感应块 19 和无触点开关，使工作台准确地停在零点位置上。

该数控工作台可做任意角度的回转和分度，由圆光栅 17 进行读数，圆光栅 17 在圆周上有 21600 条刻线，通过 6 倍频电路，使刻度分辨力为 10″，故分度精度可达 ±10″。

7.5　数控机床的自动换刀装置

数控机床为了能在工件一次安装中完成多个工序甚至所有工序的加工，缩短辅助时间，减少因多次安装工件所引起的误差，应带有自动换刀装置。

自动换刀装置应当满足换刀时间短，刀具重复定位精度高，足够的刀具储存量，刀库占地面积小以及安全可靠等基本要求。

7.5.1　数控车床的自动转位刀架

1. 数控车床方刀架

图 7-32 所示为数控车床方刀架结构，该刀架可以安装四把不同的刀具，转位信号由加工程序指定。其工作过程如下：

（1）刀架抬起　当换刀指令发出后，电动机 1 起动正转，通过联轴器 2 使蜗杆轴 3 转动，从而带动蜗轮丝杠 4 转动。刀架体 7 内孔加工有螺纹，与丝杠联接，蜗轮与丝杠为整体结构。当蜗轮开始转动时，由于刀架底座 5 和刀架体 7 上的端面齿处在啮合状态，且蜗轮丝杠轴向固定，这时刀架体 7 抬起。

（2）刀架转位　当刀架体抬至一定距离后，端面齿脱开。转位套 9 用销钉与蜗轮丝杠 4 联接，随蜗轮丝杠一同转动，当端面齿完全脱开时，转位套正好转过 160°（如图 7-32 A—A 剖视所示），球头销 8 在弹簧力的作用下进入转位套 9 的槽中，带动刀架体转位。

（3）刀架定位　刀架体 7 转动时带着电刷座 10 转动，当转到程序指定的刀号时，粗定位销 15 在弹簧的作用下进入粗定位盘 6 的槽中进行粗定位，同时电刷 13 接触导体使电动机 1 反转，由于粗定位槽的限制，刀架体 7 不能转动，使其在该位置垂直落下，刀架体 7 和刀架底座 5 上的端面齿啮合实现精确定位。

（4）夹紧刀架　电动机继续反转，此时蜗轮停止转动，蜗杆轴 3 自身转动，当两端面齿增加到一定夹紧力时，电动机 1 停止转动。

译码装置由发信体 11、电刷 13、14 组成，电刷 13 负责发信，电刷 14 负责位置判断。当刀架定位出现过位或不到位时，可松开螺母 12，调好发信体 11 与电刷 14 的相对位置。

2. 车削中心用动力刀架

图 7-33a 为全功能数控车及车削中心的动力转塔刀架。刀盘上既可以安装各种非动力辅助刀夹（车刀夹、镗刀夹、弹簧夹头、莫氏刀柄），夹持刀具进行加工，还可以安装动力刀夹进行主动切削，配合主机完成车、

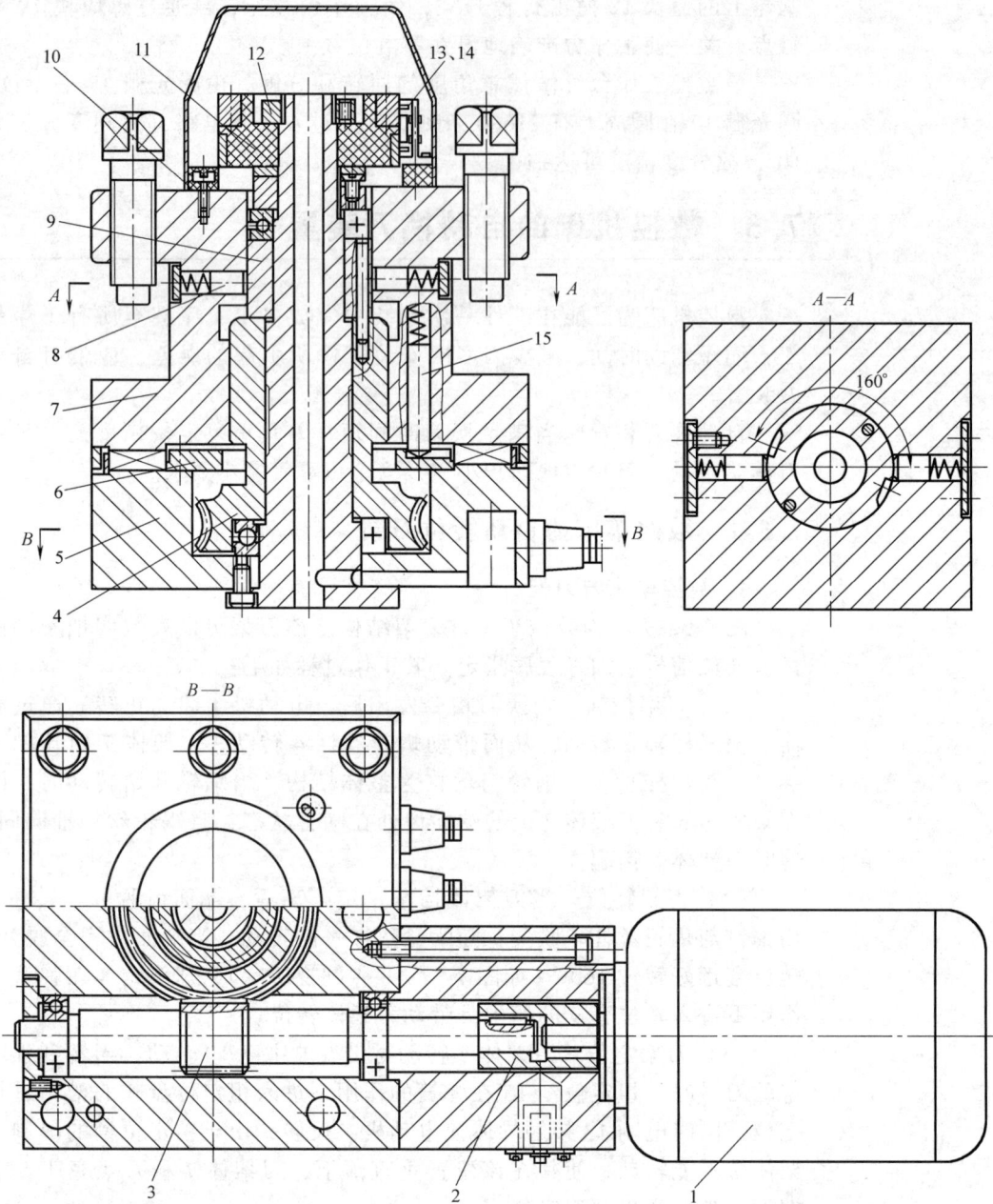

图 7-32　数控车床方刀架结构

1—电动机　2—联轴器　3—蜗杆轴　4—蜗轮丝杠　5—刀架底座　6—粗定位盘　7—刀架体
8—球头销　9—转位套　10—电刷座　11—发信体　12—螺母　13、14—电刷　15—粗定位销

铣、钻、镗等各种复杂工序,实现加工程序的自动化、高效化。

　　图 7-33b 为该转塔刀架的传动示意图。该刀架采用端面齿盘作为分度定位元件,刀架转位由三相异步电动机驱动,电动机内部带有制动机构,刀位由二进制绝对编码器识别,并可双向转位和任意刀位就近选刀。动力刀具由交流伺服电动机驱动,通过同步带、传动轴、传动齿轮、端面齿离合器将动力传递到动力刀夹,再通过刀夹内部的齿轮传动,刀具

回转，实现主运动切削。

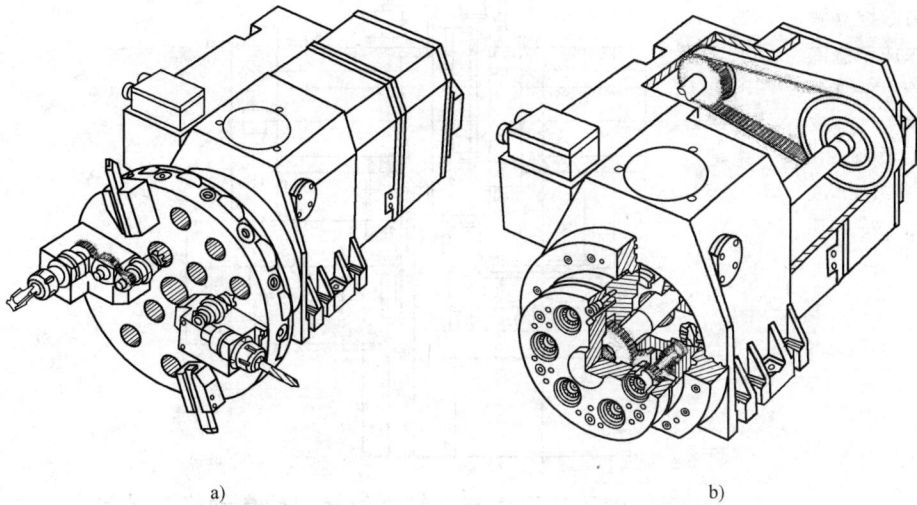

a)　　　　　　　　　　　　　　　　　　b)

　　动力刀架

7.5.2　镗铣加工中心的自动换刀装置

　　镗铣加工中心一般需配备较多刀具，故多采用刀库式自动换刀装置，由刀库和刀具交换机构组成。整个换刀过程较为复杂，首先把加工过程中需要使用的全部刀具分别安装在标准的刀柄上，在机外进行尺寸预调整之后，按一定的方式放入刀库，换刀时先在刀库中进行选刀，并由刀具交换装置从刀库和主轴上取出刀具；在进行刀具交换之后，将新刀具装入主轴，把旧刀具放入刀库。存放刀具的刀库具有较大的容量，它既可安装在主轴箱的侧面或上方，也可作为单独部件安装到机床以外。常见的刀库型式有三种：盘形刀库、链式刀库和格子箱刀库。换刀型式很多，以下介绍几种典型的换刀方式。

　　1. 直接在刀库与主轴（或刀架）之间换刀的自动换刀装置

　　这种换刀装置只具备一个刀库，刀库中储存着加工过程中需使用的各种刀具，利用机床本身与刀库的运动实现换刀过程。图 7-34 所示为自动换刀数控立式车床示意图，刀库 7 固定在横梁 4 的右端，它可做回转以及上下方向的插刀和拔刀运动。机床自动换刀的过程如下：

　　1）刀架快速右移，使其上的装刀孔轴线与刀库上空刀座的轴线重合，然后刀架滑枕向下移动，把用过的刀具插入空刀座。

　　2）刀库下降，将用过的刀具从刀架中拔出。

　　3）刀库回转，将下一工步所需使用的新刀具轴线对准刀架上装刀孔轴线。

　　4）刀库上升，将新刀具插入刀架装刀孔，接着由刀架中自动夹紧装置将其夹紧在刀架上。

　　5）刀架带着换上的新刀具离开刀库，快速移向加工位置。

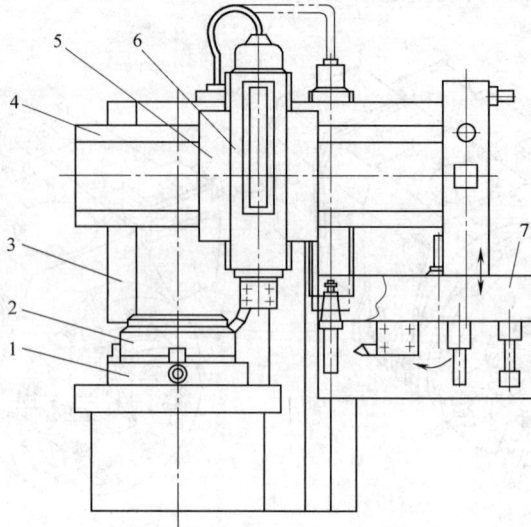

2. 用机械手在刀库与主轴之间换刀的自动换刀装置

这是目前应用最为普遍的一种自动换刀装置，其布局结构多种多样。图 7-35 所示为 JCS-013 型自动换刀机床的自动换刀过程。四排链式刀库分置机床的左侧，由装在刀库与主轴之间的单臂往复交叉双机械手进行换刀。换刀过程可用图 7-35a~l 所示实例加以说明。

1）开始换刀前状态：主轴正在用 T05 号刀具进行加工，装刀机械手已抓住下一工步需用的 T09 号刀具，机械手架处于最高位置，为换刀做好了准备。

2）上一工步结束，机床立柱后退，主轴箱上升，使主轴处于换刀位置。接着下一工步开始，其第一个指令是换刀，机械手架回转 180°，转向主轴。

3）卸刀机械手前伸，抓住主轴上已用过的 T05 号刀具。

4）机械手架由滑座带动，沿刀具轴线前移，将 T05 号刀具从主轴上拔出。

5）卸刀机械手缩回原位。

6）装刀机械手前伸，使 T09 号刀具对准主轴。

7）机械手架后移，将 T09 号刀具插入主轴。

8）装刀机械手缩回原位。

9）机械手架回转 180°，使装刀、卸刀机械手转向刀库。

10）机械手架由横梁带动下降，找第二排刀套链，卸刀机械手将 T05 号刀具插回 P05 号刀套中。

11）刀套链转动，把在下一工步需用的 T46 号刀具送到换刀位置；机械手架下降，找第三排刀套链，由装刀机械手将 T46 号刀具取出。

12）刀套链反转，把 P09 号刀套送到换刀位置，同时机械手架上升至最高位置，为下一工步的换刀做好准备。

3. 用机械手和转塔头配合刀库进行换刀的自动换刀装置

这种自动换刀装置实际是转塔头式换刀装置和刀库式换刀装置的结

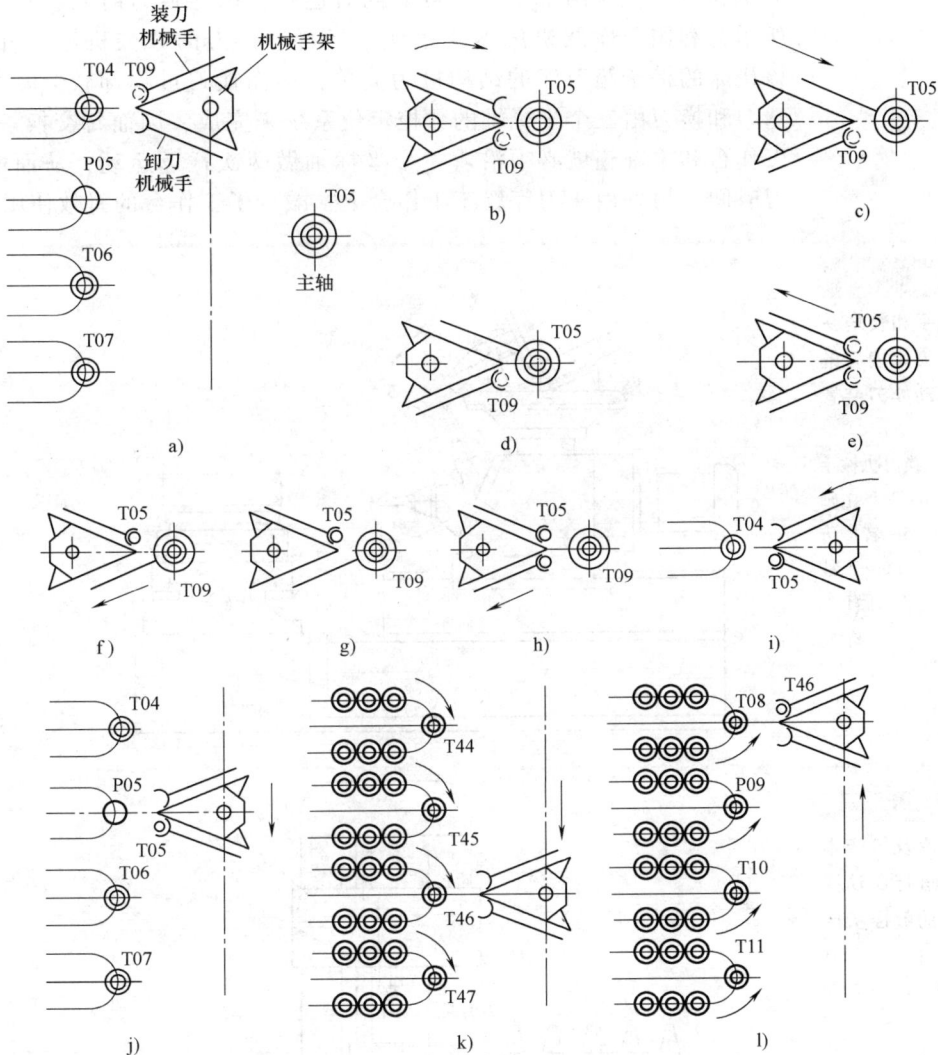

图 7-35　JCS-013 型自动换刀机床的自动换刀过程

合，其工作原理如图 7-36 所示。转塔头 5 上有两个刀具主轴 3 和 4。当用一个刀具主轴上的刀具进行加工时，可由换刀机械手 2 将下一工步需用的刀具换至不工作的主轴上，待上一工步加工完毕后，转塔头回转 180°，即完成了换刀工作。因此，所需换刀时间很短。

7.5.3　刀具交换装置

实现刀库与机床主轴之间传递和装卸刀具的装置称为刀具交换装置。刀具的交换方式通常分为由刀库与机床主轴的相对运动实现刀具交换和采用机械手交换刀具两类。刀具的交换方式和它们的具体结构对机床的生产率和工作可靠性有着直接的影响。

1. 利用刀库与机床主轴的相对运动实现刀具交换的装置

该装置在换刀时必须首先将用过的刀具送回刀库，然后再从刀库中取出新刀具，这两个动作不可能同时进行，因此换刀时间较长。图 7-37 所示为利用刀库及机床本身运动进行自动换刀的数控机床。由图可见，该机床的格子箱刀库的结构极为简单，然而换刀过程却较为复杂。它的选刀和换刀由三个坐标轴的数控定位系统来完成，因而每交换一次刀具，工作台和主轴箱就必须沿着三个坐标轴做两次往返运动，从而增加了换刀时间。另外由于刀库置于工作台上，减少了工作台的有效使用面积。

图 7-36

机械手和转塔头
配合刀库换刀的
自动换刀装置
1—刀库
2—换刀机械手
3、4—刀具主轴
5—转塔头
6—工件
7—工作台

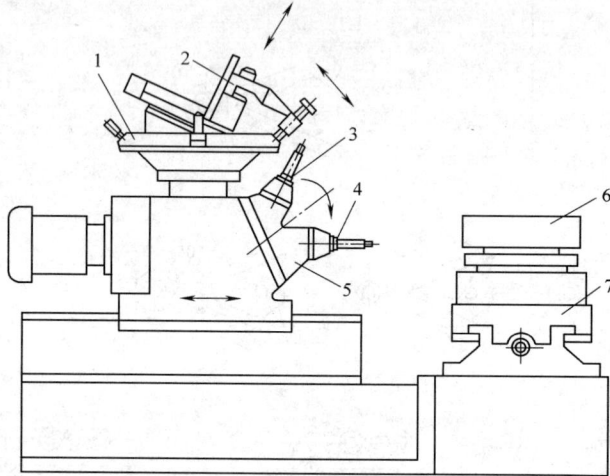

图 7-37

利用刀库及机床本
身运动进行自动换
刀的数控机床
1—工件　2—刀具
3—主轴　4—主轴箱
5—刀库

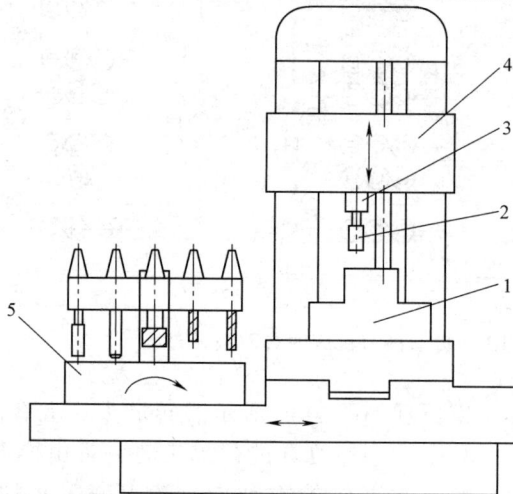

2. 刀库-机械手的刀具交换装置

采用机械手进行刀具交换的方式应用得最为广泛，这是因为机械手换刀有很大的灵活性，而且可以缩短换刀时间。在各种类型的机械手中，双臂机械手集中地体现了以上的优点。在刀库远离机床主轴的换刀装置中，除了机械手以外，还带有中间搬运装置。

双臂机械手中最常用的几种结构如图 7-38 所示，它们分别是钩手、抱手、伸缩手和叉手。这几种机械手能够完成抓刀、拔刀、回转、插刀以及返回等全部动作。为了防止刀具掉落，各机械手的活动爪都必须带有自锁机构。双臂回转机械手（图 7-38a、b、c）的动作比较简单，而且能够同时抓取和装卸机床主轴和刀库中的刀具，因此换刀时间可以进一步缩短。

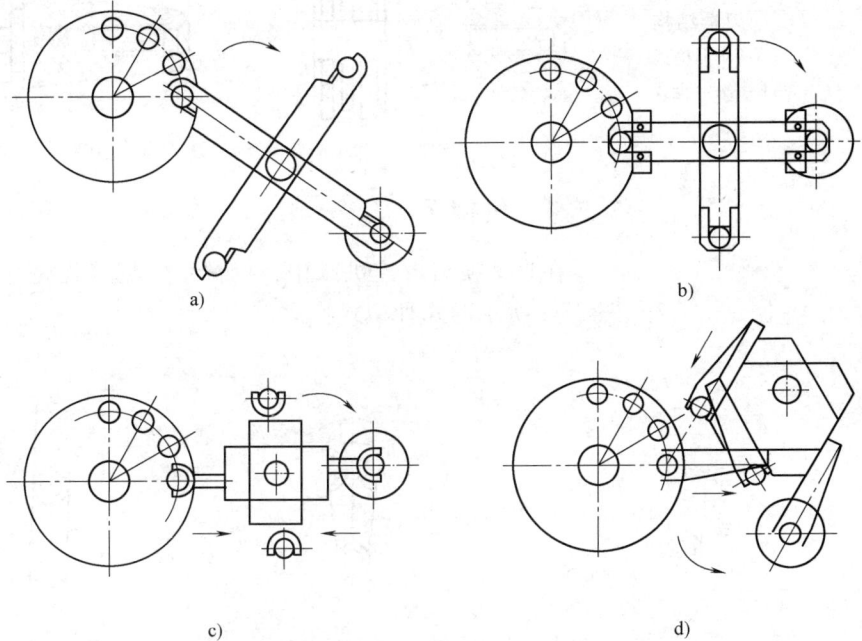

图 7-38

双臂机械手常用结构
a）钩手 b）抱手
c）伸缩手 d）叉手

图 7-39 所示为双刀库机械手换刀装置，其特点是用两个刀库和两个单臂机械手进行工作，因而机械手的工作行程大为缩短，有效地节省了换刀时间，同时还由于刀库分设两处使布局较为合理。

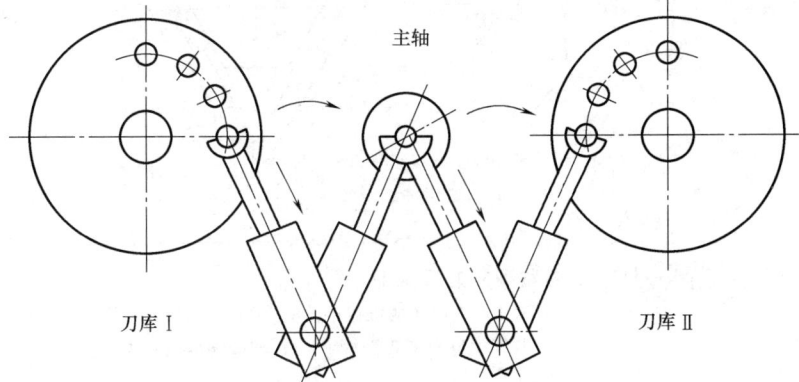

图 7-39

双刀库机械手换刀
装置

根据各类机床的需要，自动换刀数控机床所使用的刀具的刀柄有圆柱形和圆锥形两种。为了使机械手能可靠地抓取刀具，刀柄必须有合理的夹持部分，而且应当尽可能使刀柄标准化。图 7-40 所示为常用的两种刀柄结构。V 形槽夹持结构（图 7-40a）适用于图 7-38 所示的各种机械手，这是由于机械手爪的形状和 V 形槽能很好地吻合，使刀具能保持准确的轴向和径向位置，从而提高了装刀的重复精度。法兰盘夹持结构（图 7-40b）适用于钳式机械手装夹，这是由于法兰盘的两边可以同时伸出钳口，因此在使用中间辅助机械手时能够方便地将刀具从一个机械手传递给另一个机械手。

图 7-40

刀柄结构
a）V 形槽式
b）法兰盘式

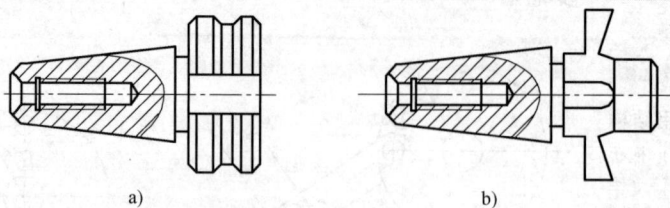

a)　　　　　　b)

7.5.4　机械手

在自动换刀数控机床中，机械手的型式也是多种多样的，常见的有图 7-41 所示的几种型式：

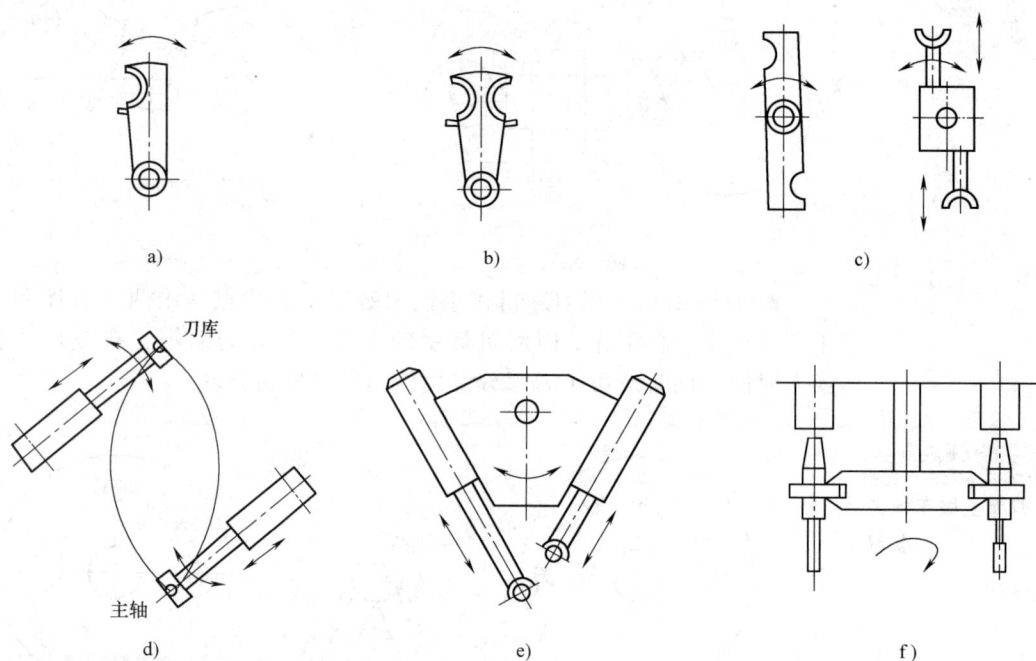

图 7-41　　**各种型式的机械手**
a）单臂单爪回转式机械手　b）单臂双爪回转式机械手　c）双臂回转式机械手　d）双机械手
e）双臂往复交叉式机械手　f）双臂端面夹紧式机械手

1. 单臂单爪回转式机械手

如图 7-41a 所示，这种机械手的手臂可以回转不同的角度，进行自动换刀，手臂上只有一个卡爪，不论在刀库上还是在主轴上，均靠这一个卡爪来装刀及卸刀，因此换刀时间较长。

2. 单臂双爪回转式机械手

如图 7-41b 所示，这种机械手的手臂上有两个卡爪，两个卡爪有所分工，一个卡爪只执行从主轴上取下"旧刀"送回刀库的任务，另一个卡爪则执行由刀库取出"新刀"送到主轴的任务，其换刀时间较上述的单臂单爪回转式机械手要短。

3. 双臂回转式机械手

如图 7-41c 所示，这种机械手的两臂各有一个卡爪，两个卡爪可同时抓取刀库及主轴上的刀具，回转 180°后又同时将刀具放回刀库及装入主轴。换刀时间较以上两种单臂机械手均短，是最常用的一种型式。图 7-41c 右边的一种机械手在抓取或将刀具送入刀库及主轴时，两臂可伸缩。

4. 双机械手

如图 7-41d 所示，这种机械手相当于两个单臂单爪机械手，互相配合起来进行自动换刀。其中一个机械手从主轴上取下"旧刀"送回刀库，另一个机械手由刀库取出"新刀"装入机床主轴。

5. 双臂往复交叉式机械手

如图 7-41e 所示，这种机械手的两手臂可以往复运动，并交叉成一定角度。一个手臂从主轴上取下"旧刀"送回刀库，另一个手臂由刀库取出"新刀"装入机床主轴。整个机械手可沿某导轨直线移动或绕某个转轴回转，以实现刀库与主轴间的运刀工作。

6. 双臂端面夹紧式机械手

如图 7-41f 所示，这种机械手只是在夹紧部位上与前几种不同。前几种机械手均靠夹紧刀柄的外圆表面以抓取刀具，这种机械手则夹紧刀柄的两个端面。

⊚ 7.6 数控机床的辅助装置

7.6.1 排屑装置

为了使数控机床的自动切削加工能顺利进行和减少数控机床的发热，数控机床应具有合适的排屑装置。在数控车床和磨床的切屑中往往混合着切削液，排屑装置应从其中分离出切屑，并将它们送入切屑收集箱（车）内，而切削液则被回收到切削液箱。数控铣床、加工中心和数控镗铣床的工件安装在工作台上，切屑不能直接落入排屑装置，往往需要采用大流量切削液冲刷，或压缩空气吹扫等方法使切屑进入排屑槽，然后再回收切削液并排出切屑。下面简要介绍几种常见的排屑装置。

（1）平板链式排屑装置　如图 7-42a 所示，该装置以滚动链轮牵引钢质平板链带在封闭箱中运转，加工中的切屑落到链带上被带出机床。这种装置能排除各种形状的切屑，适应性强，各类机床都能采用。

（2）刮板式排屑装置　如图 7-42b 所示，该装置的传动原理与平板链式基本相同，只是链板不同，它带有刮板链板。这种装置常用于输送各种材料的短小切屑，排屑能力较强。因负载大，故需采用较大功率的驱动电动机。

（3）螺旋式排屑装置　如图 7-42c 所示，该装置是利用电动机经减速装置驱动安装在沟槽中的一根长螺旋杆进行工作的。螺旋杆转动时，沟槽中的切屑即由螺旋杆推动连续向前运动，最终排入切屑收集箱。螺旋杆有两种结构型式：一种是用扁形钢条卷成螺旋弹簧状，另一种是在轴上焊有螺旋形钢板。这种装置占据空间小，适于安装在机床与立柱间空隙狭小的位置上。螺旋式排屑装置结构简单，排屑性能良好，但只适合沿水平或小角度倾斜的直线方向排运切屑，不能大角度倾斜、提升或转向排屑。

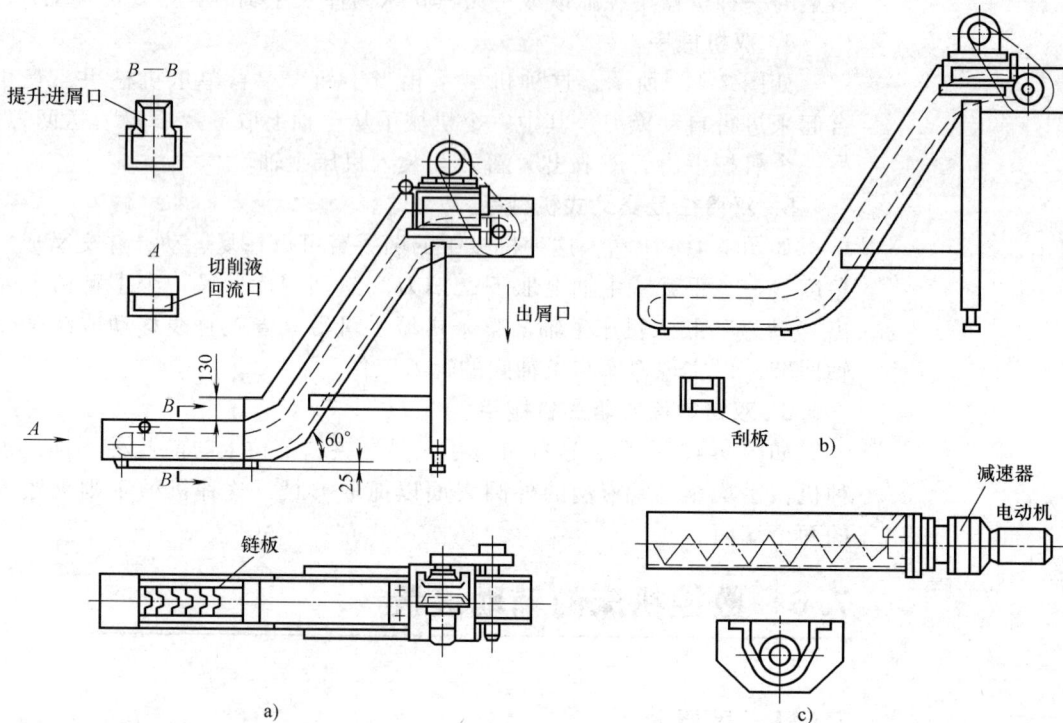

图 7-42　排屑装置

a) 平板链式　b) 刮板式　c) 螺旋式

　　排屑装置是一种具有独立功能的部件，已逐步趋向标准化和系列化，应根据机床的种类、规格、加工工艺特点、工件的材质和使用的切削液种类等来选择。排屑装置的安装位置一般都尽可能地靠近刀具切削区域。如车床的排屑装置装在旋转工件下方，铣床和加工中心的排屑装置装在床身的回水槽上或工作台边侧位置，以利于简化机床和排屑装置结构，减小机床占地面积，提高排屑效率。排出的切屑一般都落入切屑收集箱或小车中，有的则直接排入车间排屑系统。

7.6.2　刀具预调仪

　　刀具预调仪可以使加工前刀具的准备工作尽量不占用机床的工时，即把测定和调整刀具相对于刀架或刀柄基准尺寸的工作预先在刀具预调仪上完成。

　　预调仪的测量装置有光学刻度、光栅或感应同步器等多种，其测量精度一般径向为±0.0005mm，轴向为±0.01mm。预调仪上测得的刀尖位置是在无负载的静态条件下进行的，而由于切削力的因素，实际加工尺寸要偏离测量值 0.01~0.02mm。为此，必须在首件试切后进行刀尖位置补偿。

对刀仪的基本结构如图 7-43 所示，对刀仪平台 7 上装有刀柄夹持轴 2，用于安装被测刀具。若被测刀具为图 7-44 所示的钻削刀具，则通过快速移动对刀仪单键按钮 4 和微调旋钮 5 或 6 可调整刀柄夹持轴 2 在对刀仪平台 7 上的位置。当光源发射器 8 发光，将刀具切削刃放大投影到显示屏幕 1 上时，如图 7-45 所示，即可测得刀具在 X（径向尺寸）、Z（刀柄基准面到刀尖的长度尺寸）方向的尺寸。

图 7-43

对刀仪的基本结构

1—显示屏幕
2—刀柄夹持轴
3—电气系统
4—单键按钮
5、6—微调旋钮
7—对刀仪平台
8—光源发射器

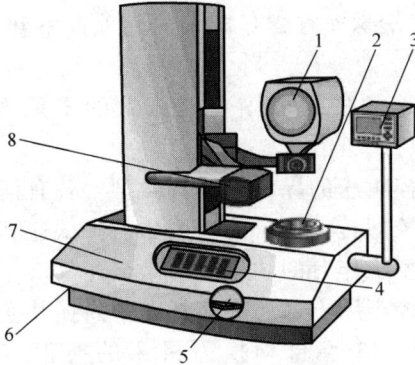

图 7-44

钻削刀具

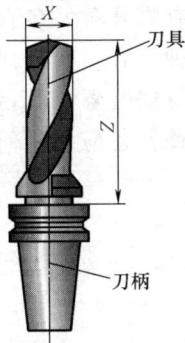

图 7-45

刀尖对准十字线中心

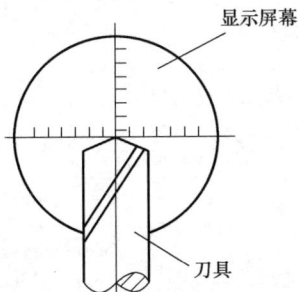

思考与练习题

7-1　数控机床在机械结构方面有哪些主要特点？

7-2　数控机床的主轴轴承配置有哪些方式？各适用于什么场合？

7-3　加工中心主轴内的刀具自动装卸的工作原理是什么？

7-4　主轴准停的意义是什么？如何实现主轴准停？

7-5　数控机床进给传动系统中有哪些机械环节？各有什么要求？

7-6　直齿圆柱齿轮、斜齿圆柱齿轮和锥齿轮的传动间隙的消除方法分别有哪些？

7-7　滚珠丝杠螺母副的特点是什么？

7-8　滚珠丝杠螺母副的滚珠有哪两类循环方式？常用的结构型式是什么？

7-9　试述滚珠丝杠螺母副轴向间隙调整和预紧的基本原理，常用哪几种结构型式？

7-10　滚珠丝杠螺母副在机床上的支承方式有哪几种？各有何优缺点？

7-11　数控机床的导轨有哪些类型？各有何特点？

7-12　数控回转工作台的功用如何？试述其工作原理。

7-13　分度工作台的功用如何？试述其工作原理。

7-14　数控车床方刀架有何特点？简述其换刀过程。

7-15　JCS-013 型自动换刀机床的换刀有何特点？并简述其换刀过程。

7-16　常用的刀具交换装置有哪几种？各有何特点？

7-17　常见的机械手有哪几种型式？各有何特点？

7-18　数控机床为何需专设排屑装置？其目的是什么？

7-19　常见排屑装置有哪几种？各应用于何种场合？

第8章

数控机床故障诊断

本章提要

○ 内容提要：
本章首先概述了数控机床故障的分类及诊断原则，然后分别介绍了机械本体故障诊断和数控系统故障诊断的具体方法，最后简要介绍了数控机床故障智能诊断技术。

通过本章的学习，具备数控机床故障分析及诊断能力。

○ 本章重点：
1) 机械本体故障诊断。
2) 数控系统故障诊断。

◎ 8.1 概述

数控机床故障诊断技术是在数控机床运行中或基本不拆卸的情况下，即可掌握系统现行状态的信息，查明故障产生的部位和原因，预知数控机床的异常和故障的动向，并采取必要的措施和对策的技术。数控机床是高度机电一体化的装备，它与传统的机械装备相比，虽然也包括机械、电气、液压与气动等方面的故障，但其故障诊断和维修侧重于各部分装置和系统之间的交叉点上。故障诊断技术是保障数控机床正常运行的前提，对数控技术的发展和完善起到了巨大的推动作用。目前它已经成为一门专门的学科，任何一台数控设备都是一种过程控制设备，这就要求它在实时控制的每一时刻都准确无误地工作。任何部分的故障与失效，都会导致数控机床停机，造成生产停止。因此，对数控机床这样原理复杂、结构精密的装置进行故障诊断与维修就显得十分必要了。

故障诊断的目的是保障设备安全，防止突发故障；保障设备精度，提高产品质量；实施状态维修，节约维修费用；避免设备事故造成的环境污染；给企业带来较大的经济效益。

8.1.1 故障的分类

数控设备的故障是多种多样的，可以从以下不同角度对数控机床产生的故障进行分类。

1. 按故障的起因分类

从故障的起因上看，数控机床故障分为关联性故障和非关联性故障。非关联性故障是指与数控机床本身的结构和制造无关的故障。故障的发生主要由运输、安装、撞击等外部因素人为造成的。关联性故障是指由于数控机床设计、结构以及性能等缺陷造成的故障。关联性故障又分为固有性故障和随机性故障。固有性故障是指一旦满足某种条件，如温度、湿度、振动等条件，就出现故障。随机性故障是指在完全相同的外界条件下，故障有时发生有时不发生的情况。随机性故障存在着较大的偶然性，这就给故障的诊断和排除带来了较大的困难。

2. 按故障发生的部位分类

从故障发生的部位上看，数控机床故障分为主机故障和电气控制系统故障。主机故障是数控机床的主机部分（如机械、润滑、冷却、液压与气动等装置）发生的故障。电气控制系统故障分为弱电故障和强电故障。弱电故障是 CNC、PLC、MDI 以及伺服驱动单元、输入/输出单元等出现问题系统工作失常。强电故障是控制系统中的主回路或高压、大功率回路中的继电器、接触器、开关、熔断器、电源、变压器、电动机等电器元件及组成的控制电路出现的故障。

3. 按故障出现的时间分类

从故障出现的时间上看，数控机床故障分为随机故障和有规则故障。随机故障的发生时间是随机性的，有规则故障的发生是指有一定的规律性。

4. 按故障的发生状态分类

从故障发生的过程来看，数控机床故障分为突发故障和渐变故障。突发故障是指数控机床在正常使用过程中，事先没有任何故障征兆，而突然出现的故障，如因机器使用不当或出现超负荷引起的零件折断。渐变故障是指数控机床在发生故障前的某一时期内，已经出现故障的征兆，但此时或在消除系统报警后一段时间内，数控机床尚能正常使用，而且不影响加工产品的质量。渐变故障与材料的磨损、腐蚀、疲劳及蠕变等过程有密切的关系。

5. 按故障的影响程度分类

从故障的影响程度来看，数控机床故障分为完全失效和部分失效两种。完全失效是指数控机床出现故障后，不能继续进行正常机械加工，只有等到故障排除后，才能使数控机床恢复正常工作的情况。部分失效是指数控机床丧失了某种或部分系统功能，当数控机床在不使用该部分功能的情况下，仍然能够进行正常机械加工。

6. 按故障的严重程度分类

从故障的严重程度上看，数控机床故障分为危险性故障和安全性故障。危险性故障是数控机床发生故障时，机床安全保护系统在需要动作时因故障失去保护作用，造成机床故障或人身伤亡。安全性故障是机床安全保护系统在不需要动作时发生动作，引起机床不能起动。

7. 按故障发生的性质分类

从故障发生的性质上看，数控机床故障分为软件故障、硬件故障和干扰故障。软件故障是由程序编制错误、机床操作失误以及参数设定不正确等引起的故障。硬件故障是由电子元器件、润滑系统、限位机构、机床本体等造成的故障。干扰故障则表现为内部干扰和外部干扰，是由于系统工艺、线路设计、电源地线配置不当等以及工作环境的恶劣变化而产生的。

8.1.2　数控机床故障诊断的原则

在故障检测过程中，应该充分利用数控机床的自诊断功能，如系统的开机诊断、运行诊断及 PLC 的监控功能。同时在检测故障过程中还应掌握以下原则：

1. 先外部后内部

数控机床是机械、液压、电气一体化的产品，其故障的发生必然要从这三方面反映出来。数控机床的检修要求维修人员掌握先外部后内部的原则，即当数控机床发生故障后维修人员应先用问、看、听、触、嗅等方法，由外向内逐一进行检查。例如数控机床中外部的行程开关、按钮、液压气动元件以及印制电路板连接部位，因其接触不良造成信号传递失灵，是产生数控机床故障的重要因素。此外，由于在工业环境中，温度和湿度变化较大，油污和粉尘对印制电路板的污染、机械的振动等，对于信号传送通道的插接件都将产生严重影响，检修中要考虑这些因素，首先应检查这些部位。另外，尽量减少随意的启封、拆卸、不适当的大拆大卸。

2. 先机械后电气

由于数控机床是一种自动化程度高、结构复杂的先进机械加工设备，一般来讲，机械故障较易察觉，而电气故障相对较难分辨出来。先机械后电气就是在数控机床的故障诊断与维修中，先检查机械部分是否正常、行程开关是否灵活、气动液压部分是否正常等。数控机床的故障中有很大一部分是由机械失灵引起的，因此在故障检修之前，首先注意排除机械故障。

3. 先静后动

维修人员要做到先静后动，不能盲目动手，应先询问操作人员故障发生的过程及状态，查阅机床相关资料并进行分析，才可动手处理故障。其次，对有故障的机床也要本着先静后动的原则，先在机床断电的静止状态下，通过观察、测试、分析，确认为非恶性循环性故障或非破坏性故障后，方可给机床通电，在运行工况下，进行动态的观察、检验和测试，查找故障。而对恶性破坏性故障，必须先排除危险后，方可通电，在运行工况下进行动态诊断。

4. 先公用后专用

公用问题会影响全局，而专用问题只影响局部。如机床的几个进给轴都不能运动，此时应先排除各轴公用的 PLC、电源、液压等公用部分的故障，然后再设法排除某轴的局部问题。又如电网或主电源是全局性的，应首先检查电源部分，检查熔丝是否正常，直流电压输出是否正常。总之，只有先解决主要矛盾，局部的、次要的矛盾才可迎刃而解。

5. 先简单后复杂

当出现多种故障互相交叉时，首先从容易解决的问题入手，等简单问题解决后再去处理难度较大的问题。实际在解决简单故障过程中，难度大的问题也可变得更为清晰。在排除某一故障时，首先考虑最常见的原因，然后再分析很少发生的特殊原因。例如，一台 FANUC OT 数控车床 Z 轴回零不准，常常是由于减速挡块位置松动造成。一旦出现这种故障，应先检查该挡块位置，在排除这一常见问题后，再检查脉冲编码器、位置控制环节等其他问题。

◎ 8.2　机械本体故障诊断

8.2.1　数控机床机械故障的诊断方法

由于电气驱动替代了机械传动，使得数控机床的机械结构较传统机床的机械结构简单，但机床组件的精度提高了，对维护提出了更高要求。同时，数控机床机械维护的面更广，除了主轴、导轨和丝杠外，还有刀库及换刀装置、液压和气动系统等。数控机床的机电一体化在机械故障诊断时同样表现出机电之间的内在联系。因此，熟悉机械故障的特征，掌握数控机床机械故障诊断的方法和手段，对确认故障的原因有一定的帮助。

机床在运行过程中，机械零部件受到力、热、摩擦以及磨损等多种因素的作用，运行状态不断变化，一旦发生故障，往往会导致不良后果。因此，必须在机床运行过程中，对机床的运行状态及时做出判断。运行状态异常时，必须停机检修或停止使用。数控机床机械故障诊断包括对机床运行状态的识别、预测和监视三个方面的内容。通过对数控机床机械装置的某些特征参数，如振动、噪声和温度等进行测定，将测定值与规定的正常值进行比较，以判断机械装置的工作状态是否正常，若对机械装置进行定期或连续监测，便可获得机械装置状态变化的趋势性规律，从而对机械装置的运行状态进行预测和预报。在诊断方法上，既有传统的"实用诊断方法"，又有利用先进测试手段的"现代诊断方法"。

1. 实用诊断技术

由维修人员的感觉器官对机床进行问、看、听、触、嗅等的诊断，称为实用诊断技术。

（1）问　问就是询问机床故障发生的经过，弄清故障是突发的，还是渐发的。操作者一般熟知机床性能，故障发生时又在现场耳闻目睹，所提供的情况对故障的分析是很有帮助的。通常应询问下列情况：机床开动时有哪些异常现象；对比故障前后工件的精度和表面粗糙度，以便分析故障产生的原因；传动系统是否正常，出力是否均匀，背吃刀量和进给量是否减小等；润滑油品牌号是否符合规定，用量是否适当；机床何时进行过保养检修等。

（2）看

1）看转速。观察主传动速度的变化，如带传动的线速度变慢，可能是传动带过松或负荷太大；对主传动系统中的齿轮，看它是否跳动、摆动；对传动轴主要看它是否弯曲或晃动。

2）看颜色。主轴和轴承长时间不正常运转，会升温使机床外表颜色呈黄色。油箱里的油也会因温升过高而变稀，颜色变样；或者因久不换油、杂质过多或油变质而变成深墨色。

3）看伤痕。零部件损坏部位应做记号，隔一段时间后根据它的变化情况进行综合分析。

4）看工件。从工件来判别机床的好坏。若车削后的工件表面粗糙度 Ra 数值大，则主要是由于主轴与轴承之间的间隙过大，溜板、刀架等压板模铁有松动以及滚珠丝杠预紧松动等原因所致。若磨削后的工件表面粗糙度 Ra 数值大，则主要是由于主轴或砂轮动平衡差，机床出现共振以及工作台爬行等原因所引起的。若工件表面出现波纹，则看波纹数是否与机床主轴传动齿轮的齿数相等，如果相等，则表明主轴齿轮啮合不良是故障的主要原因。

5）看变形。观察机床的传动轴、滚珠丝杠是否变形；直径大的齿轮的端面是否有跳动。

6）看油箱与冷却箱。主要观察油或切削液是否变质，确定其能否继续满足使用要求。

（3）听　用以判别机床运转是否正常。一般运行正常的机床，其声响具有一定的音律和节奏，并保持持续的稳定。机械运动发出的正常声响大致可归纳为以下几种：

1）旋转运动的机件，在运转空间较小或封闭系统时，多发出"嗖嗖"声；若处于非封闭系统或运行空间较大时，则发出蜂鸣声；各种大型机床则产生低沉而振动声浪很大的轰隆声。

2）正常运行的齿轮副，一般在低速下无明显的声响；链轮和齿条传动副一般发出平稳的"嘟嘟"声；直线往复运动的机件，一般发出周期性的"喀喷"声；常见的凸轮顶杆机构、曲柄连杆机构和摆动摇杆机构等，通常都发出周期性的"嘀嗒"声；多数轴承副一般无明显的声响，借助传感器（通常用金属杆或螺钉旋具）可听到较为清晰的"嗖嗖"声。

3）各种介质的传输设备产生的输送声，一般均随传输介质的特性而异。如气体介质多为"呼呼"声，流体介质为"哗哗"声，固体介质发出"沙沙"声或"阿罗阿罗"声。

（4）触　用手感来判别机床的故障，通常有以下几方面：

1）温升。手指触觉灵敏度高，能可靠地判断各种异常的温升，其误差可准确到 $3 \sim 5$℃。

2）振动。轻微振动可用手感鉴别，用两只手同时触摸零部件便可以比较出振动的大小。

3）伤痕和波纹。肉眼看不清的伤痕和波纹，轻轻把手指放在被检查面上便可以很容易地感觉出来。对圆形零件沿着切向和轴向分别去摸，而对平面则需要左右、前后均匀去摸。

4）爬行。用手摸可直观地感觉出来，造成爬行的原因很多，常见的是润滑油不足或选择不当，活塞密封过紧或磨损造成机械摩擦阻力加大，液压系统进入空气或压力不足等。

5）松紧程度。用于转动主轴或摇动手轮，即可感到接触部位的松紧是否均匀适当，从而可判断出这些部位的松紧是否合适。

（5）嗅。由于剧烈摩擦或电器元件绝缘破损短路，使附着的油脂或其他可燃物质发生氧化蒸发或燃烧产生油烟气、焦烟气等异味，采用嗅觉诊断的方法可收到较好的效果。

上述实用诊断技术的主要诊断方法，实用简便、相当有效，但有一定的局限性。

2. 现代诊断技术

现代诊断技术是利用各种诊断仪器以及特定数据处理对机械的故障原因、部位和故障严重程度等进行定性和定量分析，并快速准确地给故障进行定性，以便排除故障。现代诊断技术主要包括振动诊断法、油样分析法、磁塞法、测声法、温度监测法、无损检测法等。

（1）振动诊断法 振动是一切做回转或往复运动的机械设备最普遍的现象。当数控机床处于正常运行时，其振动强度是在一定的允许范围内波动的，而出现故障时，其振动强度必然随之增强。因此，振动信号中携带着大量有关机床运行状态的信息。维修人员通过测量并分析机床振动信号，可以检测数控机床的工作状态和诊断其机械故障的程度、部位等。

人们在长期实践的基础上，当应用振动诊断时，常采取从简易诊断到精密诊断的诊断方法。所谓振动简易诊断，就是利用一些简单的测试仪器对数控机床进行粗略的诊断。即维修人员通过测量所选数控机床机械振动参数（包括位移、速度和加速度等）的幅值（如有效值、峰值等），将它与标准值或经验值比较，从而初步判定机床是否有故障。因此，振动简易诊断常作为现场维修人员监测数控机床状态的手段。振动精密诊断是将测得的机床振动参数随时间变化的时域信号进行各种分析处理，最终得到振动的特征参数或其波形图像，将它与机床正常运转时的振动特征参数或振动波形图像进行比较，从而判断产生数控机床机械故障的部位和程度。

（2）油样分析法 在数控机床中广泛存在着两类工作油：液压油和润滑油。它们中带有大量关于机床运行状态的信息，特别是润滑油在机床中循环流动，并带动各摩擦副的磨损碎屑一起流动。因此，通过对工作油液的合理采样，并进行油样分析处理后，就能间接监测磨损的类型和程度，判断磨损的部位，找出磨损的原因，从而对机床的工作状况进行科学的判断。

对工作油进行油样分析通常有以下五个步骤：①采样：采样时必须采集能反映当前机器中各个零部件运行状态的油样，即具有代表性的油样。②检测：指对油样进行分析时，用适当的方法测定油样中磨损磨粒的各种特性，初步判断机床的磨损状态是正常磨损还是异常磨损。③诊断：若机床属于异常磨损，则需进一步进行诊断以确定磨损零件和磨损的类型。④预测：指预测处于异常磨损状态的机床零件的剩余寿命和今后的磨损类型。⑤处理：根据所预测的磨损零件、磨损类型和剩余寿命即可对机床进行处理（包括确定维修方式、维修时间以及确定需要更换的零部件等）。

常用的油样分析法有以下两种：

1）油样铁谱分析法。油样铁谱分析法是将油样按严格要求稀释在玻璃试管中或玻璃片上，并置于强磁场中。在磁场力的作用下，不同大小的磨粒所能通过的距离不同，根据油样中磨粒沉淀的情况即可以判断出机床零件的磨损程度。用光学或电子显微镜观察磨粒形貌，用光学显微镜还可以从磨粒的色泽判断其成分。这样，油样铁谱分析可以提供磨损磨粒的数量、粒度、形态和成分四种信息。油样铁谱分析法所使用的仪器比较低廉，提供的信息比较丰富，是目前使用最广泛的润滑油样分析方法。但对于敏感度低的非铁磁材料以及需要遵守严格的操作要求时，油样铁谱分析法具有一定的局限性，其适合于检测粒度为 $5\sim100\mu m$ 的磨损磨粒。

2）油样光谱分析法。油样光谱分析法是利用油样中所含金属元素原子的光学电子在原子内能级间跃迁产生的特征谱线来检测该种元素的存在与否，而特征谱线的强度则与该种金属元素的含量多少有关。通过光谱分析，就能检测出油样中所含金属元素的种类及其浓度，以此推断产生这些元素的磨损发生部位及其严重程度，并依此对相应零部件的工况做出判断，这种方法对有色金属比较适用。油样光谱分析法采用标准的光谱分析仪，这种仪器在生产上使用比较方便，但其价格比较贵，从采样到取得分析结果有较长的滞后时间。此外，由于方法本身的限制，不能给出磨损磨粒的形貌细节，所分析的磨粒大小一般只能小于 $10\mu m$。

（3）磁塞法 磁塞法是在飞机、轮船和其他工业部门中长期采用的一种检测方法，也可用于数控机床。将磁塞安装在润滑系统中的管道内，用于收集悬浮在润滑油中的铁磁性磨屑，再用肉眼对收集到的磨屑大小、数量和形貌进行观测与分析，以此推断机械零部件的磨损状态。由此可以看出，磁塞检查法是一种简便易行的方法，适用于磨屑颗粒尺寸大于 $50\mu m$ 的情况。

上述三种方法对磨损磨粒尺寸的敏感范围是不同的，用它们对工作油液进行分析和观察，都有一定效果，但又各有其局限性，这三种方法可互为补充。

（4）测声法 噪声也是数控机床机械故障的主要信息来源之一，测声法是利用数控机床运转时发出的声音来进行诊断。数控机床噪声的声源主要有两类：一类是来自运动的零部件，如电动机、油泵、齿轮、轴承等，其噪声频率与它们的运动频率或固有频率有关；另一类是来自不动的零件，如箱体、盖板、机架等，其噪声是由于受其他振源的诱发而产生共鸣引起的。

噪声测量主要是测量声压级。测量仪器可用简单的声级计，也可用复杂的实验室分析和处理系统。不同构件会发出不同频率的声响，噪声测量时需要对这些声音进行频谱分析，用振动分析仪器对声音进行分析和处理，最后判断是否存在故障及确定故障程度。

（5）温度监测法　温度是一种表象，它的升降反映了数控机床机械零部件的热力过程，异常的温度变化表明有热故障。因此，温度与数控机床的运行状态密切相关，温度监测法也在数控机床机械故障诊断的各种方法中占有重要的地位。

用温度监测法进行机械故障诊断时，通常根据测量时测温传感器是否与被测对象接触，将测温方式分为接触式测温和非接触式测温两大类。其中接触式测温是将测温传感器与被测对象接触，被测对象与测温传感器之间因传导热交换而达到热平衡，根据测温传感器中的温度敏感元件的某一物理性质随温度而变化的特性来检测温度。目前，广泛应用的接触式测温方法主要有热电偶法、热电阻法和集成温度传感器法三种。采用接触式测温方法来测量数控机床各部分的表面温度，具有快速、正确、方便的特点。而非接触式测温主要是采用物体热辐射的原理进行的，又称为辐射测温，这种方法在数控机床上不太适用。

（6）无损检测法　无损检测是在不损坏检测对象的前提下，探测其内部或外表的缺陷（伤痕）的现代检测技术。在工业生产中，许多重要设备的原材料、零部件、焊缝等必须进行必要的无损检测，当确认其内部或表面不存在危险性或非允许缺陷时，才可以使用或运行。这种方法在数控机床的制造及其机械故障的诊断中也需要应用。目前用于机械故障诊断的无损检测方法多达几十种，在工业生产检验中，应用最广泛的有超声波检测、射线检测、磁粉检测、渗透检测等。就其检测对象而言，超声波检测和射线检测适用于检测机体内部缺陷，而对于机体表面缺陷采用磁粉检测、渗透检测则更为合适。除此之外，许多现代无损检测技术如红外线检测、激光全息摄影、同位素射线示踪等也已获得了应用，对数控机床采用无损检测技术进行机械故障诊断可有效地提高机床运行的可靠性，另外对于改进数控机床的设计制造工艺、降低制造成本也具有十分现实的意义。

8.2.2　主传动系统的故障诊断

数控机床的主运动系统是指数控机床的主轴传动系统，主要包括主轴箱、主轴本体、主轴轴承等。数控机床主轴部件是影响机床加工精度的主要部件，它的回转精度影响工件的加工精度；它的功率大小与回转速度影响加工效率；它的自动变速、准停和换刀等影响机床的自动化程度。因此，要求主轴部件具有与本机床工作性能相适应的高回转精度、刚度、抗振性、耐磨性和低温升。在结构上，必须很好地解决刀具和工件的装夹、轴承的配置、轴承间隙调整和润滑密封等问题。主传动链的常见故障诊断和排除方法见表 8-1。

8.2.3　进给传动系统的故障诊断

1. 滚珠丝杠螺母副的故障诊断

滚珠丝杠螺母副和其他滚动摩擦的传动组件一样，其故障绝大部分是由预紧力过紧或过松、反向间隙过大、机械爬行、润滑系统不好、轴承间隙配合不良等原因造成的。滚珠丝杠螺母副的常见故障诊断和排除方法见表 8-2。

表 8-1
主传动链的常见故障诊断和排除方法

序号	故障现象	故障原因	排除方法
1	主轴发热	主轴前后轴承损伤或轴承不清洁	更换坏轴承，清除脏物
		主轴前端盖与主轴箱体压盖研伤	修磨主轴前端盖使其压紧主轴前轴承，轴承与后盖有 0.02 ~ 0.05mm 的间隙
		轴承润滑油脂耗尽或润滑油脂涂抹过多	涂抹润滑油脂，每个轴承 3mL
		主轴轴承预紧力过大	调整预紧力
2	主轴在强力切削时停转	电动机与主轴连接的传动带过松	移动电动机座，张紧传动带，然后将电动机座重新锁紧
		传动带表面有油	用汽油清洗后擦干净，再装上
		传动带使用过久而失效	更换新传动带
		摩擦离合器调整过松或磨损	调整摩擦离合器，修磨或更换摩擦片
3	主轴噪声过大	缺少润滑	涂抹润滑脂，保证每个轴承涂抹润滑脂量不得超过 3mL
		小带轮与大带轮传动情况不佳	带轮上的动平衡块脱落，重新进行动平衡
		轴承拉毛或损坏	更换轴承
		主轴部件动平衡不良	重做动平衡
		主轴与电动机连接的传动带过紧	移动电动机座，使传动带松紧度合适
		齿轮啮合间隙不均匀或齿轮损坏	调整啮合间隙或更换新齿轮
		传动轴承损坏或传动轴弯曲	修复或更换轴承，校直传动轴
4	主轴没有润滑油循环或润滑不足	油泵转向不正确或间隙过大	改变油泵转向或修理油泵
		吸油管没有插入油箱的油面以下	将吸油管插入油面以下 2/3 处
		油管或过滤器堵塞	清除堵塞物
		润滑油压力不足	调整供油压力

表 8-2
滚珠丝杠螺母副的常见故障诊断和排除方法

序号	故障现象	故障原因	排除方法
1	加工件表面粗糙度值高	导轨的润滑油不足，致使溜板爬行	加润滑油，排除润滑故障
		滚珠丝杠有局部拉毛或研损	更换或修理丝杠
		丝杠轴承损坏，运动不平稳	更换损坏轴承
		伺服电动机未调整好，增益过大	调整伺服电动机控制系统

（续）

序号	故障现象	故障原因	排除方法
2	滚珠丝杠在运转中转矩过大	滑板配合压板过紧或研损	重新调整或修研压板，塞尺塞不入为合格
		滚珠丝杠螺母反向器损坏，滚珠丝杠卡死或轴端螺母预紧力过大	修复或更换丝杠并精心调整
		丝杠研损	更换丝杠
		伺服电动机与滚珠丝杠连接不同轴	调整同轴度并紧固连接座
		无润滑油	调整润滑油路
		超程开关失灵造成机械故障	检查故障并排除
		伺服电动机过热报警	检查故障并排除
3	丝杠螺母润滑不良	分油器是否分油	检查定量分油器
		油管是否堵塞	清除污物使油管畅通
4	滚珠丝杠副噪声	滚珠丝杠轴承压盖压合不良	调整压盖，使其压紧轴承
		滚珠丝杠润滑不良	检查分油器和油路，使润滑油充足
		滚珠产生破损	更换滚珠
		丝杠支承轴承可能破裂	更换轴承
		连接电动机与丝杠的联轴器松动	拧紧联轴器锁紧螺钉
5	滚珠丝杠不灵活	轴向预加载荷太大	调整轴向间隙和预加载荷
		丝杠与导轨不平行	调整丝杠支座位置，使丝杠与导轨平行
		螺母轴线与导轨不平行	调整螺母座的位置
		丝杠弯曲变形	校直丝杠

2. 导轨的故障诊断

导轨的常见故障诊断和排除方法见表 8-3。

表 8-3

导轨的常见故障诊断和排除方法

序号	故障现象	故障原因	排除方法
1	导轨研伤	机床经长时间使用，地基与床身水平度有变化，使导轨局部单位面积负荷过大	定期进行床身导轨的水平度调整，或修复导轨精度
		长期加工短工件或承受过分集中的负荷，使导轨局部磨损严重	注意合理分布短工件的安装位置，避免负载过分集中
		导轨润滑不良	调整导轨润滑油量，保证润滑油压力
		导轨材质不佳	采用电镀加热自冷淬火对导轨进行处理，导轨上增加锌铝铜合金板，以改善摩擦情况
		刮研质量不符合要求	提高刮研修复的质量
		机床维护不良，导轨里落入脏物	加强机床保养，保护好导轨防护装置

（续）

序号	故障现象	故障原因	排除方法
2	导轨上移动部件运动不良或不能移动	导轨面研伤	用 180# 砂布修磨机床与导轨面上的研伤
		导轨压板研伤	卸下压板，调整压板与导轨间隙
		导轨镶条与导轨间隙太小，调得太紧	松开镶条防松螺钉，调整镶条螺栓，使运动部件运动灵活，保证 0.03mm 的塞尺不得塞入，然后锁紧防松螺钉
3	加工面在接刀处不平	导轨直线度超差	调整或修刮导轨，公差为 0.015mm/500mm
		工作台镶条松动或镶条弯度太大	调整镶条间隙，镶条弯度在自然状态下小于 0.05mm/全长
		机床水平度差，使导轨发生弯曲	调整机床安装水平度，保证平行度、垂直度在 0.02mm/1000m 之内

8.2.4　自动换刀装置的故障诊断

　　为了进一步提高数控机床的加工效率，数控机床向一次装夹完成多道工序的方向发展，因此出现各种加工中心。为了满足加工中心自动化生产并提高工作效率，必须在加工过程中完成自动换刀，以及配备相应的刀库和自动换刀装置。转塔刀架、刀库及换刀装置极易出现故障，这些故障主要是由刀具控制系统、刀具夹紧液压系统、行程开关、弹簧压力过大或过小等一系列原因所造成的。及时对刀库和自动换刀装置进行故障排除具有重要的现实意义。刀库和机械手的常见故障诊断和排除方法见表 8-4。

表 8-4

刀库和机械手的常见故障诊断和排除方法

序号	故障现象	故障原因	排除方法
1	刀库中的刀套不能夹紧刀具	刀套上的调整螺母松动	顺时针旋转刀套两边的调整螺母压紧弹簧，顶紧夹紧销
2	刀库不能旋转	连接电动机轴与蜗杆输出轴的联轴器松动	紧固联轴器上的销钉
3	刀具从机械手脱落	刀具重量大	刀具重量不得超过规定值
		机械手夹紧销损坏或没有弹出来	更换夹紧销或弹簧
4	刀具交换时掉刀	换刀时主轴箱没有到换刀点或换刀点漂移	重新操作主轴箱运动，使其回到换刀点位置，重新设定换刀点
		机械手抓刀时没有到位，就开始拔刀	调整机械手手臂，使得手臂爪抓紧刀柄再拔刀
5	机械手换刀速度过快或过慢	以气动机械手为例，气压太高或太低和换刀气阀节流开口太大或太小	调整气压大小和节流阀开口

8.2.5 回转工作台的故障诊断

回转工作台的常见故障诊断和排除方法见表 8-5。

表 8-5

回转工作台的常见
故障诊断和排除
方法

序号	故障现象	故障原因	排除方法
1	工作台没有抬起动作	控制系统没有抬起信号输出	检查控制系统是否有抬起信号输出
		抬起液压阀卡住没有动作	修理或清除污物，更换液压阀
		液压压力不够	检查油箱内油是否充足，并重新调整压力
		抬起液压缸研损或密封损坏	修复研损部位或更换密封圈
		与工作台相连接的机械部分研损	修复研损部位或更换零件
2	工作台不转位	工作台抬起或松开完成信号没有发出	检查信号开关是否失效，更换失效开关
		控制系统没有转位信号输出	检查控制系统是否有转位信号输出
		与电动机或齿轮相连的胀紧套松动	检查胀紧套连接情况，拧紧胀紧套压紧螺钉
		液压转台的转位液压缸研损或密封损坏	修复研损部位或更换密封圈
		液压转台的转位液压阀卡住没有动作	修理或清除污物，更换液压阀
		工作台支承面回转轴及轴承等机械部分研损	修复研损部位或更换新的轴承
3	工作台转位分度不到位，发生顶齿或错齿	控制系统输入的脉冲数不够	检查控制系统输入的脉冲数
		机械转动系统间隙太大	调整机械转动系统间隙，轴向移动蜗杆，或更换齿轮、锁紧胀紧套等
		液压转台的转位液压缸研损，未转到位	修复研损部位
		转位液压缸前端的缓冲装置失效，死挡铁松动	修复缓冲装置，拧紧死挡铁螺母
		闭环控制的圆光栅有污物或裂纹	修理或清除污物，或更换圆光栅

8.2.6 液压与气动传动系统的故障诊断

液压与气动传动系统是数控机床的重要组成部分，各种液压与气动元器件在机床工作过程中的状态直接影响着机床的工作状态。

1. 液压系统

液压系统出现的故障是多种多样的，不同的数控机床由于所用的液压装置的组合元件不同，出现的故障也就不同。即使同类数控机床因装配调整等诸多外界因素影响，所出现的故障也不尽相同。如有的是某一液压元件失灵而引起的，有的是系统中各液压元件综合因素所造成的。而机械、电气以及外界因素也会引起液压系统出现故障。

液压系统的故障往往因液压装置内部的情况观察不到，而不能像有些机械故障那样容易辨识，给液压系统的故障诊断以及后续的维修带来困难。但是液压系统中一些带有共性的特点能为维修人员在进行故障诊断及维护、维修时提供参照。

（1）以维护为主，维修为辅　加强维护管理工作，尽可能减少设备故障的发生。为做好维护工作，需要根据液压系统的情况和实际经验，制订维护规章，规定各项工作的要求和检修周期，通常采用日常维护与定期检查相结合的方法来保证液压系统的工作效能。

对于日常维护，每天都要检查，可以尽早发现异常现象，如外泄漏、压力不稳定、温升较高和油液变色等。同时还应对液压泵起动前后、运转和停止等情况进行检查。应建立保养维护档案，为日后掌握和分析故障情况，积累资料，摸索规律，从而取得解决问题的主动权。

对于定期需要检查的内容，规定必须严格按照时间检查维护，如定期维修的基础零部件，日常检查中发现的不利现象而又未及时排除的、潜在的故障预兆等。这样做便于定期检查工作尽早发现潜在故障，及时进行修复或排除，从而有效地提高液压系统的寿命及可靠性。

（2）液压系统常见的故障　做好液压系统的日常维护与定期检查工作，可以减少故障发生的次数，但仍然不能完全避免液压系统的故障。这是由液压系统的复杂性所决定的。

1）液压油外漏。液压油产生外漏的原因错综复杂，主要是由于振动、腐蚀、压差、温度、装配不良等原因造成的。另外，液压元件的质量、管路的连接、系统的设计、使用维护不当也会引起外漏。产生外漏的部位也很多，如接头、接合面、密封面以及壳体（包括焊缝）等。外漏是液压系统最为常见的故障，需认真对待。以前，国产普通机床的外漏现象较多，人们往往也不把它当成重要问题来对待，但现在对数控机床的要求有了很大的提高，外漏不仅会影响机床的外在形象，严重的还会直接影响机床的使用，因此尽可能杜绝。

排除此类故障通常采用提高几何精度、降低表面粗糙度值和加强密封的方法来进行。其中，尤其要注意容易被忽视的管接头漏油，该情况占漏油比例的 30%～40%。无论采用何种型式的管接头，都要确保其密封面能够紧密接触，且紧固螺母和接头上的螺纹要配合适当，然后再用合适的扳手拧紧，还要防止拧过劲而使管接头损坏。另外，元件接合面间、液压控制阀、液压缸等的漏油多数是由于密封装置因设计、加工、装配、调整时的不正确导致密封装置失效或受损造成的。解决这些故障最有效的办法是严格检查各处的密封装置，发现失效要及时处置，发现密封件破损要及时更换，这样才能防止漏油情况的发生。

2）液压系统压力低。压力低的主要原因是系统压力油路与回油路短接；有较严重的泄漏；液压泵本身无液压油输入液压系统或压力不足；电动机方向反转或功率不足等因素。

排除该故障可采用下列方法：对照元件仔细检查进、出油口的方位是否接错、管路是否接错、电动机旋转是否反向；检查各元件（尤其是液压泵）有否泄漏，紧固各连接处，严防空气混入，如元件本体有砂眼等缺陷影响元件正常工作，应立即更换；对于磨损严重的元件应进行修整，当杂质微粒卡住元件时应进行清洗或更换；检查压力表或压力表开关是否堵塞。

3）噪声和振动。噪声或振动可影响液压系统的工作性能，降低液压元件寿命，严重的还会影响工件的加工精度，降低生产率甚至使机床及部件加速变形、磨损和损坏。

这类故障产生的原因有多种，较常见的为各种液压元器件的间隙因磨损增大后，导致高、低压油路互通，引起压力波动或油液中混入的空气析出形成空穴现象，工作油液不清洁，有杂质混入液压元件，使元件内零件运动不灵活所产生的噪声以及电动机与液压泵连接时所产生的松动、碰撞、不同轴等造成的振动；电动机由于动平衡不良或轴承损坏等产生的其他振动等。解决办法：及时修复或配换各液压元件中有关零件；认真检查液压元件（尤其是液压泵）的接合面是否牢靠，密封件有否损坏，进出油口管接头是否拧紧；在管路安排上让进、回油管尽可能相距远一些，同时避免回油飞溅产生气泡；及时清洗各元件中的杂质并提高油液的清洁度，使各种液压元件运动灵活。另外，提高零件的加工精度，使电动机主轴与液压泵传动轴的同轴度尽可能提高；将电动机主轴、转子、风扇等旋转件一同进行动平衡，并检查轴承精度；在电动机机座与机床接触处加防振垫等措施可有效地减少振动的发生。

4）油温过高。数控机床的各种液压系统在使用过程中都是以油液作为工作介质传递动力和动作信号。在传递过程中，由于油液沿管道流动或流经各种阀时而产生压力损失，以及整个液压系统如液压泵、液压缸等的相对运动零件间的摩擦阻力而引起的机械损失和油泄漏等损耗的容积损失，组成了总的能量损失。这些能量损失转变为热能，使油温升高。

油温升高到超过一定的限度，将会严重影响数控机床的正常工作。如机床热变形而影响加工质量；使油液的物理性能恶化，油液变质产生氧化物杂质堵塞液压元件间的配合间隙或缝隙，甚至会使热膨胀系数不同的相对运动件之间的配合间隙变小而卡住，从而丧失正常工作能力；也可能使配合间隙增大及油的黏度降低，致使泄漏增加，从而降低运动速度，造成运动速度不稳定，降低工作压力而影响切削力和夹紧力等。引起油温过高的因素很多，最主要的是液压系统在运行过程中大量的油液由压力阀溢回油箱，从而使压力变为热能。可以通过以下方法解决：应尽量采用简单的回路，精简元件数量，使系统中无多余元件并选用规格合适的泵、阀等元件；应优化液压系统的设计，大量采用卸荷设计，使非工作过程中的能量损耗尽量减小；管路布置时，尽量减少弯管，缩短管道长度，减少管道截面突变等。有条件时应定期进行保养、清洗，经常保持管道内壁光滑，合理选择油液的黏度和品质。最后，在加工制造时，应努力提高相对运动件的加工精度和装配质量，改善其润滑条件；

改善油箱的散热条件，有效地发挥箱壁的散热作用；适当增加油箱的容积，适时采取强制冷却的办法等。

2. 气动系统

气动系统在数控机床上也有广泛应用。如对工件、刀具定位面和交换工作台的自动吹扫，封闭式机床安全防护门的开关，加工中心上机械手的动作和主轴松刀等都离不开气动系统。因此，气动系统的故障诊断及排除对于数控机床能否正常工作将起到非常重要的作用。

（1）日常维护与定期检查

1）注意压缩空气的质量。压缩空气常常含有水分、油分、粉尘等污染物，而这些污染物是造成气动元件及其系统产生故障的主要原因。据有关资料介绍，采用气压传动操作的系统中原故障有 50% 属于气动回路，25% 属于气动元件，而这中间，因压缩空气质量造成的故障占 90%。因此，为保证各类气动元件以及系统、设备能正常运转，需对压缩空气进行净化处理，处理后的压缩空气应满足数控机床的使用要求。具体指标为压缩空气中污染物的排除能力达到固体颗粒在 0.3mm 以下，排除油雾在 99% 以上，排除过饱和水分在 99% 以上。

2）确保气动系统密封良好。气动系统的密封直接关系到气动元件的性能、可靠性、质量好坏和寿命等，因此密封性至关重要。在工作过程中，应严禁漏气现象发生，如有漏气不仅会增加能量的消耗，也会导致供气压力的下降，甚至造成气动元件工作失常。因此，日常工作时应经常检查各元件是否有泄漏现象，如发现此现象应查清原因，马上采取解决措施。

3）采取合适的降噪声措施。由于气动元件排气噪声大，因此在工作时均应采用相应的降噪声措施，通常是根据数控机床对噪声的要求和排气管径的大小来选择合适的消声器。

4）对气动系统的管路进行点检，对各气动元件进行定检。

① 点检的主要内容是对冷凝水和润滑油的管理。即每当气动装置运行结束后，就应开启放水阀门将冷凝水排出，尤其当环境温度低于 0℃ 时，为防止冷凝水冻结，更应重点执行此规程。另外，应注意检查油雾器中油的质量和滴油量是否符合要求，注意经常补充润滑油。

② 定检时应重点检查各气动元件是否正常工作、有无泄漏、动作是否灵敏、润滑是否良好。还应检验测量仪表、安全阀和压力继电器等动作是否可靠，显示数据是否在规定范围内等。

（2）气动系统常见的故障

1）执行元件的故障。对于数控机床而言，常用的执行元件是气缸，气缸的种类很多，但其故障形式却有着一定的共性。主要是气缸的泄漏：输出力不足，动作不平稳，缓冲效果不好以及外载造成的气缸损伤等。

产生上述故障的原因有以下几类：密封圈损坏、润滑不良、活塞杆偏心或有损伤；缸筒内表面有锈蚀或缺陷，进入了冷凝水杂质，活塞或活塞杆卡住；缓冲部分密封圈损坏或性能差，调节螺钉损坏，气缸速度太快；由偏心负载或冲击负载等引起的活塞杆折断等。

在查清了故障原因后，应有针对地采取相应措施排除上述故障。常用的方法有：更换密封圈、加润滑油、清除杂质；重新安装活塞杆；检查过滤器有无问题，及时更换；更换缓冲装置调节螺钉或其密封圈；避免偏心载荷和冲击载荷加在活塞杆上，在外部或者回路中设置缓冲机构。在采用这些办法时，有时要多管齐下才能将同时出现的几种故障现象予以消除。

2）控制元件的故障。数控机床所用气动系统中控制元件的种类较多，主要是各种阀类，如压力控制阀、流量控制阀和方向控制阀等。这些元件在气动控制系统中起着信号转换、放大、逻辑程序控制作用以及压缩空气的压力、流量和流动方向的控制作用，对它们可能出现的故障进行诊断及有效的排除是保证数控机床气动系统能正常工作的前提。

在压力控制阀中，减压阀常见的故障有二次压力升高、压力降太大、漏气、阀体泄漏和异常振动等。造成这些故障的原因有：调压弹簧损坏，阀座有伤痕或阀座橡胶有剥离，阀体中进入灰尘，活塞导向部分摩擦阻力大，阀体接触面有伤痕等。排除方法有：首先是找准故障部位，查清故障原因，然后对出现故障的地方进行处理。如将损坏的弹簧、阀座、阀体、密封件进行更换；清洗、检查过滤器，避免杂质再混入；注意所选阀的规格，满足实际使用要求等。

安全阀（溢流阀）常见的故障有：压力虽已上升但不溢流，压力未超过设定值却溢流，有振动发生，从阀体和阀盖向外漏气。造成这些故障的原因多数是由于阀内部混入杂质或异物，将孔堵塞或将阀的移动零件卡死；调压弹簧损坏，阀座损伤；膜片破裂，密封件损伤；压力上升速度慢，阀放出流量过多引起振动等。解决方法也较简单，将破损了的零件、密封件、弹簧进行更换；注意清洗阀内部，微调溢流量使其与压力上升速度相匹配。

流量控制阀（即节流阀）较为简单，如出现故障可参考前面所述进行解决。方向控制阀中以换向阀的故障最为多见且典型。常见故障为阀不能换向、泄漏、产生振动等。造成这些故障的原因如下：润滑不良，滑动阻力和始动摩擦力大；密封圈压缩量大或膨胀变形；尘埃或油污等被卡在滑动部分或阀座上；弹簧卡住或损坏；密封圈压缩量过小或有损伤；阀杆或阀座有损伤；壳体有缩孔；压力低（先导式）、电压低（电磁阀）等。其解决办法也很简单，即针对故障现象，有目的地进行清洗，更换破损零件和密封件，改善润滑条件，提高电源电压、提高先导操作压力。

◎ 8.3 数控系统故障诊断

8.3.1 数控系统硬件故障诊断

硬件故障是指发生在数控系统微处理器以及外围电路、数控系统和外围接口（如 RS-232C 接口、与伺服单元连接、与主轴连接等）电路的故障。与数控系统相关的硬件故障常发生在数控系统和接口电路、与伺服单元之间的连接电路或由系统内主板与其他电路板连接不牢固之处。下面介绍常用的硬件故障诊断的一些方法：

1. 常规检查

（1）外观检查　系统发生故障后，首先进行外观检查。运用自己的感官感受判断明显的故障，有针对性地检查可疑部分的元器件，看断路器、继电器是否脱扣，继电器是否有跳闸现象，熔丝是否熔断，印制电路板上有无元件破损、断裂、过热，连接导线是否断裂、划伤，插接件是否脱落等，找出故障点。检修过的电路板，还要检查开关位置、电位器设定、线路更改是否与原来状态相符；观察故障出现时的噪声、振动、发热、冷却风扇是否正常转动等。

（2）连接电缆、连接线检查　针对与故障有关的部分，检查各连接线、连接电缆是否正常。尤其注意检查产生机械运动部位的接线及电缆，这些部位的接线易因受力、疲劳而断裂。

（3）连接端及插接件检查　针对与故障有关的部位，检查接线端子、单元插接件。这些部件容易松动、发热、氧化、因电化腐蚀而断线或接触不良等。

（4）恶劣环境下工作的元器件检查　针对与故障有关的部位，检查在恶劣环境下工作的元器件。这些元器件容易受热、受潮、受振动、粘灰尘或油污而失效或老化。受冷却水及油污染，光栅的标尺栅和指示栅都会变脏。清洗污染物后，故障会排除。

（5）易损部位的元器件检查　元器件易损部位应按规定定期检查。直流伺服电动机电枢电刷及换向器和测速发电机电刷及换向器容易磨损，前者造成转速下降，后者造成转速不稳。

（6）定期保养的部件及元器件检查　部分部件、元器件应按规定及时清洗润滑，否则容易出现故障。如果冷却风扇不及时清洗风道，则易造成过负荷。如果不及时检查轴承，则在轴承润滑不良时，易造成通电后转不动。

（7）电源电压检查　电源电压正常是机床控制系统正常工作的必要条件，电源电压不正常，一般会造成故障停机，有时还会造成控制系统动作紊乱。硬件故障出现后，检查电源电压不可忽视。检查步骤可参考调试说明，方法是参照电源系统，从前（电源侧）向后依次检查各种电源电压。应注意电源组功耗大、易发热，容易出故障。多数情况下的电源故障是由负载引起的，因此更应在仔细检查后续环节后再进行处理。检查电源时，不仅要检查电源自身馈电线路，还应检查由它馈电的电源部分是否获得了正常的电压；不仅要注意到正常时的供电状态，还要注意在故障发生时电源的瞬时变化。

2. 故障现象分析法

故障分析是寻找故障的特征。组织机械、电气技术人员及操作者会诊，捕捉出现故障时机器的异常现象，分析产品检验结果及仪器使用记录，必要（出现故障发生时的现象）和可能（设备运行到再现这种故障而无危险）时让故障再现，经过分析可能找到故障的规律和线索。

3. 面板显示与指示灯显示分析法

数控机床控制系统多配有面板显示器、指示灯。面板显示器把大部分被监控的故障结果以报警的方式给出。对于每个具体的故障，系统有固定的报警号和文字给予提示。特别是彩色 CRT 的广泛使用及反衬显示的应用使故障报警更为醒目。出现故障后，系统会根据故障情况、类型，提示或者同时中断运行而停机。对于加工中心运行中出现的故障，必要时系统会自动停止加工过程，等待处理。指示灯只能粗略地提示故障部位及类型等。程序运行中出现故障时，程序显示能指出故障出现时程序的中断部位，坐标值显示能提示故障出现时运动部件的坐标位置，状态显示能提示功能执行结果。在维修人员未到现场前，操作者尽量不要破坏面板显示状态和机床的状态，并向维修人员报告自己发现的面板瞬时异常现象。维修人员应抓住故障信号及有关信息特征，分析故障原因。故障出现的程序段可能有指令执行不彻底而应答。故障出现的坐标位置可能有位置检测元件故障、机械阻力太大等现象。维修人员和操作者要熟悉本机床报警目录，对有些针对性不强、含义比较广泛的报警要不断总结经验，掌握这类故障报警发生的详细原因。

4. 系统分析法

判断系统存在故障的部位时，可对控制系统框图中的各方框单独考虑。根据每一方框的功能，将方框划分为一个个独立的单元。在对具体单元内部结构了解不透彻的情况下，可不管单元内容如何，只考虑其输入和输出。这样就简化了系统，便于排除故障。首先检查被怀疑单元的输入，如果输入中有一个不正常，该单元就可能不正常，这时应追查提供给该输入的上一级单元；在输入都正常的情况下而输出不正常，那么故障即在本单元内部。在把该单元输入和输出与上下有关单元脱开后，可提供必要的输入电压，观察其输出结果（请注意有些配合方式把相关单元脱开后，给该单元供电会造成本单元损坏）。当然在使用这种方法时，要求了解该单元输入/输出点的电信号性质、大小、不同运行状态信号状态及它们的作用。用类似的方法可找出独立单元中某一故障部件，逐步缩小故障范围，直至把故障定位于元件。在维修的初步阶段及有条件时，对可疑单元可采用换件诊断法。但要注意，换件时应该对备件的型号、规格、各种标记、电位器调整位置、开关状态、跳线选择、线路更改及软件版本是否与怀疑单元相同予以确认，并确保不会由于上下级单元损坏造成的故障而损坏新单元，此外还要考虑到可能要重调新单元的某些电位器，以保证该新单元与可疑单元性能相近。一点细微的差异都可能导致失败或造成损失。

5. 信号追踪法

信号追踪法是指按照控制系统框图，从前往后或从后向前地检查有关信号的有无、性质、大小及不同运行方式的状态，与正常情况相比较，看有什么差异或是否符合逻辑。如果线路由各元件"串联"组成，则出现故障时，"串联"的所有元件和连接线都值得怀疑。在较长的"串联"

电路中，适宜的做法是将电路分成两半，从中间开始向两个方向追踪，直到找到有问题的元件（单元）为止。两个相同的单元，可以对它们部分地进行交换试验。这种方法类似于把一个电动机从其电源上拆下，接到另一个电源上试验电动机，而在其电源上另接一电动机试验该电源，这样可以判断出是电动机有问题还是电源有问题。但对数控机床来讲，问题就没有这么简单了，交换一个单元一定要保证该单元所处大环节（如位置控制环）的完整性，否则闭环可能受到破坏，保护环节失效。例如，只改用 Y 轴调节器驱动 X 轴电动机，若只换接 X 轴电动机及转速传感器于 Y 轴调节器，而不改接 X 轴位置反馈于 Y 轴反馈上，改接 X 轴转速设定于 Y 轴调节器上（或在 NC 中改 X 轴为 Y 轴号），给 Y 轴指令，这时 X 轴各限位开关失效，且 X 轴移动无位置反馈，可能机床一起动即产生 X 轴测量回路硬件故障报警，且 X 轴各限位开关不起作用。

（1）接线系统（继电器-接触器系统）信号追踪法 硬接线系统具有可见接线、接线端子、测试点。故障状态可以用试电笔、万用表、示波器等简单测试工具测量电压、电流信号大小、性质、变化状态和电路的短路、断路、电阻值变化等，从而判断出故障的原因。举简单的例子加以说明：有一个继电器 K 在指定工作方式下，其控制线路为经 X、Y、Z 三个触点接在电源 P、N 之间，在该工作方式中 K 应得电，但无动作，经检查 P、N 间有额定电压，再检查 X-Y 触点与 N 间有无电压，若有，则向下测 Y-Z 触点与 N 间有无电压，若无，则说明 Y 触点可能不通，其余类推，可找出各触点、接线或 K 本身的故障。例如，控制板上的一个晶体管元件，若 C 极、E 极间有电源、电压，B 极、E 极间有可使其饱和的电压，接法为射极输出。如果 E 极对地间无电压，就说明该晶体管有问题。当然对一个比较复杂的单元来讲，问题就会更复杂一些，但道理是一样的。影响它的因素要多一些，关联单元相互间的制约也要多一些。

（2）CNC、PMC 系统状态显示法 机床面板和显示器可以进行状态显示，显示其输入、输出及中间环节标志位等的状态，用于判别故障位置。但由于 CNC、PMC 功能很强且较复杂，因此要求维修人员熟悉具体控制原理和 PMC 使用的汇编语言。如 PMC 程序中多有触发器支持，有的置位信号和复位信号都维持时间不长，有些环节动作时间很短，不仔细观察，很难发现已起过作用，但状态已经消失的过程。

（3）硬接线系统的强制法 在追踪中也可以在信号线上输入正常情况的信号，以测试后续线路，但这样做是很危险的，因为这无形之中忽略了许多连锁环节。因此要特别注意：把涉及前级的线断开，避免所加电源对前级造成损害；尽量地移动可能移动的机床部件，使可以较长时间移动而不至于触限位，以免飞车碰撞；弄清楚所加信号是什么类型，如是直流还是脉冲，是恒流源还是恒压源等；设定要尽可能小些；密切注意可能忽略的连锁可能导致的后果；密切观察运动情况，避免飞车超程。

6. 静态测量法

静态测量法主要是用万用表测量元器件的在线电阻及晶体管上的 PN

结电压，用晶体管测试仪检查集成电路块等元件的好坏。

7. 动态测量法

动态测量法是通过直观检查和静态测量后，根据电路原理图给印制电路板上加上必要的交直流电压、同步电压和输入信号，然后用万用表、示波器等对印制电路板的输出电压、电流及波形等全面诊断并排除故障。动态测量法有电压测量法、电流测量法及信号注入及波形观察法。

电压测量法是对可疑电路的各点电压进行普遍测量，根据测量值与已知值或经验值进行比较，再应用逻辑推理方法判断出故障所在。

电流测量法是通过测量晶体管和集成电路的工作电流、各单元电路电流和电源板负载电流来检查电子印制电路板的常规方法。

信号注入及波形观察法是利用信号发生器或直流电源在待查回路中输入信号，用示波器观察输出波形。

8.3.2　数控系统软件故障诊断

CNC 系统软件一般包括由数控系统生产厂家开发的启动程序、基本系统程序、加工循环、测量循环等和由机床厂家编制的针对具体机床所用的 CNC 机床数据、PLC 机床程序、PLC 机床数据、PLC 报警文本，以及由机床用户编制的加工主程序、加工子程序、刀具补偿参数、零点偏置参数、R 参数等三部分内容。CNC 系统软件故障一般属于可恢复故障。其基本原则是只要把出错的软件恢复过来即可排除故障。一般情况下对于软件丢失或变化造成的运行异常、程序中断、停机故障，可采取对数据、程序更改补充方法，也可采用清除、重新输入法；而对于机床程序和数据处理中发生了引起中断的运行结果而造成的故障停机，可采取硬件复位的方法，即关后再开系统电源来排除。

1. 软件故障发生的原因

（1）误操作和不规范操作　在调试用户程序或修改机床参数时，操作者删除或更改了软件内容或参数，从而造成了软件故障。有时操作者违反机床操作规程，也会造成机床报警或者停机等软件故障。

（2）供电电池电压不足　为 RAM 供电的电池电压经过长时间的使用后，电池电压降低到监测电压以下，或在停电情况下拔下为 RAM 供电的电池、电池电路断路或短路、电池电路接触不良等都会造成 RAM 得不到维持电压，从而使系统丢失软件和参数。

（3）干扰信号引起软件故障　由于电源电压的波动或者干扰脉冲窜入数控系统总线，引起逻辑时序错误或者造成数控装置停止运行等。

（4）软件死循环　运行复杂程序或者由于程序错误而至进行大量计算，有时会造成系统陷入死循环，引起中断，产生软件故障。

（5）用户程序错误　用户程序错误指的是由于用户程序语法错误，输入非法数据等造成的软件故障。

2. 软件故障的排除

1）对于软件丢失或参数变化造成的运行异常、程序中断、停机故障，可通过对数据程序更改或清除，然后重新输入的方法来恢复系统的正常工作。

2）对于程序运行或数据处理中发生中断而造成的停机故障，可采用硬件复位或关掉数控机床总电源开关，然后再重新开机的方法排除故障。

3）CNC 复位、PLC 复位能使后续操作重新开始，而不会破坏有关软件和正常处理的结果，以消除报警。也可采用清除法，但对 CNC、PLC 采用清除法时，可能会使数据全部丢失，应注意保护不想清除的数据。

4）开关系统电源是清除软件故障的常用方法，但在出现故障报警或开关机之前一定要将报警的内容记录下来，以便排除故障。

8.4　数控机床故障智能诊断技术

随着集成电路和计算机的发展，近年来，国外已将一些新的概念和方法引入到诊断领域，这些新的诊断技术主要有：基于人工智能的专家诊断技术、人工神经网络（ANN）诊断技术、多传感器信息整合技术、基于因特网的远程故障诊断技术等。

8.4.1　基于人工智能的专家诊断技术

具有人工智能的专家诊断技术是从数据库出发，调用知识库中的相应知识，经过推理机构的推理获得所需的结论。应用于数控系统故障诊断的人工智能技术有两方面内容，即故障诊断专家系统和人工智能数据库。

1. 故障诊断专家系统

故障诊断专家系统以其智能化程度高和实时性强而应用于很多领域。20 世纪 80 年代初，专家系统才开始应用于故障诊断领域，故障诊断专家系统与传统诊断技术相比具有以下特点：

1）通过对各种诊断的经验性专门知识形式化描述，不仅可以使这些知识突破专家个人的局限性而广为传播，而且是对科学方法论的一个发展。

2）克服人类诊断专家供不应求的矛盾。

3）故障诊断专家系统可以结合其他诊断方法，综合利用各类专家的知识、经验，实现在线监测故障、离线诊断与分离故障。

4）故障诊断专家系统具有人机联合诊断功能，可充分发挥人的主观能动性。专家系统具有知识获取和自学习功能，它能在使用过程中日趋完善。

2. 人工智能数据库

人工智能数据库以提高系统可靠性、维修性和高效率性为目的，主要包括加工参数的自动设定和图形功能等。加工参数的自动设定功能：系统能根据被加工工件的材料、加工余量等自动确定切削用量、加工刀具的选取及加工条件的设定等，这种数据库不但需要积累大量工艺数据，还必须具有某种学习功能及推理能力。通常，将人工智能数据库与故障诊断专家系统联合建立一个综合专家系统，既提高系统的可靠性，又提高了系统的诊断维修性能。

在处理实际问题时，需要由某个领域的具有专门知识的专家来解决，通过专家分析和解释数据并做出决定。而以计算机为基础的专家系统就是力求去收集足够的专家知识，让计算机如同专家那样解决问题。也就是说，专家系统是通过具有专家推理方法的计算机模型来解决实际问题，并且得到与专家相同的结论。

知识库是专家知识、经验、书本常识等各种知识的集合。对于数控系统的专家诊断系统来说，故障知识库的建立是关键。推理机是用于控制、协调整个系统，根据当前输入的数据，利用知识库中的知识，按一定的推理策略解决当前问题。目前，日本 FANUC 公司已将专家系统引入到自己的 CNC 系统中，用于故障的诊断。它是由知识库、推理机和人机控制器三部分组成的，如图 8-1 所示。其中知识库存储着专家们掌握的有关 CNC 领域的各种故障原因及其处理方法；而推理机则具有推理的能力，能够根据知识推导出结论，并不是简单地搜索现成的答案。

图 8-1

故障诊断专家系统
框图

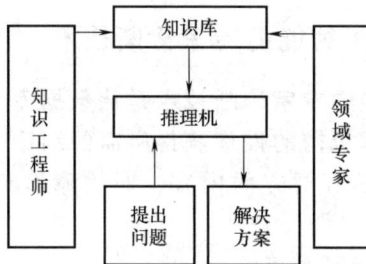

8.4.2　人工神经网络（ANN）诊断技术

由于人工神经网络（Artificial Neural Network，ANN）具有联想、容错、自适应、自学习和处理复杂多模式等特点，近年来被广泛研究和应用。这种方法将被诊断的症状作为网络的输入，将故障原因作为网络的输出，并且神经网络将学习的知识以分布的方式隐式地存储在网络上，每个输出神经元对应一个故障原因。目前常用的几种算法有：误差反向传播算法、双向联想记忆模型和模糊认识映射等。

近几年来，人工神经网络广泛用于工程领域，包括故障诊断。神经网络有着比传统更好的潜在特性：强大的非线性映射特性，使之易于建立起像液压和航空动力系统这样一些复杂的非线性系统和随机过程的模型；神经网络承受硬件损坏的能力比一般计算机强得多；即使对于未知类型的故障也能通过学习识别出来；并行处理能力，神经网络能同时处理定量和定性信息，提高故障诊断的性能。人工神经网络用于数控系统的故障诊断研究必将有很大的发展。

8.4.3　多传感器信息整合技术

要保证数控机床长期无故障运行及在故障情况下快速诊断和排除故障，需要监测系统进行加工状态监视以及提供故障情况下的状态信息，另外还需要信息处理技术对状态信息分析提取特征以供监视或故障诊断使用。由于数控系统内在的复杂性和关联性，过去的传统单因素监测和信息处理已满足不了发展的要求，多传感器信息整合概念的提出，为CNC 状态监测开辟了新途径。多传感器信息整合就是合理地选取各种传感器，提取对象的有效性信息，充分利用多个传感器资料，通过对它们合理的支配和使用，把多个传感器在空间或时间上的冗余信息或互补信息依据某种准则来进行组合，以获得被测对象的一致性解释或描述，使该信息系统由此获得比它的各组成部分的子集所构成的系统更为优越的性能。利用传感器对 CNC 进行诊断，能大大降低误判断率、漏判断率，提高诊断的准确性，采用信息整合技术，先对同一层次的信息进行整合，获得更高层次的信息，再汇入相应的信息整合层次，这样从低层至顶层对多元信息进行整理合并，逐层抽象，从而取得比单一传感器更准确、更具体的诊断结果。由于 ANN 技术具有大规模并行处理能力，以及高度的非线性特性，可将它用于多传感器信息整合。

智能化集成诊断维修将传感器信息整合与人工智能技术、ANN 技术相结合，建立集监测、诊断为一体的智能集成系统，是 CNC 故障诊断发展的新方向。集成诊断专家系统能充分利用多种知识（经验知识、状态知识等）诊断推理，结合多种故障信息（征兆信息、状态监测信息等）综合诊断，实现实时监测与诊断，提高了智能诊断与决策水平和 CNC 故障诊断的自动化程度。因此，开展 CNC 机床智能集成诊断系统的研究具有重要的理论价值和实践意义。

8.4.4　基于因特网的远程故障诊断技术

因特网的普及和局域网的建设，为故障诊断技术的发展带来了新的思路与前景，将因特网计算机应用技术与故障诊断技术相结合，可构造一种全新的故障诊断系统，即基于因特网的远程故障诊断系统（Internet-based Remote Diagnosis System，IRDS），如美国斯坦福大学和麻省理工学院合作开发的基于因特网的下一代远程诊断示范系统。美国的 DM2000系统和 PDS 系统都是基于网络环境，能同时对多台设备进行在线监测和智能诊断多种典型故障，具有远程通信能力，能对企业的管理和控制系统联网通信，使企业不同部门都能同时获取设备运行状态信息。在国内，西安交通大学、上海交通大学和哈尔滨工业大学等已进行工业领域的远程诊断研究工作，并取得了一定成果；华中理工大学在因特网上设立了一个远程诊断宣传站点，介绍远程诊断技术，以实验室的方式向用户提供远程诊断服务。它的主要功能如下：

1）诊断任务调度。一方面是诊断任务分解，将某一诊断请求按一定策略分解或分送到不同的诊断子系统进行诊断，并对整个诊断过程进行调度管理；另一方面是管理多个诊断任务。

2）远程数据获取。诊断系统或研究人员异地远程获取设备状况及相关信息，能以远程控制采集系统的方式获取需要的信息，并从网上获取该设备的设计、制造、维修等相关信息。

3）远程信号分析。包括诊断服务方和客户方所进行的信号分析两个方面。服务方信号分析功能主要在于信号特征自动提取；客户方信号分析功能主要在于提供远程信号分析工具。

4）远程故障诊断。针对某一诊断对象，采用相应的某一诊断方法或某些诊断方法的融合，对异地设备进行远程故障诊断，快速传送诊断结果。

5）远程协作诊断。提供多诊断系统和专家的异地诊断协作环境。

现代智能诊断技术涉及多种学科交叉的复杂问题。一方面，涉及的技术内容广泛，许多决策依赖于专家个人的经验和技术；另一方面，生产环境和加工的对象不同，要求数控机床应当具有很强的适应性和灵活性。依靠传统的数控检测方法和检测手段已远远不能满足工程实际对数控维修的快速、高效的生产要求，而专家系统技术以及其他人工智能技术在获取、表达和处理各种知识的灵活性和有效性方面给数控系统诊断和维修的发展带来了生机。目前人工智能技术已越来越广泛地应用于各种类型数控系统诊断和维修之中，还将人工神经网络理论、模糊理论、黑板推理与实例推理等方法用于数控系统故障诊断与维修的开发中。

思考与练习题

8-1 数控机床故障诊断的原则有哪些？

8-2 数控机床机械故障诊断有哪些常用的分析方法？

8-3 主传动系统常见的故障现象有哪些？

8-4 什么是智能化集成诊断维修技术？

8-5 数控系统软件故障的原因有哪些？

8-6 对于工作正常的主轴驱动系统，应进行哪些日常维护？

8-7 液压系统常见的故障有哪些？怎样解决？

附录 A　FANUC 0i Mate TC 系统车床 G 指令系列

G 指令	模态	功　　能	G 指令	模态	功　　能
G00 *	01	快速点定位	G50	#	设定工件坐标系或限定主轴最高转速
G01		直线插补			
G02		顺时针圆弧插补	G52	#	局部坐标系设定
G03		逆时针圆弧插补	G53	#	机床坐标系选择
G04	#	暂停	G54 *	07	选择工件坐标系 1
G10	02	可编程数据输入	G55		选择工件坐标系 2
G11		取消可编程数据输入	G56		选择工件坐标系 3
G18 *	03	XZ 平面选择	G57		选择工件坐标系 4
G20	04	寸制编程选择	G58		选择工件坐标系 5
G21		米制编程选择	G59		选择工件坐标系 6
G22 *	05	存储行程校验功能开	G65	#	调出用户宏程序
G23		存储行程校验功能关	G66	08	模态调出用户宏程序
G27	#	返回参考点检查	G67 *		取消 G66
G28	#	返回参考点	G68	09	双刀架镜像开
G29	#	从参考点返回	G69		双刀架镜像关
G30	#	返回第 2、3、4 参考点	G70	#	精车循环
G31	#	跳转功能	G71	#	外径/内径粗车复合循环
G32	01	单行程螺纹切削	G72	#	端面粗车复合循环
G40 *	06	取消刀尖圆弧半径补偿	G73	#	固定形状粗车复合循环
G41		刀尖圆弧半径左补偿	G74	#	Z 向端面钻削循环
G42		刀尖圆弧半径右补偿	G75	#	X 向外圆/内孔切槽循环

（续）

G 指令	模态	功　能	G 指令	模态	功　能
G76	#	螺纹切削复合循环	G90		外径/内径车削固定循环
G80*		取消钻孔固定循环	G92	01	简单螺纹切削循环
G83		正面钻孔循环	G94		端面车削固定循环
G84		正面攻螺纹循环	G96	11	表面恒线速控制
G85	10	正面镗孔循环	G97*		恒转速控制
G87		侧面钻孔循环	G98*	12	每分钟进给量
G88		侧面攻螺纹循环	G99		每转进给量
G89		侧面镗孔循环			

注：1. 表中模态列中 01、02、…、12 等数字指示的为模态指令，同一数字指示的为同一组模态指令。

2. 表中模态列中 "#" 指示的为非模态指令。

3. 在程序中，模态指令一旦出现，其功能在后续的程序段中一直起作用，直到同一组的其他指令出现才终止。

4. 非模态指令的功能只在它出现的程序段中起作用。

5. 带 "＊" 者表示在开机或按下复位键时会初始化的指令。

◎附录 B　FANUC 0i Mate MC 系统铣床及加工中心 G 指令系列

G 指令	模态	功　能	G 指令	模态	功　能
G00*		快速点定位	G30	#	返回第 2、3、4 参考点
G01*	01	直线插补	G31	#	跳转功能
G02		顺时针圆弧插补	G33	01	螺纹切削
G03		逆时针圆弧插补	G40*		取消刀具半径补偿
G04	#	暂停	G41	06	刀具半径左补偿
G09	#	准确停止	G42		刀具半径右补偿
G10	02	可编程数据输入	G43	07	刀具长度正偏置
G11		取消可编程数据输入	G44		刀具长度负偏置
G17*	03	XY 平面选择	G45	#	刀具偏置值增加
G18*		XZ 平面选择	G46	#	刀具偏置值减少
G19*		YZ 平面选择	G49*	07	取消刀具长度偏置
G20	04	寸制编程选择	G50	08	比例缩放取消
G21		米制编程选择	G51		比例缩放有效
G22*	05	存储行程校验功能开	G52	#	局部坐标系设定
G23		存储行程校验功能关	G53	#	机床坐标系选择
G27	#	返回参考点检查	G54*		选择工件坐标系 1
G28	#	返回参考点	G55	09	选择工件坐标系 2
G29	#	从参考点返回	G56		选择工件坐标系 3

（续）

G 指令	模态	功　能	G 指令	模态	功　能
G57		选择工件坐标系 4	G83		深孔往复排屑钻循环
G58	09	选择工件坐标系 5	G84		攻右旋螺纹循环
G59		选择工件坐标系 6	G85		镗孔循环
G61		准确停止	G86	13	镗孔循环
G62	10	自动拐角倍率	G87		反镗孔循环
G63		攻螺纹方式	G88		带手动的镗孔循环
G64 *		切削方式	G89		带暂停的镗孔循环
G65	#	宏程序调用	G90 *	14	绝对尺寸编程
G66	11	宏程序模态调用	G91 *		相对尺寸编程
G67 *		取消宏程序模态调用	G92	#	设定工件坐标系或限定主轴最高转速
G68	12	坐标旋转	G94 *	15	每分钟进给量
G69 *		取消坐标旋转	G95		每转进给量
G73		高速深孔往复排屑钻循环	G96	16	表面恒线速控制
G74		攻左旋螺纹循环	G97 *		恒转速控制
G76	13	精镗孔循环	G98 *	17	固定循环返回初始点
G80 *		取消孔加工循环	G99		固定循环返回参考点
G81		定点钻孔循环			
G82		带暂停的钻孔循环			

注：1. 表中模态列中 01、02、…、17 等数字指示的为模态指令，同一数字指示的为同一组模态指令。
2. 表中模态列中"#"指示的为非模态指令。
3. 在程序中，模态指令一旦出现，其功能在后续的程序段中一直起作用，直到同一组的其他指令出现才终止。
4. 非模态指令的功能只在它出现的程序段中起作用。
5. 带"＊"者表示在开机或按下复位键时会初始化的指令。

◎附录 C　FANUC 数控系统 M 指令系列

M 指令	车床及车削中心功能	铣床及加工中心功能	M 指令	车床及车削中心功能	铣床及加工中心功能
M00	程序停止	同车床	M08▲	切削液打开	同车床
M01	程序选择停止	同车床	M09▲	切削液关闭	同车床
M02	程序结束	同车床	M10▲	接料器前进	—
M03▲	主轴顺时针转（正转）	同车床	M11▲	接料器退回	—
M04▲	主轴逆时针转（反转）	同车床	M13▲	1 号压缩空气吹管打开	—
M05▲	主轴停止	同车床	M14▲	2 号压缩空气吹管打开	—
M06	—	自动换刀（加工中心）	M15▲	压缩空气吹管关闭	—

（续）

M 指令	车床及车削中心功能	铣床及加工中心功能	M 指令	车床及车削中心功能	铣床及加工中心功能
M19▲	主轴准停	—	M55▲	C 轴离合器松开（车削中心）	—
M30	程序结束并返回	同车床	M68▲	液压卡盘夹紧	—
M32▲	尾座顶尖进给	—	M69▲	液压卡盘松开	—
M33▲	尾座顶尖后退	—	M80▲	机内对刀器送进	—
M40▲	低速齿轮	—	M81▲	机内对刀器退回	—
M41▲	高速齿轮	—	M82▲	尾座体进给	—
M46▲	自动门打开	同车床	M83▲	尾座体后退	—
M47▲	自动门关闭	同车床	M89▲	主轴高压夹紧	—
M52▲	C 轴锁紧（车削中心）	—	M90▲	主轴低压夹紧	—
M53▲	C 轴松开（车削中心）	—	M98▲	子程序调用	同车床
M54▲	C 轴离合器合上（车削中心）	—	M99▲	子程序结束	同车床

注：带"▲"者为模态指令，其余为非模态指令。

◉附录 D　SINUMERIK 802D 系统车床 G 指令系列

分组	指令	意义	分组	指令	意义
1	G0	快速插补	8	G56	第三可设定零点偏值
	G1*	直线插补		G57	第四可设定零点偏值
	G2	在圆弧轨迹上沿顺时针方向运行		G58	第五可设定零点偏值
	G3	在圆弧轨迹上沿逆时针方向运行		G59	第六可设定零点偏值
	G33	恒螺距的螺纹切削	2	G74	回参考点（原点）
14	G90*	绝对尺寸		G75	回固定点
	G91	增量尺寸	7	G40*	刀尖圆弧半径补偿方式的取消
13	G70	寸制尺寸		G41	调用刀尖圆弧半径补偿，刀具在轮廓左侧移动
	G71*	米制尺寸		G42	调用刀尖圆弧半径补偿，刀具在轮廓右侧移动
6	G17	工作面 XY	15	G94	进给率 F，单位为 mm/min
	G18*	工作面 ZX		G95	主轴进给率 F，单位为 mm/r
3	G53	按程序段方式取消可设定零点偏置	18	G450*	圆弧过渡，即刀补时拐角走圆角
8	G500*	取消可设定零点偏置		G451	等距线的交点，刀具在工件转角处切削
	G54	第一可设定零点偏值	2	G4	暂停时间
	G55	第二可设定零点偏值			

注：带"*"者表示在开机或按下复位键时会初始化的指令。

◎附录 E　SINUMERIK 802D 系统铣床及加工中心 G 指令系列

分组	指令	意　义	分组	指令	意　义
1	G0	快速插补	8	G500*	取消可设定零点偏值
	G1*	直线插补		G55	第二可设定零点偏值
	G2	顺时针圆弧插补		G56	第三可设定零点偏值
	G3	逆时针圆弧插补		G57	第四可设定零点偏值
	G33	恒螺距的螺纹切削		G58	第五可设定零点偏值
	G331	螺纹插补		G59	第六可设定零点偏值
	G332	不带补偿夹具切削内螺纹——退刀	2	G74	回参考点(原点)
				G75	回固定点
6	G17*	指定 XY 平面	7	G40*	刀具半径补偿方式的取消
	G18	指定 ZX 平面		G41	调用刀具半径补偿,刀具在轮廓左侧移动
	G19	指定 YZ 平面		G42	调用刀具半径补偿,刀具在轮廓右侧移动
14	G90*	绝对尺寸			
	G91	增量尺寸	9	G53	按程序段方式取消可设定零点偏值
13	G70	寸制尺寸	18	G450*	圆弧过渡
	G71*	米制尺寸		G451	等距线的交点,刀具在工件转角处不切削
2	G4	暂停时间			

注：带"＊"者表示在开机或按下复位键时会初始化的指令。

◎附录 F　SINUMERIK 数控系统其他指令

指　令	意　义	指　令	意　义
IF	有条件程序跳跃	CYCLE82	平底扩孔固定循环
COS( )	余弦	CYCLE83	深孔钻削固定循环
SIN( )	正弦	CYCLE84	攻螺纹固定循环
SQRT( )	开方	CYCLE85	钻孔循环 1
TAN( )	正切	CYCLR86	钻孔循环 2
POT( )	二次方值	CYCLE88	钻孔循环 4
TRUNC( )	取整	CYCLE93	切槽循环
ABS( )	绝对值	CYCLE94	凹凸切削循环
GOTOB	向后跳转指令	CYCLE95	毛坯切削循环
GOTOF	向前跳转指令	CYCLE97	螺纹切削
MCALL	循环调用		

◎附录 G　数控技术常用术语中英文对照

1)　计算机数字控制——Computer Numerical Control，CNC

2）轴——Axis

3）机床坐标系——Machine Coordinate System

4）机床坐标原点——Machine Coordinate Origin

5）工件坐标系——Workpiece Coordinate System

6）工件坐标原点——Workpiece Coordinate Origin

7）机床零点—— Machine Zero

8）参考位置—— Reference Position

9）绝对尺寸/绝对坐标值——Absolute Dimension/Absolute Coordinates

10）增量尺寸/增量坐标值——Incremental Dimension/Incremental Coordinates

11）最小输入增量——Least Input Increment

12）最小命令增量——Least Command Increment

13）插补——Interpolation

14）直线插补——Line Interpolation

15）圆弧插补——Circular Interpolation

16）顺时针圆弧——Clockwise Arc

17）逆时针圆弧——Counterclockwise Arc

18）手工编程——Manual Programming

19）自动编程——Automatic Programming

20）绝对编程——Absolute Programming

21）增量编程——Increment Programming

22）字符——Character

23）控制字符——Control Character

24）地址——Address

25）程序段格式——Block Format

26）指令码/机器码——Instruction Code/Machine Code

27）程序号——Program Number

28）程序名——Program Name

29）指令方式——Command Mode

30）程序段——Block

31）零件程序——Part Program

32）加工程序——Machine Program

33）程序结束——End of Program

34）数据结束——End of Data

35）程序暂停——Program Stop

36）准备功能——Preparatory Function

37）辅助功能——Miscellaneous Function

38）刀具功能——Tool Function

39）进给功能——Feed Function

40）主轴速度功能——Spindle Speed Function

41）进给保持——Feed Hold

42）刀具轨迹——Tool Path

43）零点偏置——Zero Offset

44）刀具偏置——Tool Offset

45）刀具长度偏置——Tool Length Offset

46）刀具半径偏置——Tool Radius Offset

47）刀具补偿——Tool Compensation

48）固定循环——Fixed Cycle，Canned Cycle

49）子程序——Subprogram

50）工序单——Planning Sheet

51）执行程序——Executive Program

52）倍率——Override

53）伺服系统——Servo System

54）误差——Error

55）分辨率——Resolution

56）数控车床——CNC Lathe

57）数控铣床——CNC Milling Machine

58）加工中心——Machining Center

参 考 文 献

[1] 刘世豪，赵伟良. 大型复合数控机床的研发现状与前景展望［J］. 制造技术与机床，2017（6）：69-73.

[2] 田建忠. 国产化数控系统的应用现状与发展趋势［J］. 金属加工（冷加工），2018（2）：24-26.

[3] 赵万华，张星，吕盾，等. 国产数控机床的技术现状与对策［J］. 航空制造技术，2016（9）：11-17.

[4] 金华. 国产数控机床及其关键技术发展现状及展望［J］. 科技资讯，2017（11）：123-125.

[5] 蔡锐龙，李晓栋，钱思思. 国内外数控系统技术研究现状与发展趋势［J］. 机械科学与技术，2016，35（4）：7-14.

[6] 梁矗军. 数控机床大数据采集总线技术研究［J］. 内燃机与配件，2017.（23）：41-43.

[7] 于少杰，唐五湘. 我国数控机床行业发展趋势预测［J］. 当代经济，2019（1）：22-27.

[8] 李斌，李曦. 数控技术［M］. 武汉：华中科技大学出版社，2010.

[9] 何雪明，吴晓光，刘有余. 数控技术［M］. 3版. 武汉：华中科技大学出版社，2014.

[10] 陈富安. 数控原理与系统［M］. 2版：北京：人民邮电出版社，2011.

[11] 韩建海. 数控技术及装备［M］. 武汉：华中科技大学出版社，2007.

[12] 朱晓春. 数控技术［M］. 3版. 北京：机械工业出版社，2019.

[13] 王明红，王越，何法江. 数控技术［M］. 北京：清华大学出版社，2009.

[14] 黄国权. 数控技术［M］. 哈尔滨：哈尔滨工程大学出版社，2013.

[15] 张伟中，姜晓强，徐安林. 数控原理与系统［M］. 北京：人民邮电出版社，2012

[16] 马志诚. 数控技术［M］. 北京：北京理工大学出版社，2012.

[17] 李伟，魏国丰，齐建家，等. 数控技术［M］. 北京：中国电力出版社，2011.

[18] 周德俭. 数控技术［M］. 3版. 重庆：重庆大学出版社，2015.

[19] Suh S H, Kang S K, Chung D H, et al. Theory and Design of CNC Systems［M］. London：Springer, 2008.

[20] 杜国臣，王士军. 机床数控技术［M］. 2版. 北京：北京大学出版社，2010.

[21] 毕毓杰. 机床数控技术［M］. 2版. 北京：机械工业出版社，2013.

[22] 胡占齐，杨莉. 机床数控技术［M］. 3版. 北京：机械工业出版社，2014.

[23] 肖潇，郑兴睿. 数控机床原理与结构［M］. 北京：清华大学出版社，2017.